1

Die Auto-Bibel Deluxe

Impressum

13-Stellige ISBN:9798675874699

3. Auflage (2024)

Dieses Buch ist als physische Ausgabe sowie auch als E-Book erhältlich.

Instagram:	die_autobibel
Lektorat und Korrektorat:	Dominik Imöhl
	Samantha Kowalik
Coverfoto:	Jan Markwitz
Coverdesign:	Philipp Jäger
Formatierung und Layout:	Philipp Jäger
Fotos:	Luisa Wachsmuth
	Jan Markwitz
	Philipp Jäger
Memes und Illustrationen:	Sebastian Höfer

Vorabinformation

Sehr geehrte Leser, während der Produktion der letzten Auflage ist uns aufgefallen, dass selten Fehler entstehen können, wenn die Datei vor dem Druck digital verarbeitet wird. Zum Beispiel fehlende Bilder. Sollten Sie fälschlicherweise ein mangelhaftes Exemplar geliefert bekommen, bitten wir vielmals um Verzeihung. Sein Sie bitte nicht verärgert und wenden Sie sich an den Lieferanten (z.B. Amazon). Dort können Sie das Exemplar problemlos zurückgeben und ein neues anfordern. Ihre Zufriedenheit steht bei uns als auch beim Lieferanten an höchster Stelle.

Inhalt

Vorwort

Autos. Was kann man über Autos erzählen? So unendlich viel. Und doch bin ich mir sicher, dass ich nicht jedermanns Nerv oder Geschmack treffen werde. Dieses Buch soll euch das Basiswissen, rund um Tuning, Motoren, Performance und alles, was das Herz zum Thema Autos und Automobiltechnik begehrt, vermitteln. Damit niemand zu kurz kommt, erwarten euch aber auch seltene Fakten und jede Menge Fachwissen. Es wird knallharte Vergleiche geben, die euch ab und an auch in Tabellenform begegnen werden. Darüber hinaus soll dieses Buch auch eine Alternative zu den großen YouTubern sein. Vor allem viele junge Menschen beziehen heutzutage ihr komplettes Autowissen aus dem Internet. Oftmals ist daran nicht viel auszusetzen, denn auf jeden Fall ist es eine angenehme Variante. YouTube bietet den Tuningfirmen eine großartige Möglichkeit sich selbst zu vermarkten und darüber hinaus, den Usern eine satte Menge an Wissen zu vermitteln. Leider werden dort aber immer wieder einige Dinge leichtfertig zu vollendeten Tatsachen gebracht, was oftmals nicht der Realität entspricht. So wird leider auch viel Halbwissen verbreitet.

Die Deluxe-Version. Liebe Leser, ich freue mich sehr, dass ihr euch für diese Variante des Buches entschieden habt. Diese Form der Auto-Bibel lag mir besonders am Herzen, da es sich hier um die persönlichste Version handelt. Außerdem ist sie auch die Inhaltsreichste. Alles was ihr in der Tuning-Bibel, der klassischen Auto-Bibel und finden könnt, bekommt ihr hier auch. Und darüber hinaus noch viel mehr. Zusätzlich sind auch die biographischen Kapitel ausschließlich den Lesern der Auto-Bibel Deluxe vorbehalten. Ich freue mich sehr, dass ihr eure Lust nach mehr Wissen über Autos und Tuning befriedigen wollt und ihr euch dieses Werk beschafft habt.

Der Autor. Lasst mich das Vorwort kurz nutzen, um etwas von mir selbst zu erzählen. Ich bin ehemaliger gelernter KFZ-Mechatroniker und ehemaliger gelernter Verfahrensmechaniker (Kunststofftechniker), aktiver Automobilmakler und Tuner und mittlerweile so etwas wie eine allgemein anerkannte Koryphäe auf dem Gebiet der Automobiltechnik und des Tuning. Ich arbeite des öfteren in beratender Funktion mit Tuningfirmen, aber auch Privatpersonen zusammen. Mit meinem Team habe ich schon alle möglichen Tests durchgeführt, um die Performance von Autos zu vergleichen. Oftmals beschäftigen wir uns privat, wie auch beruflich mit hochmotorisierten Fahrzeugen und Sportwagen aller Art. Alle Vergleiche, die euch in diesem Buch begegnen, sind in der Realität von uns ausgiebig getestet worden. Natürlich immer auf sicherem und abgesperrtem Gelände.

Jedes Mal explodiert mein Kopf, wenn mich jemand etwas zu Gebrauchtwagenkäufen, Tuning, Performance, Reparaturen oder Automobiltechnik fragt. Ich versuche dann die bestmögliche Antwort zu geben, aber mit wenigen Sätzen ist es oftmals nicht getan. Deshalb habe ich mich entschlossen all meine Gedanken zu diesen Themen, die mir so oft durch den Kopf schießen, niederzuschreiben. Man kann sich das wie einen Schwarm Bienen vorstellen, der auf Befehl der Königin blitzschnell aus den Waben herausfliegt. Jede Biene stellt dabei einen meiner Gedankengänge dar. Und all diese versuche ich nun dem Leser bereitzustellen. Ich möchte euch jedoch gleich zu Anfang im Sinne unserer heutigen Zeit und der aktuellen politischen Lage warnen. Ich bin kein grüner tempolimitbejahender Ökoaktivist. Ich liebe die Natur (bis auf einige wenige Kreaturen) und bewandere sie auch gerne, wenn ich mal Zeit dazu finde. Aber es geht doch nichts über eine kleine Beschleunigungs-orgie auf einer deutschen Autobahn oder einen Tag auf dem Nürburg-ring. Autos sind meine größte Leidenschaft und meine Kernkompetenz. Ich liebe die WRC (**W**orld **R**allye **C**hampionship), die Formel 1, die DTM, die GT2, die GT3 usw. Das Gleiche gilt auch für kleinere Events wie Rallye-Cross-Veranstaltungen und Kartturniere. Auch dort fühle ich mich pudelwohl. Diese Aktivitäten sind die einzigen, bei denen ich den Kopf mal so richtig frei bekomme. Solltet ihr also für kleine Elektroautos sein, bei denen man fast den Eindruck bekommt, die Designer wollten einen mit der Optik absichtlich ärgern, dann legt das Buch besser beiseite, denn in den nachfolgenden Kapiteln geht es um Motoren, Tuning und vor allem die Performance von einigen sportlichen Autos aller Marken und Hersteller, bei denen sich teilweise haarsträubende Wahrheiten auftun. Es wird kritische Vergleiche geben, um Hypes und Schönrederei zu entlarven. Aber auch mindestens genau so viele positive Dinge sind natürlich mit von der Partie.

Autofahrer. Für viele Menschen sind Autos nur Objekte um von A nach B zu kommen. Sie müssen zuverlässig sein und funktionieren. Und wenn sie eine Klimaanlage und eine Sitzheizung oder ein Schiebedach haben, dann ist das ganz nett. Für andere wiederum sind Autos Prestigeobjekte. Sie lieben es ihren Mitmenschen unter die Nase zu reiben, was sie sich für einen schicken Hobel geleistet haben. Und dann gibt es natürlich noch den Angeber, der den ganzen Tag dieselbe Straße mit seinem viel zu laut gemachten Auspuff, rauf und runter fährt. Solche Menschen sind zielstrebig vor Anderen am Posen, um ihr Prolldasein auszuleben. Spitzzüngige Damen behaupten allerdings immer wieder, es würde sich hierbei nur um zu klein geratene Geschlechtsteile drehen. Für mich ist ein Auto jedoch sehr viel mehr als das. Ich zähle mich zu den Verrückten und den Liebhabern. Autos faszinieren mich, setzen mich tierisch unter Strom und beruhigen mich zugleich auch wieder. Es gibt nichts auf unserer schönen Erde, was ich so attraktiv finde wie Autos. Bis auf eine Sache. Womit wir wieder bei den Damen wären.

Leidenschaft. Autos sind so präsent wie nichts Anderes in meinem Leben. Ich habe Autos, Motoren und ihre Technik vom Sportwagen bis zum Tuning aller Arten über viele Jahre eigens studiert. Und zwar nicht an einer Universität oder einer Fachhochschule, sondern praktisch und theoretisch in Werkstätten, in Autohäusern, in Tuningschmieden, in der Autoszene in ganz Deutschland, an und auf Rennstrecken und bei Rallye-Events. Natürlich habe ich als kleiner Junge auch schon "Need for Speed" gespielt. Am Wochenende war das Highlight immer mit meinem Stiefvater zusammen Michael Schuhmacher im Fernsehen dabei zuzuschauen, wie er in der Formel 1 eine Poleposition nach der anderen holte und Rennen für Rennen gewann.

Der Traum vom tollen Auto, die Gier nach Performance und mehr Leistung, die Lust auf charakteristische Motoren, viel Drehmoment und Beschleunigung ist über die Jahre nie verloren gegangen und immer weiter verfolgt worden. So viel steht fest: Das ist meine Leidenschaft, mein Leben, mein Milieu und meine Passion.

Das Wissen in diesem Buch habe ich fieberhaft über Jahre hinweg aus unterschiedlichsten Quellen zusammengetragen. Teilweise auch mit meinem Team. Werkstätten, KFZ-Meister, Tuner, mein ehemaliges Berufsleben, Motorenbauer, Getriebespezialisten, die Autoszene, Fanclubs und gepflegte Freundschaften mit ebenfalls Autobegeisterten. Von Österreich über Luxemburg, bis nach Mecklenburg-Vorpommern. Die WRC bei der ich des Öfteren vertreten bin und vor allem persönliche Erfahrungen und Vergleiche, die ich sehr sorgfältig gesammelt habe. Selbstverständlich ist auch alles in der Realität erprobt, getestet, worüber euch in den folgenden Kapiteln erzählt wird. Manchmal war es geradezu wie in einer Art Selbststudium, denn ich wollte meine Neugier und meine Autoliebe bei den verschiedensten Fahrzeugen und Marken befriedigen und habe alles Wissenswerte über ihr Können wie ein Schwamm aufgesogen.

Alles Wissenswerte auf einen Blick. Am Ende des Buches findet ihr zudem noch mal alles Wissenswerte aus allen Kapiteln kurz zusammengefasst. So lassen sich Informationen schneller finden und besser nachschlagen.

Motorenkürzel. In den nachfolgenden Kapiteln werden euch Autos aller Hersteller und Marken begegnen. Sie alle habe ich mit Daten zu ihren Motorisierungen versehen, damit jederzeit klar ist, um welches Fahrzeug und welche Motorisierung es sich handelt. So habe ich zudem auch grundsätzlich die PS-Leistung angegeben. Damit sich dies allerdings nicht unnötig in die Länge zieht, habe ich die gängigen und allgemeinen Abkürzungen genommen. Diese sind auch in der Regel unabhängig von den Herstellern und gelten allgemein für jeden Motor. Nehmen wir zum Verständnis den Porsche 991.2 GT2 RS (3.8 B6TT, 700 PS). Anhand der Kürzel kann man nun erkennen, dass es sich um einen **B**oxermotor mit **6** Zylindern und **2 T**urboladern handelt. Auf den letzten Seiten des Buches findet ihr zu den Kürzeln und Bezeichnungen noch mal eine ausführliche Legende mit Beschreibung.

Funfact. "Was genau ist eigentlich Tuning?" fragte Markus Lanz in seiner gleichnamigen Talk-Show den berühmten und beliebten Ruhrpotttuner "JP Kraemer". "Definitiv das Aufwerten von Minderwertigkeitsproblemen.", antwortete JP auf diese Frage.

Turbolader

Hubraum ist durch nichts zu ersetzen! So heißt es oft bei Autofans. Aber auch bei weniger autobegeisterten Menschen ist dieser Spruch mittlerweile jedem bekannt. Doch so ganz stimmt es wohl nicht. Das sehen zumindest viele Fans von Turbomotoren als auch die Automobilhersteller so. Denn durch die Effizienzsteigerung des Turboladers und die Möglichkeit der deutlich höheren Leistungsausbeute, hat er unlängst den natürlich beatmeten Saugmotor vom Fahrzeugmarkt verdrängt. Allenfalls in amerikanischen Muscle-Cars und europäischen Hypercars, wie zum Beispiel dem Lamborghini Aventador (6.5 V12, 700 PS – 770 PS) oder dem Porsche 918 (4.6 V8EE, 887 PS), kommen Saugmotoren noch aufgrund ihres dort außergewöhnlich hohen Entwicklungsstandes und ihres exotischen Charakters bei vielzylindrigen Motoren (V8, V10, V12) zum Einsatz.

Saugmotor. Widmen wir uns zunächst kurz dem guten alten Sauger. Er zeichnet sich dadurch aus, dass er weder turbo- noch kompressoraufgeladen ist. Außerdem hat er einen völlig eigenen, absolut unverwechselbaren Charakter. Saugmotoren produzieren einen kernigeren Klang und haben ein schärferes Ansprechverhalten. Für viele eingefleischte

Autofans sind sie der einzig wahre Antrieb. Vor allem Anhänger von amerikanischen Muscle-Cars sind oft der Ansicht, dass man auf Turbolader gänzlich verzichten könnte.

Realbeispiel. Ich gebe zu, auch ich war einige Zeit lang dieser Meinung. Nachdem ich lange Zeit viel Ärger mit in die Jahre gekommenen turbo- und biturboaufgeladenen Fahrzeugen hatte und irgendwann nur noch enttäuscht und angefressen war, nahm ich mich der Meinung an, dass Saugmotoren alltagstauglicher und zuverlässiger sind. Motoren mit Turboladern ordnete ich eher der Kategorie Spaß- und Sommerfahrzeuge zu. Gewissermaßen war da auch etwas dran. Denn Turbolader sind äußerst sensible Bauteile, die bei falscher Behandlung stark verschleißen können. Außerdem bringen sie viel zusätzliche Technik und Sensorik mit sich, die man bei einem Saugmotor hingegen nicht benötigt.

Sauger vs. Turbo. Heutzutage kommt man um Turbolader jedoch kaum noch herum. Und mittlerweile wollen viele das auch gar nicht mehr, denn es gibt doch nichts Schöneres als von dem "Punch" eines großen Turboladers in den Sitz gedrückt zu werden. Saugmotoren haben den Vorteil, dass, ähnlich wie bei Elektromotoren, ihre je nach Drehzahl anliegende Kraft, sofort zur Verfügung steht. Es muss kein sogenanntes Turboloch überwunden werden. Außerdem können sie sportlicher, agiler und drehfreudiger sein, als aufgeladene Motoren. Doch das ist natürlich auch ein Stück weit davon abhängig, wie bissig sie ab Werk gebaut und eingestellt oder vielleicht später getunt sind. Nimmt man jedoch mal gleiche Voraussetzungen zweier Motoren an, also Dinge wie Hubraum, Bauart, Zylinderanzahl, Leistung und Drehmoment, so ist ein turboaufgeladener Motor dem Sauger gegenüber immer im Vorteil. Dies gilt für die Beschleunigung, die Leistungsausbeute, das Drehmoment und den Kraftstoffverbrauch im Teillastbereich.

Downsizing. Der Turbomotor ist nicht nur effizienter, sondern bringt auch eine deutlich bessere Performance auf die Straße. Deshalb leiden moderne Motoren auch unter dem sogenannten "Downsizing". Bei diesem Begriff dreht es sich darum, dass die Motoren immer weniger Hubraum haben, gleichzeitig aber mit Hilfe von Turboaufladung immer mehr Leistung, Drehmoment und Performance entwickeln. Sie werden also "hochgezüchtet". Parallel werden sie durch die Einsparung von Hubraum und magereres Laufen (kraftstoffärmeres Benzinluftgemisch) zumindest in Teillastbereichen immer sparsamer. Viele Menschen, auch solche, die nicht mal unbedingt Autofans sind, prangern dies interessanterweise an. Denn all diese neuen positiven Eigenschaften gehen zu Lasten der Haltbarkeit und des Charakters. Während die Technik unweigerlich voranschreitet, verlieren dabei die Aggregate leider auch zunehmend an Charme. Darüber hinaus entstehen so auch noch konzentriertere und giftigere Abgase. Bei Benzinern als auch bei Dieselmotoren. Viele Automobilhersteller passen ihre Produkte natürlich an und verstärken entsprechend die Motoren, benutzen hochwertigere und modernere Materialien oder rüsten sie beispielsweise mit Filtern und neuen Sensoriken aus. Doch trotzdem haben viele moderne hubraumschwache Turbomotoren immer wieder Probleme mit ihren viel zu klein dimensionierten Steuerketten oder den Ladedrucksystemen. Dieses Problem ist vor allem bei VW und Co. bekannt. Auch die heute recht häufig zum Einsatz kommenden Doppelkupplungsgetriebe leiden, denn ihre große Schwäche ist Drehmoment. Doch dieses ist gleichzeitig wiederum die Stärke von turboaufgeladenen Motoren.

Und auch die Zahlen der kompletten Motorschäden häufen sich. Das Downsizing nimmt inzwischen mithilfe von Turboladern Formen an, die sich vor nicht mal zwei Jahrzehnten noch niemand vorstellen konnte. Während vor wenigen Jahren noch ein hubraumstarker V8 mit viel Drehzahl und Sportlichkeit für 400 PS benötigt wurde, sprengt mittlerweile der Daimler-Konzern in Sachen Downsizing alle Rahmen und Vorstellungen. Denn ausgerechnet Mercedes-Benz, die Marke die so für ihre pompös großen Achtzylinder bekannt war und gefeiert wurde, macht nun schon seit einigen Jahren mit einem bereits in der vierten Generation entwickeltem 2.0 Liter Reihenvierzylinder mit sage und schreibe 421 PS, Schlagzeilen. Dieses Aggregat kommt im A45 AMG S zum Einsatz. Wo Mercedes-Benz turboaufgeladene Vierzylinder verwendet, kommen bei Audi immerhin noch 2.5 Liter Fünfzylinder in vergleichbaren Autos zum Einsatz. BMW bevorzugt dagegen sogar noch einen Zylinder mehr und versorgt die Liebhaber der Marke mit ihren Modellen M140i (340 PS) und M2 (460 PS) mit 3.0 Reihensechszylindermotoren. Diese sind natürlich auch turboaufgeladen, aber haben dafür zwei Zylinder und einen ganzen Liter Hubraum mehr.

Sportwagen / Coupés

Audi	BMW	Merce-des-Benz
TT RS 8S	M2 G87	CLA45 AMG S 177
2.5 R5T	3.0 R6TT	2.0 R4T
400 PS	460 PS	421 PS

In der Mittelklasse sieht es hingegen ganz anders aus: BMW bleibt bei den Sechszylindern, doch Audi stockt ebenfalls um einen Zylinder auf und der Erfinder des Automobils, Mercedes-Benz, schreckte bis 2023 sogar vor Achtzylindermotoren noch nicht zurück. Denn inzwischen wurde bei Mercedes in der Mittelklasse der V8 ins Exil geschickt und durch einen Vierzylinder-Turbo-Hybrid ersetzt. Für viele Autofans und insbesondere C63-Fans war dies ein herber Schlag. Zumindest bekommt man aber in der Coupé-Variante immerhin noch einen Sechszylinder-Turbo-Hybrid. Dieses Fahrzeug tritt inzwischen als CLE 53 AMG auf und ersetzt inzwischen das C-Klasse-Coupé und das E-Klasse-Coupé.

Mittelklasse

Audi	BMW	Merce-des-Benz
RS4 B9 RS5 F5	M3 G80 M4 G82	C43 AMG CLE53 AMG
2.9 V6TT	3.0 R6TT	2.0 R4T+E 3.0 R6T+E
450 PS	480 - 560 PS	422 PS 510 PS

Obere Mittelklasse

Audi	BMW	Mercedes-Benz
RS6 C8, RS7 C8	M5 F90 M6 G32	E53 AMG 214
4.0 V8TT	4.4 V8TT	3.0 R6T+E

600 PS 630 PS	600 PS - 635 PS	585 PS

Oberklasse

Audi	BMW	Mercedes-Benz
S8 D5	M760e G70	S63 AMG 223
4.0 V8TT	3.0 R6T+E	4.0 V8TT+E
571 PS	571 PS	802 PS

In der oberen Mittelklasse unserer edlen Premiumhersteller sieht es dagegen wie folgt aus: Mittlerweile verbauen hier alle Premiumhersteller biturboaufgeladene Achtzylindermotoren, die bei Weitem auch nicht mehr den Charakter ihrer Vorgänger haben. Dafür leisten sie aber eine wahnsinnige Performance. Auch hier ist BMW tatsächlich wieder am hubraumstärksten. Mercedes bildet die Ausnahme und setzt inzwischen statt Hubraum auf Downsizing und Hybridtechnik.

In der Oberklasse sind die Zwölfzylinder inzwischen vollständig ausgestorben. Audi bleibt beim Standardprogramm mit einem leicht gedrosseltem V8-Biturbo aus dem RS6. BMW zeigt dagegen ein ungewohntes Bild und reduziert den ehemaligen V12 um die Hälfte der Zylinder, setzt dafür aber einen Elektromotor oben drauf. Letzteren gibt es auch bei Daimler, jedoch mit einem saftigen V8-Biturbo gepaart. Das Produkt daraus ergibt sage und schreibe 802 PS und 1.430 Nm Drehmoment. Und so wird selbst die 2,6 Tonnen schwere Luxuslimousine in nur 3,3 Sekunden auf 100 km/h katapultiert.

Neuausrichtungen. Auch wenn Mercedes-Benz wie gewohnt in der Mittelklasse noch immer die dicksten Motoren hat, sieht man doch deutlich, dass eher BMW der Automobilhersteller ist, welcher noch am meisten Wert auf Hubraum legt. Dies ist klar an den oberen und unteren

Klassen zu erkennen. Gerade bei diesen beiden Herstellern ist in den letzten Jahren auch eine deutliche Neuausrichtung der Produkte am Markt zu verspüren gewesen. BMW, ehemals eher im sportlichen Premiumbereich bekannt, ist nun einen ganzen Schritt mehr in Richtung Komfort und Luxus gegangen. Genau dort war ursprünglich Mercedes-Benz mit seinen Produkten angesiedelt. Aber die "Benser" machen den "Bimmern" mittlerweile deutliche Konkurrenz im sportlichen Bereich. Mercedes-Benz ist viel extremer in die sportlichere Richtung gewandelt.

Saugdiesel. Wie man sieht, gehört der Saugmotor in der modernen Autowelt leider bereits seit einigen Jahren der Vergangenheit an. Während sich im vergangenen Jahrzehnt der benzinbetriebene Sauger noch nicht von der Bildfläche vertreiben lassen hat, gibt es den Saugdiesel hingegen schon seit über 20 Jahren fast gar nicht mehr. Der letzte halbwegs Bekannte seiner Art lief 2010 vom Band und war zu diesem Zeitpunkt schon über alle Maße veraltet und im Prinzip schon fast unbrauchbar. So unterentwickelt war er leider nun mal ohne den dazugehörigen Turbolader. Beim Dieselmotor ist ein Turbolader geradezu obligatorisch.

Downsizing. Es gibt viele Arten einen Motor aufzuladen. Aber die heutzutage mit Abstand am meisten verwendete ist eindeutig der Abgasturbolader. Der Turbomotor hat mittlerweile längst den Markt übernommen und dies hat seine Gründe. Denn gewissermaßen ersetzt ein Turbolader nun mal doch Hubraum. Wo früher für 150 PS ein 2.0-Liter-Vierzylinder-Sauger benötigt wurde, reicht heute auch spielend ein turboaufgeladener Dreizylinder. Dieser hat dann sogar noch größere Leistungsreserven und auch einen deutlich niedrigeren Kraftstoffverbrauch. Auch seine Performance ist dabei erheblich besser, was sich im Durchzug spürbar bemerkbar macht.

Technische Funktion. Das Schönste an Turbomotoren ist, neben dem pfeifenden Geräusch des Laders, die Performance, die ein gut abgestimmter Turbobenziner auf die Straße bringen kann. Unter gleichen Verhältnissen ist diese sogar noch besser als bei einem Elektromotor und auch besser als bei einem modernen Turbodieselmotor. Auch wenn dieser noch so hochgezüchtet und noch so drehmomentstark ist. Doch wie funktioniert das eigentlich? Was verbirgt sich hinter dieser unseriösen, aber coolen Bezeichnung "Turbo"? Was ist ein Turbolader und wie funktioniert er? Jeremy Clarkson, der Kopf des berühmten Moderatorentrios der erfolgreichsten und bekanntesten Auto-TV-Show der Welt "Top Gear" (mittlerweile „The Grand Tour" bei Amazon Prime), sagte mal: "Exhaust gasses go into the turbocharger and spin it. Witchcraft happens and you go faster!" Das war mal wieder eines von vielen großartigen Beispielen für den britischen Humor. Die Leidenschaft dazu teile ich übrigens mit dem berühmten deutschen Rennfahrer Sebastian Vettel. Fans der Serie wissen, was es mit dem britischen Humor auf sich hat. Für alle Anderen kann man auf jeden Fall wärmstens empfehlen Top Gear und The Grand Tour einmal anzuschauen. Ins Deutsche übersetzt heißt der Satz so viel wie: "Abgase gehen in den Turbolader und drehen ihn. Hexerei passiert und man wird schneller." Dies ist natürlich aus technischer Sicht eine ziemlich unbefriedigende Aussage, da sie absolut nichts erklärt. Um den britischen Humor zum Ausdruck zu bringen, ist sie jedoch ganz hervorragend.

Ein Turbolader besteht aus zwei Turbinen, die mit einer Welle verbunden sind. Die eine Turbine wird vom Abgasdruck des Motors angetrieben und beschleunigt. Sie dreht die Welle und damit auch die zweite Turbine am anderen Ende der Welle. Durch die zweite Turbine wird Luft angesaugt und im Motor unter Druck verdichtet. Hierbei spricht man vom Ladedruck. Vergleicht man dies jetzt mit einem gleichgroßen Motor, der allerdings nicht turboaufgeladen ist, so kann man Folgendes feststellen: Es befindet sich eine viel größere Luftmenge auf gleichen Hubraum als bei einem Saugmotor und somit folglich auch mehr Sauerstoff. Mit der Zugabe von einer angepassten, aber logischerweise höheren Kraftstoffmenge, entsteht so deutlich mehr Leistung und Drehmoment. Durch diese Art und Weise des zusätzlichen motorinternen Energiekonzeptes entsteht auch letztlich eine bessere Performance und ein höherer Wirkungsgrad als beim klassischen Saugmotor. Obwohl Turbomotoren meist deutlich weniger drehfreudig sind, beschleunigen sie im Verhältnis doch um einiges besser. Das Phänomen bezüglich der Drehfreudigkeit lässt sich übrigens für jedermann ganz einfach im Leerlauf mit einzelnen Gasstößen überprüfen. Man wird feststellen, dass der Turbomotor im Leerlauf deutlich schwerfälliger reagiert.

Bezeichnungen. Turbolader werden von den Automobilherstellern gerne mit einem T gekennzeichnet oder aber auch mit weiteren Kürzeln, die heutzutage wahrscheinlich den Meisten längst bekannt sein dürften. "TSI" (Turbocharged Stratified Injection = Benzindirekteinspritzung mit Turboaufladung) ist die Bezeichnung von VW, Seat und Škoda. "TFSI" (Turbocharged Fuel Stratified Injection) wird von Audi verwendet. Allerdings handelt es sich hierbei um die exakt gleiche Technik und die gleichen Motoren. Der Grund, warum bei Audi noch ein "F" mit in der Bezeichnung steht, ist schlichtweg Marketing. Audi ist im Vergleich zu VW, Seat und Škoda eine Premiummarke und soll sich von den Anderen abgrenzen. Nichtsdestotrotz verbirgt sich unter den Motorhauben die gleiche Technik. Meist kommen die Motoren sogar von Audi selbst und werden lediglich in den anderen Konzernmitgliedern ebenfalls verbaut.

Viele andere Hersteller fügen hinter der Hubraumzahl lediglich noch ein "T" oder den Schriftzug "Turbo" hinzu. Die zuvor genannten sowie einige weitere Automarken benutzen die Bezeichnung TDI (Turbo Diesel Injection, zu deutsch: Turboaufladung mit Dieseldirekteinspritzung) für ihre Dieselmotoren. Bei Opel verwendet man "CDTI" und bei Mercedes-Benz "CDI". "GTDi" (Gasoline Turbocharged Direkt Injektion) ist wiederum die Bezeichnung von Volvo für ihre turboaufgeladenen Benzindirekteinspritzer, welche baugleich mit den "EcoBoost-Motoren" von Ford sind. Renault verwendet die Bezeichnung "TCe", während der PSA-Konzern als zweitgrößter Automobilhersteller Europas für seine Marken Peugeot und Citroën "THP" als Bezeichnung für die turboaufgeladenen Benzinmotoren und "HDI" (High Pressure Direkt Injection, zu deutsch: Hochdruckdirekteinspritzung) für ihre hochgelobten Turbodieselmotoren benutzt. BMW kennzeichnet seine Benzinmotoren grundsätzlich mit einem "i" (Injection), egal ob turboaufgeladen oder nicht und seine Dieselmotoren mit einem "d". Letztere sind grundsätzlich und schon immer mit mindestens einem Abgasturbolader ausgestattet.

Singleturbo. Der Favorit eines Tunerherzes ist in der Regel der klassische und alleine arbeitende "Singleturbo". Wie man vom Namen schon ableiten kann, handelt es sich hierbei lediglich um Motoraufladung durch einen alleinigen Turbolader. Je nach Größe des Laders hat dieser erst ein großes "Turboloch" (Trägheitsmoment) zu überwinden und legt anschließend mit voller Wucht los. Das bedeutet, dass die Abgase, die den Turbolader antreiben, vor allem bei niedriger Drehzahl erst das Trägheitsmoment überwinden müssen, bevor die Turbine auf entsprechende Geschwindigkeit kommen kann und Luft im Motor verdichtet wird. Dabei reagiert der Motor verzögert und dies ist zeitlich deutlich spürbar. Ist das Trägheitsmoment erst mal überwunden, setzt die Beschleunigung voll ein. Oder umgangssprachlich ausgedrückt, dauert es einen Moment, bis "er richtig kommt". Je kleiner der Turbolader ist, desto niedriger ist das Trägheitsmoment. Je größer er ist, desto größer wird also auch das Turboloch. Dieser klassische "Turbo-Punch", der nach Überwindung des Turbolochs einsetzt, ist mit das Schönste was es bei Autos gibt. Vor allem bei Turbofans ist er deshalb natürlich äußerst beliebt. Er wird von Dieselfahrern gerne auch fälschlicherweise auf das Dieseldrehmoment zurückgeführt. Das Turboloch schafft ein äußerst sympathisches Feeling. Die Automobilhersteller versuchen jedoch das

Turboloch durch Twin-Scroll-Turbolader und Biturboaufladung auszumerzen. Dadurch soll der Motor leichtfüßiger und effizienter werden. Ein wahrer Turbofan weiß jedoch das Turboloch eindeutig zu schätzen. Denn ohne diesen Effekt fühlt sich der anschließende Schub nur halb so brachial und aufregend an. Es gibt viele besondere, beliebte und berüchtigte turboaufgeladene Motoren, die einem dieses unnachahmliche Feeling verschaffen können.

VTG. Eine besondere und oft verwendete Variante des Abgasturboladers ist die sogenannte Variable Turbinengeometrie (VTG). Hierbei können die Schaufelräder der Turbine über ein Gestänge verstellt werden. Das Ganze geschieht entweder mechanisch per Unterdruck oder aber elektronisch durch einen Stellmotor. Der Fahrer hat ausschließlich mit der Gaspedalstellung auf diese Funktion Einfluss. Das heißt, sie ist nicht manuell einstellbar. Die variable Turbinengeometrie hat den Zweck, dass das Ansprechverhalten des Turboladers und der Ladedruck stufenlos geregelt werden können. Diese beiden Werte sind abhängig von einander und harmonieren hierbei nicht. Das heißt, je mehr man von dem einen Wert haben will, desto stärker muss der andere Wert einbüßen. Außerdem wird durch die verstellbaren Leitschaufeln auch das Turboloch deutlich verringert, da der Lader auch bei schwacher Gaspedalbetätigung auf verhältnismäßig höheren Drehzahlen gehalten werden kann.

Twin-Scroll. Eine ebenfalls immer öfter zum Einsatz kommende Variante ist der Twin-Scroll-Turbolader. Besonders häufig bei BMW und Subaru verbaut, kommt er aber auch vereinzelt bei Ford, Alfa Romeo, Opel und anderen Autoherstellern vor. Bei dieser Variante des Turboladers ist der Abgaskrümmer, welcher dem Turbolader den benötigten Antriebsdruck zuführt, in zwei oder mehrere Kanäle gesplittet. Dies dient einem besseren Ansprechverhalten des Turboladers und somit auch des gesamten Motors. Der Twin-Scroll-Turbolader bei BMW unter der Marktbezeichnung "TwinPower Turbo" darf nicht mit dem "Twin-Turbo" verwechselt werden, bei welchem zwei gleichgeschaltete Turbolader zum Einsatz kommen. Somit handelt es sich bei diesem Begriff dagegen um eine technische Bezeichnung.

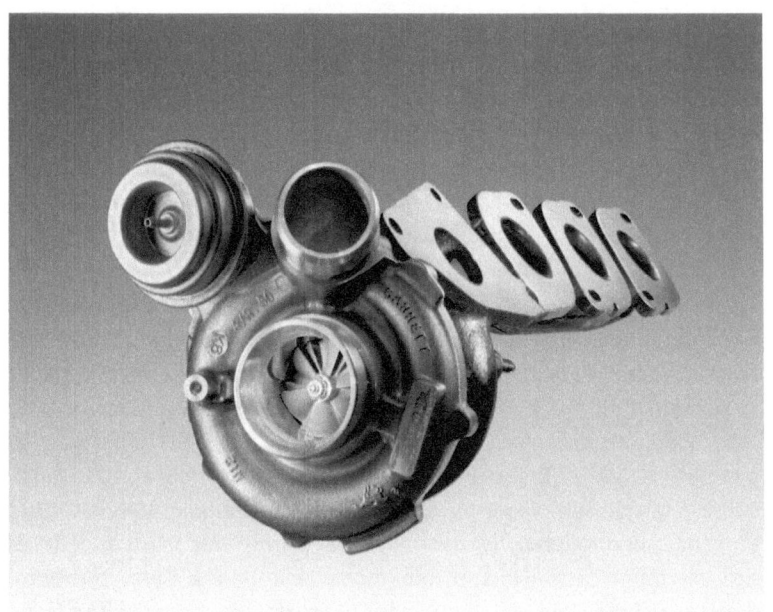

(Turbolader mit verstellbaren Schaufeln und Abgaskrümmer einer vier-
zylindrigen Motorbank)

Biturbo. Die Form der Twin-Turbo-Aufladung wird wiederum auch oft
mit dem bekannteren "Biturbo" gleichgesetzt, was ebenfalls nicht korrekt ist. Während Twin-Turbolader parallel laufen und gleich aufgebaut
sind, kommt beim Biturbo ein sequentieller Einsatz zustande. Das
bedeutet, dass im unteren Drehzahl- und Teillastbereich ein kleinerer
Turbolader läuft, welcher aufgrund des niedrigeren Trägheitsmomentes
ein besseres Ansprechverhalten besitzt. Wird mehr Leistung benötigt,
wird ein zweiter, größerer Turbolader hinzugeschaltet. Auch die Geo-
metrie der Turbinen unterscheidet sich hierbei meistens. Mittlerweile
vermischen sich allerdings die Bezeichnungen Biturbo und Twin-Turbo
aufgrund der von den Automobilherstellern unterschiedlichen und leicht
zu verwechselnden Namen und unterschiedlichen Systemen, die einander nicht immer korrekt zugeordnet werden.

Triturbo und Quadturbo. Vor allem BMW ist in Sachen Turboaufladung ein äußerst interessanter Hersteller. In der Generation F10 des 5er BMW kam ein bis dato einzigartiger Dieselmotor auf den Markt. Ein 3.0 Reihensechszylinder. Soweit weder etwas Neues, geschweige denn etwas Besonderes. Was ihn aber von allem bisher Dagewesenen unterschied, war seine dreifache Turboaufladung. Damit generierte er 381 PS und 740 Nm und beschleunigte den M550d in 4,7 Sekunden auf 100 km/h. An sich noch nicht unbedingt ein Performancewunder, aber für einen 3.0 Liter Diesel auf jeden Fall schon recht schnell. In der nachfolgenden Generation des 5er (G30) setzte BMW dann noch mal einen drauf. Und zwar im wahrsten Sinne des Wortes, denn noch ein weiterer Turbolader kam hinzu. Vierfache Turboaufladung gab es zuvor nur bei Bugatti. Jedoch für Motoren mit vier Zylinderbänken, 8.0 Liter Hubraum und mindestens 1.000 PS. Der BMW-Dieselmotor jedoch leistet 400 PS. Ob sich ein ganzer Turbolader für die 19 PS Mehrleistung im Vergleich zum Vorgängermodell lohnt, ist allerdings fragwürdig. An sich handelte es sich hierbei nichtsdestotrotz um modernste und äußerst beeindruckende Technik. Und vier Turbolader unter der Haube zu haben, kann gewiss nicht jeder von sich behaupten.

Elektrischer Turbolader. Erstmalig von Audi auf den Schirm gerufen, aber eigentlich modernste Technologie aus der Formel 1, fasst eine neue Form der Turboaufladung inzwischen Fuß in den Fahrzeugen der Premiummarken. Der elektrische Turbolader wird nicht mehr vom Abgasdruck angetrieben, sondern von einem kleinen Elektromotor. Selbst für hohe Drehzahlen und viel Ladedruck im Serienfahrzeugbereich reichen hier Elektromotoren mit kW-Zahlen im einstelligen Leistungsbereich aus. Ein Turboloch entfällt damit endgültig. Der Turbolader und damit auch der Motor, haben hierdurch ein deutlich besseres Ansprechverhalten und keine Verzögerungsmomente mehr. Auch das Drehmoment kann so bei niedrigen Drehzahlen erhöht werden. Aus technischer Sicht ist ein elektrischer Turbolader effizient und performancestark. Aber auch hierbei geht durch die technische Neuerung wieder ein weiteres Stückchen Charakter und Charme verloren. Mercedes-Benz integriert als erste Marke in allen Modellen der Baureihe 206 (C-Klasse W206 ab 2021) den elektronischen Turbolader. Da bei der Baureihe 206 jede Motorisierung, wie auch mittlerweile bei allen anderen Modellen und Motorisierungen der deutschen Automobilhersteller mit einem Turbolader ausgestattet ist, sind hierbei nur noch elektronische Turbolader vorzufinden. Das gilt auch für die Flaggschiffe der AMG-Baureihe. Selbst der ursprünglich so hubraumstarke C63 AMG, welcher der Inbegriff für V8-Power und Hubraum unter den deutschen Autobauern war, steht jetzt nur noch als Hybrid mit Vierzylinder-Turbo und Elektromotor da. In den Augen vieler Kenner und Autobegeisterten ist dies totale Blasphemie und ein absolutes No-Go! Auch hier büßt der Charakter wieder ein. Denn in einem sind sich alle einig: Ein V8-Sauger, auch ein V8-Biturbo, wie er zuletzt im C63 AMG eingesetzt wurde, ist um Längen charakteristischer als ein Vierzylinder-Turbo oder gar ein Hybrid.

Verschleiß. Wo immer mehr und mehr Turbotechnik zu finden ist, da kann auch mehr kaputt gehen. Vor allem betrifft das die empfindlichen Turbolader an sich. Aber auch die ganze Elektronik und Sensorik, die heutzutage in Verbindung mit dieser Technik eingesetzt werden. Turbolader sind an sich recht sensible Bauteile, bei denen man wissen muss, wie man sie zu fahren hat, um Verschleiß möglichst zu vermeiden. Bei manchen mehrfach aufgeladenen Fahrzeugen existiert auch das Problem, dass man bei einer Reparatur nicht nur einen Turbolader ersetzen kann. Aufgrund der aufeinander angepassten Einstellungen und Geometrien der Turbolader muss bei manchen Modellen gleich der zweite Lader ebenfalls ersetzt werden. Es gibt auch immer wieder Schrauber und Autofreaks die behaupten ein Turbolader wäre ein grundsätzliches Verschleißteil. Zum Beispiel wie eine Kupplung oder Bremsscheiben. Dem ist allerdings definitiv nicht so. Wenn ein Turbolader unter Verschleiß leidet, so hat dies immer technische Gründe, die vermieden werden können. Vorausgesetzt der Lader ist aus hochwertigem Material gefertigt und richtig konstruiert, wie es die Norm sein sollte. Man muss lediglich wissen, wie man einen Turbomotor richtig zu behandeln hat, damit der Verschleiß nahezu Null ist. Dafür gibt es vor allem vier wichtige Regeln.

1. **Kaltstart.** Nach dem Start des Motors nicht direkt Gas geben, sondern eine kurze Wartezeit einlegen bevor man losfährt. Die Rede ist hier lediglich von wenigen Sekunden. In denen kann sich das Motoröl überall verteilen und entsprechend auch den Turbolader erreichen. Dies ist sehr wichtig, damit dieser geschmiert wird, bevor er anfängt mitzuarbeiten. Denn im Leer-

lauf kommen die meisten Turbolader in der Regel gar nicht zum Einsatz. Mit Öl werden sie aber dennoch versorgt. Deshalb ist es wichtig, dass der Motor kurz läuft, bevor der Turbolader zum Einsatz kommt.

2. **Warmfahren.** Bis der Motor nicht halbwegs warm ist, sollte man Drehzahlen oberhalb der 3.000 Umdrehungen vermeiden. Das gilt auch für Vollgas, da Motor als auch Turbolader dabei unter größter Belastung stehen. Wenn die mechanischen Teile und das Motoröl eine entsprechende Temperatur erreicht haben, vertragen sie die Volllast nicht nur deutlich besser, sondern es ist auch gleichzeitig eine optimale Schmierung gewährleistet. Sportliche Fahrzeuge haben oft eine Öltemperaturanzeige. Nicht unbedingt eine Analoge mit Zeiger, sondern zum Beispiel im Bordcomputer oder im FIS (**F**ahrer**i**nformations**sys**tem) zwischen Tacho und Drehzahlanzeige. Die Öltemperatur ist entscheidend, nicht die Kühlwassertemperatur. Hat man allerdings keine Anzeige für die Öltemperatur, dann kann man sich alternativ nach der Kühlwassertemperatur richten. Bei 90°C ist die ideale Temperatur erreicht. Meistens hat das Öl dann ca. 70°C erreicht. Ab da ist es auch größtenteils für die volle Belastung einsatzbereit. Allerdings ist das eher eine Faustformel. Vor allem im Winter können durch die niedrige Außentemperatur bedingt, erhebliche Abweichungen zwischen Öl- und Kühlwassertemperatur entstehen. Möchte man auf Nummer sicher gehen, lässt man sich einfach noch ein paar Minuten mehr Zeit. Für jemanden, der sein Auto liebt und pfleglich behandeln möchte, sollte dies kein Problem darstellen.

3. **Kaltfahren.** Wenn der Motor richtig "geprügelt" wurde und man öfter Vollgas gegeben oder zuletzt eine Beschleunigungsorgie durchgeführt hat, dann sollte man ihn erst "kaltfahren". Das heißt, dass man circa auf den letzten zwei bis drei Kilometern keine übermäßige Beanspruchung mehr von seinem Gefährt verlangt, sondern ganz normal und besonnen fährt. Dabei wird das Öl wieder ein bisschen heruntergekühlt und der Turbolader erreicht keine hohen Drehzahlen mehr.

4. **Nachlaufen lassen.** Ist man am Ziel angekommen, kann man den Motor kurz ein wenig nachlaufen lassen. Eine halbe Minute dürfte in der Regel voll und ganz ausreichen. Dies empfiehlt sich

eigentlich auch nach jeder normalen Fahrt. Der Sinn besteht darin, dass der vielleicht noch nachdrehende Turbolader weiterhin vom Motor geschmiert werden kann. Turbolader können sehr hohe Drehzahlen erreichen und möglicherweise noch im Bewegungszustand, also am Auslaufen sein, wenn der Motor bereits abgestellt wird. Der Reibungswiderstand der Turbinen ist äußerst gering, weshalb Turbolader noch recht lange nachdrehen, bevor sie zum Stillstand kommen. Stellt man bei Erreichen des Ziels einfach den Motor ab und der Turbolader dreht noch aus, weil seine vorherige Drehzahl möglicherweise recht hoch war, wird er nicht mehr geschmiert. Hier tritt in der Regel auch der höchste Verschleiß bei den meisten Turbos auf, da viele Menschen diese kleine, aber goldene Regel nicht beachten. Turbolader können bis zu 300.000 Umdrehungen pro Minute erreichen. Das ist wahnsinnig viel. Zum Vergleich: Ein normaler Benzinmotor macht durchschnittlich maximal 6.000 Umdrehungen pro Minute. Ein normaler Diesel macht 4.000 U/min. Moderne Benziner, die ausschließlich in Sportwagen zum Einsatz kommen, drehen auch schon mal bis 9.000 Umdrehungen. Die Motoren in der Formel 1 erreichten Mitte der 2000er Jahre sogar Motordrehzahlen von bis zu 19.000 U/min. Mittlerweile ist ihre Drehzahl auf 15.000 Umdrehungen begrenzt. Ein Turbolader macht im Gegensatz dazu utopisch hohe Drehzahlen. Da ist es auch verständlich, dass die Turbine nicht von jetzt auf gleich wieder zum Stillstand kommt, sondern erst mal ausdrehen muss. Dies kann eine ganze Weile dauern, da sie sich mit sehr wenig Widerstand dreht und entsprechend nur schwach gebremst wird. Während dieser Zeit muss der Turbolader noch geschmiert werden. Wenn der Motor einfach abgestellt wird, ist dies nicht mehr der Fall. Daher ist bei zuvor hoher Beanspruchung eine abschließende kurze Nachlaufzeit und / oder ein Kaltfahren immer angebracht.

Ikonen. Die berühmtesten Motoren mit Turboaufladung sind vermutlich die Fünfzylinder von Audi. Diese wurden erstmals in der ehemaligen Rallye-Ikone Audi Quattro (200 PS - 306 PS) Anfang der 80er Jahre eingesetzt. Das eigentliche Rallye-Fahrzeug, dem das Serienmodell nachempfunden war, leistete damals bereits beachtliche 530 PS. Später in den

90ern generierte dann ein weiterentwickelter Fünfzylinder im Audi RS2 (2.2 R5T) bis zu 315 PS. Nachfolger des RS2 wurde der Audi RS4 B5, welcher einen modifizierten 2.7-V6-Biturbo bekam. Auch dieser ist unter turboaufgeladenen Aggregaten ziemlich berühmt. Er wurde zuvor aus dem Audi S4 B5 entnommen, wo er zunächst 265 PS und 400 Nm leistete. Nach dem Aufpeppeln entwickelte er eine stolze Leistung von 380 PS. Der Motor hatte, vor allem für damalige Verhältnisse, eine großartige Performance. Auch heute macht er noch neueren RS4-Modellen und anderen Konkurrenten in dieser Klasse die Beschleunigungswerte streitig. Als dieses Fahrzeug aktuell war, hatte keiner seiner Gegenspieler am Markt eine Chance gegen ihn. Seine typischen Dauerkonkurrenten, der C63 AMG von Mercedes-Benz und der BMW M3 konnten ihm seiner Zeit nicht das Wasser reichen. Heutzutage sind der Audi Quattro, der RS2 und auch der RS4 B5 unter Kennern hoch angesehen. All diese altertümlichen Turbomotoren von Audi werden auch in der Szene äußerst angepriesen und sind heute beliebter als je zuvor.

Wenn man von besonderen und berühmten Turboaggregaten spricht, darf man natürlich auch die Toyota Supra JZA (vierte Generation) mit dem berüchtigten 2JZ-GTE-Motor (3.0 R6TT, 330 PS) nicht vergessen. Das Gleiche gilt auch für das ebenfalls aus Japan stammende Gegenstück, den Nissan Skyline GT-R R34 (2.6 R6TT, 280 PS). Diese beiden Fahrzeuge erlangten nach den ersten zwei Fast-and-Furious-Filmen weltweite Berühmtheit. Heute sind sie ebenfalls begehrte Sammlerobjekte und erzielen bei Verkäufen seit einigen Jahren immer wieder neue und unglaubliche Höchstpreise.

Nissan Skyline GT-R R34. Zum Zeitpunkt des Erscheinens dieses Fahrzeugs, bestand zwischen den japanischen Fahrzeugherstellern eine Einigung. Es handelte sich dabei um eine freiwillige Selbstbeschränkung auf 280 PS. Ähnliche Einigungen gibt es auch schon seit einiger Zeit bei den deutschen Automobilherstellern. Bloß geht es dabei um die Endgeschwindigkeit und nicht um die Leistung. Dies ist der Grund, warum die meisten Autos aus Deutschland bei 250 km/h elektronisch abgeregelt sind. Die nächstsportlichere Motorisierung unterhalb des Skyline GT-R war der GT-T (2.5 R6T, 280 PS). Dieser Motor war dem des GT-R sehr ähnlich, allerdings war er bei weitem nicht so aufgepeppt. Doch auch er leistete bereits 280 PS. Aufgrund der freiwilligen Selbstbeschränkung gab Nissan den viel schnelleren GT-R aber ebenfalls mit 280 PS an. In Wahrheit, lagen Leistungsmessungen bei diesem Fahrzeug jedoch weit jenseits der 300 PS. Die Fahrleistungen des GT-R spiegeln dies auch wieder. Gut erhaltene RB26-Motoren leisten auch heutzutage noch 330 bis 340 PS, ohne Tuning versteht sich.

Die stärksten Motoren. Aktuell werden in Sachen Downsizing und Turboaufladung immer wieder neue Maßstäbe von der Automobilindustrie gesetzt. Ein hochgezüchteter Turbomotor jagt den nächsten. Auf der folgenden Seite ist eine Tabelle mit den aktuell leistungsstärksten Motoren nach Zylinderanzahl geordnet. Da sich die leistungsstärksten Ein- und Zweizylindermotoren in Motorrädern wiederfinden, wurde auf diese verzichtet. Es gibt zwar beispielsweise im Fiat 500 oder im Alfa Romeo Mito tatsächlich auch schon Zweizylinder-V-Motoren mit gerade mal 900 Kubikzentimeter Hubraum (0.9 Liter), aber diese fallen hier nicht in die Wertung. Denn die leistungsstärksten Ein- und Zweizylindermotoren sind definitiv noch in Motorrädern verbaut und nicht in Personenkraftwagen. Auf Hybridfahrzeuge wurde ebenfalls bewusst verzichtet, da es sich bei ihnen nicht um reine Verbrennungsmotorantriebe handelt. Ein Hybridfahrzeug besteht immer aus mindestens zwei oder mehreren Aggregaten. Darauf wird im Kapitel "Elektrofahrzeuge" näher eingegangen.

Stärkste Serienmotoren nach Zylinderanzahl

Motor	Leistung	Drehmoment	0-100	Vmax

Dreizylinder

Toyota Yaris XP21 GR

1.6 T	261 PS	360 Nm	5,5 s	230 km/h

Vierzylinder

Mercedes-Benz A45 AMG S W177

2.0 T	421 PS	500 Nm	3,9 s	>270 km/h

Fünfzylinder

KTM X-Bow GT2

2.5 T	600 PS	720 Nm	<3,0 s	>300 km/h

Sechszylinder

Porsche 911 991.2 GT2 RS

3.8 TT	700 PS	750 Nm	2,8 s	340 km/h

Achtzylinder

Koenigsegg Jesko

5.0 TT	1.600 PS	1.500 Nm	2,8 s	>480 km/h

Zehnzylinder

Dodge Viper SRT10				
8.4	649 PS	840 Nm	3,9 s	330 km/h

Zwölfzylinder				
Ferrari Monza SP				
6.5	810 PS	710 Nm	2,9 s	>300 km/h

Sechzehnzylinder				
Bugatti Chiron Super Sport				
8.0 TTTT	1.600 PS	1.600 Nm	2,4 s	490 km/h

Schön zu sehen ist, dass die stärksten Zehn- und Zwölfzylindermotoren nach wie vor reine Saugmotoren sind und auf Aufladung gänzlich verzichten dürfen. Bei den V10-Motoren leistet sich die inzwischen längst nicht mehr gebaute Dodge Viper ein Kopf-an-Kopf-Duell mit dem Lamborghini Huracán. Denn sein V10 leistet in der Performante-Version 640 PS. Die Viper hat also zumindest auf dem Papier gerade mal 9 PS mehr. Eigentlich würde der Platz des weltstärksten Serienzwölfzylinder dem Brabus Rocket 900 (6.2 V12TT, 900 PS und 1.200 Nm) gehören. Da Brabus allerdings keine eigenen Fahrzeuge herstellt, sondern nur getunte Modifikationen auf Basis von Mercedes-Benz-Modellen als eigene Fahrzeuge vermarktet, fällt der Rocket 900 raus. Noch stärker als der V10 und der V12 ist der weltstärkste Achtzylinder. Mit seiner Biturboaufladung ist er ihnen weit überlegen. Um genau zu sein, ist er sogar dem vierfach turboaufgeladenen W16-Motor des Bugatti Chiron überlegen.

Eigentlich führt der Chiron sämtliche Superlativen an. Aber in Sachen Beschleunigung hat der Koenigsegg mit dem V8 die Nase vorn. Der Chiron musste bereits mehrere dezente Niederlagen gegen schwächer motorisierte Fahrzeuge der Firma Koenigsegg einstecken. Zum Beispiel auch gegen den Agera RS (5.1 V8TT, 1.175 PS), welcher bei fairen Beschleunigungsrennen ab etwa 250 km/h am Chiron schlicht und ergreifend vorbeizieht. Doch mögen diese Fahrzeuge auch noch so sehr hochgezüchtet sein, in einem haben die Fans der hubraumstarken Saugmotoren Recht. Hubraum ist durch nichts zu ersetzen. Und zwar insofern, dass er immer die Grundlage für jeden Turbolader und jeden Kompressor bildet. Und möge der Turbolader noch so groß sein und der Motor noch so gut getunt sein, so sind die Grenzen der Leistungsausbeute doch letztendlich immer vom vorhandenen Hubraum abhängig. Und je mehr man von dieser Grundlage hat, desto einfacher und auch höher ist im Endeffekt die Leistungsausbeute.

Höchstmotorisierungen der Kompaktsportler

Kom-pakt-sport-ler	Motor	Leistung	Dreh-moment	0-100	Vmax
Audi RS3 8Y	2.5 R5T	407 PS	500 Nm	3,8 s	300 km/h
BMW M140i F20	3.0 R6T	340 PS	500 Nm	4,4 s	250 km/h
Ford Focus RS Mk3	2.3 R4T	350 PS	470 Nm	4,7 s	268 km/h
Merce-des-Benz A45 AMG S W177	2.0 R4T	421 PS	500 Nm	3,9 s	270 km/h

Sportversionen der Kompaktklasse

Kom-pakt-sportler	Motor	Leistung	Dreh-moment	0-100	Vmax
Audi S3 8Y	2.0 R4T	333 PS	420 Nm	4,7 s	250 km/h
BMW M135i F40	3.0 R6T	306 PS	450 Nm	4,7 s	250 km/h
Ford Focus ST Mk4	2.3 R4T	280 PS	420 Nm	5,7 s	250 km/h
Honda Civic Mk10 Type-R	2.0 R4T	320 PS	400 Nm	5,7 s	272 km/h
Hyundai i30					

33

PD N Performance	2.0 R4T	280 PS	392 Nm	5,4 s	250 km/h
Opel Astra J OPC	2.0 R4T	280 PS	400 Nm	6.0 s	250 km/h
Peugeot 308 GTi	1.6 R4T	272 PS	330 Nm	6.0 s	250 km/h
Renault Megane IV R.S. Trophy-R	1.8 R4T	300 PS	400 Nm	5,4 s	262 km/h
Seat Leon IV Cupra VZ	2.0 R4T	310 PS	400 Nm	4,9 s	250 km/h
VW Golf VII R Performance	2.0 R4T	333 PS	420 Nm	4,6 s	270 km/h

Tuning. Natürlich werden Turbolader nicht nur von den Automobilherstellern eingesetzt. Auch in Sachen Tuning und Rennsport bieten sie die höchste Leistungsausbeute. Die wohl effizienteste Form seine "Karre aufzumotzen" ist eindeutig das Turbotuning. Dabei werden ein oder manchmal auch zwei Abgasturbolader verbaut, wodurch der Motor einen großen Zuwachs an Leistung, Drehmoment und Performance erhält. Wenn man tuningtechnisch alle Register ziehen möchte und bei den ganz Großen mitmischen will, kommt man um einen Turbolader nicht herum. Oftmals werden hierfür auch Fahrzeuge ausgewählt, die bereits ab Werk turboaufgeladen sind und über einige Reserven verfügen. Sie eignen sich für gewöhnlich grundsätzlich auch für erneutes Turbotuning. Und dies in der Regel auch besser als Saugmotoren, da bei solchen einige zusätzliche Umbaumaßnahmen notwendig sind, wenn diese einen Turbolader erhalten sollen. Bekannte Beispiele für extremes Turbotuning jenseits der 1.000 PS sind unter anderem der Audi S4 und RS4 B5, die Generationen R32, R33 und R34 des Nissan Skyline GT-R sowie dessen Nachfolger der Nissan GT-R, die Toyota Supra JZA und auch einige Generationen des Porsche 911 Turbo. Diese Fahrzeuge sind äußerst tuningfreundlich und in der Superlative der Tuner sehr beliebt. Immer wieder werden sie auf 1.000 PS und mehr gebracht. Aber auch andere turboaufgeladene Fahrzeuge eignen sich sehr gut für Tuning und besitzen in der Regel immer hohe Leistungsreserven. Allerdings sind auch die Kosten bei dieser Form des Tuning am Höchsten. Für einen einfachen Turboumbau ohne sein Fahrzeug auf Hypercar-Niveau zu bringen, sind 10.000€ Umbaukosten absolut keine Seltenheit und noch ziemlich niedrig angesetzt. Meist kommt man hierbei auch schon auf deutlich mehr, je nach Leistungsausbeute. Wenn das Ganze eine etablierte Tuningschmiede übernimmt und man nicht selber schraubt, beläuft sich der Betrag auch gerne mal auf das fünf- oder zehnfache der zuvor genannten Summe. Fakt ist allerdings, dass man trotz der hohen Kosten beim Turbotuning die meiste Leistung für sein Geld bekommt. Auch im Verhältnis zum Saugertuning. Da sich bei Motoren mit Abgasturboladern deutlich mehr Hitze im Motor entwickelt, müssen bei einem Umbau immer entsprechende Kühlmaßnahmen getroffen werden. Dies gilt manchmal auch für Motoren, die ab Werk einen Turbolader haben und schon intensivere und komplexere Kühlkreisläufe besitzen, als beispielsweise Saugmotoren. Neben dem Turbolader an sich, hat man noch viele sekundäre Möglichkeiten die Leistung des Motors zu entfalten. Wichtig ist, dass von einem seriösen Tuner am Ende alle neuen Hardwarekomponenten mit einer Softwareoptimierung aufeinander abgestimmt werden und das Motorsteuergerät weiß, dass es nun andere Grenzen eingehen kann. Mit diesem wichtigen letzten Schritt sollte jede Tuningmaßnahme enden, bei der Hardwareteile am Motor verändert wurden. Denn erst wenn das Steuergerät die neuen Belastungsgrenzen kennt, kann es diese Teile miteinander harmonieren lassen und somit auch das Maximum an Leistung herausholen. Beim Tuning von turboaufgeladenen Motoren ist dieser Effekt der miteinander harmonierenden Teile auch immer größer als bei Saugern. Ob man nun ein neues Ansaugsystem verbaut oder zum Beispiel an der Abgasanlage die Vorkatalysatoren entfernt hat, um weniger Staudruck zu gewährleisten. Der Leistungszuwachs ist bei turboaufgeladenen Motoren grundsätzlich größer. Dies ist vor allem bei Softwareoptimierungen der Fall.

Fehlzündungen. Alles was knallt und Flammen schießt, lässt die Herzen von Autobegeisterten und Tunern höher schlagen. Meist findet man solche Erlebnisse in der Abgasanlage. Fehlzündungen entstehen dann, wenn Kraftstoff durch den Motor in die Abgasanlage gelangt. Dort entzündet sich dieser durch die extreme Hitze im Krümmer und explodiert schlagartig und unkontrolliert. Obwohl das Schauspiel noch vor den

Katalysatoren und den Schalldämpfern stattfindet, können hierdurch unglaublich laute Knalle und Schüsse aus der Abgasanlage kommen. In extremen Fällen kann die dabei entstehende Flammfront der Explosion sogar noch hinten aus der Abgasanlage herauskommen. Somit werden die Fehlzündungen dann für Zuschauer oder Passanten nicht nur hörbar, sondern auch sichtbar. In diesem Fall spricht man von "Füchsen". Der Name kommt durch die Schnelligkeit der auftretenden Fehlzündungen, sowie ihrer meist orangenen Farbe. Füchse entstehen bei starken Fehlzündungen durch die Kanalisierung: Die in der Abgasanlage entstehende Explosion kann ihre Energie nicht frei entfalten. Sie ist vielmehr durch das sie umgebende Metall eingeschlossen. Deshalb muss sie sich der inneren Form der Abgasanlage anpassen. Ist der Druck dabei groß genug, schießt die Explosion durch die gesamte Abgasanlage und kommt hinten aus dem Endrohr heraus. Was man dabei dann zu sehen bekommt, ist der Fuchs. Bei Autos, die dafür nicht ausgelegt sind, kann die Explosion Beschädigungen an Katalysator und Turbolader hervorrufen. Sportlich eingestellte Turbomotoren sind prädestiniert für Fehlzündungen. Bei ihnen entstehen sie deutlich leichter und deutlich heftiger. Wenn ein Motor tatsächlich Fehlzündungen macht, ist es jedoch völlig unterschiedlich, wann diese auftreten. Im Warmzustand, im Kaltzustand, bei mittlerer Drehzahl, bei hoher Drehzahl, unter Teillast oder unter Volllast. All diese Begebenheiten können eine Rolle spielen und das Auftreten einer Fehlzündung beeinflussen. Daher sind echte Fehlzündungen nicht mit hundertprozentiger Garantie auf Knopfdruck reproduzierbar. Meist treten Fehlzündungen auf, wenn man bei sehr hohen Drehzahlen unter Volllast schlagartig vom Gas geht. Die Grundvoraussetzung hierfür ist allerdings, dass ein Motor überhaupt Fehlzündungen macht. Bei einem eher alltäglichen normalem Aggregat mit nicht all zu viel Leistung treten Fehlzündungen in der Regel nicht auf. Sie gehören eher zu sportlicheren Motoren. Je sportlicher oder aber auch je schlechter ein Motor eingestellt ist, beziehungsweise je altertümlicher er läuft, desto größer ist die Chance auf Fehlzündungen.

Deaktivierte Schubabschaltung. Heutzutage gibt es dabei allerdings auch deutliche Unterschiede. Fehlzündungen sind nicht immer gleich Fehlzündungen. Der Ein oder Andere kennt dieses Phänomen vielleicht: Ein Golf R fährt an einem vorbei, der Fahrer gibt ordentlich Stoff, geht anschließend vom Gas und dann pöppelt und brabbelt es gefühlt erst mal eine halbe Minute aus der Abgasanlage. Weder knallt es richtig, noch kommt einem die Länge dieses akustischen Schauspiels authentisch vor. Es dauert gefühlt viel zu lange. Hierbei handelt es sich tatsächlich auch nicht mehr um echte Fehlzündungen. Es ist zwar eine abgeschwächte Art davon, jedoch sind diese tatsächlich nicht mehr von der Aufmachung des Motors abhängig. Natürlich entsteht das Pöppeln nicht einfach so. Und was man da hört ist real und keine Einbildung. Es sorgen auch keine Lautsprecher für diese Effekte. Selbstverständlich verbrennt dort noch Benzin in der Abgasanlage, was zweifelsohne zu diesen Geräuschen führt. Allerdings ist dies vom Hersteller oder auch in seltenen Fällen vom Tuner so gewollt. Moderne Motoren sind in der Regel alle turboaufgeladen. Damit haben sie schon mal eine gute Basis für charakteristische Fehlzündungen. Allerdings produzieren sie diese ohne elektronische Nachhilfe nicht mehr. Die Motoren heutzutage sind so dermaßen perfektioniert, dass charakteristische Dinge wie Fehlzündungen nicht mehr auf natürlichem Wege vorkommen. Aus technischer Sicht sind sie streng genommen ein Makel. Fehlzündungen können auch dann vorkommen, wenn ein Motor falsch eingestellt ist, die Zünd- oder Einspritzzeitpunkte nicht mehr stimmen oder wenn er gar kurz vor dem Verrecken ist. Moderne Motoren, vor allem hochgezüchtete Höchstmotorisierungen und Sportversionen, laufen so optimiert, dass Fehlzündungen bei Ihnen in der Regel nicht mehr auftreten. Dennoch gibt es einige unter ihnen, die welche produzieren. Oder zumindest so etwas in der Art. Hierbei handelt es sich um absichtlich gewollte elektronische Eingriffe des Motorsteuergeräts. Die Ventile des Motors gehen nach Gaswegnahme des Fahrers, schlichtweg weiter auf und zu. Dabei wird auch weiterhin Kraftstoff eingespritzt, was normalerweise nicht der Fall wäre, da der Motor bei Gaswegnahme nicht arbeiten und keinen Schub erzeugen soll. So gelangt dennoch Benzin durch den Motor in minimalen Mengen in die Abgasanlage. Diese Art der gefakten softeren Fehlzündungen zu programmieren, nennt man die Schubabschaltung deaktivieren. Die Schubabschaltung greift dann, wenn der Fahrer vom Gas geht. Der Vorschub wird abgeschaltet. Das bedeutet, dass normalerweise kein Kraftstoff mehr in den Motor eingespritzt wird. Dies geschieht um Kraftstoff zu sparen und gegebenenfalls auch die Motorbremswirkung nutzen zu können. Deaktiviert man nun für einen gewissen Zeitraum die Schubabschaltung, wird also dennoch Kraftstoff eingespritzt, obwohl der Motor keinen Schub mehr gibt und nicht mehr arbeitet oder zündet. So werden unnatürliche Fehlzündungen erzeugt. Doch der Nachteil hierbei ist, dass diese Art der Fehlzündungen meist leider absolut nicht authentisch klingt, zu leise ist und sich oft immer gleich anhört. Bei echten Fehlzündungen, die nicht programmiert wurden, hängt es wie bereits gesagt von mehreren verschiedenen Begebenheiten und Parametern ab, wann, ob und wie heftig sie auftreten. Daher ist auch die Art und die Häufigkeit ihres Auftretens variabel und praktisch kaum vorhersagbar. Programmierte Fehlzündungen jedoch, sind reproduzierbar. Daher sind sie bei vielen Autos immer gleich, was sie in Verbindung mit den anderen Nachteilen äußerst unauthentisch und langweilig wirken lässt. Viele Jugendliche finden dies zwar dennoch ansprechend und emotional, aber die wahren Autofans und Motorenfreaks missbilligen eine solche Programmierung und empfinden solche Motoren durch und durch als charakterlos.

Realbeispiel. Ein guter Freund von mir fährt einen Hyundai i30N Performance (2.0 R4T, 275 PS). An sich ein tolles Auto. Modern, viele sportliche Gimmicks, gut ausgestattet, preiswert, schnell, alltagstauglich und mit einer für einen Turbomotor halbwegs guten Performance gesegnet. Außerdem hat der Wagen eine Abgasanlage verpasst bekommen, die abartig laut ist. Bis zu 109 Dezibel macht die serienmäßige Abgasanlage des i30N. Um dies legal durchbekommen zu können, musste Hyundai tief in die Trickkiste greifen. Andere Kompaktsportler sind im Serienzustand bei Weitem nicht so laut. Auch Sportwagen und Premiumfahrzeuge nicht. Bei diesem Lautstärkeniveau bewegt man sich schon eher Richtung Ferrari, Lamborghini und Co. Und wie die meisten modernen Kompaktsportler mit Vierzylinder-Turbomotoren hat auch der i30N künstliche Fehlzündungen einprogrammiert bekommen. Im Sportmodus sind diese durch die geöffneten Klappen deutlich und sehr laut zu vernehmen. Als ich zum ersten Mal in diesem Auto gefahren bin, war ich zunächst beeindruckt. Der Klang war mir persönlich für einen Vierzylinder zwar zu laut, da dies auf die meisten Menschen schlichtweg sehr prollig wirkt. Aber die Fehlzündungen waren von beeindruckender Sorte. Nach ein paar Minuten verschwand meine Begeisterung allerdings. Ich musste feststellen, dass sich die Fehlzündungen bei jedem Mal komplett gleich anhörten und der Auftritt immer exakt derselbe war. Bei echten Fehlzündungen ist dies nicht der Fall. Sie sind immer unterschiedlicher Natur. Auch wenn der i30N wirklich ein tolles Auto ist, weil man sehr viel für verhältnismäßig wenig Geld bekommt, so ist das Schauspiel seiner Fehlzündungen schlichtweg vollkommen unauthentisch.

Realbeispiel. Für einen Kunden von uns, ließen wir eine Softwareoptimierung bei einem Golf VII R (Vorfacelift, 2.0 R4T, 300 PS) vornehmen. Der Kunde wünschte sich auch eine deaktivierte Schubabschaltung. Es sollte aber lautstärketechnisch alles im legalen und im schonenden Bereich bleiben. Der Tuner folgte seinem Wunsch. Anschließend war es so, dass der Golf bei jeder Gaswegnahme nicht knallte, sondern ewig lang herumpöppelte. Der Kunde fand das zunächst gut. Aber nach gerade mal drei Monaten kam er zurück. Er meinte, das Auto sei nicht mehr fahrbar. Das Brabbeln in der Abgasanlage wäre viel zu unauthentisch und zu lang. Mit der Zeit ging es ihm nur noch auf die Nerven. Er wollte das Auto am liebsten schon verkaufen, konnte dies aber zum Glück mit seinem Gewissen nicht vereinbaren. Denn das wäre tatsächlich zu schade gewesen, wo sein Unmut doch ausschließlich durch die neuen Tuningmaßnahmen kam. Der Tuner nahm die Programmierung der soften Fehlzündungen heraus und behielt dabei aber die Leistungssteigerung bei. Die Welt war wieder in Ordnung.

Ford Focus RS Mk2. Ein gutes Beispiel für ein bezahlbares, charakteristisches und sportliches Auto, welches echte und halbwegs laute Fehlzündungen ab Werk macht, ist der Ford Focus RS (2.5 R5T, 305 PS) in der zweiten Generation. Fehlzündungen passen zu diesem Fünfzylinderturboaggregat geradezu vorzüglich. Da kommt echtes Rallye-Feeling auf. Allerdings treten bei diesem Modell dadurch oftmals Katalysatorschäden auf. Stärkere Fehlzündungen sind nicht ohne und können den Katalysator, die Auslassventile als auch den Turbolader mit der Zeit beschädigen.

Antilag. Eine extreme und absichtlich hervorgerufene Form von Fehlzündungen wird im Rallye-Sport eingesetzt. Das sogenannte Antilag-System bewirkt absichtliche und sehr starke Fehlzündungen im Krümmer. Hierbei wird bei Gaswegnahme die übrige Luft, die der Turbolader noch bis zum Ausdrehen weiterschaufelt, nicht über einen Bypass weggeführt, sondern in die Abgasanlage vor den Turbolader geleitet. Dazu wird die Schubabschaltung deaktiviert, sodass weiterhin gezielt Kraftstoff durch den Motor in den Auspuff gelangt. Die Kraftstoffmenge ist in diesem Fall vergleichsweise auch nicht gerade sparsam. Durch die hohe Menge an Frischluft und Kraftstoff werden im Abgaskrümmer extrem starke Fehlzündungen erzeugt. Durch diese Explosion entsteht ungeheurer Druck. Dieser dient dazu den Turbolader auf abartigste Art und Weise auf Drehzahl zu halten, wenn kein Abgasstrom vom Motor kommt. Deswegen knallt es beispielsweise bei Rallye-Fahrzeugen lautstark, sobald der Fahrer vom Gas geht. All dies dient nur dazu den Turbolader nicht ausdrehen zu lassen, sodass er beim nächsten Gasgeben direkt einsatzbereit ist und sofort maximaler Ladedruck zur Verfügung steht. Diese Art der Drehzahlaufrechterhaltung ist geradezu diabolisch. Ein Turbomotor mit Antilag-System ist in voller Aktion wie ein Maschinengewehr im Dauerfeuer. Von den austretenden Füchsen als auch von der Schnelligkeit der Knalle und deren kurzen fast gar nicht vorhandenen Abständen untereinander. Wie man sich vorstellen kann, funktioniert das Antilag-System nur auf Kosten des Materials. Der Verschleiß ist hierbei extrem hoch. Im Rallye-Sport nimmt man dies in Kauf, da hier jede Zehntelsekunde zählt und die Motoren ohnehin oft gewechselt werden.

Kompressoren

Die zweite große Möglichkeit einen Motor aufzuladen oder aber einen Saugmotor im Serienzustand durch Aufladung zu tunen, ist neben dem Abgasturbolader, der Kompressor. Es gibt große längliche Kompressoren die bei hubraumstarken V-Motoren verbaut werden und dann wiederum kleine turbinenähnliche Kompressoren, die meist bei kleineren Reihenmotoren zum Einsatz kommen.

G-Lader. Zu ihnen zählen auch die berühmten G-Lader von VW, die entgegen dem Irrglauben vieler Leute keine Turbolader waren, sondern Kompressoren. Der Name "Lader" sorgte hierbei für Missverständnisse. Aufgrund ihres schneckenhausartigen Aussehens erinnerten sie an den Großbuchstaben "G". Einfachheitshalber wurden sie daher schlicht G-Lader getauft. Vom Konzept her waren sie aber ganz normale Kompressoren, die über den Motor angetrieben wurden. Technisch gesehen ist der Name "Lader" durchaus korrekt. Denn auch ein Kompressor lädt den Motor mit Ladedruck auf. Da die G-Lader allerdings relativ reparaturanfällig waren und auch die Leistungsausbeute, verglichen mit einem Turbolader, nicht all zu hoch war, verschwanden sie Ende der 90er-Jahre wieder vom Markt. In ihnen entsteht unter Last eine erhebliche Reibung. Außerdem benötigen sie zur vollen Funktion eine Reihe weiterer anfälliger sensibler Bauelemente. Da all diese als Verschleißteile galten und Reparaturen oder gar ein Austausch sowie auch die Herstellung dieser Lader sehr teuer waren, konnten sie sich nicht durchsetzen. Dass G-Lader überhaupt mit deutschen Aggregaten in Serie gingen, ist praktisch ein Wunder. Heute sind Autos mit den berühmten G40- und G60-Ladern seltene Sammlerstücke.

Technische Funktion. Über den Antrieb des aufladenden Aggregates ergibt sich auch der Unterschied zwischen Kompressor und Turbolader. Das Prinzip der Aufladung ist dabei zwar recht ähnlich, jedoch werden Turbolader und Kompressor völlig unterschiedlich angetrieben. Die Aufladung im Motor ist gleich: Luft wird durch eine Turbine in das Ansaugsystem des Motors gedrückt und dort verdichtet. Die Kraftstoffmenge wird entsprechend angepasst, die Explosionen werden kräftiger und mehr Leistung wird generiert. Der Unterschied ist allerdings, dass der Kompressor nicht vom Abgasdruck angetrieben wird, sondern vom Motorlauf selbst. Dies geschieht über einen zusätzlichen Riemen. Ähnlich wie zum Beispiel auch die Lichtmaschine, der Klimakompressor oder die Wasserpumpe angetrieben werden. Der Kompressor läuft also auch mit der Motordrehzahl mit, anders als der Turbolader. Bei besonders großen Kompressoren kann man dies auch hören. Sie verursachen ein extrem charakteristisches Geheul. Ein Kompressor sorgt zwar unterm Strich für mehr Power, aber auch hier macht man wieder gewissermaßen als erstes einen Rückschritt. Der Kompressor ist im Allgemeinen eine Tuningmaßnahme, um mehr Leistung zu generieren als auch die Effizienz des Verbrennungssystems zu steigern. Durch dieses neue vom Motor angetriebene Aggregat geht vorerst aber Leistung verloren. Ähnlich wie wenn sich bei Betätigung der Klimaanlage der Klimakompressor über eine Magnetkupplung zuschaltet und dann über den Keilriemen vom Motor mit angetrieben wird. Hierbei lässt sich zum Beispiel im Leerlauf auch ein kurzes Ruckeln oder Abfallen der Drehzahl beobachten. Manchmal auch ein Ansteigen der Drehzahl in Verbindung mit einem leicht unruhigerem Leerlauf, da der Motor dann mit größeren Zündungen den Leistungsverlust ausgleicht. Dadurch kann man vernehmen, dass der Motor sich nun mehr anstrengen muss und ein weiteres Aggregat antreibt. So verliert der Motor auch Leistung durch das Antreiben des Kompressors. Dieser wird direkt und ohne Kompromiss über die Kurbelwelle und den Riemen angetrieben. Das bedeutet also folglich, dass der Motor stärker belastet wird und so erst mal Leistung verloren geht. Er muss sich also mehr anstrengen um den Riemen und die Turbine anzutreiben, wenn man so will. Aber natürlich wird das um Längen wieder wett gemacht. Wird die angesaugte Luft unter Druck dann aber erst mal verdichtet, wird dadurch letztendlich so viel Mehrleistung generiert, dass der Motor den ursprünglichen Leistungsverlust für den Kompressorantrieb kompensiert und darüber hinaus noch ein ordentlicher Bonus herausspringt. Man hat also unterm Strich mehr Leistung und Drehmoment. In der Regel stuft man, sekundäre Aspekte mal außer Acht gelassen, das Kompressortuning als haltbarer und kultivierter ein, als das Turbotuning.

Leistungsausbeute. Da der Kompressor über die Motordrehzahl mitläuft, ist er auch immer unweigerlich davon abhängig. Damit ist die zusätzlich erzeugte Leistung immer begrenzt. Durchschnittlich ist ein zusätzliches Drittel der ursprünglichen Motorleistung durch Kompressoraufladung schon recht viel. Bei Turboaufladung hingegen sind bei Tuningprojekten Steigerungen der Leistung um mehrere hundert Prozent keine Seltenheit. Zum Beispiel generiert ein Golf V R32 (3.2 VR6, 250 PS) mit einem Biturboumbau der Firma "HGP" gut und gerne über 700 PS. Dies ist eine Steigerung um mehrere hundert Prozent. Mit normalen Kompressorumbauten ist dies nicht ohne Weiteres so leicht möglich. Um beim R32 zu bleiben: Dieser erreicht mit den aktuell von Tuningfirmen angebotenen Kompressorkits maximal 450 PS. Mit den richtigen Turboumbauten wäre er allerdings auch problemlos auf 1000 PS und mehr zu bekommen, wie man es oft bei Nissans Flaggschiff, dem GT-R, sieht.

Bezeichnungen. Kompressoraufladung wurde bei normalen Straßenfahrzeugen vor allem gerne von Mercedes-Benz eingesetzt. Bevorzugt bei Vier- und Achtzylindermodellen, während die Sechszylinder und die Zwölfzylinder meist ohne Aufladung blieben. Anders als bei Audi, wo ein V6-Motor im S4 B8, im S5 8T und in weiteren Modellen eingesetzt wurde und mit einem Kompressor 333 PS und 440 Nm leistete. Dieses Aggregat war übrigens auch für seine positive Streuung bekannt. Allerdings stand an den Fahrzeugen verwirrenderweise V6T, was in der Regel eigentlich die Bezeichnung für eine Turboaufladung ist. Normalerweise wäre stattdessen V6K die korrekte Bezeichnung gewesen. Die Marketingabteilung des Konzerns war der Ansicht den V6 als turboaufgeladen zu kennzeichnen, da sich der Kunde damit besser identifizieren könne. Ähnliches gab es auch schon bei den damaligen VR-Motoren im VAG-Konzern. Egal ob sie in einem VW, Audi, Škoda, Porsche oder Seat zum Einsatz kamen, statt VR6 wurden sie immer als V6 betitelt. So auch die VR5-Motoren. Diese wurden als V5-Motoren bezeichnet. Der Grund war auch hier der Gleiche. Im Allgemeinen sind Turbolader tatsächlich bekannter als Kompressoren und V-Motoren sind bekannter als VR-Motoren. Dafür allerdings gleich die Bezeichnung zu ändern und damit praktisch eine Falschangabe zu machen, erscheint auch im Nachhinein fragwürdig.

Hypercars. Wenn man mal von den US-Amerikanischen Pony- und Muscle-Cars absieht, sind im sportlichen Segment nur zwei Marken bekannt, die ihre Fahrzeuge bevorzugt mit Kompressoren aufladen. Und ausgerechnet beide kommen aus Skandinavien und bauen extrem schnelle exotische und seltene Hypercars.

1. **Koenigsegg.** Die schwedische Hypercar-Schmiede Koenigsegg duelliert sich mit ihren High-Performance-Modellen regelmäßig mit der französischen Marke Bugatti (VAG) und der US-Amerikanischen Tuningmarke Hennessey. Dabei geht es immer wieder um den Platz des schnellsten Seriensportwagenherstellers der Welt.
2. **Zenvo.** Der dänische Sportwagenhersteller Zenvo, dessen Fahrzeuge ähnlich schnell und stark motorisiert sind, wie die bereits zuvor genannten Marken. Auch sie befinden sich bei ihren Modellen mit über 1.000 PS im Hypercar-Bereich.

Nachfolgend findet sich eine Übersicht über die schwedischen und dänischen Supersportler, die jeweils mit Kompressoren aufgeladen sind. Ausschließlich der Koenigsegg CC verfügt hingegen in mehreren Variationen über Kombinationen aus Kompressor- und Turboaufladung. Anbei sind auch noch nennenswerte US-Amerikanische Muscle-Cars und Supersportwagen, welche in der Höchstmotorisierung ebenfalls mit einem großen Kompressor ausgestattet sind. Die Autos in der nachfolgenden

Liste sind die stärksten kompressoraufgeladenen Serienfahrzeuge der Welt.

Kompressor-Hypercars

Fahrzeug	Aufladung	Leis-tung	Dreh-mo-ment	0-100	Vmax
Koenigsegg CCXR 4.8 V8	Bi-Kompres-sor	1.018 PS	1.060 Nm	3,1 s	>400 km/h
Zenvo ST1 6.8 V8	Turbolader + Kompressor	1.104 PS	1.430 Nm	3,0 s	>375 km/h
Zenvo TS1 5.8 V8	Bi-Kompres-sor	1.119 PS	1.139 Nm	3,0 s	>375 km/h
Dodge Challenger SRT Demon 170 6.2 V8	Kompressor	1.039 PS	1.281 Nm		
Chevrolet Corvette C7 ZR1 6.2 V8	Kompressor	765 PS	969 Nm	3,0 s	342 km/h
Chevrolet Camaro ZL1 6.2 V8	Kompressor	659 PS	881 Nm	3,6 s	318 km/h

Wie man unschwer erkennen kann, ist die Performance der Skandinavier großartig. Ihr Gebiet ist zweifelsfrei die Königsdisziplin. Sie spielen in der Superlative ganz vorne mit. Da können die Amis nicht wirklich mithalten. Aber ein Muscle-Car spielt sowieso in einer anderen Liga, als ein europäisches Hypercar. Diese Fahrzeuge wurden hier lediglich zusammen aufgelistet, da sie allesamt zu den Königen der Kompressormotoren zählen.

Dodge Challenger. Aber auch die US-Amerikanischen Boliden sind alles andere als langweilige Kandidaten. Sie alle sind einzigartige Kampfansagen. Ein besonderes Modell unter ihnen sprengt einige Grenzen im Bereich der Serienfahrzeuge. Die Rede ist vom Dodge Challenger SRT Hellcat (Deutsch: Höllenkatze). Auf Basis des "normalen" Challengers leistet die Hellcat in ihrer Standardversion bereits bis zu 727 PS. Diese unglaubliche Power generieren diese Fahrzeuge nicht nur aus ihren riesigen 6.2-Liter-V8-Motoren. Letztendlich sorgt ein gigantischer Kompressor mit Doppelturbine für die brachiale Power unter der Haube. Aber natürlich ist ein 6.2-Liter-V8 auch eine bodenständige Basis für so viel Leistung. Dieses Auto ist praktisch der natürliche Feind von Greta Thunberg. Allein der Kompressor der Hellcat hat einen eigenen Hubraum von 2,4 Liter. Das ist schon größer, als es heutzutage die meisten Motoren in gewöhnlichen PKW sind. Die beiden Turbinen schaufeln unter Volllast unglaubliche 30.000 Liter Luft in der Minute. Der kurioseste Fakt ist allerdings, dass der Kompressor allein an sich schon ganze 80 PS benötigt, um überhaupt angetrieben werden zu können. Gepowert von seinem riesigen Kompressormotor, verhält sich dieses Fahrzeug so brachial und oldschool, wie man es von einem echten Muscle-Car nur erwarten kann. Die Hellcat ist rau, brutal und ungeschliffen. Das Auto treibt einem beim Fahren regelrecht die Schweißperlen auf die Stirn. Doch obwohl die Hellcat die eigentliche Höchstmotorisierung des Challengers ist, besitzt auch sie noch mal eine eigene Höchstmotorisierung namens Redeye. Als wären die über 700 PS in der Hellcat nicht genug, leistet der Redeye sogar 808 PS. Redeye ist allerdings nur ein Namenszusatz der Hellcat, da es sich hier nicht um ein neues Modell oder eine andere Variante handelt. So wird der komplette Name dieses Autos immer länger und lautet vollständig Dodge Challenger SRT Hellcat Redeye. Doch auch der Redeye ist beim Challenger noch nicht das Ende der Nahrungskette. Oberhalb der Hellcat und dem Hellcat Redeye ist noch eine letzte gesteigerte Variante angeordnet. Es handelt sich um den Demon (Deutsch: Dämon). Er ist allerdings wiederum ein eigenständiges Modell des Challengers und keine weitere Variante der Hellcat. Sein Motor leistet 851 PS und irrwitzige 1.044 Nm, vorausgesetzt er bekommt hochqualitatives Benzin. Dieses Fahrzeug ist komplett auf Dragracing ausgelegt. So wird er ausschließlich mit Widebody-Kit und Semislick-Bereifung ab Werk ausgeliefert. Auf Wunsch des Kunden kann auch der Beifahrersitz fernbleiben sowie die Rückbank durch einen Überrollkäfig zur Stabilisierung ersetzt werden. Als 2023 endgültig die letzten Challenger vom Band liefen, brachte Doge zum Abschluss dieses grandiosen Muscle-Cars noch mal eine leistungsgesteigerte Sonderversion des Demon heraus: Der "170" leistet 1.039 PS und brachiale 1.281 Nm. Und all diese sagenhafte Power wird ausschließlich an die Heckachse übertragen. Wenn ihr "Toretto" also auch noch ein Zehn-Sekunden-Auto für kalifornische Viertelmeile-Rennen schuldet, seid ihr mit diesen Höllenmaschinen schon verdammt nah dran (kleine Fast-&-Furious-Anspielung).

Muscle-Cars und Pony-Cars. Auch der auf der gleichen Plattform gebaute fünftürige Dodge Charger, hat eine Hellcat- und eine Redeye-Variante bekommen. Die Motoren blieben dabei genau gleich. Als großer Bruder des Challengers gilt der Charger allerdings nicht, weil er kein Coupé ist, sondern weil er eigentlich eine Fahrzeugklasse größer ist. Zumindest innerhalb des Segmentes der sportlichen US-Amerikanischen Boliden. Tatsächlich galten vor wenigen Jahrzehnten Fahrzeuge wie der Ford Mustang, der Dodge Challenger und der Chevrolet Camaro nicht als Muscle-Cars, sondern als die kleineren Pony-Cars. Aus verschiedenen Gründen hat sich dies über die Jahrzehnte allerdings geändert. Die wahren Muscle-Cars (Chevrolet Chevelle, Chevrolet Impala, Pontiac GTO) sind leider längst ausgestorben und von der Bildfläche verschwunden. Mit Ausnahme des Dodge Charger. Die eigentlichen Pony-Cars (Chevrolet Camaro, Ford Mustang, Plymouth Barracuda, Pontiac Firebird, Dodge Challenger) sind, wie eigentlich alle Automodelle, über die Jahre deutlich breiter und größer geworden. Sofern sie heute noch existieren, sind sie gewissermaßen mit jeder neuen Generation ein Stückchen mehr zum Muscle-Car herangewachsen. Heutzutage haben sie längst die ursprüngliche Größe der alten Muscle-Cars erreicht und auch bereits übertroffen. Um ehrlich zu sein, sind die heutigen Muscle-Cars geradezu abartig groß geworden. Vor allem wenn man bedenkt, dass sie nur dreitürige Sportcoupés sind. Von den Maßen her sind sie sogar größer als so mancher Kombi und so manches SUV. Allerdings lässt sie dies natürlich super aussehen und äußerst bullig wirken.

Funfact. Der Dodge Challenger und der Dodge Charger basieren beide auf einer Plattform der Mercedes-Benz S-Klasse. Dies legt ebenfalls nahe wie groß diese Autos sind.

Marktsegmentierung. Die Segmentierung der sportlichen Autos von amerikanischen Herstellern wurde mit der Zeit sehr vielschichtig und unüberschaubar. So gab es unter anderem im sportlichen Bereich Muscle-Cars, Pony-Cars, Mid-Size-Cars, Full-Size-Cars, kleine Sportcoupés und große Sportcoupés. Auch dies war ein Grund, warum die Pony-Cars mit der Zeit fälschlicherweise als Muscle-Cars bezeichnet wurden. Hinzu kamen auch noch Supersportwagen wie Chevrolet Corvette, Ford GT und Dodge Viper. Jedoch ließen sich diese wenigstens deutlich von den anderen unterscheiden und somit besser abgrenzen.

Chevrolet Camaro. Unter den heutigen Muscle-Cars ist die Hellcat allerdings nicht die einzige kompressoraufgeladene Supervariante. Auch der Mustang und der Camaro haben spezielle Höchstmotorisierungen bekommen. Selbstverständlich sind diese ebenfalls mit V8-Kompressor-Motoren ausgestattet. Die Höchstmotorisierung des Camaros ist der ZL1. Auch sein V8 hat 6.2 Liter Hubraum. Mit der zusätzlichen Kompressoraufladung leistet er 659 PS und kommt damit nahe an die Standard-Hellcat heran. Vom Fahrwerk her ist er trotz seiner Größe nicht nur für das Geradeausfahren gemacht, sondern durchaus auch zu anderen Scherzen fähig. Grundsätzlich durfte sich der Camaro auch immer als etwas sportlicher bezeichnen, als seine beiden Konkurrenten. Seine Fahrwerkstechnik war in nahezu jeder Generation moderner als beim Challenger und vor allem auch als beim Mustang, denn dieser hatte bis 2014 sogar noch eine Starrachse im Heck verbaut. Dies ist eine sehr veraltete und primitive Form der Radaufhängung. Anschließend überarbeitete Ford bei der nachfolgenden Generation sowohl die Fahrwerks- als auch die Motorentechnik tiefgründig. Dass Muscle-Cars trotz ihrer ungeschliffenen rohen Power vom Ruf her eher als träge und unsportlich bekannt waren, hatte einen Grund. Denn der ursprüngliche Sinn dieser Fahrzeuge war, der amerikanischen Arbeiterklasse einen erschwinglichen "Sportwagen" mit viel Power und knackiger Optik anbieten zu können. Dieses Konzept ging wunderbar auf und wurde von den Amis dankend angenommen. Daher gaben sich die Hersteller über Jahrzehnte hinweg größte Mühe bestimmte Preisgrenzen einzuhalten und diese nicht zu überschreiten. Wer also ein amerikanisches Muscle-Car mit einem deutschen Mittelklasse-Coupé vergleicht, wie es oft getan wird, sollte vor allem an das Preisleistungsverhältnis im Hinterkopf behalten. BMW M3 und M4, Audi RS4 und RS5 sowie Mercedes-Benz C63 AMG kosteten zu jedem Zeitpunkt mindestens das Doppelte wie vergleichbare Muscle-Cars aus den USA. Dafür waren sie moderner, ausgetüftelter, sportlicher und besser verarbeitet. Aber nichtsdestotrotz bekommt man bei den "dicken Amis" im Verhältnis sehr viel mehr für sein Geld.

Während es für die Hellcat nur optional ein Widebody-Kit (Kotflügelverbreiterung) gab, gab es für den ZL1 auch ein besonderes Kit mit aerodynamischen Akzenten und speziellen Luftführungen und noch sportlicherem Fahrwerk. Diese Variante nannte sich ZL1 1LE. Mit der sechsten Generation wurde der Camaro deutlich auf Performance getrimmt. Er wurde leichter, tiefer und kleiner. Seine Konkurrenten wurden dagegen größer und immer schwerer. Sein 6.2-Liter-V8-Sauger leistete statt 432 PS nun 461 PS (453 PS bei der EU-Variante). Zwar sind dies nur 21 PS mehr, doch wurde der Camaro von 0 auf 200 km/h ganze viereinhalb Sekunden schneller. Dies sind absolute Welten. Plötzlich konnte das Auto mit deutschen Sportcoupés wie dem BMW M4 oder dem Audi RS5 mithalten. Der Camaro ist ein wunderbares Beispiel dafür wie stark sich ein Auto verbessern kann, wenn man seine Auslegung in Richtung Performance ändert. Es ist wirklich ein Jammer, dass diese Autos nicht mehr gebaut werden. Und dies gilt nicht nur für Muscle-Cars wie den Camaro oder den Challenger, sondern auch für kleine Sportler wie den Ford Fiesta ST, den Focus RS, den Audi TT RS oder auch Supersportwagen wie den Audi R8.

Ford Mustang. Auch das berühmteste aller Pony- beziehungsweise Muscle-Cars bekam wie selbstverständlich eine kompressoraufgeladene Höchstmotorisierung mit V8-Motor. Hierbei handelt es sich um den legendären Ford Mustang Shelby GT500. In der sechsten Generation leistete dieses Ungetüm 770 PS. Allerdings hatte der GT500 keinen 6.2 Liter V8, sondern nur einen 5.1 Liter großen Motor. Durch die Kompressoraufladung und deutlich höhere Drehzahlen wird der mindere Hubraum zur Konkurrenz ausgeglichen und im Vergleich zum Camaro ZL1 leistungstechnisch sogar deutlich übertroffen. Drehzahl ist hierbei ein passendes Stichwort, denn der Mustang hat noch eine weitere Höchstmotorisierung, ähnlich wie beim Challenger. Der Shelby GT350 ist die etwas schwächere Variante, die auf einen Kompressor verzichtet. Stattdessen bedient sich der 5.2-Liter große V8 dem Hochdrehzahlkonzept und nimmt damit bereits sehr deutliche europäische Charakterzüge an.

Funfact. Der Ford Mustang ist laut dem Kraftfahrtbundesamt hinter dem Porsche 911 und dem Audi TT mittlerweile auf Platz drei der meistzugelassenen Sportcoupés in Deutschland. Damit ist er leider etwas "alltäglich" geworden, weshalb wahre Muscle-Car-Fans den Challenger und den Camaro deutlich mehr schätzen.

Tuning. Kompressormotoren sind sehr tuningfreundlich. Vonseiten der Softwareoptimierung liegt die Tuningeignung vor allem auch darin, dass man durch wenige zusätzlich simple Hardwareveränderungen schon einen großen Leistungszuwachs erreichen kann, wenn das Ganze anschließend neu abgestimmt wird. Da die Kompressorturbine über einen Riemen von der Kurbelwelle angetrieben wird, muss dieser über zwei Riemenscheiben laufen. Die erste Scheibe sitzt auf der Kurbelwelle und überträgt die Kraft auf den Riemen. Die zweite Scheibe, das sogenannte Kompressorrad, wird von dem Riemen angetrieben und dreht somit die Turbine. Ersetzt man dieses Kompressorrad durch ein kleineres, so verändert sich die Drehzahl der Turbine, während die Drehzahl der Kurbelwelle gleich bleibt. Durch eine höhere Drehzahl der Turbine ist mehr Ladedruck möglich, der in den Motor gelangt. Aber auch hier ist es nicht nur von Vorteil für die Leistungsausbeute, sondern auch von allgemeiner Wichtigkeit die Motorsteuerung noch auf die Umbaumaßnahmen mit einer Softwareoptimierung abzustimmen. Sinnvoll ist es bei solchen Tuningmaßnahmen auch einen haltbareren Riemen zu verbauen. Außerdem ist es in den meisten Fällen auch wichtig ein anderes Thermostat in den Kühlwasserkreislauf des Motors zu bauen, welches früher öffnet. Dies verstärkt die Kühlwirkung und wirkt verstärkter der tuningbedingten Hitzeentstehung entgegen.

Leistungs-steigerungen

Die wohl bekannteste und älteste Form des Tunings ist das Steigern der Motorleistung. Gegebenenfalls kann man hierzu auch das Verschärfen des Ansprechverhaltens zählen, auch wenn dieses nicht unbedingt die Motorleistung anhebt. Sogenanntes Leistungstuning wird heutzutage auch etwas progressiver ausgedrückt Performance-Tuning genannt. Allerdings gehören zur Performance eines Autos noch deutlich mehr Faktoren als nur die Leistung.

Leistungstuning. Motoren lassen sich auf verschiedene Arten tunen. Mit Abgasturboladern, Kompressoren, Softwareoptimierungen (Chiptuning) und dem Ersetzen von Serienteilen durch sportlicher ausgerichtete Tuningteile. Allerdings sei hier gleich zu Anfang gesagt: Beim Tuning macht man fast nie nur Schritte nach vorne. Das bedeutet, dass fast jedes Tuningobjekt nicht nur Vorteile, sondern auch immer mindestens einen Nachteil mit sich bringt. Tuningteile sind zwar in der Regel auf positive Wirkungen, also eine Verbesserung am Fahrzeug ausgelegt. Aber meist funktioniert dies nur teilweise oder macht sich bei alleiniger Anwendung des Teils gar nicht bemerkbar. Also vor allem dann, wenn man nur ein einziges Serienteil ersetzt. Wenn man zum Beispiel eine schärfere Nockenwelle einbaut, wird das Auto obenrum besser beschleunigen als vorher und in diesem Drehzahlbereich auch mehr Leistung entwickeln. Jedoch untenherum wird der Motor träger und benötigt länger um Drehzahl aufzubauen. Das meist vom Automobilhersteller recht ausgeglichene Drehzahlband wird einen höheren Kontrast entwickeln. In diesem Fall macht man also einen Schritt vor und einen Schritt zurück. Wenn man beispielsweise komplett aufs Ganze gehen will und einen Saugmotor auf Turboaufladung umbaut, wird man nicht nur mehr Leistung, mehr Drehmoment, bessere Beschleunigung usw. verzeichnen können. Man wird zum Beispiel auch feststellen, dass der Sound aus der Abgasanlage schlechter sein wird als vorher und dass der Charme vom natürlich beatmeten Saugmotor verloren geht. Der Sound wird gedämpfter und fauchiger. Manchmal auch rotziger. Vor allem bei Vierzylindermotoren. Hier macht man also einige Schritte nach vorne, aber dennoch auch wieder mindestens einen zurück. Doch dafür gewinnt der Motor natürlich auf ganz andere Art und Weise neuen Charme. Bei einzelnen Tuningmaßnahmen, vor allem im Bereich des Motorentunings, gibt es fast nie Win-Win-Situationen. Das heißt, dass allein eingesetzte Tuningobjekte oft tatsächlich sogar primär Nachteile mit sich bringen. Wenn man zum Beispiel am Motor nur eine einzelne Sache austauscht, hat das oftmals keine positive Auswirkung. Manchmal ergeben sich tatsächlich sogar Negative, wenn bestimmte Aspekte außer Acht gelassen werden oder das Tuningobjekt nicht mit weiteren Tuningteilen harmonieren kann. Ein offener Sportluftfilter, auch Pilz genannt, bringt eher Leistungsverlust statt den gewünschten Leistungszuwachs, wenn er im Motorraum platziert wird, wo sich auch der alte Luftfilter befand.

(Sportluftfilter)

Sportluftfilter. Ein Sportluftfilter benötigt eine Frischluftversorgung und eine Hitzeabschirmung, damit er auch eine Leistungssteigerung bewirken kann. Schließlich hat der Serienluftfilter diese Maßnahmen ja auch bekommen. Fallen sie also weg, saugt der Motor statt der frischen Luft vom Kühlergrill, aus dem Motorraum bereits erhitze Luft an. Hierdurch ergibt sich Leistungsverlust statt dem gewünschten Leistungszuwachs. Obwohl der Sportluftfilter durchlässiger ist und eine größere Ansaugfläche hat, womit die Hersteller solcher Tuningteile eine Mehrleistung und einen geringeren Kraftstoffverbrauch versprechen. In diesem Fall gilt: Die Automobilhersteller machen zwar manchmal Fehler und unterscheiden sich sicherlich untereinander auch in ihrer Qualität. Aber in der Regel wird ein Fahrzeug sowie der Motor in ihm über viele Jahre hinweg entwickelt und dies von hochbezahlten Ingenieuren und Designern. Vor allem in sportlichen Autos hat nahezu jedes Bauteil einen Sinn und eine

Bedeutung. Dies gilt vor allem bei Motoren. Zumindest die Meisten laufen genau so, wie es vom Automobilhersteller vorgesehen ist. Daher ergibt sich auch folgende Regel: Einzeln eingebaute Tuningteile haben vorerst oftmals einen negativen oder gar keinen Effekt. Erst nach Montage weiterer Tuningteile können diese gemeinsam ihre Wirkung entfalten.

Ram-Air-Effekt. Nehmen wir als Beispiel erneut den Sportluftfilter. Die originale Ansaugung verläuft in der Regel von der Ansaugbrücke, die auf dem Motor sitzt, durch den Motorraum zum Serienluftfilter, welcher sich hitzegeschützt in einem Kunststoffkasten befindet. Von dort aus verläuft diese dann weiter an den Kühlergrill des Fahrzeugs zu einer Öffnung, meist unterhalb der Motorhaube. Dort ist die Luft nicht nur frischer und kälter als im Motorraum, sondern sie wird auch durch die Fortbewegung des Fahrzeugs geradezu in das Ansaugsystem hineingedrückt. Entfernt man jetzt den Part zwischen dem Kühlergrill und dem Luftfilterkasten, so verliert man primär schon mal den sogenannten "Ram-Air-Effekt". Das heißt, der Fahrtwind, welcher in das Ansaugsystem gedrückt wird und den Motor minimal dabei auflädt, entfällt. Hierdurch entsteht Leistungsverlust. Befestigt man den neuen Sportluftfilter lediglich auf dem alten Ende der Ansaugung mitten im Motorraum, bekommt der Motor nur noch warme Luft. Dies mindert ebenfalls die Leistung. Es entstehen also gleich zwei negative Effekte. Die Ursache für den ersten negativen Effekt ist die warme Luft, die nun angesaugt wird. Die physikalische Erklärung hierfür ist, dass warme Luft weniger Sauerstoff enthält, weil sie eine niedrigere Dichte hat. Aber genau der Sauerstoff in der Luft ist es, der beim Verbrennen im Motorraum zusammen mit dem Kraftstoff reagiert und im eigentlichen Sinne benötigt wird. Eine angemessene Luftdichte ist also wichtig, damit auch der Sauerstoffanteil stimmt. Die Faustformel hierbei ist: Pro 6° wärmere Luft verliert der Motor 1% Leistung. In der Realität kann sich dies aber durchaus noch heftiger auswirken. Wird die Ansaugluft wärmer und sei es nur, weil sie aus dem Motor kommt und nicht mehr vom Kühlergrill, entsteht direkter Leistungsverlust. Oder anders ausgedrückt: Die Automobilhersteller haben sich schon etwas dabei gedacht, auch wenn das Serienansaugsystem meist unspektakulär aussieht und aus Kunststoff ist. Während einem dagegen die Tuningteilehersteller das Blaue vom Himmel versprechen, damit sich ihre Produkte verkaufen. Obwohl das Tuningteil an sich sinnvoll ist, da es mehr Luft durchlassen kann und meist auch gut aussieht, muss man immer diese sekundären Aspekte beachten, um wirklich eine sinnige und reale Leistungssteigerung zu haben. Ein offener Sportluftfilter kann übrigens auch den Klang eines Motors sehr zum Positiven verändern. Vor allem in Verbindung mit einem neuen Ansaugsystem aus Metall.

Felgen. Neue größere Felgen im Sinne eines Tuningobjektes berühren sogar gleich drei Bereiche des Tunings. Sie verändern die Optik, das Fahrverhalten und bewirken tatsächlich sogar auch eine Leistungsbeziehungsweise Drehmomentsveränderung. Auf größeren Felgen sind auch größere und breitere Reifen, meist mit niedrigem Querschnitt. Das sieht schicker aus und macht das Fahrverhalten des Fahrzeuges sportlicher. Der Wagen bekommt eine bessere Traktion durch die größere Auflagefläche auf der Straße und fährt sicherer in den Kurven. Aber es verändert sich auch das auf die Straße übertragene Drehmoment. Dadurch nimmt beispielsweise die Beschleunigung marginal ab. Denn die übertragene Kraft muss sich nun auf eine größere Fläche verteilen. Zudem haben größere Felgen mehr Masse, für die folglich mehr Kraft aufgebracht werden muss, um diese in Bewegung zu setzen. Auch der physikalische Hebel wird größer, was sich ebenfalls schlecht auf die Beschleunigung auswirkt. Und hinzu kommt auch noch der kleine aber nicht unbedeutende Punkt, dass durch die größere Felge und den damit meist sinkenden Querschnitt des Reifens der Komfort abnimmt. Das Fahrzeug wird härter und dämpft weniger Unebenheiten im Straßenbelag aus. Außerdem wird dadurch auch das Fahrwerk stärker belastet, weil es die fehlende Dämpfwirkung des neuen Reifens ausgleichen muss. Unterm Strich ergeben sich also zwei positive, aber viel mehr negative Resultate.

Geschmäcker. Hierbei sei gesagt, dass die Felgengröße und der Komfort natürlich Geschmackssache sind. Es gibt Menschen, die vermeiden grundsätzlich die Höchstmotorisierungen von Fahrzeugen, da sie ihnen aufgrund der Sportlichkeit viel zu tief gelegt und zu hart gefedert sind. Ihnen bietet das Gesamtpaket eines AMG, M oder RS zu wenig Komfort für den Alltag. Allerdings sind es gerade solche Fahrzeuge, die einem auch den meisten Spaß bieten können. Je mehr man bei einem Auto einen bestimmten Aspekt, wie zum Beispiel Sportlichkeit, hervorheben möchte, desto mehr müssen dafür auch andere Aspekte einbüßen. Eine leichte Ausnahme bilden hierbei die Kompaktsportler wie VW Golf R, Ford Focus RS, Hyundai i30N, usw. Sie schaffen es zumindest den größten Kompromiss zu bilden. Sie vereinen Alltagstauglichkeit mit Sportlichkeit sowie Platz und Stauraum mit Performance.

Realbeispiel. Vor vielen Jahren, als ich gerade frisch 18 war und von so manchem tollen Auto träumte, traf ich durch Zufall einen Cousin von mir abends in einer Kneipe. Er feierte dort ein Revival mit seinem ehemaligen Abijahrgang. Er war ein sehr kluger und erfolgreicher Mensch und außerdem ebenfalls ziemlich autobegeistert. Später arbeitete er sogar nach zwei absolvierten Studiengängen bei einem der weltweit größten Automobilherstellern in einer hohen Position. Als wir uns an diesem Abend in der Kneipe begegneten, setzten wir uns zusammen und tranken ein paar Bier. Damals teilte er mir mit, dass ich mir niemals einen RS, AMG, M, usw. kaufen sollte. Ich fragte ihn wieso. Er antwortete, dass diese Autos niemanden glücklich machen würden, weil sie so sehr auf Sportlichkeit getrimmt sind, dass andere Aspekte wie Alltagstauglichkeit, Komfort, Platz, usw. zu sehr einbüßen würden. Die Autos würden dadurch zu starke Antisympathien hervorrufen. Dies war natürlich nur seine persönliche Meinung und darüber hinaus äußerst subjektiv.

Aufbau von Motoren. Wenn man einen Motor großflächig tunen möchte, gibt es vor allem vier Bereiche in die sich alles kategorisieren lässt:

1. **Die Ansaugseite:** (Von Kühlergrill bis Motor) Sie besteht aus der Ansaugung, dem Luftfilter, der Ansaugbrücke, der Drosselklappe und den Einlasskanälen. Bei turboaufgeladenen Fahrzeugen kommen noch der Ladeluftkühler, das Schubumluftventil (Blow-Off / Pop-Off) und ein weiterer Ansaugweg hinzu. Dieser wird auch "Boostpipe" genannt, weil hierdurch der Ladedruck (Boost) gedrückt wird. Sicher kennt der Ein oder Andere das luftartige Zischen und Flattern, welches gerne mal bei sportlichen Autos in Videospielen oder Internetvideos kommt, wenn ein Gangwechsel vorgenommen wird oder der Fahrer vom Gas geht. Das ist das Schubumluftventil, welches diesen großartigen Sound verursacht. Sobald dieses allerdings von draußen deutlich zu vernehmen ist, wird mit an Sicherheit grenzender Wahr-

scheinlichkeit das serienmäßige Schubumluftventil entfernt worden sein. Dieses befindet sich für gewöhnlich in einem geschlossenem System, in dem es einen Bypass für den Ladedruck regelt. Ist es laut hörbar, wird es durch ein sogenanntes offenes Schubumluftventil, auch "Blow-Off" oder "Pop-Off", ersetzt worden sein. Dieses entlässt den Ladedruck vom Turbolader einfach in den Motorraum statt ihn in dem normalerweise geschlossenem System weiterzuleiten. Das Geräusch wird verursacht, wenn die Drosselklappe geschlossen wird. Dies passiert wiederum, sobald man den Fuß komplett vom Gaspedal nimmt. Daher treten diese luftigen Soundeffekte auch nur beim Gangwechsel oder bei Gaswegnahme auf. Auch wenn es noch so schön klingt, hat dies ursprünglich keinen akustischen Sinn. Denn der Turbolader dreht noch eine ganze Weile weiter, nachdem man vom Gas gegangen ist. Solange schaufelt er auch weiterhin Luft in das Ansaugsystem. Diese stößt dabei aber dann auf die bereits geschlossene Drosselklappe und schlägt daher wieder zurück auf den Turbolader. Dadurch wird er stark abgebremst und es entstehen gleich zwei Nachteile: Erstens verschleißt der Turbolader so stärker und zweitens benötigt er durch das Abbremsen viel länger, um seine Drehzahl wieder aufzubauen, wenn der Fahrer wieder Gas gibt. Daher nutzt man heutzutage ventilgesteuerte Bypasssysteme, welche die Luft von der Drosselklappe wieder in eine andere Stelle des Ansaugsystems leiten. Wenn dies geschieht, ertönt das beliebte luftige Geräusch. In geschlossenen Systemen mit Bypass ist es allerdings relativ leise.

2. **Die Abgasseite:** (Von Motor bis Auspuffrohre) Sie setzt sich aus den Auslasskanälen des Motors, dem Krümmer, dem Vorkatalysator, dem Hauptkatalysator sowie dem Vor-, Mittel- und Endschalldämpfer zusammen. Letzterer gehört zu den beliebtesten Tuningobjekten überhaupt. Bei turboaufgeladenen Fahrzeugen kommen noch der Abgasturbolader selbst und die Downpipe hinzu.

3. **Das Motorsteuergerät:** Hierbei handelt es sich einfach ausgedrückt um einen großen Computerchip, der Grenzwerte, Kennfelder und andere Informationen (die Software) gespeichert hat. Das Steuergerät wird pausenlos mit Informationen von ver-

schiedensten Sensoren gespeist. Diese werden stetig verglichen und anhand der entsprechenden Parameter entscheidet das Steuergerät, wie viel Kraftstoff dem Motor zugeführt wird, wie der Motor sich verhalten soll, was dafür getan werden muss, usw. Das Ziel eines Motorsteuergeräts ist es den Motor in jeder Lage je nach Anforderung optimal zu füttern und zu steuern. Dieses Thema wird im Tuningbereich immer wichtiger und immer präsenter. Deshalb gibt es hierzu ein komplett eigenständiges Kapitel in diesem Buch.

4. **Der Motor:** Im herkömmlichen Sinne besteht ein Ottomotor aus vielen physischen Bauteilen (die Hardware). Der Ventildeckel, die Nockenwellen, die Ein- und Auslassventile, der Zylinderkopf, die Ein- und Auslasskanäle, die Zündkerzen, die Einspritzdüsen, der Zylinderblock, die Kolben, die Kolbenringe, die Pleuelstangen, die Lagerschalen, der Zylinderboden und die Kurbelwelle.

(Vierzylinder-Flatplane-Ottomotor im Arbeitstakt)

Auch außerhalb des Motors finden sich wichtige Bauteile und Aggregate wie die Ölwanne, der Kühler, die Wasserpumpe, die Ölpumpe und ein oder mehrere Turbolader oder auch ein Kompressor. All diese Komponenten können durch Leistungsstärkere oder Größere ersetzt werden. Dies ist kostspielig, kann aber den Motor bei richtiger Anwendung zu einer absoluten Waffe machen.

Realbeispiel. Eines meiner ersten eigenen Tuningprojekte war ein Audi 100 C4 aus dem Jahre 1992. Er war mit einem 2.6 Liter V6-Motor ausgestattet, welcher 150 PS und 225 Nm leistete. Aus heutiger Sicht war das nicht gerade viel. Aber auch für damalige Verhältnisse lies das Ganze zu wünschen übrig. Bei der direkten Konkurrenz BMW und Mercedes-Benz generierten die Motoren bereits 150 PS aus Sechszylindermotoren mit gerade mal 2 Liter Hubraum. Also dieselbe Leistung aus deutlich kleineren Motoren. Unser Versuchsobjekt tunten wir mit einfachen und günstigen Mitteln. Das Ergebnis war, dass er viel agiler über das gesamte Drehzahlband wurde und einen deutlich aggressiveren Anzug bekam. Auch seine Beschleunigungswerte verbesserten sich. Zuerst wurde die Drosselklappe schärfer eingestellt. Wir haben den Bowdenzug zwischen Gaspedal und Drosselklappe neu eingespannt und schon hatte das Fahrzeug eine äußerst zackige Reaktion auf Gaspedalbewegungen. Dies ist heutzutage leider nicht mehr ohne elektronische Eingriffe möglich, da jedes halbwegs moderne Fahrzeug (ab ca. Baujahr 2000) über eine elektronische Gaspedalkontrolle verfügt. Darüber hinaus haben wir ein größeres Ansaugsystem aus Aluminium von der Ansaugbrücke bis zum Kühlergrill gelegt und vorne einen offenen Sportluftfilter montiert. Natürlich mit Kaltluftzufuhr und Hitzeabschirmung. Den alten Luftfilter haben wir samt Gehäuse entfernt. Dies brachte vor allem mehr Drehmoment. Zum Schluss hat das Motorsteuergerät noch eine Softwareoptimierung bekommen. Der Motor hat nun durch diese einfachen Maßnahmen seine vorherigen 150 PS auf schätzungsweise 175 PS gesteigert. Hierfür hatten wir zwar keinen Nachweis von einem Leistungsprüfstand, aber der V6 konnte nun mühelos mit Fahrzeugen zwischen 170 und 180 PS mithalten, was vorher nicht der Fall war. Und dabei hat er auch noch ein deutlich sportlicheres Ansprechverhalten an den Tag gelegt. Auch sein Klang hat sich ansaugseitig, also vom Motorraum aus, deutlich verbessert. Er ist kraftvoller und auch lauter geworden. Durch diese einfachen

Maßnahmen können Autos sehr viel emotionaler und charakteristischer werden.

Tuningmaßnahmen. Tuning an der Ansaug- als auch an der Abgasseite des Motors kann die Klangkulisse und die Lautstärke erheblich beeinflussen. Möchte man einen Saugmotor tunen, hat man zum Beispiel die Möglichkeit ein größeres Ansaugsystem mit einem besseren Luftfilter zu verbauen. Dabei ist, wie bereits erwähnt, auf Hitzeabschirmung und Kaltluftzufuhr sowie den Ram-Air-Effekt zu achten. Die Drosselklappe kann ersetzt und die Ansaugbrücke auf Einzeldrosselklappen umgebaut werden. Diese Maßnahme macht den Motor extrem scharf im Ansprechverhalten und verschafft ihm einen unnachahmlich charakteristischen Klang. Ein wunderbares Beispiel hierfür ist der BMW E46 M3. Sein Ansauggeräusch ist unnachahmlich. Die Seriennockenwellen können durch schärfere Nockenwellen mit einem höheren Winkel ersetzt werden. Hierdurch entfaltet sich die Leistung im oberen Drehzahlbereich sportlicher und stärker als zuvor. Wenn man einen zu hohen Winkel wählt kann allerdings der Leerlauf des Motors sehr unruhig werden. Dies hört man zum Beispiel oft bei amerikanischen Muscle-Cars und Corvettes. Dies wird in der Szene als "cammed" (von Camshaft, zu deutsch: Nockenwelle) bezeichnet. Darüber hinaus kann man ansaugseitig noch andere Zylinderköpfe und größere Ventile verbauen sowie die Einlasskanäle auffräsen und sie "flowimproven" (Deutsch: Durchfluss verbessern). Bei letzterer Maßnahme geht es darum die Strömung der Luft zu optimieren und die Verwirbelung im Zylinder zu verbessern. Weiterhin lassen sich Schmiedekolben und stärkere oder sogar "gecrackte" Pleuel verbauen. Letztere Bauteile sind ganz spezielle Motorteile aus dem Rennsportbereich. Sie werden nach der Herstellung absichtlich zum Bruch gebracht, also kaputt gemacht. Durch den Bruch wird die schwächste Stelle im Material ermittelt und anschließend verstärkt. Es werden also keine kaputten Teile verbaut, sondern "verbesserte".

Ganz wichtig ist es auch, das passende Motoröl zu fahren, da dies den Reibungswiderstand im Motor beeinflusst und tatsächlich somit auch die Drehfreudigkeit.

Auch abgasseitig lässt sich vieles tunen. Angefangen beim Krümmer, welchen man durch einen sogenannten Fächerkrümmer ersetzen kann.

Hierbei führen die einzelnen Abgasstränge über verschiedene Wege von den Zylindern weg. So kann der Abgasdruck besser vom Motor weggeführt werden und zusätzlich entsteht mehr Stauraum für die Abgase. Hier gilt: Je weniger Staudruck, desto mehr Leistung entfaltet der Motor. Die Ausnahme bilden Zweitaktmotoren. Sie benötigen wiederum einen gewissen Staudruck in der Abgasanlage, um ihre Leistung entfalten zu können. Diese Motoren findet man heute aber nur noch in Rollern, Motorrädern, Oldtimern und Gartenwerkzeugen, wie dem umgangssprachlich genanntem "Fichtenmoped" (Motorsäge).

Sportabgasanlagen. Doch bei Viertaktmotoren empfiehlt sich eine Abgasanlage mit wenig oder gar keinen Schalldämpfern, mit Sportkatalysatoren oder ebenfalls gar keinen Katalysatoren. Außerdem freuen sich turboaufgeladene Motoren über eine sehr große Downpipe (Hosenrohr) ohne Vorkatalysator. Selbst schon einzelne Komponenten der Abgasseite des Motors können viele Tausend Euro kosten. Nach oben gibt es bekanntlich keine Grenzen. Vor allem Sportkatalysatoren und Fächerkrümmer sind äußerst belastend für die Brieftasche. Aber auch einfache Sportabgasanlagen für sportliche Autos bewegen sich gerne im vierstelligen Bereich. Außerdem stößt man beim Tuning der Abgasanlage auch sehr schnell an die Grenzen der Legalität. Entfernt man einen Schalldämpfer, ist man aufgrund der hohen Lautstärke schon nicht mehr legal mit dem Auto unterwegs. Entfernt man einen Katalysator, kann man zusätzlich noch für Steuerhinterziehung angezeigt werden, denn ohne Katalysator verschlechtern sich die Abgaswerte und die Euro-Norm des Fahrzeuges. Man sollte also genau überlegen, was und wie man tunt und welche Grenze man überschreiten will oder vielleicht auch eben nicht. Hierzu findet ihr mehr im Kapitel "Sound". Nichts Anderes ist es auf der Ansaugseite des Motors. Auch hier kann man sich sehr schnell in gesetzeswidrigen Umbauten wiederfinden. Allerdings können diese nicht ganz so schnell und leicht wahrgenommen werden, wie es im Gegensatz dazu bei der Abgasseite des Motors der Fall ist. Die Lautstärke, die nach dem Entfernen eines Schalldämpfers entsteht, nimmt man deutlich stärker wahr. Und die Rauchwolke, die durch das Entfernen des Rußpartikelfilters beim Dieselmotor entstehen kann, sieht man ganz deutlich. Und der Geruch, der aus der Abgasanlage kommt, wenn man einen Katalysator entfernt, ist für Kenner und geschulte Polizisten ebenfalls ganz klar wahrzunehmen. Er erinnert stark an Rasenmäher oder Kartbahnen, weil dort die Abgase der kleinen Ottomotoren ebenfalls ungefiltert sind.

Softwareoptimierungen. Für welche Tuningteile und Maßnahmen man sich am Ende auch entscheidet, eine Sache ist dabei sehr wichtig: Im Anschluss nach den Umbauten sollte man eine ordentliche Softwareabstimmung am Motorsteuergerät vornehmen lassen. Wenn man beispielsweise all die zuvor genannten Teile verbaut, wird man mit Sicherheit einen großen Leistungszuwachs verzeichnen können. Und auch der Charakter des Motors wird äußerst zum Sportlichen tendieren. Er wird ein völlig neuer Motor sein und ein komplett anderes Feeling mit sich bringen. Doch erst mit einer richtigen Softwareabstimmung all dieser Teile können sie letztendlich vollständig miteinander harmonieren und der Motor die neue Leistung erst richtig entfalten. Durch eine solche Abstimmung lässt sich ca. noch mal das Doppelte des Leistungszuwachses hinzufügen.

Stages. Bei der Heftigkeit der Tuningmaßnahmen spricht man von sogenannten "Stages" (Stufen). Über diese kann man erkennen, wie stark ein Motor aufgemotzt wurde. In der Regel spricht man von Stage 1, Stage 2 oder Stage 3. Hierbei handelt es sich um klassische Tuningstufen in unterschiedlichen Ausführungen und Leistungssteigerungen.

1. **Stage 1:** Im klassischen Sinne handelt es sich bei einer Stage 1 lediglich um eine Softwareoptimierung. Alles andere am Motor bleibt im Originalzustand. Oftmals ist dies bei Turbomotoren eine effektive und beliebte Maßnahme.
2. **Stage 2:** Ab einer Stage 2 jedoch werden auch neue Hardwarekomponenten verbaut. Allerdings nur ansaug- und / oder abgasseitig und nicht im Motor selbst. Anschließend gehört auch hier eine Softwareoptimierung dazu.
3. **Stage 3:** Bei der letzten Stage werden dann zusätzlich zu den zuvor genannten Tuningmaßnahmen noch neue Turbolader, Kompressoren oder Innereien des Motors verbaut, um die Leistung maximal zu steigern und das Ganze auch haltbar zu gestalten. Auch hier wird zum Schluss die Software angepasst.

Dies sind die klassischen Varianten der Stages. Mittlerweile ist dies bis auf die Definition der Stage 1 allerdings ein wenig durcheinandergeraten. Die Tuningmaßnahmen der verschiedenen Stages unterscheiden sich mittlerweile in ihrer Definition je nach Unternehmen oder Tuner. Vor allem aber die privaten Hobbytuner vermischen die ursprünglichen Definitionen mit den Tuningmaßnahmen. Mittlerweile sprechen manche auch aufgrund von anderen Differenzierungen der Tuningmaßnahmen sogar von Stage 4 und Stage 5. Auch Dezimalzahlen treten mittlerweile auf. Der bekannte Tuner "Franz Simon" von "Simon Motorsport" spricht zum Beispiel gerne von Stage 1.5 oder Stage 2.5. Damit sind dann Mittelstufen zwischen den klassischen Stages gemeint.

Software-optimierungen

Eine Sparte des Tunings, die sich die letzten zwei Jahrzehnte so intensiv entwickelt hat wie keine Andere, ist das umgangssprachlich genannte Chiptuning. Aus technischer Sicht handelt es sich hierbei um die Optimierungen der Motorsteuerungssoftware. Dem Computerchip (Steuergerät), der den Motor steuert, werden durch eine solche Optimierung neue Grenzen gesetzt. Einfach ausgedrückt können dadurch mehr Leistung und Drehmoment zugelassen werden.

Turbomotoren. Diese Form der Leistungssteigerung rentiert sich vor allem bei aufgeladenen Motoren. Bei ihnen sind Zuwachs von Pferdestärken und Newtonmetern im mittleren zweistelligen Bereich normal. Bei neueren V8-Biturbo-Motoren von Audi, BMW und Mercedes-Benz in den RS-, M- und AMG-Modellen sind sogar auch Steigerungen von über 100 PS möglich. Und dies ausschließlich durch Veränderungen der

Seriensoftware, mit der das Motorsteuergerät arbeitet. Auch beispielsweise beim Nissan GT-R (3.8 V6TT, 485, 530, 550, 570, 600 PS) und bei dem inzwischen etwas älteren Audi RS6 C6 (5.0 V10TT, 580 PS) sind solche Leistungssteigerungen keine Seltenheit. Aktuelle RS-, AMG- und M-Modelle in den gehobeneren Fahrzeugklassen, sind durch ihre hubraumstarken Biturbomotoren und deren große Leistungsreserven geradezu für eine Leistungssteigerung durch bloßes Softwaretuning prädestiniert.

Kosten. Preislich geht eine Softwareoptimierung meist im hohen dreistelligen Bereich los. Je nach Arbeitsaufwand und Luxus- oder Sportwagenzuschlag sind sie auch im Kostensegment über 1.000€ angesiedelt. Oft kann man eine Softwareoptimierung ganz einfach per OBD-II-Anschluss vornehmen. Manchmal muss jedoch ein Motorsteuergerät erst ausgebaut und für die anschließende Neuprogrammierung vorbereitet werden. Leider ist es heutzutage nicht damit getan die Motorhaube zu öffnen und ein paar Schrauben zu lösen. Oftmals sind die Steuergeräte sehr versteckt und das auch nicht unbedingt im Motorraum. Außerdem ist es auch nicht immer einfach die originale Software vom Hersteller zu "knacken" und den Computer entsprechend zu programmieren, sodass man eine neue Software aufspielen kann. Daher ist bei manchen Autos der Arbeitsaufwand sehr hoch. Manche Fahrzeuge haben das Steuergerät mit der Karosserie verschweißt und wiederum Andere besitzen sogar zwei Steuergeräte, wie zum Beispiel der Audi R8 V10 für jede seiner zwei Zylinderbänke eines hat. Von daher kann es vorkommen, dass bei solchen Autos ein erstmaliges Chiptuning etwas teurer als ein paar Hundert Euro ausfällt. Schnell findet man sich hier auch mal im unteren vierstelligen Bereich wieder. Der Regelfall sind die zuvor genannten Punkte allerdings nicht. Im Sinne des Preisleistungsverhältnisses lohnen sich Softwareoptimierungen mehr als jede andere Art von Tuning.

Leistungsreserven. Motoren werden heutzutage ausschließlich über Elektronik und Software gesteuert. Manche werden dadurch ab Werk absichtlich regelrecht kastriert. Sie werden in verschiedenen Leistungsstufen auf den Markt gebracht, sind aber bis auf die Software komplett gleich. Allein durch das Aufspielen einer neuen Motorsteuerungssoftware lässt sich dabei die höchste Leistungsstufe entfalten und darüber hinaus meist sogar noch ein Bonus. Denn auch die höchste Leistungsstufe ist ab Werk nie am Limit, sondern hat meist ebenfalls noch Reserven, die absichtlich nicht ausgereizt werden. So lässt sich beispielsweise ein VW Polo R WRC mit serienmäßigen 220 PS ausschließlich durch eine Softwareoptimierung auf standfeste 310 PS bringen. Reserven wie diese haben unter anderem den Grund, dass viele Fahrzeuge für unterschiedliche Länder und Märkte entwickelt werden und den unterschiedlichen Gegebenheiten wie Umwelteinflüsse, atmosphärische Bedingungen, Kraftstoffqualitäten und gesetzliche Vorgaben angepasst werden müssen. Deshalb wird von den Automobilherstellern immer ein gewisser Spielraum vorgesehen. Und da heute bei modernen Motoren nahezu alles über den "Computer" gesteuert wird, ist hierdurch auch mittlerweile so einiges in Sachen Leistungssteigerung möglich geworden. Ein weiterer Indikator hierfür ist auch, dass Steuergeräte immer komplexer werden und immer mehr Berechnungen pro Sekunde durchführen können. Softwareoptimierungen rentieren sich für gewöhnlich in fünf Fällen:

1. **Aufladung.** Der Motor ist mit einem Kompressor oder idealerweise mit einem Turbolader ausgestattet. Hierbei ist es egal, ob das Aggregat Diesel oder Benzin verbrennt. Durch die Aufladung sind meist, im Gegensatz zu einem natürlich beatmetem Saugmotor, viel extremere Möglichkeiten der Leistungssteigerung gegeben.
2. **Hardwareveränderungen.** Der Motor hat gerade neue Tuningteile verbaut bekommen. Hierbei ist es egal, ob es sich um einen Sauger oder einen aufgeladenen Motor handelt.
3. **Schwächen.** Der Motor hat ab Werk Schwächen, die durch Fehlkonstruktionen oder unsachgemäße Programmierung zustande kommen. Hierfür sind sogar einige Saugmotoren das beste Beispiel. Darauf wird im Kapitel "Performance" ganz genau eingegangen.
4. **Drosselung.** Der Motor wurde ab Werk ausschließlich durch die Software in seiner Leistung und seinem Drehmoment begrenzt, da er ein niedriger motorisiertes Modell bedienen soll. Einfach ausgedrückt handelt es sich um eine gewollte Drosselung durch die Software.
5. **Leistungsreserven.** Der Motor ist für verschiedene Märkte ausgelegt und besitzt Reserven um angepasst werden zu können.

Saugmotoren. Ein normal laufender Sauger ist dagegen nicht gerade für Softwareoptimierungen prädestiniert. Dies sind für gewöhnlich eher die Turbomotoren. Allerdings stimmt es auch nicht, wie immer wieder unter Kennern und Autofans behauptet wird, dass bei einem Sauger durch ein Chiptuning rein gar nichts zu erreichen wäre. Es ist lediglich so, dass der Leistungszuwachs im Vergleich zu aufgeladenen Motoren sehr gering ausfällt und nicht immer spürbar ist. Oftmals dient eine Softwareoptimierung der Motorsteuerung auch erst mal nur dem Erreichen der Serienleistung, die das Fahrzeug schon im Voraus nicht leistet. Leider hat man dieses negative Phänomen bei Saugmotoren im sportlichen Bereich recht häufig. Meist lohnen sich Softwareoptimierungen bei Saugmotoren also nur, wenn sie ab Werk bereits über die Software absichtlich eingeschränkt wurden, sie ab Werk eine fehlerhafte Software haben oder sie von ihrem Besitzer bereits mit neuen Bauteilen versehen wurden. Von daher ist Chiptuning meist "Turbosache". Bei ihnen ist die Leistungsausbeute und der Drehmomentzuwachs um ein Vielfaches höher und mindestens im zweistelligen Bereich angesiedelt.

Individuelle Abstimmung. Wichtig ist auch, dass man bei einem seriösem Tuner eine ordentliche Abstimmung vornehmen lässt. Besonders empfehlenswert ist es keine Software "von der Stange" zu nehmen, die einfach nur allgemein für den Motor in dem jeweiligen Fahrzeug geschrieben wurde. Es gilt also vorprogrammierte Massenprodukte zu vermeiden. Man sollte eine Softwareoptimierung grundsätzlich bei einem Tuner vornehmen lassen, der das Fahrzeug auf dem Prüfstand oder auf der Straße misst, den Istzustand ermittelt und darauf den Motor individuell abstimmt. Dies dient einerseits der Schonung des Motors und andererseits vor allem auch einer effizienteren Leistungsausbeute. Vor allem, wenn man bereits zuvor Tuningteile verbaut hat, da diese nur von einer richtigen individuellen Abstimmung erfasst werden. Nur so kann das Motorsteuergerät auch die neuen Verbesserungen einbeziehen. Ein "Stangenchip" aus dem Internet reicht da nicht aus. Man sollte also dringlichst von irgendwelchen Massenfertigungen von Tuningchips absehen. Vor allem, wenn kein Name hinter dem Tuning steht. Solche Noname-Software findet man massenhaft und meist recht verlockend günstig im Internet. Diese muss zwar nicht immer schlecht sein und normalerweise sollte die Entscheidung auch nicht immer grundsätzlich auf den teuersten Markenprodukten liegen. Ganz im

Gegenteil. Dass nur teurer auch gut ist, ist ein weit verbreiteter Irrglaube. Aber bei der Programmierung von Motorsteuerungssoftware geht es um absolute Kompetenz. Da ist jeder Handschlag eines erfahrenen Programmierers sein Geld wert.

Realbeispiel. Bei einem Bekannten in der Tuningwerkstatt habe ich bereits mehrere Male Motoren gesehen, die regelrecht weggeschmolzen waren. Beim ersten Mal fragte ich ihn, was damit passiert sei. Er entgegnete nur, dass der Motor eine schlechte beziehungsweise falsche Optimierung bekommen habe. Es handelte sich um ein 75-PS-Aggregat eines alten VW Polos. Es war ein 1.6 Liter Saugbenziner und es wurden zuvor keine Tuningteile oder derartiges verbaut. Eine Softwareoptimierung hatte sich hierbei ohnehin nicht gelohnt. Eine Leistungssteigerung konnte der Besitzer des Polos nicht vernehmen. Stattdessen musste er auf der Autobahn bei laufender Fahrt einen Totalschaden in Kauf nehmen. Ein bitteres Ende für den alten Polo, denn eine komplette Reparatur des Motors lohnte sich absolut nicht. Die Diagnose lautete nicht nur Motorschaden, sondern auch wirtschaftlicher Totalschaden. Ich konnte es nicht glauben wie der ausgebaute Motor aussah. Teile der Zylinderwände, aber vor allem die Kolben waren geradewegs angeschmolzen. Die Teile waren aber nicht einfach nur verzogen. Das Metall ist so heiß geworden, dass es an manchen Stellen begonnen hatte sich zu verflüssigen. Und das nur, weil das Motormanagement durch ein unseriöses Chiptuning so verhunzt wurde, dass er nicht mehr richtig lief, zu heiß wurde und letztendlich durch die Materialschmelze einen Totalschaden erlitt. Ähnliches haben wir auch schon bei den Modellen Golf GTI, Audi RS3 und Focus RS gesehen. Eines ist klar: Das wünscht sich wirklich niemand.

Schädlichkeit. Oftmals haben unerfahrene leistungssuchende Autobesitzer Angst, dass Softwareoptimierungen ihrem Motor schaden und nur ungewollte Reparaturen verursachen, statt Fahrspaß und mehr Leistung zu bewirken. Dies wird leider auch oft in Foren und unter Autofans verbreitet. Dazu muss man sagen, dass wenn ein seriöser Tuner den Motor vernünftig auf seinen Istzustand abstimmt und es dabei auch nicht übertreibt, durch das Tuning normalerweise absolut keine Schäden auftreten. Fakt ist allerdings, dass vorhandene Serienbauteile im Motor mehr beansprucht werden. Dies kann wiederum etwaige Schwachstellen aufzeigen. Ein guter Tuner achtet darauf, dass keine Belastungsgrenzen überschritten werden. Fährt man allerdings ein Auto, dass schon eine beachtlich hohe Laufleistung aufweist, kann es sein, dass zum Beispiel im Ansaugsystem, im Motor oder an anderen Stellen bereits starker Verschleiß vorzufinden ist. Durch eine Softwareoptimierung werden diese Schwachstellen dann verstärkt gereizt. Man muss sich darüber im Klaren sein, dass hierdurch dann der ein oder andere Schaden entstehen kann. Zwar ist das nicht die Regel, aber wenn der Motor beispielsweise bereits 300.000 Kilometer und mehr gelaufen ist, muss man dennoch vorsichtshalber damit rechnen. Jedoch ist dafür das Tuning an sich nicht verantwortlich. Es hebt lediglich bereits vorhandenen Verschleiß oder Schwachstellen hervor. Aber in der Regel muss man sich darüber keine Sorgen machen. Vor allem dann nicht, wenn der Tuner seriöse und saubere Arbeit macht und den Motor mit einer schonenden Abstimmung versieht.

Kennfelder. Bei einer Optimierung des Steuergerätes gibt es mehrere Kennfelder, die angepasst beziehungsweise optimiert werden können. Es ist bei aufgeladenen Motoren wichtig, dass nicht nur einfach der Ladedruck und die Kraftstoffmenge erhöht werden. Viele Menschen sprechen immer nur von diesen beiden Werten. Allerdings wäre dies tatsächlich sogar eine äußerst schlechte und primitive Optimierung. Mindestens genau so wichtig ist die Programmierung des Zündwinkels, der Ansaugtemperaturen und der Kraftstoffqualität. Hierfür besitzen die Motorsteuergeräte eigene Kennfelder. Der Tuner muss auch auf Sicherheitsvorkehrungen achten. Er darf es mit den neu programmierten Grenzen nicht übertreiben. Der Motor muss sauber laufen und darf natürlich auf keinen Fall überhitzen.

102 Oktan. Hat man eine Aral-Tankstelle in seiner Nähe, die das Super-Plus-Produkt "Aral Ultimate" mit 102 Oktan verkauft, ist die wichtigste Frage: Ist man bereit ein paar Cent mehr pro Liter auszugeben? Denn dann kann ein Tuner auch ein Kennfeld für dieses hochoktanige Benzin programmieren. Dadurch kann etwas zusätzliche Leistung gewonnen werden. Das 102-Oktan-Benzin hat unter den normalen Tankstellen in Deutschland die höchste Klopffestigkeit und somit kann ein Motor damit mehr Leistung entfalten und auch den Verbrauch senken. Man muss allerdings darauf achten, dass der Kraftstoff auch tatsächlich 102 Oktan hat. Aral Ultimate wird auf vielen Dörfern, in Kleinstädten und ländlichen Gegenden sowie im Ausland oft nur mit 98 Oktan vertrieben. Dies ist dann wiederum ganz normales Super Plus Benzin. Damit der Motor dann den hochwertigen Kraftstoff über 98 Oktan überhaupt wie gewünscht sachgerecht ausnutzen kann, benötigt das Steuergerät ein Kennfeld dafür. Man sollte bei hochwertigen Premiumkraftstoffen über 98 Oktan allerdings Abstand von "Shell V-Power 100" halten. In genügend Tests wurde bereits bewiesen, dass dieser Kraftstoff seine angegebenen 100 Oktan bei Weitem nicht erreicht. Ein guter Tuner weiß, dass man sich ausschließlich auf Aral Ultimate verlassen kann.

Hardware vor Software. Wenn man den Motor bereits auch mit Teilen getunt hat oder aber gerade dabei ist einen Plan für das zukünftige Tuningvorhaben zu machen, dann gibt es eine Regel der man unbedingt folgen muss: Hardware vor Software! Sollte man also vorhaben die Motorleistung durch leistungsfähigere Teile und eine Softwareoptimierung zu erhöhen, sollte man unbedingt erst die physischen beziehungsweise materiellen Umbaumaßnahmen vornehmen. Dies ist besonders wichtig, denn dadurch ergibt sich, wie bereits in den Abschnitten zuvor erwähnt, ein viel höherer Leistungszuwachs. Hat man zum Beispiel vor eine sportlichere Abgasanlage zu verbauen oder einen größeren Ladeluftkühler, dann sollte man dies immer machen bevor man bei einem Tuner die Software neu programmieren lässt. Denn der Programmierer kann dann die neuen Bauteile, die in der Regel besser und belastbarer sind und für mehr Volumen sorgen, in seine Arbeit miteinbeziehen. Hierdurch lässt sich, ohne dass man sich Sorgen um den Motor machen muss, eine noch deutlich höhere Leistungsausbeute erzielen. Dies ist natürlich abhängig von der Anzahl und der Art der getauschten Motorteile. Ein Tuner programmiert nicht nach der Logik: "Du hast jetzt eine neue Downpipe. Also mach größere Zündungen im Motor und entwickele mehr Leistung." Aber er kann aufgrund der neuen Hardwarekomponenten, in diesem Fall eine Downpipe, die den serienmäßigen Vorkatalysator ersetzt, durch das Neuschreiben von Kennfeldern gewisse Grenzwerte und Sollwerte neu definieren. Dadurch lässt das Steuergerät je nach Leistungsabruf des Fahrers größere Zündungen zu, die durch höheren Ladedruck und neue Zündzeitpunkte entstehen. Dazu entwickelt der Motor unter Volllast mehr Leistung und Drehmoment. Der Tuner kann dies reinen Gewissens so programmieren und die neuen

Werte festlegen, da er weiß, dass durch die neue Downpipe weniger Abgasgegendruck und weniger Hitzestau an der Auslassseite des Motors herrschen. Das Steuergerät weiß also nicht wirklich, was an der Hardware vom Motor verändert wurde, kann aber dennoch durch die neuen, hochwertigeren Bauteile mehr Leistung herausholen, wenn der Tuner die Belastbarkeitsgrenzen anhebt und die Kennfelder für mehr Volumen und Durchflussmenge anpasst.

Veredler. Heutzutage muss man keine großartigen Suchaktionen starten, um Firmen oder Tuner zu finden, die all diese Ansprüche erfüllen. Für viele Automarken und teils sogar nur für einzelne Modelle und Motorisierungen gibt es noch mal jeweils ganz spezielle Experten unter den professionellen Tunern, die sich ausschließlich auf bestimmte Marken, Modelle oder sogar nur Motoren spezialisiert haben. Das ist vor allem deshalb positiv, da sie dadurch bei ihrer Kernkompetenz bleiben und dem Kunden so spezialisiertere und professionellere Arbeit anbieten können. Natürlich gibt es auch große, bekannte Tuningnamen, wie Irmscher für Opel, MTM für Audi, ABT für VW und Co. und Brabus für Mercedes-Benz usw. Aber diese Unternehmen zeichnen sich eher dadurch aus, dass sie teure und nagelneue Fahrzeuge ab Werk etwas optisch und leistungstechnisch aufpeppeln und veredeln. Viele bieten diese Modelle dann sogar als "ihr eigenes Modell" an. Oder aber sie verkaufen eben diese Änderungen an Kundenfahrzeugen als hochwertige und teure "Tuningpakete". Diese werden dann als Einzelpaket, zum Beispiel nur Software (Stage 1) oder als Teil- oder Gesamtpaket angeboten (Stage 2, Stage 3, Optik, usw.). Doch das reicht heutzutage nicht wirklich aus, um einen authentischen Expertenstatus unter Tuningfirmen zu haben. Ganz egal, ob sich dieser auf eine bestimmte Automarke bezieht oder nicht. Zumal die Veredlungsfirmen ihre Software für die Motoren meist auch nur von anderen Herstellern als massengefertigtes Produkt einkaufen und als ihr eigenes an den Endkunden weitervertreiben.

Realbeispiel. Der Klassiker: Wenn Fahrzeuge von Audi oder Volkswagen eine Softwareoptimierung bekommen, so ist diese in mindestens 50% aller Fälle von Abt. Aber auch bei diesem Unternehmen gilt der Status eher der Veredelung als des wahren Tunings. Auch hier sind die Softwareoptimierungen nur eingekaufte vorprogrammierte Produkte. Und nur weil die breite Masse es macht bedeutet dies noch lange nicht, dass es richtig ist. Ganz im Gegenteil.

Tuner. Die Tuningschmieden, die hier nachfolgend vorgestellt werden, haben ihr Geschäft vor allem daraus entwickelt, dass sie sich mit den Problemen von bestimmten Fahrzeugen beschäftigt haben. Dafür haben sie tuningbasierte Lösungen gefunden. Dadurch beweisen sie wahren Expertenstatus. Sie beschäftigen sich mit den Sorgen der Fahrzeugbesitzer sowie mit Leistungsverlust und den Schwachstellen der Motoren. Einige von ihnen schreiben sogar die Motorsteuerungssoftware selbst und können die Fahrzeuge nach einer Messung individuell auf die Bedürfnisse eines jeden abstimmen. Diese Leute sind Koryphäen auf ihrem Gebiet und widmen sich ausschließlich ihren Kernkompetenzen. Dieser Aspekt sowie, dass ihr Tuning nicht nur aus Veredelung besteht, sondern aus Lösungskonzepten, macht sie zu wahren und einzigartigen Tunern.

Tuningfirmen

Marke	Tuningfirma	Standort
Audi	RS-Klinik	Langenhagen, Niedersachsen
BMW McLaren	Simon Motorsport	Hückelhoven, Nordrhein-Westfalen
Ford	Puma-Schmiede	Hauenstein, Rheinland-Pfalz
	Wolf Racing	Neuenstein, Baden-Württemberg
		Drensteinfurt,

	Beast Factory	Nordrhein-Westfalen
Nissan & Infinity	CTD Germany	Rheinberg, Nordrhein-Westfalen
Audi, Cupra, Seat, VW	SLS Tuning	Hofgeismar, Hessen

Simon Motorsport. Natürlich gibt es gerade für die Premiummarken Audi, BMW, Mercedes-Benz und Volkswagen wieder jede Menge Tuningfirmen, die ihre Software für die Fahrzeuge anbieten. Doch ragt nicht wirklich eine unter ihnen heraus. Stattdessen kann man aber nicht nur für eine, sondern für nahezu jede deutsche Marke und für jede, die zusätzlich zu einer Deutschen gehört, die Firma "Simon Motorsport" wärmstens empfehlen. Der persönliche Schwerpunkt des Firmengründers Franz Simon liegt zwar eher auf Modellen der Marken BMW und McLaren. Der Schwerpunkt seines Unternehmens jedoch bezieht sich hingegen auf alle Supersportwagen, Premiumfahrzeuge und deren Untermarken. Also ist hier die Rede nicht nur von den "dicken Kisten", sondern zum Beispiel auch von Mini, Seat und Škoda. So ist er in der Lage, vom Audi R8 plus (5.2 V10, 610 PS) über einen Škoda Fabia Diesel (zum Beispiel 1.6 R4TD, 75 - 90 PS) bis zum Porsche 911 GT3 RS (4.0 B6, 521 PS) herausragende Software zu verkaufen. Und diese schreibt er sogar selbst. Er ist eine Koryphäe auf dem Gebiet des Softwaretunings. Bessere und individuellere Arbeit bekommt man am Markt für sein Motorsteuergerät nicht.

SLS. Eine Tuningfirma, die mir besonders am Herzen liegt, ist SLS in Hofgeismar. Hierbei handelt es sich um eine klassische Tuningschmiede, die es weit gebracht hat. Und das ganz ohne Influencing im Internet, wie es heutzutage so oft der Fall ist. Denn das Unternehmen besteht bereits deutlich länger, als Social Media existiert. Der Chef dieser Firma ist bereits vor Jahrzehnten durch seine Rennerfolge mit eigens umgebauten und getunten Fahrzeugen aufgefallen und erlangte somit Bekanntheit für seine Tuningschmiede. Ähnlich, wie es bei der Familie Abt übrigens auch der Fall war. Bei SLS bin ich über die Jahre immer wieder dann gelandet, wenn ich vollkommen verzweifelt war und keiner von uns und auch niemand sonst mehr weiter wusste. Zum ersten Mal wurde ich sogar vom Service-Leiter eines großen Audi-Zentrums höchstpersönlich an SLS verwiesen. Da man bei Audi nicht in der Lage war, die Informationen aus dem Steuergerät meines damaligen RS5 auszulesen, die ich benötigte, empfahl man mit die Tuningschmiede in Hofgeismar. Über die Jahre bin ich dort immer wieder mit den kuriosesten Problemen aufgetaucht. Doch man war sich für nichts zu schade und nahm sich wirklich jeder Sorge und jedem Projekt an und half mir letztendlich jedes Mal weiter. Bei SLS wird übrigens sogar die Software für so manch andere Tuningschmiede geschrieben.

Funfact. Auf demselben Gelände hat der TÜV direkt neben der Firma SLS eine Zweigstelle errichtet. Manch einer würde dies vielleicht als blanke Ironie bezeichnen, doch um die Tuningprojekte absegnen und straßentauglich machen zu können, hat sich so über die Jahre eine wunderbare Zusammenarbeit ergeben. Wünscht der Kunde, dass die Straßenzulassung seines Autos auch nach den Tuningmaßnahmen erhalten bleibt, muss das Fahrzeug praktisch nur mal kurz für die Abnahme nach nebenan. Außerdem kann dort im Zweifelsfall bei Umbauten und Legalitätsfragen immer Rücksprache gehalten werden.

Kraftstoffe

Vermutlich hat jeder schon mal die folgende Auswahl an Tankstellen gesehen: Diesel, Super-Benzin 95 ROZ und Super-Plus-Benzin 98 ROZ. Das Kürzel **ROZ** steht für **R**esearch-**O**ktan-**Z**ahl und beschreibt den Grad der Klopffestigkeit. Je höher diese Oktanzahl ist, desto hochwertiger ist der Kraftstoff. Super-Plus-Benzin mit 98 Oktan ist also hochwertiger und klopffester als Super-Benzin mit 95 Oktan. Und je höher die Klopffestigkeit ist, desto höher kann der Motor verdichten und desto mehr Leistung kann er entfalten. Motoren, die von Grund an auf hochoktaniges Benzin angewiesen sind, laufen damit auch kultivierter und kraftstoffsparender. Außerdem können sie dadurch auch erst ihre ab Werk angegebene Leistung entfalten. Damit ist gemeint, dass ein Motor für den beispielsweise 98 Oktan vorgeschrieben ist, diesen Kraftstoff auch benötigt, damit er seine volle Leistung und Laufruhe entfalten kann. Ein Motor der auf hochwertigen Kraftstoff angewiesen ist, läuft also mit minderwertigerem Benzin schlechter. Außerdem verbraucht er dann auch mehr. Je kultivierter und besser ein Motor läuft, desto niedriger ist sein Kraftstoffverbrauch.

Klopffestigkeit. Die Klopffestigkeit ist eine Eigenschaft des Benzinluftgemisches sich im Brennraum des Motors durch Hitze und Druck (Kompression) bis zu einem gewissem Zeitpunkt nicht selbst zu entzünden. Dies darf erst passieren, wenn der Zündfunke von der Zündkerze ausgelöst wird. Ansonsten gilt dies als unkontrollierte Zündung. Dies ist bei Ottomotoren (Benziner) nicht gewollt. Das Gemisch soll sich erst dann entzünden, wenn dies durch das Steuergerät befohlen wird und die Zündkerze von der Zündspule mit Strom versorgt wird. Dies bewerkstelligt dann die Zündung im Brennraum. Liegt ein solcher Fall aber dennoch vor, dass sich das Gemisch zu früh von alleine entzündet, spricht man vom "Klopfen". Der Ausdruck kommt daher, dass ein deutliches Klopfgeräusch zu vernehmen ist, wenn der Motor falsch zündet. Heutige Verbrennungsmotoren haben Sensoriksysteme, welche die Klopffestigkeit von Kraftstoffen ermitteln und den Zündzeitpunkt und den Motorlauf entsprechend anpassen.

Benzin mit 98 Oktan wird im Volksmund als sehr hochwertig angepriesen. Viele Autofahrer behaupten oft, Super-Plus-Kraftstoff wäre zwar teurer, würde aber dafür die Reichweite des Fahrzeugs erhöhen. Manch einer spricht auch von einer Mehrleistung des Motors. Andere wiederum behaupten, dass dies alles nur Geldmacherei wäre und es keine spürbaren Unterschiede gäbe. Sie sind der Ansicht, dass hochoktanige Kraftstoffe keine besondere Wirkung haben und alles nur Lug und Trug sei. Doch dies ist in Wahrheit immer davon abhängig, was man für einen Motor hat und wie das Steuergerät dafür programmiert ist. Pauschalaussagen sind in diesem Fall grundsätzlich falsch, da jedes Fahrzeug individuell ist.

Realbeispiel. Ich kannte mal ein autoverrücktes Pärchen, das bildete sich wundersame Wirkungen von hochoktanigem Benzin oberhalb der 98-Oktan-Grenze regelrecht ein. "Sie" fuhr einen alten Polo GTI mit 1.8er-Turbo und 150 PS. "Er" fuhr einen getunten Golf VII GTI, der irgendwo knapp an der 300-PS-Grenze kratzte. Bei einem ehemaligen Szenetreffen habe ich die beiden mal getroffen, nachdem sie zum ersten Mal 100-Oktan-Benzin in den Polo getankt hatten. Es handelte sich um Shell V-Power. Dieses erreicht, wie bereits im letzten Kapitel erwähnt und in unzähligen Tests bewiesen, leider keine echten 100 Oktan. Selten sind es sogar gerade mal 99 Oktan. In der Regel aber auch eher weniger.

Sie tankten vorher bereits normales Super Plus und stiegen dann auf Shell V-Power um. Sie waren total begeistert und berichteten freudig von den positiven Veränderungen, welche sie zu verspüren glaubten. Jetzt muss man dazu aber Folgendes wissen:

1. **Qualität.** Wie bereits erwähnt, erreicht das Shell V-Power nicht die versprochenen 100 Oktan, sondern unterscheidet sich in der Regel so gut wie gar nicht von normalem Super Plus.
2. **Kennfeld.** Das Motorsteuergerät des Polos besitzt überhaupt kein Kennfeld für Benzin mit mehr als 98 Oktan. Das bedeutet, es kann hochwertigeres Benzin gar nicht erkennen und somit nicht verwerten beziehungsweise den höheren Wirkungsgrad nicht ausreizen.
3. **Vermischung.** Der Tank war vor Zugabe des Shell V-Power noch halbvoll. Dies haben mir die beiden auf meine Nachfrage hin berichtet. Selbst wenn das neue Benzin hochwertiger gewesen wäre, hätte es sich mit dem alten Benzin vermischt und wäre dadurch wieder minderwertiger geworden.
4. **Laufzeit.** Von der Tankstelle bis zum Erreichen des Szenetreff vergingen gerade mal anderthalb Kilometer Strecke. Durch die Stadt waren das nur knapp 5 Minuten Fahrt, in denen der Motor lief. In einer solch kurzen Zeit stellt kein Motorsteuergerät den Motorlauf in Richtung mehr Leistung. Dies dauert in der Regel deutlich länger.

Damit ergeben sich vier glasklare Kriterien, die positive als auch negative Veränderungen am Motorlauf sowie eine Leistungssteigerung ausschließen. Selbst wenn das V-Power 100 Oktan gehabt hätte und selbst wenn das Motorsteuergerät ein Kennfeld dafür besessen und die Qualität hätte erkennen können, so würde sich das neue Benzin mit dem noch halbvollen Tank, also mit dem minderwertigerem Kraftstoff vermischen und nicht als 100 Oktan erkannt und gewertet werden. Geschweige denn, dass es sofort in den Kraftstoffleitungen gelandet wäre. Und auch wenn der Tank leer gewesen wäre und keinen anderen Kraftstoff enthalten hätte, selbst dann wäre auf dieser kurzen Strecke keine Veränderung merkbar gewesen. Es dauert einige Zeit bis die Steuergeräte den neuen hochwertigeren Kraftstoff "akzeptieren" und die Motorleistung entsprechend hochregeln. Hierbei sind die Programmierungen aus

Schutzgründen äußerst sensibel. Einfach ausgedrückt wirkt der neue Kraftstoff nicht sofort nach dem ersten Tanken. Es gibt Autos, bei denen die Steuergeräte so auf Vorsicht und Klopffestigkeit programmiert sind, da kann es mindestens eine, aber eher sogar mehrere Tankfüllungen dauern, bis der Motor sich komplett auf die höhere Klopffestigkeit eingestellt hat und somit dann auch die höhere Leistung zulässt.

Realbeispiel. Bei einem Gespräch mit einem Ingenieur aus der Entwicklungsabteilung von BMW teilte mir dieser mit, dass es Autos der **B**ayrischen **M**otoren**w**erke gibt, bei denen es bis zu fünf Tankfüllungen dauern kann, bis sich das Motorsteuergerät auf den hochwertigeren Kraftstoff eingestellt hat. So extrem lange sollte es im Normalfall aber nicht dauern.

Es ist also, wenn man so will, zu 400% ausgeschlossen, dass es nach dem Betanken des (angeblichen) 100-Oktan-Benzins eine positive Veränderung gab. Es ist technisch gar nicht möglich. Die beiden aber gaben freudig erregt an einen spürbaren Zuwachs der Motorleistung und einen deutlich kultivierteren Leerlauf vernommen zu haben. Leider war das nichts als Einbildung. Sie litten schlichtweg unter einer Art Placeboeffekt. Da beide aber als sehr aufbrausende temperamentvolle Menschen in der örtlichen Autoszene bekannt waren, habe ich ihnen damals den Moment der Euphorie gelassen. Sie waren äußerst glücklich darüber den Lauf ihrer 150-PS-Maschine angeblich so verbessern zu können. In Wahrheit lief der Motor leider ziemlich unkultiviert.

Glaube und Realität. Diese Geschichte ist deswegen von Bedeutung, da ich über die Jahre immer wieder beobachtet habe, dass manch einer gerne damit angibt sehr hochwertigen Kraftstoff zu tanken. Manche Menschen profilieren sich regelrecht darüber ihrem Auto nur das Beste zu geben. Auf Instagram und Co. brüsten sie sich dann gerne damit und spielen den großen Gönner. Meistens waren dies auch Menschen, die im Allgemeinen nicht viel Ahnung von Autos, geschweige denn von Motoren oder gar Steuergeräten und Kennfeldern hatten. Fakt ist allerdings, dass sich die Leute einfach besser fühlen, wenn sie hochwertigeren Kraftstoff tanken. Ganz gleich, ob der Motor es nutzen kann oder nicht. Es ist schlichtweg der Gedanke ein edleres und teureres Produkt zu kaufen, was offenbar bei vielen Menschen bereits ausreicht, um eine Veränderung in der subjektiven Wahrnehmung zu bewirken. Wer allerdings tatsächlich die Vorzüge von hochoktanigem Benzin genießen will, der sollte sich das Motorsteuergerät anpassen lassen und ein Kennfeld programmieren lassen, welches solche Kraftstoffe erkennt und damit umgehen kann. Üblicherweise gehen die Tuner hier auf Aral Ultimate 102. Dieser Kraftstoff hält in der Regel seine Qualitätsangabe und liegt auch deutlich über normalem Super-Plus-Benzin. Aral Ultimate ist unter den gängigen Ottokraftstoffen das hochwertigste Benzin, welches an normalen Tankstellen erwerblich ist. Deshalb hat es auch die höchste Leistungsausbeute. Daher ist es bei Tunern, die Kennfeldoptimierungen vornehmen die beliebteste Variante. Normalerweise besitzen die Steuergeräte im Serienzustand Kennfelder für maximal 98 Oktan und weniger. Bei älteren Autos sogar oftmals nur bis maximal 95 Oktan. Sofern also keine neue Kennfeldprogrammierung vorgenommen wurde, ist es leider nur herausgeschmissenes Geld, dem Motor hochoktanigeres Benzin zu verabreichen. Vor allem, wenn die Preise mal wieder utopisch hoch sind. Je mehr Oktan ein Ottokraftstoff hat, desto teurer ist er auch. Und die Entwicklungen der letzten Jahre lassen leider auch darauf schließen, dass unsere fossilen Kraftstoffe immer teurer werden. Nichtsdestotrotz ist es nicht sinnlos Super Plus zu tanken, wie viele Menschen immer wieder behaupten. Vorausgesetzt das Steuergerät weiß, was es da bekommt und kann den hochwertigeren Tropfen auch entsprechend verarbeiten.

Funfact. Eines der seltenen Serienfahrzeuge, das auch ab Werk schon einen ungewöhnlich hohen Oktangehalt benötigt, ist der Nissan GT-R. Die verschiedenen Leistungsstufen seines V6 Biturbos (485 PS, 530 PS, 550 PS, 570 PS, Nismo: 600 PS) benötigen alle schon 100 Oktan Minimum von Werk aus.

Verbleites Benzin. In den 90ern gab es noch Benzin mit lediglich 91 Oktan und noch weiter davor wurde sogar verbleites Benzin angeboten. Das Blei wurde dem Benzin beigemischt, damit es nicht aufgewertet werden musste, aber dennoch eine höhere Klopffestigkeit bekam. Da Blei allerdings giftig ist, was heutzutage jedem Kind bekannt sein dürfte und es auch die reinigende Wirkung des Katalysators an Kraftfahrzeugen negativ beeinflusst, wurde Benzin dieser Art schon im Jahre 2000 von der Europäischen Union abgeschafft.

Bioethanol. Es gibt darüber hinaus noch einen besonderen Kraftstoff, welcher bei extrem getunten und hochgezüchteten Fahrzeugen sehr gern eingesetzt wird. Zunächst klingt Bioethanol an sich nicht nach einem sehr hochwertigem Kraftstoff. Gewissermaßen ist dem auch so, denn reines Bioethanol besteht auch aus reiner Biomasse. So kann er zum Beispiel aus pflanzlichen Abfällen gewonnen werden, was aus umwelttechnischer Sicht super ist. Allerdings bewirkt dies auch, dass seine Energiedichte bei Weitem nicht so hoch ist. Da kommt natürlich die Frage auf, wie so etwas wie Bioethanol die leistungsstärksten und perversesten aller Fahrzeuge antreiben kann. Das Geheimnis hierbei ist, dass Bioethanol einen viel niedrigeren Heizwert hat, als Benzin- oder Dieselkraftstoffe. Das heißt, dass es energieärmer ist. Dies führt dazu, dass der Kraftstoffverbrauch deutlich ansteigt. Also erst mal wieder ein Rückschritt in Sachen Leistungsausbeute. Verglichen mit einem Benzinmotor ist der Verbrauch sogar um bis zu 30% bis 45% höher. Dafür jedoch und das ist der entscheidende Faktor, hat dieser Kraftstoff eine deutlich höhere Klopffestigkeit, welche entsprechend viel höhere Leistungen in einem Benzinmotor zulässt. Bioethanol verfügt über mindestens 104 Oktan und teilweise sogar mehr. Der Anteil an Bioethanol im Kraftstoff wird mit der E-Zahl angegeben. Ein normaler Ottokraftstoff mit 95 Oktan (ROZ 95 E5) hat in der Regel bis zu 5% Anteil an Bioethanol. Man muss zwar deutlich mehr Bioethanol in die Brennräume einspritzen, um den niedrigeren Heizwert auszugleichen, doch wenn diese Differenz zu normalen Ottokraftstoffen erst mal überwunden ist, kann die Leistungsausbeute noch deutlich höher sein.

Funfact. Der Koenigsegg Jesko (5.0 V8TT) fährt beispielsweise mit herkömmlichem Benzin mit maximalen 1.300 PS. Als wäre dies nicht schon genug, bekommt er jedoch mit E85, also Benzin mit 85% reinem Bioethanolanteil, eine Leistungssteigerung auf maximale und gewaltige 1.600 PS.

Funfact. Das minderwertigste Benzin, welches in Deutschland erhältlich ist, hat 95 Oktan. In den USA hingegen enthält der minderwertigste Ottokraftstoff 87 Oktan und gilt dort als Normalbenzin. Das qualitativ Hochwertigste was man dort normalerweise erwerben kann, sind 93 Oktan. Da Kraftstoffe mit 91 Oktan dort schon als Super-Plus-Benzin gelten, wird Benzin mit 93 Oktan dort sogar als Premiumkraftstoff ausgegeben. Also vergleichbar mit Aral Ultimate 102. Zumindest was die Marktsegmentierung betrifft. Jedoch wird Benzin mit lediglich 93 Oktan beispielsweise in Deutschland als so minderwertig betrachtet, dass es schon lange Zeit gar nicht mehr im Handel ist. Die Motorsteuergeräte von US-Amerikanischen Fahrzeugen werden auf maximal 93 Oktan oder weniger programmiert, da bei den Amis schlichtweg kein besseres Benzin angeboten wird. So ist es zum Beispiel auch bei einem Chevrolet Camaro SS (6.2 V8). Das heißt also unterm Strich: Das Hochwertigste was sein V8 kennt, ist immer noch unter dem Minderwertigsten was es in Deutschland überhaupt zu kaufen gibt. Tankt man in Deutschland Super-Benzin mit 95 Oktan, also das Schlechteste was es am Markt gibt, in einen Camaro, Challenger oder Mustang, so sind die Steuergeräte lediglich in der Lage mit einer Klopffestigkeit von 93 Oktan zu fahren, da sie 95 Oktan bereits nicht mehr erkennen können. Zumindest, wenn es sich um Importfahrzeuge und somit nicht um EU-Versionen handelt.

Benziner

vs.

Diesel

Vielleicht kennt der Ein oder Andere die folgende Situation: Es ist Freitagabend. Man sitzt in einer netten Runde in seiner Stammkneipe oder man ist auf einem Geburtstag oder im Kreise der Familie bei einem geselligen Umtrunk. Und mit von der Partie ist unter den weiteren Anwesenden ein Autofan. Das Topthema sind natürlich Autos und das aktuelle politische und wirtschaftliche Geschehen darum. Irgendwann ist der Punkt erreicht, wo der Autofan und der Familienvater, seines Zeichens natürlich klassischer Dieselfahrer, aneinander geraten. Mit verschiedensten, aber meist unfairen Argumenten wird dann aneinander vorbei diskutiert, welcher Antrieb der Bessere sei. Leider werden hier oft Äpfel mit Birnen verglichen und die Anwesenden sind sich oftmals noch nicht mal darüber im Klaren. Oftmals begegnet man auch Dieselfahrern die behaupten, ihr VW Touran 2.0 TDI mit 140 PS würde sämtliche Sportwagen und Höchstmotorisierungen "verbla-sen", weil das Dieseldrehmoment so hoch sei. Bei allem Respekt, aber bei solchen Leuten stellen sich mir alle Nackenhaare zu Berge. Es ist beim besten Willen nicht verständlich wie jemand so etwas behaupten kann. Früher habe ich mich in solchen Fällen gerne auf Diskussionen eingelassen. Heute sage ich nur noch: "Komm, wir fahren bei uns aufs Testgelände und dann kannst Du beweisen was Du da erzählst." Natürlich nur, wenn noch kein Alkohol im Spiel war. Was soll ich euch sagen? Es kam tatsächlich noch nicht ein einziges Mal so weit. Zumindest was die Dieselvertreter betrifft. Vermutlich weil die Meisten dann doch schnell einsehen, dass sie etwas übertreiben. Auch wenn von denen wiederum die Meisten das nicht zugeben wollen. Aber ein Verhalten dieser Art kann man natürlich nicht ausschließlich auf Dieselfahrer abwälzen. Trotz dessen, dass durch den Dieselskandal viele Verbraucher den Selbstzündern mittlerweile abgeschworen haben, scheint die Debatte "Diesel oder Benzin" aktueller und intensiver denn je zu sein. Zumindest in privaten Kreisen. Deshalb soll dieses Kapitel für Klarheit sorgen und durch faire Betrachtungsweise die Vor- und Nachteile beider Antriebe aufzeigen.

Der bessere Motor. Eine Sache ist so klar wie das Amen in der Kirche: Den "besseren" Motor gibt es nicht. Natürlich steigen bei diesem Vergleich jeweils zwei Verbrenner in den Ring. Aber welcher der bessere Motor ist, liegt allein im Auge des Betrachters. Und hierbei kommt es auf die eigenen Anforderungen an, die man an das Fahrzeug hat. Wenn man den Diesel mit dem Benziner vergleicht, muss dies auf jeden Fall mit fairen Mittel geschehen. Also Turbo mit Turbo, die gleiche Zylinderanzahl, usw. Nur so kann man korrekterweise die tatsächlichen Vor- und Nachteile aufzeigen.

Realbeispiel. Als ich vor einigen Jahren in eine neue Wohnung zog, zog mit mir in das Haus auch noch ein weiterer junger Mann ein. Er sollte mein neuer Nachbar werden und zwar direkt neben meiner Wohnung. Es stellte sich heraus, dass er der Sohn der Eigentümer war. Er fuhr einen Golf VI R (2.0 R4T, 270 PS). Beim Einzug lernte ich ihn zwangsläufig kennen, da wir uns des Öfteren über den Weg liefen. Zur Unterstützung hatte er noch einen etwas älteren Freund dabei. Es stellte sich heraus, dass dieser bisher die Garage der Wohnung genutzt hatte, da diese vorher nicht belegt war. Und als dann sein Freund, der Sohn der Eigentümer, dort einzog, sollte die Garage frei werden, da er selbst seinen Golf R dort unterstellen wollte. Verständlich. Eine Garage für sein Schätzchen zu haben ist immer wertvoll. Vor allem, je höher motorisiert und je sportlicher das Auto ist. Also musste das Auto seines Kumpels, der selbst gar nicht dort wohnte, aus der Garage weichen. Im Zuge dessen bekam ich mit, um was für ein Fahrzeug es sich handelte: Ein Golf V R32. Also der Vorgänger des Golf R. Er hatte erst 40.000 Kilometer auf der Uhr, besaß ein DSG und war vollausgestattet. Ein echtes Sahnestück, da dies die letzte Golf-Höchstmotorisierung mit einem VR6-Motor war. Nicht nur ein Sechszylinder, sondern auch noch ein Sauger. Doch das war noch nicht alles. Der R32 hütete lediglich die Garage. Im Alltag fuhr er ein Audi S5 Coupé (4.2 V8, 354 PS). Aber es war noch ein dritter Golf-Fahrer mit von der Partie. Der Vormieter war ebenfalls ein Bekannter der beiden. Deshalb beteiligte er sich im Zuge seines Auszugs auch am Einzug seines Freundes. Schließlich handelte es sich um die gleiche Wohnung. Er fuhr einen Golf VII GTD (2.0 R4TD, 184 PS). Es waren also vier Autos in diesem Dreierbunde:

1. Benziner: VW Golf V R32 (250 PS)
2. Benziner: VW Golf VI R (270 PS)
3. Benziner: Audi S5 (354 PS)
4. Diesel: VW Golf VII GTD (184 PS)

Ich dachte mir: "Mann, hier werde ich mich auf jeden Fall wohl fühlen!". Es handelte sich zwar bei drei Autos um Golfs, aber immerhin waren alle drei von ihnen die sportliche Höchstmotorisierung. Zwei von den Benzinern und der GTD war die Höchstmotorisierung der Dieselmotoren im Golf. Allerdings reicht er weder von seiner Sportlichkeit, noch von der Motorleistung an ein richtiges R-Modell heran. Der GTD ist eher vergleichbar mit einem Standard-GTI bei den Benzinern. Eine Dieselvariante vom R gab es nicht, daher war der GTD bei den Dieselmotoren das Ende der Nahrungskette und damit auch die Höchstmotorisierung. Auch wenn er nur eine Sportversion darstellt.

Nun zum Kern der Geschichte: Während ich den neuen Mieter kennenlernte, der mit mir einzog, lernte ich folglich auch den alten Mieter sowie den Kumpel der beiden kennen. Natürlich waren sie Autofreaks und wir hatten für den Anfang zunächst tolle Gespräche. Ich hoffte, dass das die Basis für eine gute Nachbarschaft bilden würde. Aber irgendwie hatte ich das Gefühl als würden die beiden glauben, dass der Diesel ihres Freundes schneller wäre. Dazu führten immer wieder kleine nebensächliche Aussagen, die darauf schließen ließen. Ich sprach die Jungs irgendwann darauf an und der Besitzer des S5 und des R32 meinte: "Ach, gegen die modernen Diesel haben haben wir doch gar keine Chance mehr.". Ich verstand nicht genau wie er das meinte und wollte das genauer wissen. Der Diesel war zwar schnell, aber definitiv das langsamste von den sportlichen Autos auf dem Hof. Er meinte: "Na ja, klar sind unsere Autos nicht gerade langsam. Aber die modernen Diesel sind so schnell, da machst'e doch mit den alten Motoren nichts mehr." "Alt? Wieso alt?", dachte ich. Der R32 war zu diesem Zeitpunkt erst wenige Jahre jung und der S5 war so gut wie neu. Der Golf R ebenfalls. Er hatte eine äußerst sonderbare Vorstellung von alt und neu, wenn es um Autos ging. Ich zeigte ihm die technischen Daten der Autos, welche die Beschleunigung der Fahrzeuge beinhalteten. Dies waren die direkten Angaben der Hersteller.

1. VW Golf V R32 (250 PS):   6,2 Sekunden
2. VW Golf VI R (270 PS):   5,7 Sekunden
3. Audi S5 (354 PS):   5,1 Sekunden
4. VW Golf VII GTD (170 PS): 8,1 Sekunden

Bereits hier war ganz klar zu sehen: Der GTD war nicht nur mit Abstand der leistungsärmste, sondern auch der langsamste dieser Wagen. Bei der Differenz an Pferdestärken ist das kein Wunder und das ist auch absolut in Ordnung. Dennoch wollte er mir nicht so recht glauben. Ich wollte die Jungs allerdings auch nicht direkt dazu auffordern mit den Autos auf unser Testgelände zu kommen. Dies war mir für den Anfang etwas zu forsch. Schließlich wollte man ja in der Zukunft auch eine gediegene Nachbarschaft pflegen. Aber eines Stand fest: So modern und aufgeplustert der Dieselmotor des GTD damals auch war, er hatte gegen die anderen Autos keine Chance. Würde man einen direkten Vergleich zwischen diesen Autos durchführen, wäre dieser natürlich aufgrund der Leistungsunterschiede auch nicht fair. Aber das Beispiel sollte auch nicht dieser Natur dienen, sondern eher aufzeigen wie verzerrt die Wahrnehmung mancher Menschen bezüglich der Dieselmotoren ist. Ich hatte es allerdings noch nie erlebt, dass jemand von seinen eigenen Autos, die sich ja in diesem Fall durchaus sehen lassen konnten, so ein schlechtes Bild hatte. Und ich hatte es auch noch nie erlebt, dass das absolut überbewertete Bild eines modernen Diesel in Sachen Beschleunigung von einem außenstehenden Nicht-Diesel-Fahrer so überbewertet wurde.

Langlebigkeit. Der Ruf des Dieselmotors unzerstörbar und extrem langlebig zu sein, bewahrheitet sich leider schon lange nicht mehr. Wer sich auf dieses Argument beruft, der lebt nicht in der heutigen Zeit. Dies kommt noch aus Zeiten, wo der Diesel ausschließlich als Nutzmaschinenantrieb und Zugmaschine eingesetzt wurde. Diesem Ruf kann er trotz modernster Technik nicht mehr gerecht werden. Kein Wunder, denn was ihm heute mit Kurzstreckenfahrten, mehrfacher Turboaufladung und jeder Menge Downsizing abverlangt wird, ist einfach nicht mehr das, wofür er seine Daseinsberechtigung ursprünglich hatte. Natürlich gibt es hier und da noch Dieselmotoren von dem ein oder anderen Hersteller, die mehr Haltbarkeit aufweisen. Und dann wiederum welche, bei denen es leider nicht so ist. Genau wie bei Benzinmotoren natürlich auch. Fakt ist allerdings, dass die Lebensdauer eines modernen Dieselmotors drastisch gesunken ist und mittlerweile unter der eines klassischen Saugbenziners liegt. Und beim Stichwort Saugbenziner gelangt man auch schon an den ersten Knackpunkt. Das hauptsächliche Problem bei den meisten Vergleichen ist, dass die Dieselbefürworter, die Automagazine usw. meist Äpfel mit Birnen vergleichen. Es steht oft ein Saugbenziner gegen einen turboaufgeladenen Diesel. Auf eine gewisse Art ist dies einleuchtend, denn um die Leistung eines einfachen Saugbenziners zu erreichen, muss ein Diesel bei gleichem Hubraum bereits turboaufgeladen werden. Das ist allerdings nicht ganz fair, denn wie ja bereits bekannt ist, hat ein turboaufgeladener Motor deutliche Vorteile. Egal ob es sich dabei um einen Diesel oder einen Benziner handelt. Zum Vergleich sind hier ganz normale Motoren von VW-Modellen aufgelistet, die uns täglich begegnen: Der Golf V. In ihm wurde nicht nur einer der letzten Saugdieselmotoren angeboten. Es war tatsächlich auch ein Benziner im Angebot, welcher genau die gleiche Leistung wie der Saugdiesel generiert hat. Dies tat er jedoch mit deutlich weniger Hubraum.

VW Golf V

	Saugbenziner	Saugdiesel
Hubraum	1.4 L	2.0 L
Leistung	75 PS	75 PS
Drehmoment	126 Nm	140 Nm
0-100	14,7 s	16,3 s
Vmax	164 km/h	163 km/h

Leistungsausbeute. Tatsächlich entwickelt der Diesel hier ein wenig mehr Drehmoment. Das liegt allerdings nicht unbedingt an der Kraftstoffart, sondern daran, dass er ganze 600 Kubikzentimeter mehr Hubraum hat. Diese benötigt der Benziner wiederum nicht, um bereits auf die gleiche Leistung zu kommen. Er kommt also schon mit 1.4 Liter Hubraum aus. Beide Motoren generieren 75 PS und nahezu das gleiche Drehmoment. Doch der Benzinmotor benötigt hierfür nur 1.4 Liter und das ohne Turboaufladung. Trotz dessen, dass der Diesel ein wenig mehr Drehmoment hat, ist er bei der Beschleunigung auf 100 km/h deutlich langsamer. Würde man den Hubraum des Benzinmotors nun auf den des Diesels erhöhen, also auf 2.0 Liter, könnte dieser noch eine ganz andere Leistung entwickeln. 150 PS sind für einen normalen Saugbenziner mit 2.0 Liter ein ganz gewöhnlicher Leistungsbereich. Erhöht man dann ein wenig die Drehzahl und verpasst ihm ein paar sportlichere Komponenten, die seine Lebensdauer nicht zwingend verkürzen, steigt seine Leistung auch deutlich über 150 PS. Subaru und Toyota sind hier ein gutes Beispiel. Sie haben einen 2.0-Liter-Boxermotor im Programm. Dieser wird im GT86 und im BRZ eingesetzt und leistet 200 PS und 205 Nm. Honda hat bereits 1999 im Modell S2000 einen 2.0-Liter-Motor mit ganzen 241 PS und 208 Nm auf den Markt gebracht. Alles ganz ohne Turboaufladung. Daher sind diese Motoren allerdings auch drehmomentarm. Je mehr ein Motor auf Drehzahl ausgelegt wird, um mehr Leistung zu entfalten, desto weniger Drehmoment hat er im Verhältnis. Man sieht an den letzten Beispielen aber deutlich, was bei Benzinern und was bei Dieselmotoren in Sachen Leistungsausbeute möglich ist. Einer der Vorteile vom Benziner sind ganz klar die hohen möglichen Drehzahlen. Diese hat sein Konkurrent nicht, denn aufgrund des frühen Drehmomentabfalls sind sie schlichtweg überflüssig. Dafür hat der Diesel aber wiederum auch den Vorteil, dass er eben gar nicht wirklich auf Drehzahl kommen muss. Das maximale Drehmoment liegt bei ihm schon sehr früh an.

Eigenschaften im Vergleich

	Benzinmotor	Dieselmotor
Leistungs-ausbeute	Gut	Schlecht
Drehmoment	Gut	Gut
Drehzahlband	Gut	Schlecht
Motorlauf	Gut	Schlecht
Kraftstoff-verbrauch	Schlecht	Gut
Kraftstoffkosten	Schlecht	Gut
Wirkungsgrad	Schlecht	Gut
Reichweite	Schlecht	Gut
Langstrecken-eignung	Gut	Gut
Kurzstrecken-eignung	Mittelmäßig	Schlecht
Klangbild	Gut	Schlecht
Lärmentwicklung	Mittelmäßig	Schlecht
Umweltbelastung	Gut	Schlecht
Zugeigenschaft	Schlecht	Gut
Gewicht	Mittelmäßig	Schlecht
Herstellungs-kosten	Mittelmäßig	Schlecht

Zündwilligkeit. Der Dieselmotor ist zwar auch ein Verbrennungsmotor, jedoch funktioniert er im Inneren vom technischen Prinzip her etwas anders. Hier will man eine hohe Zündwilligkeit des Gemisches erreichen. Das heißt, man möchte das Gemisch möglichst so weit haben, dass es sich von alleine entzündet. Also ohne zusätzliche Hilfe wie beispielsweise Zündkerzen. Das bedeutet aber auch, dass die Verbrennung im Diesel unkontrolliert stattfindet. Um dies zu erreichen, verdichtet man das Gemisch im Dieselmotorbrennraum deutlich höher, als beim Benziner. Dadurch reiben die Kraftstoff- und Luftmoleküle stark aneinander und es entsteht vor allem Hitze. Diese lässt das Gemisch schlagartig selbstentzünden. Aufgrund der Unkontrolliertheit wird daher das Drehmoment deutlich brachialer auf die Kurbelwelle übertragen. Dies sorgt neben der Turboaufladung beim Diesel vor allem auch für das starke Beschleunigungsgefühl.

Zündunwilligkeit. Im Brennraum des Benzinmotors hingegen wird das Kraftstoffluftgemisch per elektronischer Steuerung kontrolliert gezündet. Der Zeitpunkt, in dem das Gemisch explodieren soll, wird vom Motorsteuergerät genau errechnet und festgelegt. Durch ein Signal vom Motorsteuergerät wird dann von den Zündspulen ein hochelektrischer Stromstoß an die Zündkerzen übertragen. Manchmal sind hierbei auch noch weitere Steuergeräte, sogenannte Endstufen, zwischengeschaltet. Die Zündkerzen lösen dann den entscheidenden Funken im Brennraum aus und zünden damit kontrolliert das Gemisch. Deshalb ist der Benziner deutlich kultivierter und laufruhiger. Sein Drehmoment fühlt sich aber dafür nicht ganz so brachial an. Dies ist mit einer der Hauptgründe dafür, dass die Leistungsausbeute beim Benziner um ein Vielfaches höher ist. Auch die Klangkulisse bei Motoren mit gleich vielen Zylindern wird unter anderem durch diesen Vorgang beeinflusst. Bei Benzinmotoren will man also eine Zündunwilligkeit des Gemisches im Brennraum. Es soll sich so spät wie möglich entzünden und dies auch nur kontrolliert durch den Einfluss der Zündkerze.

Turboaufladung. Heutige Dieselmotoren leben ausschließlich vom Turbolader. Viele Besitzer wollen das offenbar aber einfach nicht wahr haben. Zumindest bekommt man bei einigen das Gefühl, wenn man ihnen zuhört. Aber Diesel ist nicht gleich Diesel. Spricht man heutzutage von einem solchen Aggregat, ist dieses immer turboaufgeladen. Und dies führt auch erst zu dem so hochgelobten Drehmoment der Dieselmotoren. Ohne Turbolader ist das Drehmoment auch nur marginal höher als bei einem Saugbenziner. Wenn überhaupt. Deshalb beinhaltet der nachfolgende Vergleich nun auch zwei turboaufgeladene Motoren. So kann überhaupt erst ein fairer Vergleich stattfinden. Bleiben wir einfachheitshalber beim VW Golf. Er ist ohnehin das Paradebeispiel und darüber hinaus das meistverkaufte Auto in Deutschland. Am nachfolgenden Beispiel zeigt sich, wie die Leistungsausbeute bei modernen aufgeladenen 2.0-Liter-Maschinen ist.

VW Golf VII

	Turbobenziner	Turbodiesel
Modell	R	GTD
Hubraum	2.0 L	2.0 L
Leistung	310 PS	184 PS
Drehmoment	400 Nm	380 Nm
Beschleunigung	4,6 s	7,6 s
Vmax	>250 km/h	230 km/h

Leistungsvergleiche. Im Idealfall ist der Benziner ganze drei Sekunden schneller. Auf der Rennstrecke, der Viertelmeile oder wo immer es um Zeiten geht, ist das eine utopische Ewigkeit! Obwohl der Diesel beinahe genau so viel Drehmoment erzeugt und sogar weniger wiegt als der R, spielt er dennoch in einer viel niedrigeren Liga. Das liegt daran, dass die Dieselmotoren bei gleichem Hubraum und gleichem Drehmoment einfach deutlich weniger Leistung generieren als die Benziner. Hieran erkennt man auch ganz klar, dass Drehmoment eben nicht alles für die Beschleunigung ist, wie es viele Dieselfahrer immer so stolz behaupten. Ganz im Gegenteil. Es ist eher die Leistung, die entscheidend ist. Auch wenn man das nicht immer spüren kann. Übrigens beweisen dies auch schon simple physikalische Formeln. Bei Verbrennungsmotoren ist Drehmoment immer abhängig im Verhältnis zu Leistung und Drehzahl. Normalerweise spielt der GTD in einer Liga mit dem GTI und nicht mit dem Golf R. Aber auch der GTI (220 PS - 310 PS) ist schon in der Standardversion über eine Sekunde schneller und generiert deutlich mehr Pferdestärken. Wenn man einen Leistungsvergleich machen will, statt die Motoren miteinander zu vergleichen, dann muss man stattdessen beispielsweise einen 1.8 TSI mit 180 PS nehmen.

Getriebeübersetzungen. Apropos Drehzahl: Durch sein kurzes Drehzahlband benötigt der Diesel außerdem viel früher einen Gangwechsel, als ein Benziner, um auf die gleiche Geschwindigkeit zu kommen. Wer schon mal beispielsweise in dem eben erwähnten Golf VII GTD oder in einem Škoda Oktavia RS TDI (gleicher Motor) gefahren ist, dem wird aufgefallen sein, dass ihm nach 100 km/h ziemlich die Puste ausgeht. Bei lediglich 184 PS kann man auch keinen Rennwagen erwarten. Wobei es hier auch deutlich sportlichere Vertreter im selben Leistungsbereich gibt. Das mag vielleicht nicht jeder so empfinden, aber wer schnelle Autos gewohnt ist, wird merkbar feststellen dürfen, dass nach der 100-km/h-Grenze nicht mehr viel kommt. Dies liegt vor allem an den kurzen Gängen. Da der Dieselmotor sein Drehmoment und seine Leistung sehr früh anliegen hat, nehmen diese Werte wiederum auch vergleichsweise deutlich früher wieder ab. Deshalb sind auch die Gänge im Getriebe entsprechend kurz ausgelegt. Im Grunde wirkt sich dies zunächst erst mal positiv auf die Beschleunigung aus. Allerdings müssen bei Beschleunigungsvorgängen dann auch deutlich früher Gangwechsel vorgenommen werden. Je früher sich das Auto allerdings in höheren Gängen befindet, desto schneller und auch stärker nimmt seine Beschleunigung wiederum ab. So fühlen sich die meisten Dieselmotoren in den unteren Gängen zwar relativ flott an, in den oberen Gängen jedoch fehlt ihnen deutlich die Power. Doch nicht nur oben heraus mangelt es dem Diesel an Beschleunigung. Auch unterhalb der magischen Grenze ist die Performance selten eine Glanzleistung und von einem turboaufgeladenen Motor normalerweise deutlich besser zu erwarten. Dafür ist das Feeling hierbei aber ganz groß. Und dies ist letztendlich der Grund, warum viele Dieselfahrer so überzeugt von der Performance ihrer Maschinen sind. Doch der Schein trügt. Faire Vergleiche zeigen ganz klar, dass der Diesel oftmals im Nachteil bei der Beschleunigung ist. Auch wenn er sich viel heftiger dabei anfühlt.

Doch natürlich gibt es auch moderne Dieselmotoren, die genau diese Erwartungen erfüllen. Vor allem die Sechszylinder von den deutschen Premiummarken im Bereich der oberen Mittelklasse (Audi A6, BMW 5er, Mercedes-Benz E-Klasse) sind bärenstarke Aggregate. Damit diese allerdings überzeugen können, sind sie inzwischen wiederum sehr hochgezüchtet. BMW setzt beispielsweise auf vier Turbolader, um aus 3.0 Liter Diesel-Hubraum ganze 400 PS rauszuprügeln. Bei Audi gibt es mittlerweile von den modernen Generationen des S6 und des S4 in der Sportversion auch Turbodiesel, deren Leistung und Performance den Benzinern mittlerweile recht ähnlich ist. Diese dürfen sich nun auch zu den offiziellen S-Modellen zählen. Was die Fahrwerte betrifft, unterscheiden sie sich nur noch minimal von den Benzinern. Man darf allerdings nicht vergessen, dass die Benziner hier bei gleicher oder höherer Leistung deutlich weniger hochgezüchtet sind. Dennoch macht sich auch bei den Sechs- und Achtzylinderdieselmotoren nur ein geringer Drehmomentvorteil dem Benziner gegenüber bemerkbar, sofern man Gleiches mit Gleichem vergleicht. Deshalb gibt es zum Vergleich die derzeit hochgezüchtetsten Benzin- und Dieselmotoren in verschiedenen Fahrzeugklassen.

Vergleich nach Drehmoment

Benziner	Diesel
Audi RS4 B9	**Audi S4 B9 TDI**
2.9 V6TT 450 PS, 600 Nm, 4,1s	3.0 V6TD 347 PS, 700 Nm, 4,8s
Porsche 911 991 GT2 RS	**BMW G30 M550d**
3.8 B6TT 700 PS, 750 Nm, 2,8s	3.0 R6TTTTD 400 PS, 760 Nm,

Mercedes-Benz W213 E63 AMG S	4,4s Audi SQ7 4M
4.0 V8TT 612 PS, 850 Nm, 3,4s	4.0 V8TTD 435 PS, 900 Nm, 4,8s

Drehmomentvorteil. Obwohl die Benzinmotoren alle viel mehr Leistung und Performance bringen, haben sie doch ein leicht schwächeres Drehmoment. Vor allem in extremen Leistungsbereichen zeigt sich schlussendlich, dass der Dieselmotor tatsächlich geringfügig drehmomentstärker ist. Allerdings besteht der Vorteil des Dieseldrehmoment, da wo er immer haushoch angepriesen wird, tatsächlich nicht. Die Rede ist von alltäglichen normalen Standardmotorisierungen. Meist sind es 1.6er- oder 2.0-Liter-Maschinen. Die letzten Vergleiche haben gezeigt, dass aber genau hier wiederum kein Überschuss an Drehmoment und damit auch kein Vorteil besteht. Dieses Phänomen tritt erst bei größeren und sportlicheren Dieselmotoren auf. Sie haben dann tatsächlich unter gleichen Verhältnissen auch etwas mehr Drehmoment als die aufgeladenen Benziner.

Die Vergleiche zeigen aber auch deutlich, dass man fairerweise auch hier wieder den Leistungsvergleich heranziehen muss. Würde man von gleichen Motorleistungen, also PS-Zahlen, ausgehen, hätte natürlich der Diesel parallel dazu deutlich mehr Drehmoment zu bieten.

Vergleich nach Leistung

Benziner	Diesel
Audi S4 B9 TFSI	**Audi S4 B9 TDI**
V6T 354 PS, 500 Nm, 4,7s	V6TD 347 PS, 700 Nm, 4,8s
Opel Astra J EcoFlex	**Opel Astra J CDTI**
R4T 200 PS, 300 Nm, 7,9s	R4TTD 195 PS, 400 Nm, 7,8s
Alfa Romeo Giulia MultiAir	**Alfa Romeo Giulia Multijet**
R4T 200 PS, 330 Nm, 6,6s	R4TD 190 PS, 450 Nm, 6,9s
VW Golf VII TSI	**VW Golf VII TDI**
R4T 150 PS, 250 Nm, 8,2s	R4TD 150 PS, 340 Nm, 8,6s

Vorteile. Nutzt man also für den Vergleich zwischen Benzinern und Dieselmotoren Modelle mit der gleichen Leistung, so ist meist der Diesel im Vorteil beim Drehmoment. Dies macht ihn dennoch, in den meisten Fällen, nicht schneller. Nutzt man für den Vergleich aber gleiches Drehmoment oder gleichen Hubraum, so ist der Benziner wiederum deutlich im Vorteil in Sachen Leistung.

Wann lohnt sich ein Diesel? Fakt ist, dass beide Motoren ihre Vor- und Nachteile haben. Welches Aggregat man bevorzugt, ist auch immer eine Frage dessen, was man benötigt. Fakt ist allerdings auch, dass man aus einem Vierzylinderdiesel keine Rennmaschine machen kann. Und sofern man keine Rennmaschine hat, sollte man sein Auto auch nicht als eine solche anpreisen. Auch wenn der Dieselmotor sich durch den Turbopunch schnell anfühlt. Unterm Strich ist er in Sachen Sportlichkeit aber eher fehl am Platz. Der Diesel hat dafür definitiv andere Vorzüge. Will man dann zu diesen Vorzügen noch die Vorteile eines Benziners hinzufügen, geht das zwangsläufig auf die Haltbarkeit des Motors. Durch die oftmals vielen Kurzstreckenfahrten und die immer höhere Leistungsausbeute hat der heutige Dieselmotor eine seiner wichtigsten Eigenschaften verloren. Die solide Arbeitermaschine ist er bereits seit Jahren nicht mehr. Fährt man überwiegend Kurzstrecke und ist viel in der Stadt unterwegs, dann sollte man eher über einen Benziner nachdenken. Ob mit oder ohne Turbolader ist dann noch mal eine Frage von anderen Prioritäten. Das Gleiche gilt auch für Menschen, die Sportversionen oder eine charakteristische Klangkulisse bei ihrem Aggregat präferieren. Der Selbstzünder ist eher für Langstreckenfahrten und Vielfahrer geeignet. Dabei kann er seine Stärken zum Beispiel in Form von niedrigerem Kraftstoffverbrauch vollends ausleben. Doch auch das muss sich erst mal lohnen, denn Dieselfahrzeuge sind meist in der Anschaffung etwas teurer und dazu noch mit einer höheren KFZ-Steuer belastet. Die meisten Menschen glauben, sie bräuchten bereits einen Diesel, wenn ihr Arbeitsweg länger als 10 Kilometer ist. Dies ist definitiv ein Irrglaube. Wer wirklich einen Diesel braucht, dem würde ich ihn auch jederzeit empfehlen. Aber tatsächlich besteht die Menge an Menschen, die wirklich einen benötigen, aus lediglich einem ganz kleinen Prozentsatz. Ein Dieselmotor lohnt sich tatsächlich nur in drei Fällen in einem PKW:

1. **Lasten.** Wenn man oft Anhänger oder andere schwere Lasten ziehen muss. Aufgrund seines niedrigen Drehzahlbandes und der kleineren Übersetzung eignet er sich dafür besser. Außerdem darf man bei gleichbleibender PS-Leistung den Drehmomentvorteil nicht vergessen. Kraft, also Drehmoment, ist entscheidender als Leistung, wenn schwere Lasten zu ziehen sind. Daher ist der Dieselmotor auch die klassische Arbeitermaschine. Beispielsweise in LKWs, Landwirtschafts- und Baumaschinen.

2. **Gewicht.** Dieselmotoren sind Arbeitermaschinen und haben es mit hohem Gewicht leichter. In einem Fahrzeug an sich lohnt sich der Diesel vor allem in SUVs oder Pick-ups. Aufgrund von Nachteilen wie hohem Gewicht und miserablem Luftwiderstand, die hier überwunden werden müssen, empfiehlt sich bei solchen Modellen ein Diesel. Vorausgesetzt er hat auch genug Zylinder und genug Leistung.

3. **Kilometerlaufleistung.** Wenn man tatsächlich jährlich sehr viele Kilometer fährt, kann sich ein Dieselmotor auch rein rechnerisch lohnen. Denn dieser ist im Teillastbereich deutlich kraftstoffärmer unterwegs. Die Faustformel hierfür sind 30.000 Kilometer im Jahr. Wenn man diesen Wert überschreitet, sollte sich ein Diesel in jedem Fall lohnen. Die meisten Dieselfahrer jedoch, erreichen diese jährliche Laufleistung bei Weitem nicht. Dies ist eine simple Rechnung. Doch scheinbar ist das schon zu anstrengend und stattdessen lassen viele sich lieber von anderen, meist von Händlern, bequatschen. Das Ende vom Lied ist dann oft, dass sie vor Anderen versuchen das schönzureden, was sie dann zwar besitzen, aber eigentlich gar nicht mehr haben wollen. Und dann ist dieser surreale, unsympathische und irrationale Moment gekommen, wo am Stammtisch in der Kneipe dann plötzlich der 150-PS-Diesel zur absoluten Rennmaschine gepriesen wird und Aussagen getätigt werden, dass er mit seinem Drehmoment jeden R, jeden AMG, jeden M, jeden RS usw. "abziehen" könnte. Es kann sich allerdings auch schon in Fällen mit weniger Laufleistung lohnen einen Diesel anzuschaffen. Jedoch muss man dafür wieder individuelle Aspekte heranziehen und es kommt natürlich auch wieder darauf an,

mit welchem Benziner man den Diesel vergleicht, wenn es um die Anschaffung und den Unterhalt geht.

Kosten. Man darf in keinem Fall vergessen, dass der Diesel in der Kraftfahrzeugsteuer unter gleichen Verhältnissen eine Ecke teurer ist. Dafür ist er allerdings etwas sparsamer im Verbrauch. Bei Reparaturen am Motor ist der Diesel wiederum meist teurer aufgrund der verstärkten Bauteile, welche durch die unkontrollierten Zündungen mehr aushalten müssen. Wobei dies eine alte Regel ist und man die Reparaturkosten heutzutage bei beiden Motorarten auch nicht mehr genau einschätzen kann, aufgrund der immer mehr werdenden Elektronik und der Hochzüchtung durch empfindliche Turbolader usw.

V10 TDI. Neben den tri- und quadturboaufgeladenen Dieselmotoren bei BMW, gibt es noch weitere Dieselaggregate, die schlichtweg aufgrund ihrer Seltenheit und Besonderheit richtig cool waren. Bei VW gab es in der ersten Generation des Touareg einen 5.0 V10 TDI (exakt 4.92 Liter). In der Normalversion leistete dieser 313 PS und 750 Nm. Er war auch die Basis für die offizielle Höchstmotorisierung des Touareg: Der R50. Er hatte den gleichen Motor, allerdings mit 350 PS und sogar 850 Nm. Trotz der Leistung und des Drehmoments schaffte er aufgrund der schlechten Performance des SUV nur eine Beschleunigung von 6,7 Sekunden auf 100 km/h und eine Endgeschwindigkeit von 235 km/h. Dies sind in etwa die Fahrwerte eines BMW E36 323i (170 PS, 245 Nm) aus Anfang der 90er-Jahre. Nicht gerade weltbewegend und selbst mit modernen SUV verglichen sind dies grottenschlechte Fahrwerte. Trotzdem war der R50 einfach cool. Er bekam alles ab Werk, was ein richtiger R nun mal hatte. Von einer auffälligeren Optik bis hin zu großen Alufelgen war das gesamte Paket der R-GmbH am Start. Er war breiter, tiefer, kräftiger, hatte ein ausgetüfelteres Fahrwerk und sah vor allem besser aus.

V12 TDI. Darüber hinaus gab es etwas später von Audi im Q7, ebenfalls in der ersten Generation, sogar einen 6.0 V12 TDI (exakt 5.93 Liter). Er leistete 500 PS und sage und schreibe 1.000 Nm Drehmoment. Man stelle sich nur mal vor, was dieses Ungetüm geleistet hätte, wenn es so hochgezüchtet wäre wie beispielsweise ein aktueller Sechszylinderturbodiesel im oberen Mittelklassenbereich. Natürlich sind dies völlig wahnwitzige und unnötige Maschinen, die auch fast so gut wie niemand gekauft hat. Aber es ist einfach sympathisch, dass ein Automobilhersteller so etwas mal gemacht hat. Der V12 TDI wäre in etwas modernerer Form ein äußerst interessantes Aggregat für einen Sportwagen gewesen. Lange Zeit wurde Wirbel um eine Konzeptversion des Audi R8 gemacht, die diesen Motor bekommen sollte. Allerdings ging diese dann letztendlich doch nie in Serie.

Funfact. Der V12 TDI von Audi ist der teuerste Motor, der in der Kraftfahrzeugsteuer in Deutschland gelistet ist. Dieses Ungetüm liegt tatsächlich nur knapp unter 1.000€ im Jahr und somit ist er sogar teurer als alle Supersportwagen.

Elektrofahrzeuge

Topaktuell und seit Jahren brandheiß in Politik und Wirtschaft ist das Thema Elektroautos. Nicht nur die Politiker sind längst im Sinne zur Rechtfertigung ihrer Daseinsberechtigung auf den grünen Zug aufgesprungen. Auch die Automobilhersteller beschäftigen sich überwiegend mit Projekten in der elektromotorisierten Sparte. Mittlerweile findet man immer mehr Elektromodelle auf dem Markt. Man sieht sie auf den Straßen überall. Sie sind gar nicht mehr wegzudenken. Bei aktuellen Elektroautos stellt man vor allem drei Dinge fest:

1. **Anzahl.** Die Menge an Elektroautos ist inzwischen riesig geworden. Vor allem wenn man die unbekannten sowie die asiatischen Firmen mit dazu nimmt. Firmen, die Elektroautos herstellen, sind in den letzten Jahren aus dem Boden geschossen wie Löwenzahn im Frühling.
2. **Namensgebung.** Sieht man sich die Namen der Elektrofahrzeuge mal genauer an, so bekommt man teilweise das Gefühl die Hersteller wollten einen damit ärgern. Immer mehr Kürzel und zusätzliche Beschreibungen und Angaben finden sich in den Namen wieder. Beispielsweise lautet der volle Name der Elek-

troversion des Volvo XC 40: "Volvo XC40 Recharge P8 AWD BEV".

3. **Leistungsangaben.** Am meisten fällt aber auf, dass sich die Leistung vieler Elektromotoren immer wieder von Hersteller zu Hersteller wiederholen. Vor allem die Zahl 136 kommt äußerst oft vor. Dies findet seinen Ursprung in der Kilowatt-Zahl. Wir alle kennen die Leistung von Motoren bei Autos in Pferdestärken. Die eigentliche Einheit für Leistung ist aber kW (Kilowatt). Bei Autos spricht man aber nach wie vor hauptsächlich von PS, da sich die Bezeichnung Kilowatt hier bisher einfach nicht durchsetzen konnte. Vermutlich wird dies auch nie der Fall sein. Allerdings galt dies bisher nur für Fahrzeuge mit Verbrennungsmotoren. Bei Elektroautos sieht die Sache hingegen etwas anders aus. Die Leistungseinheit Kilowatt ist vor allem vom elektrischen Strom bekannt. Da dieser die Energie für Elektromotoren liefert, ist es bei Elektromotoren üblich eher von Kilowatt als von Pferdestärken zu sprechen. 136 PS sind umgerechnet exakt 100 Kilowatt. Aus diesem Grund der vollen runden Zahl, die für das menschliche Gehirn sehr angenehm wirkt, findet man die 136 PS beziehungsweise die 100 kW so oft bei schwächer motorisierten Elektroautos. Auch hierfür ist wieder das Marketing der Automobilhersteller verantwortlich.

E-Kennzeichen. Seit 2015 gibt es in Deutschland das E-Kennzeichen. Dieses ist aber nicht nur für reine Elektroautos, wie die meisten Menschen glauben. Auch Besitzer von Brennstoffzellenautos und vor allem Hybridfahrzeugen können das Kennzeichen beantragen und davon profitieren. Das E-Kennzeichen kann den Besitzern, je nach Kommune, einige Vorteile verschaffen. Und es soll zum Ausdruck bringen, dass der Fahrer dieses Autos besonders umweltfreundlich unterwegs ist. Warum dies allerdings leider totaler Quatsch ist, erfahrt ihr im Verlauf dieses Kapitels. Denn die Vorteile des E-Kennzeichens sind von Kommune zu Kommune frei festlegbar. Was in der einen Stadt ein Vorteil für Fahrer mit E-Kennzeichen bedeutet, kann bereits einen Ort weiter schon eine teure Ordnungswidrigkeit mit horrendem Bußgeld darstellen. Dies sorgt vor allem mal wieder für jede Menge Bürokratie und Verwaltungsaufwand im deutschen Staat sowie auch für Verständnislosigkeit bei den Bürgern. Die Vorteile in den meisten Städten sind:

1. **Busspuren.** Freies Benutzen der Busspuren, um besser durch den Verkehr zu kommen, was ansonsten verboten wäre.
2. **Parken.** Kostenloses oder vergünstigtes Parken auf öffentlichen kostenpflichtigen Plätzen.
3. **Ladestationen.** Nutzen von kostenlosen Ladestationen. Diese werden vom örtlichen Energieanbieter oder von den Kommunen eingerichtet und betreut.

Umweltplaketten. Verständnislosigkeit herrscht vor allem auch bei Bürgern, die Besitzer eines Elektroautos ohne Umweltplakette sind. Auch sie sind verpflichtet ihre Autos mit einer Umweltplakette auf der Windschutzscheibe zu kennzeichnen. Seit 2007 gibt es in Deutschland die Umweltzonen. Die Umweltplakette kennzeichnet bei Autos den Schadstoffausstoß. Es gibt sie in roter (schlecht), gelber (mittel), grüner (gut) oder blauer (sehr gut) Form. Sie war ursprünglich dafür vorgesehen die Feinstaubbelastung in Städten und bestimmten Zonen zu verringern. Doch ein Elektroauto ist an sich grundlegend erst mal emissionsfrei und hat demnach keinen Schadstoffausstoß. Zumindest wenn man mal von den Produktionsemissionen absieht. Dennoch sind auch die Besitzer solcher emissionsfreien Autos verpflichtet eine Umweltplakette auf der Windschutzscheibe zu haben, wenn sie in eine der Zonen hineinfahren wollen. Nun könnte man annehmen, dass das E-Kennzeichen die Umweltplakette ersetzt. Doch dem ist leider nicht so. Typisch deutsche Gesetzgebung. Verständlich, dass sich da viele an den Kopf packen.

Dieselskandal. Aber nicht nur bei den vorherigen Themen greift die Politik in einen wichtigen Punkt ein. Die Politik nimmt mittlerweile recht stupide Züge an. Denn sorgt sie nicht nur für allerlei Verständnislosigkeit, Ratlosigkeit, Verwaltungsaufwand, Bürokratie und zusätzliche Kosten, sondern attackiert sie inzwischen auch den Stützpfeiler der deutschen Wirtschaft. Und dies auch nicht zum ersten Mal. Zuerst war es der Dieselskandal, welcher leider gleich auf zweierlei Arten ziemlich verheerend war. Einerseits war es bei weitem nicht nur der VAG-Konzern, der mit seiner Software bei den Dieselmotoren betrogen hat. Renault, Daimler, Fiat und Opel (damals noch unter General Motors) haben ebenfalls mit dem Feuer gespielt und die Kunden gleichermaßen betrogen. Und unter diese Konzerne fallen nicht nur die gleichnamigen Automobilmarken, sondern auch Hersteller wie Mercedes-Benz, Smart, Fiat, Alfa Romeo,

Dodge, Chrysler, Nissan, Mitsubishi und Dacia. Der Betrug dieser Konzerne wurde von Behörden, Automobilzeitschriften und anderen Instituten aufgedeckt und zahlreich nachgewiesen. Natürlich wurde das Ganze auch publik gemacht. Aber als VW, Audi, Porsche und die anderen VAG-Marken schon zu tief in der Misere drinsteckten, interessierte plötzlich niemanden mehr, was mit den anderen Autobauern ist. Und nicht nur die Politik, sondern auch die deutschen Bürger stürzten sich auch noch wie die Geier auf diesen Skandal. Dabei merkten sie gar nicht auf welch dünnem Eis sie sich damit bewegt haben.

Deutsche Wirtschaft. Unsere mächtige Wirtschaftsnation baut vor allem auf vier Grundpfeilern auf:

1. **Automobilhersteller.** Deutschlands Wirtschaftsmacht an allererster Stelle (Daimler AG, Volkswagen AG, BMW Group).
2. **Automobilzulieferer.** Sie sind die ungeschlagene Nummer zwei und hängen zwangsläufig unmittelbar mit der Nummer Eins zusammen (Continental, Hella, Bosch).
3. **Chemieindustrie.** Hierzu zählen zum Beispiel auch pharmazeutische Erzeugnisse (Bayer).
4. **Technik.** Von technischen Großanlagen über Firmenausstattung bis Software (Siemens, SAP).

Die zwei größten Eckpfeiler der deutschen Wirtschaft setzen sich also aus der Automobilindustrie zusammen. Und alles steht und fällt letztendlich mit dieser. Wenn der Aktienkurs von VW mal um ein paar Punkte sinkt, fängt das Volk tatsächlich direkt wegen der schlechten Konjunktur, neu eingesparter Arbeitsplätze und der paar Euros, welche die Aktien an Wert verlieren, an zu jammern. Wenn jedoch die Amerikaner die deutsche Wirtschaft auf verheerende Art und Weise angreifen und einen vergleichsweise lächerlichen Dieselskandal publik machen, machen die Deutschen einfach mit. Oftmals gewinnt man dabei den Eindruck, dass die Meisten dies nur tun, damit sie am Stammtisch ein neues Thema haben, über das sie sich mal so richtig das Maul zerreißen und eine anprangernde Meinung kundtun können. Denn meckern ist des Deutschen Königsdisziplin. Den Imageschaden, den sie dabei verursachen bemerken sie allerdings nicht. Stellt euch nur mal für einen Moment vor, was in der deutschen Wirtschaft los wäre, wenn der Volkswagenkonzern mit all seinen Marken vor die Hunde ginge. Und damit auch die ganzen Automobilzulieferer, die an diesem Konzern mit dranhängen. Allein Continental mit dem Reifenkonzern, dem Tech-Konzern und dem Automotive-Konzern usw., welcher ebenfalls eines der größten DAX-Unternehmen ist. Sie alle sind riesige Weltkonzerne aus dem DAX, die von der Automobilindustrie hundertprozentig abhängig sind. Sie produzieren zwar nicht ausschließlich für die Automobilhersteller, aber zumindest zum größten Teil. Und wenn diese Abnehmer verloren gehen und damit auch der Hauptumsatz, können sich die Konzerne nicht allein über die kleinen, unbedeutenden Sparten retten.

Realbeispiel. Da ich selbst unter Anderem jahrelang für einen der weltweit führenden Automobilzulieferer tätig war, bekam ich die Auswirkungen hautnah mit. Auch hier waren deutliche Einbrüche durch minimale Konjunkturschwankungen in der Automobilindustrie zu vernehmen. Alles war immer von VW und Co. abhängig. Und Konjunkturschwankungen sind mittlerweile nun mal leider oft der Politik im eigenen Lande geschuldet. Früher gab es lediglich mal alle paar Jahre eine neue Euronorm, an die sich der Autobauer dann halten musste. Kaltlaufregler, Katalysatoren, Rußpartikelfilter und vieles mehr wurde zum Standard. Heute allerdings wird solch ein Aufriss um die Umweltverschmutzung durch Dieselfahrzeuge gemacht, dass der Endkunde plötzlich gar nicht mehr weiß, welches Auto er überhaupt noch kaufen soll. Oder besser gesagt: Welches Auto er überhaupt kaufen kann. Denn in welche Stadt er in zwei Jahren damit überhaupt noch reinfahren darf, kann ihm niemand sagen.

Hetzjagt. Zwischen 2000 und 2010 hieß es noch: "Leute, kauft Dieselfahrzeuge! Das sind die effizientesten und sparsamsten Fahrzeuge überhaupt! Außerdem ist der Kraftstoff viel günstiger und die Reichweite deutlich höher!" Stimmt! Dies sind nun mal die unbestreitbaren Vorteile, die der Dieselmotor aufweist. So wie jeder andere Motor auch seine ganz eigenen Vor- und Nachteile besitzt. Doch diese sinnfreie Hetzjagd, die mittlerweile ausgebrochen ist, ist doch geradezu grotesk. Wisst ihr, was für eine Umweltverschmutzung im Vergleich zu den Dieselemissionen allein die Silvesternacht verursacht? Die Emissionsmessstationen sind während dieser Zeit so dermaßen am Eskalieren, dass sie gar nicht mehr in der Lage sind zu messen. Einige von ihnen müssen während der Silvesternacht sogar abgeschaltet werden. Oder wusstet ihr, dass es gigantische Kraftwerke gibt, die den ganzen Tag nichts Anderes machen als industriellen Ruß zu fertigen? Dazu verbrennen sie absichtlich auf eine sehr ineffiziente Art und Weise, da sonst nicht genügend Ruß entsteht, Erdöl und Sauerstoff. Aber Hauptsache der Dieselmotor, dessen Hauptemissionsprodukt ebenfalls Ruß ist, ist im Focus einer regelrechten Hetzjagd. Und plötzlich sind all die positiven Dinge des Dieselmotors hinfällig und es heißt: "Leute, kauft Elektroautos! Das ist die Zukunft. Und werdet bloß eure umweltverpestenden Diesel los!" Dass diese bösen, bösen Diesel aber zumindest bei einigen Fahrern ihren Sinn und Zweck nach wie vor korrekt erfüllen und die sinnvollste Wahl sind, interessiert offenbar auch niemanden mehr. Aber machen wir uns nichts vor. Wir Petrolheads sollten uns damit abfinden, dass die Ära des Verbrenners langsam aber sicher vorbei sein wird. Und wenn wir mal ganz neutral an die Sache herangehen und hundertprozentig ehrlich zu uns selbst sind, dann ist das auch berechtigt. Denn dieses Schwert ist gerade in Zeiten des Klimawandels ziemlich zweischneidig. Die Problematik liegt jedoch nach wie vor darin, dass der breiten Masse keine saubere und erschwingliche Alternative geboten wird. Elektroautos sind sauberer in der Herstellung und günstiger in der Anschaffung geworden. Aber die Antwort liefern sie bisher nicht. Denn Klimaschutz darf nicht zu lasten des Umweltschutzes geschehen. Was hilft es dem Planeten, wenn wir in Europa auf etwas klimafreundlichere E-Autos umsteigen, für deren Akkus jedoch mit dem Lithium-, Cobalt- und Nickelabbau in Südamerika und Afrika landesweite Gebiete vergiften und unbewohnbar machen.

Realbeispiel. Auch in meinem weiterem Bekanntenkreis habe ich mitbekommen, wie Leute sich geradezu verrückt machen lassen und krampfhaft versuchen ihre topmodernen, hoch ausgestatteten und teuer bezahlten Dieselfahrzeuge loszuwerden. Selbst die Rationalsten unter den Menschen lassen sich so sehr von der Masse und der medialen Hetze treiben, dass sie ihren alten Diesel abgeben und sich für die Prämie der Automobilhersteller einen völlig überteuerten Neuwagen mit einem untermotorisiertem Benziner kaufen. Oder sie versuchen ihren noch fast neuen Diesel bei einem Händler in Zahlung zu geben und jammern dann lautstark. Denn die Händler sagen: "Tut mir wirklich Leid, Herr Müller. Dafür können wir Ihnen nicht mehr viel geben. Die schlechten Abgaswerte... Sie wissen ja..." Und das, obwohl es sich teilweise noch fast um Neufahrzeuge handelt. Und dann lassen sich die Verbraucher auch noch darauf ein und zahlen wieder viele Tausend Euro drauf. Statt den eigentlich Schuldigen verfluchen sie dann den Autohersteller.

Emissionen. Ganz nebenbei wird dann im Hintergrund vom Staat auch mal wieder die KFZ-Steuer angehoben. Und komischerweise beschäftigt sich die Politik auch nur mit dem CO2-Ausstoß, der tatsächlich in Sachen Umweltaspekten das geringste Problem des Dieselmotors ist. Die Stickoxide, welche bei magerer Verbrennung (zu wenig Kraftstoffanteil im Gemisch) entstehen, sind die eigentlich giftigen Stoffe der Emissionen. Diese sind tatsächlich knapp 300 mal (exakter Wert: 298 mal) treibhausaktiver als Kohlenstoffdioxid (CO2). So viel zum Thema Emissionen und Treibhauseffekt. Stickoxide lassen sich allerdings mit Harnsäure unschädlich machen. Wenn jeder zusätzlich "AdBlue" tankt, denn unter diesem Namen wird sie als Harnstofflösung am Markt verkauft, würde der Diesel lediglich noch seinen ganz normalen CO2-Ausstoß haben. Ungefähr so, wie der Benziner auch. Der Kraftstoffzusatz AdBlue ist in der Lage die Stickoxide weitestgehend zu neutralisieren. Es gibt auch Autos, die ohne AdBlue gar nicht mehr fahren.

Realbeispiel. Mir ist sogar mal von einem ziemlich verärgertem Dieselfahrer zu Ohren gekommen, dass er in seinen Tank pinkeln wollte. Schließlich ist es Harnsäure, welche die Stickoxide neutralisiert. Ob das allerdings dann auch mit menschlichem Urin funktioniert, ist eine andere Sache.

Hybridsportwagen. Nachdem der Volkswagen-Konzern die letzten Jahre einige Sportcoupés wie den Audi TT oder den VW Scirocco eingestampft hat, bekam zumindest Audis Produktreihe wieder ein neues R8-Modell. Doch war dieses Geschoss nicht nur vom Lamborghini-V10-Motor angetrieben, sonder gab es auch eine reine Elektroversion des sportlichem Coupés. 462 PS leisteten die Elektromotoren zunächst im R8 e-tron. Seit 2023 wurde allerdings leider auch die Produktion des R8 endgültig eingestellt. Reine Elektrosportler beziehungsweise Elektroautos sind allerdings eine herbe Geschmackssache. Auch wenn sie ihr können durchaus bereits unter Beweis gestellt haben, hat sich der Elektromotor mehr als unterstützendes Aggregat unter Beweis gestellt. Ein großartiges Beispiel ist die Neuauflage des Honda NSX. Mit einem 3.5 Liter V6 Biturbo und drei Elektromotoren produziert er eine Gesamtleistung von 581 PS. Jedoch entfaltet er ein vergleichsweise niedriges Drehmoment von maximalen 646 Nm. Für drei Elektromotoren kombiniert mit einem hubraumstarkem Benziner und zwei Turboladern ist dies sehr wenig Drehmoment. Er könnte ohne Probleme auch 800 Nm oder mehr auf dem Papier stehen haben. Dennoch schafft er den Sprint auf 100 km/h in bahnbrechenden 2,9 Sekunden. Und das ist irrsinnig schnell. Zum Vergleich: Ein Lamborghini Aventador schafft dies ebenfalls, benötigt dafür allerdings 700 PS. Und auch für 700 PS sind 2,9 Sekunden schon ziemlich schnell. Honda stellt mit dem NSX unter Beweis, dass moderne Hybriden nicht nur sparsame Alltagsautos sein können, sondern tatsächlich auch hervorragende Supersportler abgeben können. Sportlich, aber eine ganze Ecke ruhiger lässt es dagegen der BMW i8 angehen. Sein turboaufgeladener Dreizylinder generiert mit der Kräftigung von lediglich einem Elektromotor 374 PS und ansehnliche 570 Nm. Diese verhelfen ihm zum 0-100-km/h-Sprint in 4,4 Sekunden. Allerdings befindet sich dieses Hybrid-Coupé damit längst nicht mehr im Supersportwagensegment. Absolut ans Limit gehen dagegen die berühmten Hypercars der "heiligen Dreifaltigkeit", wie sie im inoffiziellen Top-Gear-Nachfolger "The Grand Tour" genannt werden. Es handelt sich dabei um den britischen McLaren P1, den deutschen Porsche 918 und den italienischen Ferrari LaFerrari. Diese Fahrzeuge bilden die Spitze der modernen Automobiltechnologie. Ihre unfassbare Performance ist beinahe kaum noch schlagbar. Und wenn doch, dann nur mit sehr viel mehr Motorleistung. Modernste Technik von Verbrennungsmotoren kombiniert mit mehreren Elektromotoren, lassen diese Fahrzeuge auf der Straße geradezu wüten. Nachfolgend findet ihr eine Tabelle mit diesen irrsinnigen Wunderwerken der Hybridtechnologie und ihren interessantesten Fahrwerten. Auch die drei der "Holy Trinity" sind selbstverständlich Gegenstand des Vergleichs.

Hybrid-Hypercars

Fahrzeug	Gesamt-leistung	Leistung Verbrenner	Leistung E-Motor	Zeit	Vmax
Koenigsegg Gemera	1.700 PS	600 PS	1.100 PS	1,9 s	400 km/h
Koenigsegg Regera	1.509 PS	1.115 PS	394 PS	2,8 s	410 km/h
McLaren Speedtail	1.070 PS	757 PS	313 PS	3,0 s	403 km/h
Ferrari SF90 Stradale	1.000 PS	780 PS	220 PS	2,5 s	340 km/h
Ferrari LaFerrari	963 PS	800 PS	163 PS	<3,0s	>350 km/h
McLaren P1	916 PS	737 PS	179 PS	2,8 s	>350 km/h
Porsche 918	887 PS	608 PS	279 PS	2,6 s	345 km/h
Honda NSX	581 PS	459 PS	122 PS	2,9 s	308 km/h
BMW i8	374 PS	231 PS	143 PS	4,4 s	>250 km/h

Normale Hybridfahrzeuge. In normalen Hybridfahrzeugen, die nicht dem Supersportwagensegment gewidmet sind, wie dem Toyota Corolla (1.8 R4E, 122 PS und 2.0 R4E, 180 PS), dem Audi A3 e-tron und dem VW Golf VII GTE (1.4 R4TE, 204 PS) erweisen sich die Elektromotoren ebenfalls als hilfreich. Diese Fahrzeuge sind erstaunlich kraftstoffsparend und umweltschonend. Und die verschiedenen Motorentechniken entlasten sich innerhalb eines Fahrzeugs praktisch gegenseitig. Doch dem Performancefan sei gesagt, dass solche Autos nicht gerade mit guten Fahrwerten gesegnet sind, was nicht zuletzt auch an ihrem hohen Gewicht liegt. Dies gilt auch gleichzeitig für rein elektrisch betriebene Fahrzeuge. Oftmals werden Elektromotoren für ihr vergleichsweise hohes Drehmoment angepriesen. Demnach sagt man den meisten von ihnen auch nach eine verhältnismäßig gute Performance zu haben. Dem ist allerdings nicht so. Vor allem leider oftmals gerade bei den Autos, bei welchen es am meisten angepriesen wird. Eine typische Verhaltensweise der deutschen Neidgesellschaft. Je lauter die Menschen schreien, desto weniger steckt meist dahinter. Auf das Thema Drehmoment wird im weiteren Verlauf dieses Kapitels noch näher eingegangen.

Wirkungsgrad. Elektromotoren bestehen nicht im Ansatz aus derart vielen Bauteilen, wie es beim Verbrenner der Fall ist. Folglich kann also bei ihnen deutlich weniger kaputt gehen. Leidige Themen wie verschlissene Turbolader, eingelaufene Nockenwellen, verschlissene oder verschobene Kolbenringe, gelängte Steuerketten, verschlissene Lagerschalen usw. gibt es hier schlichtweg nicht. Außerdem sind sie extrem effizient und haben einen äußerst hohen Wirkungsgrad von ca. 90% - 98%. Damit ist das Verhältnis gemeint, zwischen dem, was in den Motor hineingegeben wird, also das Antriebsmittel (Ottokraftstoff, Diesel, Gas, Strom, Kerosin usw.) und dem was im Motor umgesetzt wird und wieder herauskommt. Moderne Turbodiesel liegen bei 40% - 45% und moderne Turbobenziner haben hingegen nur eine Effizienz von 35% - 40%. So hoch ihre Leistungsausbeute auch sein mag und so ungeschlagen ihre Performance auch ist, so schlecht ist tatsächlich ihr Wirkungsgrad. Dies liegt vor allem daran, dass bei Verbrennungsmotoren wahnsinnig viel Energie in Wärme umgewandelt wird. Und diese geht schlichtweg an die Umgebung verloren. Ein ganz wichtiger Punkt, den viele Menschen immer wieder falsch behandeln, ist, dass Energie niemals verbraucht wird oder sich in Luft auflösen kann. Sie wird grundsätzlich immer nur umgewandelt. Die Energie aus flüssigen Kraftstoffen wird beim Verbrennungsmotor in zwei Dinge umgewandelt:

1. **Mechanische Energie.** Circa ein Drittel ist die mechanische Energie. Diese ist der nutzbare Teil der Energie in einem Ottomotor. Durch die Explosion im Brennraum während des Arbeitstaktes wird der Kolben nach unten gedrückt und treibt die Kurbelwelle an. Diese überträgt die Kraft durch den Antriebsstrang an die Räder.
2. **Wärmeenergie.** Den Rest stellt die Wärmeenergie dar. Etwa die Hälfte hiervon wird direkt durch die Abgasanlage ausgestoßen. Der andere Teil wird nicht nur von den Motorteilen willkürlich

in die Umgebung abgestrahlt, sondern auch ganz gewollt durch flüssige zirkulierende Medien wie Motoröl und Kühlwasser abtransportiert. Im Verlauf der Kühl- und Ölkreisläufe wird die Wärme dann an die Umgebung abgegeben. So entsteht beim Verbrennungsmotor ein unglaublich hoher Energieverlust. Also circa zwei Drittel der gesamten umgewandelten Energie.

Auch Pneumatik- oder Hydraulikmotoren haben beispielsweise einen deutlich höheren Wirkungsgrad als die Verbrenner.

Wirkungsgrad Motoren

Turbobenziner	35% - 40%
Turbodiesel	40% - 45%
Elektromotor	90% - 98%
Hydraulikmotor	80% - 90%
Brennstoffzelle	20% - 60%
Turbinentriebwerk	< 40%

Funfact. Die chemische Formel für die Verbrennung in einem Benzinmotor lautet:

$$C_8H_{18} + 12.5\ O_2 -> 8\ CO_2 + 9\ H_2O$$

Energiemitführung. Aber warum fahren wir dann überhaupt mit Verbrennungsmotoren? Wenn diese doch im Vergleich zu allen anderen Aggregaten so ineffizient sind. Darauf gibt es eine simple Antwort: Das einfache Mitführen der Antriebsenergie, also dem Kraftstoff.

1. **Energiedichte.** Benzin- und Dieselkraftstoffe haben eine sehr hohe Dichte an Energie, wodurch die Reichweite der Autos recht hoch wird.
2. **Leichtes mitführen.** Man benötigt lediglich einen Tank und natürlich den Kraftstoff selbst, um ihn mit sich zu führen.

Akkumulatoren. Bei einem Elektroauto sieht dies hingegen ganz anders aus. Hier bedient man sich dem Prinzip des Akkumulators. Umgangssprachlich auch Akku oder fälschlicherweise Batterie genannt. Er speichert den Strom und gibt ihn dann wieder ab, wenn er benötigt wird. Dies geschieht allerdings nicht einfach durch einen simplen Kraftstofftank. In Elektroautos werden besonders leistungsstarke Lithium-Ionen-Akkus verwendet. Sie dürften mittlerweile jedem Menschen von Smartphones und anderen Alltagsgeräten bekannt sein. Jedoch sind diese Akkus noch immer nicht weit genug entwickelt, um die Anforderungen eines Autos in der heutigen Zeit vollständig erfüllen zu können. Dies gilt vor allem für sportliche Fahrzeuge, welche ausschließlich durch den Elektroantrieb versorgt werden. Darüber hinaus sind die Anforderungen an die Akkumulatoren in Elektroautos nicht komplementär zueinander. Das heißt, die Ziele, welche an einen solchen Energiespeicher gestellt werden, konkurrieren miteinander. Diese Ziele sind:

1. **Reichweite.** Man will so viele Kilometer wie möglich mit einer Ladung schaffen.
2. **Konstante Leistungsabgabe.** Eine gleichmäßige und konstante Entladung und Leistungsabgabe sind ebenfalls gewünscht, um den Akku zu schonen.
3. **Vollgas.** Bei Kickdown möchte man jederzeit das volle Drehmoment und die volle Leistung haben. Und dies auch bei mehreren hundert Kilometern pro Stunde. Und auch nicht nur einmal, sondern öfter und beispielsweise auch bei niedriger Akkuladung.

Wenn im Tank eines mit Benzin fahrenden Autos nur noch ein letzter Tropfen Kraftstoff ist, ändert das nichts an der Leistungsabgabe. Man kann damit trotzdem noch einen Vollgassprint ausführen. Bei Akkumulatoren ist das hingegen anders. Das Abrufen hoher Leistung verringert die Reichweite enorm. Außerdem sinkt nicht nur die vorhandene Antriebsenergie, sondern auch die Power, welche die Akkus an die Elektroautos abgeben. Dennoch kann das Ganze zumindest so gemanagt werden, dass die volle Leistung für einige Sprints auf mehrere Male komplett zur Verfügung steht, obwohl der Akku sich mit jedem Mal weiter entlädt. Lithium-Ionen-Akkus sind zudem mittlerweile in der Lage extrem schnell wieder aufgeladen zu werden. Auch hierfür sind unsere heutigen Smartphones ein gutes Beispiel. Schnellladestationen ermöglichen es mittlerweile die Akkus von modernen Elektroautos in weniger als einer Stunde komplett aufzuladen. Dies ist eine hervorragende Entwicklung. Noch vor wenigen Jahren war dies absolut undenkbar und selbst die kleinsten, sparsamsten Elektroautos waren mit einer Ladezeit über eine komplette Nacht noch nicht komplett zufriedengestellt. Das moderne und schnelle Lademanagement ist allerdings nicht ganz ohne Nachteile. Es geht vor allem auf die Materialien. Für ein schnelles Laden ist eine hohe Wandstärke der Akkus erforderlich, denn deren Innereien dehnen sich stark aus, je schneller sie aufgeladen werden. Darüber hinaus entstehen durch die elektrochemischen Prozesse hohe Temperaturen in ihrem Inneren. Durch die verstärkten Wände wird das ohnehin schon hohe Gewicht der Akkus noch drastisch erhöht. Negativ ist auch, dass diese Formen der Energiespeicherungen eine ziemlich schmutzige Wahrheit verbergen. Im Gegensatz zu den altbekannten Blei-Akkus sind die Lithium-Ionen-Akkus nur teilweise und deutlich schwieriger zu recyclen. Außerdem bekommt man für sie am Markt absolut nichts mehr geboten, weshalb sich auch gar nicht erst irgendein Unternehmen diese Mühe des Recyclings macht. Dennoch werden sie aber in Massen für die ganze Welt produziert. Und dies längst nicht nur für Smartphones oder Autos. Lithium-Ionen-Akkus kommen heutzutage überall zum Einsatz. Was übrig bleibt sind Berge von Schrott, die niemand (recyceln) will.

Ökologischer Fußabdruck. Ein Elektrofahrzeug hat einen Kraftstoffverbrauch von 0,0. Und damit auch keine Emissionen. So heißt es zumindest, wenn der Autohersteller seine gesetzlich vorgeschriebenen Angaben unter seine Werbebilder setzt. Auch wenn ein Politiker große Reden am Pult hält oder bei Markus Lanz in der Runde sitzt, hört man solche Aussagen. Allerdings kann man den Stromverbrauch eines elektrisch betriebenen Fahrzeugs umrechnen. Fairerweise muss man dies auch, denn der Stromverbrauch ist ja nicht 0,0, sondern stattdessen immens hoch. Je nach Motorisierung ergibt sich daraus ein Otto- oder Dieselkraftstoffverbrauch von 1,0 – 3,0 Litern auf 100 Kilometer. Dieser Wert variiert natürlich von Elektroauto zu Elektroauto und auch je nach Fahrweise des Fahrers. Aber zumindest ist er durchaus geringer, als bei jedem Verbrennungsmotor. Ein Kraftstoffverbrauch von 0,0 bedeutet gleichzeitig auch keinen Ausstoß von Kohlenstoffdioxid und Stickoxiden. Soweit so gut was die Umwelt und die Luftverschmutzung betrifft. Der ökologische Fußabdruck eines Elektroautos sieht allerdings leider noch ein wenig anders aus. Aufgrund der aufwendigeren Produktion und der Entsorgung der benötigten Akkumulatoren, ist der ökologische Fußabdruck aktuell nach wie vor miserabel. Vor einigen Jahren war der Vergleich, dass er ungefähr zehnmal schlechter, als bei einem einzigen dieselangetriebenen Auto sei. Dies hat sich inzwischen zumindest schon mal etwas verbessert. Und an dieser Stelle darf man nicht vergessen, dass ausgerechnet der Diesel als Umweltverschmutzer schlechthin dargestellt wird. Aber wie so oft sieht die Wahrheit etwas anders aus. Voraussichtlich wird sich der ökologische Fußabdruck eines Elektroautos mit der Zeit noch verbessern. Vor allem, je mehr sich die Produktion von Elektroautos entwickelt und je mehr Fahrzeuge gekauft werden. Doch eine nachhaltige Verbesserung kann hier nur erreicht werden, wenn sich solche Fahrzeuge auch am Markt weit etablieren und einen festen Anteil in Besitz nehmen. Und dann wäre da noch das hässliche Problem mit der Entsorgung der Akkus... Die Politik bevorzugt den Elektromotor momentan und preist ihn als Allerheilmittel an. Verbrennungsmotoren, vor allem die Dieselaggregate, werden dagegen verurteilt, obwohl ihre Vorteile klar auf der Hand liegen. Viele Menschen prophezeien deshalb schon lange das Aussterben des Verbrennungsmotors. Doch da haben sie die Rechnung ohne die Ölkonzerne gemacht. Es geht immer um das liebe Geld. Egal was kommt. So lange der Planet Erde noch Ölvorkommen hat, werden sich mächtige Konzerne wie BP, Shell, Total, Gazprom und Exxon weiterhin mit ihren Interessen durchsetzen und die Politik mit Lobbyismus und anderen Dingen beeinflussen. Die jüngsten Klimagipfel zeigen dies ganz deutlich. In vielen Ländern der Erde wird hierbei auch vor Korruption kein Halt gemacht. Daher ist es auch unwahrscheinlich, dass der Verbrennungsmotor durch den Elektromotor ersetzt und komplett verschwinden wird. Vor allem aber der Dieselmotor verliert bereits erheblich an Marktanteil. Jedoch wird auch er nicht hundertprozentig von der Bildfläche verschwinden. Der Elektromotor erlebt einen geringfügigen Hype und übernimmt den Markt zu einem gewissen

Anteil. Aber die Zukunft des Automobils liegt in anderen Sparten. Die nächsten Jahre wird nach wie vor der turboaufgeladene Benzinmotor die Nase vorn haben und den Markt anführen. Und ich für meinen Teil finde das aus der persönlichen Sicht eines Autofreaks auch ganz sympathisch so. Doch jetzt kommt das große Aber! Denn nichtsdestotrotz sollten wir einsehen, dass der Verbrenner ausgedient hat. Nicht weil die Politik dies sagt, sondern weil er schlicht und ergreifend nicht mehr zeitgemäß ist. Und wenn jemand wie ich so etwas schon sagt beziehungsweise schreibt, dann soll das wirklich etwas heißen. Das Konzept des Verbrennungsmotors ist mit seinem hohen Energieverlust viel zu ineffizient. Diese Aggregate fahren durch die Gegend und das Meiste der dabei eingesetzten Energie wird in Wärme verschwendet und an die Umgebung abgegeben. Und leider nutzen viele Menschen dieses Konzept aus ihrem Wohlstand heraus noch viel ineffizienter als es ohnehin schon ist. Ich habe seit einigen Jahren immer wieder dieses Bild vor Augen, dass eine Frau mit einem 2,5 Tonnen schweren SUV durch den Stadtverkehr fährt, wo der Verbrauch zudem noch am höchsten ist, um ein 40 Kilo schweres Kind von der Schule abzuholen. Zwar sind Verbrennungsmotoren über die Jahre und Jahrzehnte immer weiter entwickelt und inzwischen bedeutend sparsamer geworden. Doch ist mit der Entwicklung auch das Gewicht der Fahrzeuge trotz modernster Materialien und Abspeckungsmaßnahmen stetig weiter angestiegen, was den Verbrauch wieder in die Höhe schießen lässt. Anhand dieses Beispiels sollte uns klar werden, welchen Irrsinn wir da eigentlich betreiben. Und diesen Irrsinn können wir uns in Zeiten des Klimawandels einfach nicht mehr leisten. Und natürlich gilt dies nicht nur für die Bundesrepublik, sondern für die gesamte Menschheit. Doch was ist die Lösung? Wenn es der Verbrenner nicht sein soll und der Elektromotor auch nicht, was bleibt uns dann? Vorerst nichts. Und das ist genau das Problem. Wir brauchen alternative Konzepte, die uns in Zukunft auf zeitgemäßere Art mobil machen. Ich für meinen Teil würde mir allerdings wünschen, dass Verbrenner in Supersportwagen und Oldtimern weiterhin erlaubt bleiben. Und zwar schlichtweg deswegen, da es bei solchen Autos ohnehin nur um Emotionen geht. Und dafür wird ein Ottomotor vermutlich immer die beste Wahl bleiben. Was jedoch allgemeine Mobilität und Funktionalität betrifft, ist ein neues und grünes Antriebskonzept gefragt. Oder zumindest eine saubere Alternative zu unseren jetzigen Akkumulatoren in Elektrofahrzeugen.

Tesla. Bei den Themen wie "Hype", "Elektroautos" und "Elektrosuper-sportler" denkt man natürlich sofort an einen bestimmten Namen: Tesla! Der kalifornische Elektrosportwagenhersteller unter der Führung seines Erfinders und CEO "Elon Musk". Der Herr, welcher oftmals in seinen Reden etwas größenwahnsinnig wird und so klingt, als wäre er ein leicht soziopathischer "Iron Man", welcher mit seinem Unternehmen und dessen Technologie ein komplettes Land einnehmen könnte, verspricht oftmals etwas zu viel über seine Produkte. Dabei schießt er mit seinen Angaben und Vorstellungen oft übers Ziel hinaus. Leider springen viele Snobs und Elektroautofans auf diesen überheblichen Zug auf und halten Teslas Fahrzeuge scheinbar für Wunderwerke der Technik. Und manchmal auch gefühlt für die schnellsten Autos der Welt. Natürlich entspricht das nicht ganz der Realität. Nichtsdestotrotz lässt sich zumindest nicht abstreiten, dass Tesla recht schnelle Autos auf den Markt bringt und inzwischen beachtliche Marktanteile besitzt. Was viele Menschen allerdings nicht wissen, ist, dass das Unternehmen dabei ziemlich radikales Marketing betreibt. Man könnte auch sagen: Die Firma schummelt ein bisschen. Beispielsweise gibt das Unternehmen bei seinen Fahrzeugen, wie es normalerweise nicht üblich ist, das Drehmoment am Rad an. Für gewöhnlich geben alle anderen Hersteller grundsätzlich das Motordrehmoment an, welches stattdessen an der Kurbelwelle anliegt. Dies gilt für Benziner, Dieselmotoren und auch genau so für Elektromotoren. Der Punkt ist, dass der Wert des Drehmoments am Rad, verglichen mit dem Drehmoment an der Kurbelwelle, um ein Vielfaches höher ist. Durch den Weg des Antriebsstranges, den die mechanische Energie des Motors nehmen muss, um ans Rad zu gelangen, verändert sich der Wert erheblich. Der Wert der Leistung ist am Rad viel geringer, als an der Kurbelwelle. Drehmoment hingegen ist am Rad um ein Vielfaches höher, als an der Kurbelwelle. Durch die Übersetzung von Getriebe, Antriebswelle, usw. entsteht ein ganz neuer Wert. Die Kraft und die Beschleunigung sind allerdings im Endeffekt trotzdem gleich. Es macht also eigentlich keinen Unterschied, ob das Fahrzeug mit Drehmoment am Rad gemessen oder mit Drehmoment an der Kurbelwelle gemessen wird. Dadurch, dass Tesla aber das Raddrehmoment und nicht das Kurbelwellendrehmoment angibt, verwechselt der unwissende Kunde einiges. Er macht sich schließlich auch keine Gedanken darüber, dass Drehmomente auch noch an anderen Stellen des Autos gemessen werden können. Denn vom Drehmoment am Rad spricht kein Mensch, außer

Ingenieure und Physiker. So glaubt der Kunde letztendlich, dass auch bei Tesla ganz normal das Motordrehmoment angegeben wird, was aber nicht der Fall ist. So kommen einem dann regelmäßig Aussagen von Tesla-Kunden zu Ohren, dass ihre Motoren beispielsweise wahnwitzige 20.000 Nm Drehmoment hätten. Stattdessen sind es in Wirklichkeit dann aber im besten Fall höchstens 1.000 Nm. Der Kunde hingegen verbreitet allerdings fälschlicherweise stolz die Meinung, dass sein Elektromotor brachiale 20.000 Nm brächte.

Realbeispiel. Habt ihr schon mal einen dieser klassischen Schnösel erlebt, die einen Tesla fahren? Man darf natürlich nicht alle über einen Kamm scheren, aber meist haben sie absolut keine Ahnung von Autos. Dafür glauben sie aber mit ihrem veralteten 300-PS-Stromer auf Lotus-Basis jeden Supersportwagen restlos in die ewigen Jagdgründe schicken zu können. Als ich noch während meiner KFZ-Mechatronikerlehre in einer Werkstatt tätig war, kam regelmäßig ein Kunde zu uns. Er fuhr einen alten Tesla Roadster der allerersten Generation. Er war ein selbstständiger Unternehmer und ein recht umgänglicher Kunde. Sozialkompetenz hatte er durchaus. Jedoch gingen manchmal die Arroganz und der Irrsinn als Tesla-Fahrer mit ihm durch. Außerdem ließ er auch gerne raushängen, dass er sehr wohlhabend war. Um ehrlich zu sein war er ein Snob wie er im Buche stand. Sein Tesla Roadster hatte 292 PS. Er benahm sich jedoch, als wäre dies ein Bugatti mit 1.500 PS. In der Regel kam er für standardmäßige Kleinigkeiten zu uns in die Werkstatt. Meist waren es nur saisonbedingte Radwechsel. Jedes Mal wenn er kam, protzte er mit seinem Stromer herum. Die anderen Angestellten in der Werkstatt gingen darauf voll ein und ließen sich davon total beeindrucken. Ich gebe zu, als der kleine, flache Sportwagen das erste Mal absolut geräuschlos in die Werkstatt fuhr, war auch ich beeindruckt. Aber danach und auch ansonsten ließ ich mich auf sein arrogantes Spiel nicht ein. Ja, es war ein schnelles Auto. Aber 292 PS sind und bleiben nun mal 292 PS. Das ist natürlich nicht wenig. Aber es hat bei Weitem nichts mit Supersportwagenniveau zu tun. Das war mir auch damals schon bewusst. Eines schönen Sommertages begegnete er mir im Straßenverkehr. Er fuhr mit seinem flachen Roadster stadtauswärts. Als er sich wenige Kilometer außerhalb der Stadt befand, bog er auf eine Umgehungsstraße ab, welche zwangsläufig wieder stadteinwärts führte, wann auch immer man eine ihrer Abzweigungen nahm. Sie führte also ausschließlich über einige Verteilerwege wieder in die Stadt zurück. Der Weg, den er nahm war also völlig unnötig. Ich schloss daraus, dass er nur eine Spaßfahrt machte. Ich hängte mich mit meinem damaligen Audi S4 hinter ihn und hoffte, dass er sehr bald eine kleine Beschleunigungsorgie durchführen würde. Tatsächlich war dem auch so. Direkt nach dem Abbiegen zog er voll durch. An alle rechtskonformen Gutbürger, die hier nun einen Grund zum Meckern sehen: Ich fuhr ihm lediglich wenige Sekunden auf einer schnurgeraden Strecke außerhalb der Ortschaft hinterher. Dabei konnte kein Verkehrsteilnehmer gefährdet werden und auch aus rechtlicher Sicht war daran nichts verwerflich. An alle Anderen: Sorry für die Rechtfertigung. Aber ihr wisst ja wie das heutzutage ist. Aber zurück zur Geschichte: Ich jagte mit meinem Audi also hinterher. Dieser war biturboaufgeladen und hatte für sein Alter und seine 265 PS äußerst erstaunliche Fahrwerte. Er war mit 5,6 Sekunden angegeben. Für einen alten Kombi war das tatsächlich ganz schön schnell. Der Tesla zog voll durch. Wie ich das wissen konnte? Dazu komme ich gleich. Jedenfalls rechnete ich bereits damit und stand deshalb schon auf dem Gaspedal. So hatten die Autos einen ansatzweise gleichen Start. Und tatsächlich hielt der biturboaufgelandene Kombi mit dem flachen aber schweren Elektrosportler mit. Am Ende der Beschleunigungsorgie hatte der Tesla höchstens zwei bis drei Meter Vorsprung herausgefahren. Der Unterschied war also nur marginal und lag am Ende wahrscheinlich nur daran, dass der S4 ein paar PS weniger hatte. Damit war aber auch bewiesen, dass der Tesla weder außergewöhnlich schnell war, noch dass er schneller war als andere Autos in der 300-PS-Gegend, noch dass er seine utopischen Werksangaben erfüllte. Denn diese lagen sogar unterhalb von 4 Sekunden. Mir war klar, dass ein Auto mit 292 PS und 370 Nm keine 3,7 Sekunden Werksangabe erfüllen konnte. Außer es wiegt lediglich 500 Kilo. Der Tesla aber war weder leicht, noch sonderlich hoch motorisiert. Zu der Erfüllung solcher Werksangaben hätte er ungefähr das Doppelte an Leistung und Drehmoment benötigt. Wäre der Tesla wirklich derart schnell gewesen, hätte er mich stehengelassen wie eine einbetonierte Parkuhr.

Nur wenige Tage später kam der Herr zu uns in die Werkstatt. Ich sprach ihn auf jenen Tag zuvor an. Ich wollte mich zunächst unbedingt vergewissern, ob er auch wirklich das Gaspedal voll durchgetreten hatte. Er erinnerte sich an seine Spaßfahrt und bejahte, dass er Vollgas gegeben hatte und ebenfalls, dass das Auto auch mit voller Leistung fuhr. Es hätte ja sein können, dass er das Gaspedal nicht vollends durchgetreten hatte oder der Akku bereits ziemlich leer war. Deshalb wollte ich mich diesbezüglich erst absichern, bevor ich meinen Siegeszug feierte. Natürlich war ich nicht schneller als der Tesla. Aber ich hatte damit bewiesen, dass selbst der alte S4 Kombi bereits seinem ach so tollen Stromer schon das Wasser reichen konnte. Und das war mir Sieg genug. Nachdem er meine Fragen bejahte, erklärte ich ihm, dass ich im Auto hinter ihm war.

Er: Ach? Und dann bin ich auf die Umgehungsstraße gebogen. Und dann war ich weg, neh?

Ich: Nö. Eigentlich nicht.

Er: Nicht? Na, also eigentlich kann mit meinem Tesla nichts mithalten.

Ich: Sehen Sie den alten silbergrauen Kombi da vorne?

Er: Ja, klar. Was ist das für einer?

Ich: Erkennen Sie ihn wieder? Das ist der Wagen mit dem ich gefahren bin. Das ist ein Audi S4 Avant.

Er: Aha? So? Und was kann der?

Ich: Dieses unscheinbare Gefährt hat 265 PS und zwei Turbolader. Ich weiß, das ist nichts Weltbewegendes. Aber er hat immerhin ohne Probleme bereits mit Ihrem Tesla mitgehalten.

Meine Stimme war triumpherfüllt, jedoch (hoffentlich) nicht zu arrogant. In diesem Moment ging allerdings der Altgeselle dazwischen. Er wollte nicht, dass der hochgeschätzte Kunde ein respektloses Bild von dem Autohaus und seinen Angestellten bekam. Ich war schließlich nur Azubi und Aufmüpfigkeit wurde von einem solchem natürlich nicht geduldet. Sämtliche Tesla-Besitzer, die wir über die Jahre kennenlernten, hatten allesamt ein recht ähnliches snobhaftes Auftreten. Das soll natürlich nicht heißen, dass alle Tesla-Fahrer so sind. Ich bin überzeugt davon, dass es auch angenehme und sympathische Menschen unter ihnen gibt. Aber es war auffällig, dass sie sich alle so ähnelten, obwohl sie einander nicht kannten und nichts miteinander zu tun hatten. Nie habe ich eine Automarke gesehen, bei der sich die Besitzer der Autos allesamt so gleich waren und so unsympathisch und weltfremd rüberkamen. Mit einer einzigen ganz bestimmten Ausnahme.

Performance. Natürlich sind die Stromer der Marke Tesla ziemlich schnelle Autos. Keine Frage! Rechnet man die Kilowatt-Angaben der Motoren in PS um, sieht man, dass die Fahrzeuge der Produktpalette von Tesla zwischen 235 PS und 1.020 PS leisten. Da ist es selbstverständlich, dass sie keine langsamen Krücken sind. Zumal ein guter Elektromotor auch in der Lage ist viel Drehmoment zu entwickeln. Gemessen am Motor wohlbemerkt. Jedoch wiegen Elektroautos auch meist extrem viel, was dem hohen Gewicht der Akkumulatoren geschuldet ist. Wenn man sich mit Elektrosupersportlern auseinandersetzt, lautet die Frage also: Wie gut ist ihre Performance bei viel Gewicht im Verhältnis zur Leistung? Und das möchte ich euch mit den nachfolgenden Seiten anhand einiger echter Daten und umfangreichen Beispielen zeigen.

Realbeispiel. Da wir (mein Team und ich) es sowieso gewohnt waren alle möglichen sportlichen Autos auf unserem Gelände gegeneinander antreten zu lassen, wollten wir auch relativ früh zu denen gehören, die dem "Performancemysterium Tesla" auf den Grund gehen können. Und dies möglichst auf sinnvolle Art und Weise mit mehr als fairen Vergleichen. Anhand von Realbeispielen in Form von Dragraces wollten wir herausfinden, was die Elektrosportler tatsächlich können. Denn uns war nicht nur bewusst, dass die Marke Tesla mit radikalem Marketing mehr aus ihren Autos macht, als sie eigentlich sind. Wir wussten darüber hinaus auch, dass dieser Automobilhersteller stark mit seinen Werksangaben zu seinen Modellen "mauscheln" musste. Wer sich mit Autos auskennt, für den liegt klar auf der Hand, dass beispielsweise ein Tesla Model S P100D niemals in 2,5 Sekunden auf 100 km/h beschleunigen kann. Vor allem mit einem Gewicht von weit über zwei Tonnen. Selbst wenn es 611 PS und knapp 1.000 Nm (exakter Wert: 967 Nm) Drehmoment hat. Aber um solch eine Beschleunigung zu schaffen benötigt es deutlich mehr Leistung als 611 PS und deutlich mehr Kraft als 967 Newtonmeter und außerdem hervorragende Hochleistungsreifen. Wir besorgten uns einen Tesla Model 3 Performance (Höchstmotorisierung) und ließen ihn gegen einen BMW M4 Coupé und einen Audi RS4 Avant antreten.

	Audi RS4 B9 Avant	BMW M4 F82	Tesla Model 3 Performance
Leistung	450 PS	431 PS	460 PS
Dreh-moment	600 Nm	550 Nm	639 Nm
0-100	4,1 s	4,1 s	3,4 s
Vmax	>280 km/h	>280 km/h	261 km/h

Anhand der Tabelle sieht man, dass die drei Autos allesamt ungefähr im selben Leistungsbereich sind. Die Ergebnisse waren äußerst interessant. Im ersten Dragrace mit stehendem Start sind die Allradler am besten weggekommen. Dadurch hatte der BMW bei diesem Testlauf das Nachsehen. Während der Tesla mit der Nase vorne war, so wie es sein Datenblatt auch verspricht, ordnete sich der Audi stattdessen in der Mitte ein. Der BMW kam auf dem gesamten Dragstrip aufgrund seiner Traktionsprobleme kaum hinterher, während der Audi sogar noch leicht zurückfiel. Hier hat der Tesla vorerst das Rennen ganz klar gewonnen. Denn er hat beim stehenden Start nicht nur den Traktionsvorteil des Allradantriebes, sondern auch den des Elektromotors, der sein Drehmoment sofort und schlagartig zur Verfügung stellt. Soweit so gut. Ein Punkt für den Tesla. Er hat das Rennen nicht nur gewonnen, sondern auch die Fahrwerte laut Werksangabe zumindest grob erfüllt. Als dann aber beim zweiten Durchlauf ein fliegender Start bei 50 km/h durchgeführt wurde und kein Allradvorteil mehr bestand, hat der M4 den Audi sofort hinter sich gelassen und wenig später auch den Tesla eingeholt. Mit boshafter Miene zog er am Model 3 vorbei und fuhr mit respektablem Abstand als Erster ins Ziel. Der Tesla zog zwar anfangs kurzzeitig vor, aber der BMW hat ihn relativ schnell einkassiert. Hier also nun der erste Minuspunkt für den Tesla. Der Schnellste war tatsächlich der, welcher ab Werk die schlechtesten Werte hatte und im vorherigen Rennen auch den letzten Platz belegte. Bei diesen beiden Rennen bemerkten wir außerdem, dass dem Tesla ab ca. 150 km/h mächtig die Puste auszugehen schien. Wir wollten es noch genauer wissen und führten noch einen dritten Durchlauf durch. Dieses Mal mit fliegendem Start ab 80 km/h, um nebenbei auch eine 100-200-Messung machen zu können. Nun war der Vorsprung des Teslas komplett verflogen. Dieses Mal setzte er sich nicht mal mehr kurzzeitig ab. Und der M4 als auch der RS4 zogen beide direkt vom Tesla weg. Der M4 setzte sich recht bald auch vom Audi ab und hatte wieder die Nase vorn. Das war der zweite Minuspunkt für den Tesla.

Realbeispiel. Dieses Phänomen konnten wir auch in den darauffolgenden Jahren beobachten, denn wir haben anschließend noch weitere Teslas erprobt. Wir entschlossen uns als Gegner für den nächsten Stromer einen Audi TTS 8J (2.0 R4T) zu nehmen, welcher sich zu diesem Zeitpunkt in unserem Fuhrpark befand. Das war ganz schön tief angesetzt, aber ich dachte die 272 PS und 350 Nm müssten reichen, wenn man die Performance des TT berücksichtigt. Der Audi war selbstverständlich ungetunt und alles befand sich im Serienzustand. Das Elektrofahrzeug war ein Tesla Model 3 Long Range AWD mit 460 PS und stolzen 630 Nm. In der Beschleunigung ist der Tesla (4,6 s) ab Werk eine Ecke schneller als der TT (5,2 s) angegeben. Allerdings ist er mit etwas über 1.900 Kilo Gewicht und einer Endgeschwindigkeit von gerade mal 235 km/h weder der Leichteste, noch der Schnellste. Normalerweise müsste ein Auto mit solch einer Leistung aber trotzdem zumindest ansatzweise an der 300-km/h-Marke kratzen. Auch bei knapp zwei Tonnen Gewicht. Ein gutes Beispiel hierfür sind die großen Oberklassenlimousinen, die dies ebenfalls schaffen.

Es hat sich bei diesem Versuch Ähnliches abgespielt, wie im ersten Beispiel. Nur fand dies unter schwächeren und damit auch langsameren Verhältnissen statt. Der Besitzer des Tesla sorgte vorher dafür, dass sein Elektrovehikel voll aufgeladen war, sodass das Fahrzeug auch mit voller Leistung fuhr. Wir fingen direkt mit einem fliegenden Start bei 50 km/h an, damit fahrerisches Können bei stehenden Starts hier keinen Vorteil brachte. Die beiden Fahrzeuge haben sich nichts geschenkt und waren komplett gleichauf. Gut für den Audi, aber schlecht für den Tesla. Ab ca. 130 km/h jedoch ist dem Tesla tatsächlich schon merkbar der Saft ausgegangen. Bei 220 km/h war er bereits kaum noch im Rückspiegel zu sehen, da der Unterschied dort schon recht groß geworden war und der Tesla immer mehr nachließ. Für so viel Leistung und so viel Drehmoment war das denkbar schwach. Ich gebe zu, ich war amüsiert. Denn sein Besitzer stand auf unserem Firmengelände und sah zu. Aus Sicherheitsgründen lassen wir unsere Kunden meist nicht selbst fahren. Und dieser feine Herr war ebenfalls einer dieser klassischen reichen Schnösel, die mit ihrem arroganten Auftreten so tun als gehöre ihnen die Welt. Und dann wird sein "Wunderauto" von einem TT, der noch nicht mal ein RS ist, spielend in die Tasche gesteckt. Das war bitter! Performancetechnisch sind moderne, sportlich aufgemachte Turbobenziner einfach nach wie vor das Nonplusultra. An sie reicht nichts heran. Benzinmotoren eignen sich im Allgemeinen grundsätzlich auch am besten für sportliche Zwecke. Allein schon aufgrund ihrer hohen möglichen Drehzahlen. Und man darf nicht vergessen, dass es sich hierbei lediglich um einen Vierzylinder handelte. Dieses Phänomen, dass bei Tesla-Modellen zwischen 120 km/h und spätestens 160 km/h die Beschleunigung stark nachlässt, erklärte mir mal ein guter Bekannter. Er ist für ein international aufstrebendes und sehr erfolgreiches Unternehmen tätig, welches modernste Batterien und Akkumulatoren herstellt. Er erklärte mir anhand des Datenblattes eines Lithium-Ionen-Akkus für Elektrofahrzeuge, dass der Akkumulator gar nicht in der Lage ist bei höheren Geschwindigkeiten die notwendige Leistung für die Motoren noch entsprechend zu liefern, geschweige denn den steigenden Luftwiderstand auszugleichen. Doch bei sportlichen Autos kommt es eben nun mal gerade auch auf die Zeit von 100 km/h auf 200 km/h an. Von 0 auf 100 km/h sind die Elektroautos vorteilhaft schnell. Gerade in Verbindung mit dem Allradantrieb, den die meisten von ihnen haben. Aber aufgrund ihres hohen Gewichts wird auch das wieder ausgemerzt. In der nachfolgenden Tabelle findet ihr eine Übersicht über die Performance verschiedenster Tesla-Modelle, welche wir mit Gegnern mit exakt der gleichen oder selten sogar auch weniger PS-Leistung verglichen haben. Dadurch sollten die Vergleiche so fair wie möglich sein. Auch ein Diesel ist mit von der Partie. Da es hier um Performance geht und der Vergleich halbwegs zeitgemäß sein soll, sind alle Verbrennungsmotoren hier turboaufgeladen. Selbstverständlich ist bei den folgenden Tesla-Modellen ausschließlich das Motordrehmoment angegeben. Alles Andere würde nur Verwirrung stiften und auch für die Vergleiche an sich gar keinen Sinn machen. Würde man stattdessen das Raddrehmoment für einen Vergleich heranziehen, würde dadurch der Vergleich zahlentechnisch total verfälscht werden. Es handelt sich also um ganz normale Motordrehmomentangaben, wie bei allen anderen Autos und allen anderen Herstellern auch. Dies gilt auch für alle weiteren Stromer und Elektrosupersportler, die in diesem Buch noch erwähnt werden.

Teslas im Vergleich

Tesla-Modell	Leis-tung	Zeit	Vmax	Vergleichs-modell	Leis-tung	Zeit	Vmax
S 40	235 PS	6,5 s	180 km/h	VW Golf VII GTI Performance	230 PS	6,4 s	248 km/h
3 S R P	258 PS	5,6 s	225 km/h	BMW 330d F30	258 PS	5,3 s	>250 km/h
S 70	306 PS	5,9 s	225 km/h	BMW Z4 E89 335i	306 PS	5,2 s	>250 km/h
S 85	367 PS	5,6 s	225 km/h	Audi RS3 8V	367 PS	4,3 s	>280 km/h
3 L R AWD	460 PS	4,6 s	235 km/h	BMW M4 CS F82	460 PS	3,9 s	>280 km/h
S P85+	476 PS	4,4 s	225 km/h	Mercedes-Benz C63 AMG W205	476 PS	4,0 s	>290 km/h
S P100D	611 PS	2,7 s	250 km/h	Nissan GT-R Mk3	550 PS	2,7 s	315 km/h
X P90D	773 PS	4,0 s	250 km/h	Lamborghini Urus	650 PS	3,6 s	305 km/h
				Bentley Bentayga	635 PS	3,9 s	306 km/h
				Porsche Cayenne Turbo PO35	550 PS	3,9 s	286 km/h

Marketing. Interessanterweise kommt bei diesem Vergleich heraus, dass nicht ein einziger der Teslas die Nase vorne hat. Und das beim Sprint auf 100 km/h, wo die allradgetriebenen Teslas sogar, wie bereits erwähnt, noch einen riesigen Vorteil haben. Ihre Gegner sind alle schneller und das bei gleicher oder gar niedrigerer Leistung. Selbst auf dem Papier. Dass dies in der Realität auch so ist, selbst wenn der Tesla deutlich im Vorteil ist, wurde schon vielfach bestätigt. So auch anhand unseres Beispiels mit dem M4 oder dem Audi TTS. Man sieht also, dass die Teslas im Verhältnis gar nicht so schnell sind und ihre Fahrwerte im Verhältnis zu ihrer Leistung eher recht durchschnittlich sind. Daher ist auch der Hype um sie relativ unbegründet. Wie eigentlich jeder Hype heutzutage. Der "Investmentpunk" Gerald Hörhan sagte mal: "Microsoft macht nicht die beste Software, McDonald's macht nicht die besten Burger und Starbucks macht nicht den besten Kaffee. Trotzdem sind sie alle mit Abstand Marktführer auf ihrem Gebiet." Den Unternehmen und ihren Chefs / CEOs / Gründern kommt es nicht unbedingt darauf an die besten Produkte in ihrem Segment herzustellen. Es geht ihnen nur darum, diese am besten zu verkaufen. Dafür ist erfolgreiches Marketing nötig. Bei Tesla ist es eben genau das. Und dies zeigt sich übrigens auch, wenn die Stromer von Elon Musk sich in Qualitätstests beweisen müssen. Leider versagt Tesla auch hier haushoch, was sich bereits nach wenigen Jahren fatal auf die Kunden und ihre Brieftasche auswirkt.

Ein passendes Beispiel für das radikale Marketing von Tesla ist auch eine der anderen industriellen Sparten, in die Elon Musk vorgedrungen ist. Die Rede ist von seinem Raumfahrtunternehmen "Space X". Zwar ist er damit in der Lage die ISS zu beliefern, aber die ewigen Geschichten über zukünftige Mond- oder gar Mars-Besuche sind auf gut Deutsch gesagt totaler Quatsch. All diese Ankündigungen und großen Worte sind nichts als Marketing. Weder das Unternehmen Tesla, noch irgendeine Nation auf diesem Planeten besitzt aktuell die Technologie um einen stellaren (im Sonnensystem) Himmelskörper in bemannter Form zu bereisen. Dies ist der Menschheit schon seit vielen Jahrzehnten nicht mehr gelungen. Oder wie der deutsche Astrophysiker "Harald Lesch" gerne humorvoll mit einer leicht schmutzigen Anspielung betont: "Wir kriegen keinen mehr hoch!". Die NASA hat sogar ihre alte Technologie aus dem Museum abtransportieren lassen, um diese zu studieren und Anregungen für Techniken für neue Mondreisen zu bekommen. Und ja, Elon

Musk ist in gewisser Hinsicht ein Visionär. Und ja, solche Leute braucht die Menschheit, wenn sie weiterkommen will. Allerdings wären ein bisschen weniger Marketing und weniger Profitgier angebracht und dafür etwas mehr Realismus sinnvoll.

Niedrige Höchstgeschwindigkeit. Man sollte sich darüber bewusst sein, dass die Höchstgeschwindigkeit von Tesla-Modellen und auch fast allen anderen E-Autos elektronisch abgeregelt wird. Das bedeutet, dass ihre Höchstgeschwindigkeit von der Motorsteuerung bei einer festgelegten Geschwindigkeit bereits ab Werk begrenzt wird. Dies ist bei allen Elektroautos der Fall, um Akkukapazität zu sparen. Im Klartext heißt das also, dass die Motorsteuerung verhindert, dass die Motoren ihre eigentliche Höchstgeschwindigkeit ausfahren können. Je schneller ein Auto fahren muss, desto mehr Leistung muss es dafür verrichten und desto mehr Energie muss es dafür aufbringen. Dies gilt für Verbrennungsmotoren als auch für Elektromotoren. Daher werden Elektroautos elektronisch in ihrer Höchstgeschwindigkeit begrenzt. Jedoch macht dies auch für den Vergleich von Teslas zu sportlichen Verbrennern kaum noch einen großen Unterschied. Da sie sich aufgrund des hohen Gewichts der Akkumulatoren und deren Leistungsschwäche bei hohen Geschwindigkeiten ohnehin sehr schwer tun diese zu erreichen, ist die elektronische Abregelung für den Vergleich nahezu unerheblich. Die Akkumulatoren bringen bei hohen Geschwindigkeiten nicht mehr entsprechend Leistung, um die steigenden Werte des Rollwiderstandes der Reifen und des Luftwiderstandes auszugleichen. Unzählige Tests haben dies schon gezeigt. Aber auch dies ist in den meisten Fällen gewollt und wird ebenfalls auf künstliche Art und Weise von der elektronischen Motorsteuerung bewerkstelligt. Ebenfalls um die Akkumulatoren zu schonen. Bei Verbrennungsmotoren ist das anders. Ein Benzintank muss nicht geschont werden. Er muss lediglich wieder aufgefüllt werden. So können Autos mit Verbrennungsmotoren ihre Höchstgeschwindigkeit ausfahren, bis ihnen aufgrund fehlender Power die Puste ausgeht. Ohne dass das Steuergerät eingreift und die Leistung wegnimmt. Auch darf man an dieser Stelle nicht vergessen, dass ebenfalls die Vergleichsmodelle mit Verbrennungsmotoren zusätzlich elektronisch abgeregelt sind. Dies allerdings bei deutlich höheren Geschwindigkeiten als die Elektroautos. Wenn dies bei den Verbrennern nicht der Fall wäre, würden viele von ihnen weit über 300 km/h fahren.

Model S. Das Flaggschiff des Automobilherstellers Tesla ist das Model S. Die ursprüngliche Höchstmotorisierung war der P100D. Es war das Auto, welches am meisten mit anderen Supersportwagen und Hypercars verglichen wurde. Und dies auch mit Recht, denn er war nicht nur die Höchstmotorisierung, sondern bringt als einziges Modell eine deutlich bessere Performance auf die Straße, als seine ebenfalls recht hoch motorisierten Artgenossen, wie man in der oberen Tabelle sehen konnte. Deshalb ist die nachfolgende Tabelle ausschließlich dem Modell P100D gewidmet, in der es mit allerlei ebenbürtigen Fahrzeugen verglichen wird, wie es Automagazine und Autosendungen ebenfalls immer so gerne tun. Dabei wird hier vor allem Wert auf ähnliche Leistungswerte gelegt, damit sich die so gehypte Performance am besten vergleichen lässt. Bleibt noch zu erwähnen, dass es zwei Versionen des P100D gab. Die alte Version wird jetzt unter dem Namen "Performance" geführt wird. Mit der Namensänderung wurde auch seine ursprüngliche geradezu utopische Beschleunigung von angeblichen 2,7 Sekunden zu Recht abgeändert. Nun wird das Modell nur noch mit 3,2 Sekunden angegeben. Und diese sind auch deutlich realistischer. Gleiches kann man bei seinem wohl größten Performancegegner beobachten: Dem Nissan GT-R (3.8 V6TT). Er war in der Mk3-Version (550 PS) mit 2,7 Sekunden angegeben. So gut die Performance der ersten GT-R-Generationen auch war, diese Angaben waren totaler Murks. Sein Nachfolger, der leistungsstärkere Mk4 (570 PS) und selbst die Höchstmotorisierung, der Nismo (600 PS), sind sogar beide langsamer (2,8 s) angegeben. Und selbst diese realistischeren Werte sind in der Realität sehr schwierig zu erreichen, da man meistens keine Idealbedingungen hat und kein hundertprozentig perfekter Allradstart gelingt. Selbst mit Launch-Control und unter relativ guten Bedingungen machen die GT-R durchschnittlich eher 3,5 Sekunden auf 100 km/h. Für solch brachiale Fahrwerte unterhalb der Drei-Sekunden-Marke ist auch deutlich mehr Leistung notwendig. Das gilt für den Tesla, für den GT-R und auch für jedes andere Auto. 500 bis 600 PS reichen für solch utopische Fahrwerte schlichtweg nicht aus. Die schnellsten Autos der Welt liegen nur knapp unter der Drei-Sekunden-Marke. Und diese haben alle weit über 800 PS. Bei Koenigsegg und Bugatti findet man sogar auch Boliden mit weit über 1.500 PS.

Tesla Model S vs. Supersportwagen

Fahrzeug	Leistung	Dreh-moment	0-100	Vmax
Tesla Model S P100D	611 PS	967 Nm	2,7 s 3,2 s	250 km/h
Lamborghini Huracan	610 PS	560 Nm	3,2 s	325 km/h
Audi R8 4S plus	610 PS	560 Nm	3,2 s	330 km/h
Porsche 911 991 Turbo S	607 PS	750 Nm	2,9 s	330 km/h
Ferrari 458 Speciale	605 PS	540 Nm	3,0 s	325 km/h
Nissan GT-R Nismo	600 PS	652 Nm	2,8 s	315 km/h

Die wahren Elektrosupersportler. Dass es auch bereits viel früher Elektrosupersportler gab, bevor Tesla als Marke aufstrebte, wissen die meisten Menschen gar nicht. Ein bemerkenswerter Elektrosupersportler außerhalb des Tesla-Konzerns kam bereits 2013 von Mercedes-Benz auf den Markt. Es handelt sich um den SLS AMG Coupé Electric Drive. Dieser generiert mit vier Synchronstrommotoren 751 PS und 1.000 Nm mehr Power als ein jedes Tesla-Modell bis zum Baujahr 2020. Anhand seiner hohen Leistung ist der elektrische SLS auch die leistungsstärkste Version seiner Modellreihe. Die eigentliche Höchstmotorisierung hingegen, der SLS AMG Coupé Black Series leistet 631 PS aus einem 6.2 Liter V8 mit Kompressoraufladung. Trotz dessen, dass er 120 PS weniger hat, schafft er den Sprint auf 100 km/h unter Idealbedingungen mit seinem Heckantrieb in 3,6 Sekunden. Dagegen benötigt der Electric Drive sogar 3,9 Sekunden, obwohl er über Allradantrieb und 120 PS mehr verfügt. Auch hier zeigt sich, dass die Elektromotoren im Vergleich zu sportlichen aufgeladenen Benzinern das Nachsehen in Sachen Performance haben. Man muss fairerweise dazu sagen, dass diese beiden Fahrzeuge wiederum chancenlos gegen ein Tesla Model S P100D sind. Doch dieser bietet den wohlhabenden und kaufwilligen Kunden längst nicht das Ende der Fahnenstange. Noch deutlich mehr Superlative bringen die Elektrosupersportwagenhersteller Rimac aus Kroatien, NIO aus China und Toroidion aus Finnland. Ihre Autos sind die wahren Helden der Elektrofahrzeugwelt. Diese abartig hoch motorisierten Monster haben die eigentlichen Rekorde aufgestellt. Leider bekommt die Öffentlichkeit davon nicht so viel mit, wie die Fahrzeuge es eigentlich verdient hätten, da die Marke Tesla viel präsenter ist und einen absurd hohen Aufwand an Marketing dafür betreibt. Dieser Fakt und auch der Tunnelblick vieler Menschen in unserer Gesellschaft, sind der einzige Grund, weshalb dieser sinnlose Hype darum entstanden ist. Lediglich der Rimac Concept One war bereits bei The Grand Tour zu sehen, wo er allerdings unter der Führung von Richard Hammond einen heftigen Unfall mit Brandschaden erlitt. Seitdem hört man zumindest ab und an von diesem Fahrzeug.

Porsche Taycan. Ein Held unter den Elektrosupersportlern ist auch definitiv der Porsche Taycan in der Höchstmotorisierung Turbo S. Natürlich besitzt er eigentlich gar keinen Turbolader, obwohl es der Name kundtut. Aber auch hier greift wieder das Marketing des Volkswagenkonzerns, zu dem die Marke Porsche gehört. Man versteift sich darauf, dass der Kunde sich eher mit der Bezeichnung Turbo S als Höchstmotorisierung identifizieren kann. Deshalb hat man auch direkt beschlossen sich für den Elektro-Porsche keine neue Namensgebung für die Höchstmotorisierung zu auszudenken, sondern einfach eine Altbekannte von den Verbrennungsmotoren zu verwenden. So kommt es, dass die Höchstmotorisierung des Porsche Taycan auf den Namen Taycan Turbo S hört, was eigentlich auf einen Benzinmotor verweist. Auch dieses Elektroauto ist elektronisch abgeregelt. Bei 260 Stundenkilometern ist Schluss. Bis er dort angekommen ist schiebt er allerdings absolut gewaltig nach vorne. Mit 2,8 Sekunden ist er ab Werk auf 100 km/h angegeben. Bei seinen 761 PS und 1.050 Nm ist das allerdings auch kein Wunder. Damit ist er genau so schnell wie der extrem sportliche Porsche 911 991 GT2 RS (3.8 B6TT, 700 PS, 750 Nm). Er liegt auch nur knapp hinter dem Hypercar von Porsche: Dem 918 (4.6 V8EE, 887 PS, 1280 Nm, 2,6

Sekunden). Auch hier zeigt der direkte Vergleich wieder, dass der Turbo-benziner mit weniger Leistung und deutlich weniger Drehmoment die-selben Fahrwerte bringt und am Ende sogar die Nase vorn hat. Denn der GT2 RS und der 918 fahren beide über 340 km/h. Das Schöne beim Por-sche Taycan ist allerdings, dass er einige Vorteile gegenüber den ande-ren Elektrosupersportlern hat.

1. **Limitierung der Beschleunigungsvorgänge.** Bei Tesla-Modellen und anderen Elektroautos ist die Anzahl von Beschleunigungs-vorgängen unter Volllast limitiert. Das heißt, man kann mit jeder vollen Akkuladung nur wenige Male Vollgas geben und durchbeschleunigen. Diese Limitierung ist absichtlich gewollt, um die Akkukapazität zu schonen. Daher geht diesen Autos meist schnell die Puste aus. Beim Taycan ist das allerdings anders. Im Gegensatz zu den Teslas beschleunigt er immer wie-der mit voller Leistung weiter bis der Akku restlos leer ist. Also praktisch wie ein Auto mit Verbrennungsmotor.

2. **Limitierung der Beschleunigung.** Den Teslas geht vor allem auch schnell bei hohen Geschwindigkeiten die Puste aus, weil sie auch in der Beschleunigung an sich begrenzt werden. Und dies während eines Beschleunigungsvorgangs. Zumindest bei hohen Geschwindigkeiten. In diesem Fall limitiert das Motor-steuergerät nicht nur die Beschleunigungsvorgänge unter Voll-last, sondern auch die Power während höheren Geschwindig-keiten. Die Teslas werden also durchschnittlich ab 130 km/h - 180 km/h nicht nur so viel langsamer weil sie den Rollwider-stand des Reifens und den Luftwiderstand überwinden müssen, sondern auch weil ihnen das Motorsteuergerät die Power nimmt, um die Akkukapazität zu schonen.

3. **Sportlichkeit.** Sitzt man in einem Tesla, dann fährt man ein sehr schnelles Elektroauto. Sitzt man dagegen in einem Taycan, dann fährt man in einem waschechten Porsche. Und das lässt er einen auch spüren, wenn man will. Teslas sind gut geeignet für Sprints auf 100 km/h und zum Geradeausfahren. In Sachen wahrer Fahrdynamik kann man die Autos allerdings vergessen. Da hat Porsche unter den Stromern die Nase vorn. Ein Taycan wiegt bis zu 2,4 Tonnen. Und trotzdem geht er fast um die Kurve wie ein GT3 RS. Und das mit dem Gewicht eines Cayenne.

Und dazu hat er dann auch noch die Beschleunigung eines GT2 RS. Dass ein 2,4-Tonnen-Stromer sich anfühlen kann wie ein sportlicher 911er, das gibt es bisher nur im Taycan. Und das ist der größte Sympathiepunkt für den Elektro-Porsche.

Fahrdynamik. Natürlich war der Porsche Taycan ein Dorn im Auge von Elon Musk. So kam es, dass der Tesla-Chef versucht hat in das Hauptrevier der Marke Porsche einzudringen: Die Nürburgring-Nordschleife. Dort hat der Elektrohersteller bereits versucht mächtig auf den Putz zu hauen und dem Porsche seine Zeit streitig zu machen. Jedoch dies leider nicht mit einem Serienmodell. Stattdessen handelte es sich um zwei dafür vorgesehene Model S, welche extra von Tesla für die Nordschleife präpariert worden waren. Größere Felgen, breitere und sportlichere Reifen, größere Bremsen, sportlicheres Fahrwerk usw. Vor allem die Reifen waren eine Besonderheit. Dabei handelte es sich um extra für den Tesla-Versuch auf dem Nürburgring angefertigte Semislicks. Der richtige Reifen ist das A und O in Sachen Rundenzeiten. Nicht umsonst ist dies seit Jahrzehnten das meistdiskutierte Thema in der Formel 1. Aber das war noch längst nicht alles. Hinzu kamen noch ein komplett ausgeräumter Innenraum mit lediglich noch einem Fahrersitz. Zur Stabilisierung gab's dann direkt noch einen Käfig dazu. An den Autos wurde so ziemlich alles verändert was nur möglich ist, um sie auf Rennstreckentauglichkeit zu trimmen. Selbst vor der Karosserie wurde nicht halt gemacht. Optimierte Aerodynamik, größere Lufteinlässe und breitere Kotflügel. Mit den Serienmodellen hatten diese Autos nicht mal mehr im Entferntesten etwas zu tun. Doch nicht nur die Autos wurden eigens für die Nordschleife präpariert. Man sicherte sich auch gleich drei erfahrene VLN-Rennpiloten. Das Ganze ging natürlich nicht vonstatten, ohne dass Elon Musk und Tesla auf sämtlichen Social-Media-Kanälen ordentlich Tamtam machten. Das Ende vom Lied war dann, dass nach offizieller Aussage die präparierten Teslas 19 Sekunden schneller sein "könnten" als ein Porsche Taycan Turbo S. Aber warum nur "schneller sein könnten"? Weil die Zeit, welche die Teslas angeblich gefahren sind, weder vom Nürburgring noch vom Automobilhersteller selbst bestätigt werden konnten. Am Ende war es nur Wortklauberei und mal wieder viel lautes Getöse um nichts. Eine Sache ist glasklar: Teslas sind schnelle Autos. Keine Frage. Aber einem Porsche machen sie in Sachen Fahrdynamik nichts vor. Der Porsche Taycan wurde für seine Rundenzeit auf der

Nordschleife übrigens nicht verändert. Seine hervorragende Zeit fuhr er komplett im Serienzustand. Zudem handelte es sich beim Taycan nur um das Turbo-Modell (Nicht Turbo S) mit 680 PS. Bei den Teslas handelte es sich, laut Herrn Musk persönlich, allerdings um das Vorserienmodell der Plaid-Version. Diese verfügt über sage und schreibe 1.020 PS. Und trotz der großen Mehrleistung und der ganzen sportlichen Modifikationen ist der angebliche Vorsprung zum Taycan dennoch nur 19 Sekunden groß. Würde man jedoch einen richtigen Vergleich machen mit einem Serien-Model-S und einem Taycan Turbo S, läge das Ergebnis klar auf der Hand. In den letzten Jahren ging das Nürburgring-Drama "Tesla vs. Porsche" von einer Runde in die nächste. Und mit dem Plaid-Modell verbesserte man sich auch stetig und kämpfte um immer bessere Rundenzeiten. Doch bisher wurden dabei lediglich Äpfel mit Birnen verglichen.

Funfact. Der ehemalige deutsche Formel-1-Weltmeister Niko Rosberg bewarb sich höchstpersönlich bei Elon Musk um für Tesla die Rundenzeiten auf der Nordschleife fahren zu dürfen. Doch Tesla lehnte ab. Die Nürburgring-Nordschleife gilt als die schwierigste und anspruchsvollste Rennstrecke der Welt. Sie ist gespickt mit lauter Bodenwellen und allerlei Tücken. Auch erfolgreiche Formel-1-Piloten und andere Rennfahrer sind nicht direkt in der Lage passable Rundenzeiten auf der Nordschleife zu fahren. Für wahre Bestzeiten auf dieser besonderen Strecke benötigt es spezielle Nordschleifen-Erfahrung.

Funfact. Letztere Aussage wird auch durch das Duell zwischen der deutschen Rennfahrerin Sabine Schmitz und Jeremy Clarkson bestätigt. 2004 half sie dem britischen Moderator im Rahmen von Top Gear dabei, eine Runde auf der Nordschleife mit einem Jaguar S-Type Diesel in unter zehn Minuten zu absolvieren. In den Augen der erfahrenen Rennfahrerin war dies jedoch keine große Schwierigkeit. Als Clarkson sein Ziel schließlich erreichte, entgegnete sie, dass sie dies selbst mit einem Van schaffen würde. Schließlich scheuchte sie jahrelang das sogenannte"Ringtaxi" über die Nordschleife. In Deutschland galt sie nicht nur als Vorreiterin der Frauen im Motorsport und war Moderatorin von verschiedenen Automagazinen im TV, sondern auch als absolute Nürburgring-Expertin. Clarkson nahm die Wette an und Schmitz verlor diese letztendlich mit einem Ford Transit. Allerdings verfehlte sie die Zeit von zehn Minuten um gerade mal acht Sekunden, was trotz allem ein beachtliches Ergebnis war.

Ionic 5N. Ein Elektroauto, das mich persönlich, neben dem Porsche Taycan, bisher als einziges überzeugen konnte, ist die 2024 auf den Markt gekommene N-Version des Hyundai Ionic 5. Dieser Elektrosportler ist nicht nur mit allerlei modernsten Finessen ausgestattet und wahnsinnig clever konstruiert, er bietet auch gleichzeitig Beschleunigungswerte wie ein Lamborghini und Fahrdynamik wie ein Focus RS. Mit 650 PS und 770 Nm katapultiert der kompakte Stromer den Fahrer in nur 3,5 Sekunden auf 100 km/h. Auch in Sachen Fahrdynamik ist das 2,3 Tonnen schwere Kompakt-SUV relativ ausgetüftelt. Sein Gewicht kann der 5N zwar nicht verstecken, doch mit Fünflenkerachsen und 21-Zoll-Felgen er geht ähnlich gut um die Kurven wie ein Porsche Taycan. Außerdem bedient er sich auch der gleichen 800-Volt-Ladetechnik wie der Taycan. Zudem ist die Energiedichte des Akkus deutlich höher als im normalen Ionic 5, was die Reichweite noch mal erhöht. Vom Motor entstehende Wärme kann während der Fahrt genutzt werden, um den Akku für optimale Ladebedingungen vorzubereiten und auf entsprechende Temperaturen zu bringen. So kann der große Akku in nur 18 Minuten von 10% auf 80% geladen werden. Hinzu kommt clevererweise eine optionale Wärmepumpe und ein ebenfalls optionales Solardach, das unter optimalen Bedingungen für 2.000 zusätzliche Kilometer Reichweite im Jahr sorgt. Und wie auch zuvor beim i30N merkt man dem Ionic 5N an: Hyundai traut sich wirklich etwas! Und damit gehören die Südkoreaner zu den wenigen Automobilherstellern, über die man so etwas heutzutage noch behaupten kann. Denn der 5N ist wie auch der i30N einige Jahre zuvor mit einigen Gimmicks ausgestattet, die den Wagen emotionaler machen sollen. So kann man beispielsweise im Innenraum Sound von Benzinmotoren über die Lautsprecher imitieren lassen. Außerdem ist der Motor auf Wunsch in der Lage ein Doppelkupplungsgetriebe zu simulieren. So gibt es sogar Schaltwippen am Lenkrad, mit denen man die virtuellen Gänge beim Fahren jederzeit wechseln kann, eben wie es bei einem Verbrenner auch der Fall wäre. So werden dann beim Beschleunigen auch kurze Lastunterbrechungen eingebaut, um die Schaltvorgänge authentisch zu simulieren. Befindet man sich in diesem "manuellen Modus", wird zudem eine verbrennerübliche Motordrehzahl simuliert, der man sich anpassen muss. Beschleunigt man also und schaltet nicht rechtzeitig in den nächsten Gang, setzt ein simulierter Drehzahlbegrenzer ein, obwohl der Wagen natürlich auch ohne Schaltbefehle des Fahrers weiter beschleunigen könnte. Übrigens kommt der Ionic 5N ab Werk mit ganzen sieben Jahren Garantie. Wo gibt es so etwas heutzutage noch? Und als Neuwagen ist er bereits günstiger als ein gebrauchter Taycan mit kleinster Motorisierung.

Elektro-Hypercars

Fahrzeug	Leistung	Dreh-moment	Zeit	Vmax
Rimac Concept One	1.224 PS	1.600 Nm	2,6 s	355 km/h
NIO EP9	1.360 PS	1.480 Nm	2,5 s	313 km/h
Toroidion 1MW	1.360 PS		>2,0 s	450 km/h
Rimac Concept S	1.384 PS	1.800 Nm	2,5 s	365 km/h
Rimac Nevera / C_Two	1.914 PS	2.360 Nm	1,8 s	412 km/h

Diese irrsinnig schnellen Supersportler bilden die Spitze der Elektrowelt in der Automobiltechnik. Dennoch sind sie in Sachen Gewicht und Endgeschwindigkeit den modernen Turbobenzinern immer noch unterlegen. Die zumindest rein rechnerische Höchstgeschwindigkeit laut Werksangabe geht nach wie vor an den König der luxuriösen Hypercars: Den Bugatti Chiron. Man darf bei diesem Vergleich zu den Elektrofahrzeugen nicht vergessen, dass man theoretisch auch aus den Benzinern noch deutlich mehr Leistung und Drehmoment rausholen könnte. Formel-1-Autos sind von der FIA zwar auf gerade mal 1.6 Liter Hubraum beschränkt. Dennoch schaffen es die Ingenieure aus ihnen bis zu 1.000 PS herauszuholen. Nach dieser Rechnung kann man sich vorstellen, was theoretisch aus einem Motor mit 8.0 Liter von Bugatti herauszuholen ist. Allein nach dieser simplen Rechnung wären wahnwitzige 5.000 PS möglich. Da ein Bugatti-Motor allerdings 16 Zylinder hat und keine 6 wie ein

Formel-1-Bolide, ist theoretisch sogar noch mehr möglich. Außerdem werden Formel-1-Motoren auch in der Drehzahl begrenzt. Bleibt im Endeffekt natürlich die Frage wie standfest das Ganze dann noch ist.

Funfact. Der Bugatti Chiron hat seine ursprünglich rein rechnerische Endgeschwindigkeit in der Realität nicht nur mittlerweile bewiesen, sondern auch direkt überboten. Mit einer speziellen Version, die inzwischen aber in Serie gegangen ist, wurde auf einem Testtrack die 300-mph-Marke geknackt. 304,8 mph erreichte der Bugatti Chiron Super Sport 300+. Das sind umgerechnet 490,5 km/h. Damit ist er nun nicht mehr nur inoffiziell der schnellste Seriensupersportwagen der Welt, sondern auch offiziell.

Könige der Hypercars

Fahrzeug	Leistung	Dreh-moment	0-100	Vmax
Bugatti Veyron 16.4	1.001 PS	1.250 Nm	2,5 s	407 km/h
Koenigsegg Agera RS	1.175 PS	1.280 Nm	<3,0 s	447 km/h
Bugatti Veyron SS	1.200 PS	1.500 Nm	2,5 s	431 km/h
Koenigsegg One:1	1.360 PS	1.371 Nm	2,8 s	>440 km/h
Bugatti Chiron	1.500 PS	1.600 Nm	2,4 s	463 km/h
Koenigsegg Jesko	1.600 PS	1.500 Nm	2,8 s	480 km/h
Bugatti Chiron SS	1.600 PS	1.600 Nm	2,4 s	490 km/h

Performance

I n diesem Kapitel geht es primär um die Beschleunigungswerte einiger sportlicher Autos. Dieses Thema lag mir besonders am Herzen, da mein Team und ich in den letzten Jahren viele Tests vollziehen konnten, die ich hier nun vorstellen darf. Dabei kam über die Jahre auch die ein oder andere Überraschung auf. Es geht aber auch um andere Dinge wie Motorprobleme, Tuninglösungen, Getriebeübersetzungen, Turbolader und vieles mehr.

Getriebeübersetzungen. Wenn es um Performance und Beschleunigungswerte geht, schwört manch einer auf extrem kurze Getriebeübersetzungen. Sie kommen zum Beispiel bei extremen Rennsportfahrzeugen zum Einsatz. Auch hierfür sind Rallye-Autos wieder ein wunderbares Beispiel. Die Fahrzeuge dort haben zwar über 350 PS, schaffen aber aufgrund ihrer wahnsinnig kleinen Getriebeübersetzung gerade mal 250 km/h Endgeschwindigkeit. Ein VW Golf VII GTI mit gerade mal 230 PS und deutlich mehr Gewicht an Board, schafft das ebenfalls. Je kleiner die Getriebeübersetzung, desto besser ist dafür die Beschleunigung. Ein gutes Beispiel hierfür ist der Audi R8 V10 der ersten Generation. Er kam mit 525 PS und im späteren Verlauf der Modellreihe war es möglich den Motor mit einem von drei verschiedenen Getrieben zu kombinieren. Es gab ein klassisches 6-Gang-Handschaltgetriebe, eine sequentielle 6-Gang-Halbautomatik (R-Tronic) und ein 7-Gang-Doppelkupplungsgetriebe (S-Tronic). Ausgerüstet mit der R-Tronic oder dem Handschaltgetriebe mangelt es dem V10 im Verhältnis zu vergleichbaren Fahrzeugen deutlich an Spritzigkeit und Durchzugskraft. Dies liegt schlichtweg an der deutlich größeren Übersetzung im Vergleich zum Doppelkupplungsgetriebe, welches über einen zusätzlichen Gang verfügt. Von 0 auf 200 km/h ergibt sich so ein gnadenloser Unterschied von bis zu 3 Sekunden bei ein und demselben Motor. Daher sind Modelle mit S-Tronic auf dem Gebrauchtwagenmarkt auch deutlich beliebter.

Leichtbau. Andere wiederum schwören darauf, so wenig Gewicht wie möglich an Bord zu haben. Auch diese Maßnahme ist von Vorteil, um die Beschleunigungswerte zu verbessern. Die Premiumautomobilhersteller konzentrieren sich bereits seit einigen Jahren darauf, das durch immer mehr Elektronik und Ausstattung wachsende Gewicht, in Zaum zu halten. Vor allem bei den Sportversionen und Höchstmotorisierungen versucht man abzuspecken, denn weniger Gewicht fördert die Sportlichkeit. Dies machen die Hersteller vor allem durch die Verwendung von sehr zähen und stabilen, aber dafür leichten Materialien. Hierbei kommen vor allem Titan und Magnesium zum Einsatz. Am beliebtesten ist allerdings Carbon.

Carbon. Wenn es um das Thema Leichtbau geht, ist Carbon heutzutage in aller Munde. Doch was ist dieses mysteriöse schwarze Material eigentlich, das aussieht wie eine Matrix? Bei Carbon handelt es sich schlichtweg um das sechste Element im Periodensystem: Kohlenstoff! Dieser ist in reiner Form als natürliches Vorkommen unter anderem bekannt als Diamant, Graphit (Bleistifte), Kohle, Erdöl, Erdgas und Kohlenstoffdioxid. Außerdem ist Kohlenstoff die Grundlage allen Lebens auf der Erde. Natürlich in Verbindung mit Wasser und Sonnenenergie. Doch in der Automobilindustrie spielt dieser begehrte Stoff eine andere Rolle. Hier geht es vor allem um Fasern. Durch eine bestimmte Struktur erreichen Kohlenstofffasern bei extrem niedrigem Gewicht unheimlich hohe Festigkeiten und Steifigkeiten. Genau diese harmonischen Eigenschaften machen Kohlefasern so begehrt. Durch die Struktur kommt auch die besondere Optik zustande, die Carbon unverkennbar und sehr auffällig macht. Kohlenstofffasern, auch in Verbindung mit Kunststoffen, gewinnen technisch wie industriell zunehmend an Bedeutung. Hierbei handelt es sich nicht nur um Rennsporttechnik aus der Formel 1, sondern tatsächlich auch um Raumfahrttechnik. Carbon wird aufgrund seiner Eigenschaften, vor allem aber auch wegen seiner Optik gerne als Verkleidung von Fahrzeuginnenräumen verwendet. Meist ist dies für die Innenausstattung von sportlichen Autos und Höchstmotorisierungen, die höchste und teuerste Variante. Allerdings gibt es mittlerweile hier auch oft Fakes. Heutzutage ist es ein Leichtes stattdessen einfach ein normales billiges Kunststoffteil mit Folie in Carbon-Optik zu überziehen.

Aerodynamik. Bei der Performance eines sportlichen Automobils handelt es sich, mal abgesehen von seiner Rennstreckentauglichkeit und seiner Fahrdynamik, unter anderem um das Verhältnis von Motorleistung und Drehmoment zu den Fahrwerten. Oder einfach ausgedrückt: Das Verhältnis zwischen Fahrwerten und Motorleistung. Dafür spielen auch Antriebsart, Gewicht und Aerodynamik wichtige Rollen. Vor allem Letzteres ist ein wichtiger Aspekt. Daher werden heute viele neue Fahrzeuge der Automobilhersteller im Windkanal getestet und optimiert. Viele Menschen glauben gar nicht, wie groß der Luftwiderstand bereits bei ganz alltäglichen Geschwindigkeiten ist. Wenn ihr das nächste Mal eine Autobahnfahrt bevorstehen habt, haltet zunächst mal bei einem Ortsausgang bei 50 km/h die Hand aus dem Fenster. Der Widerstand ist spürbar. Wenn ihr auf 100 km/h beschleunigt habt, tut ihr dies erneut. Der Unterschied ist dann schon recht deutlich zu vernehmen. Wiederholt dies dann auf der Autobahn bei 150 km/h und 200 km/h. Die Luft ist bei solchen Geschwindigkeiten zäh und fühlt sich an wie geschlagene Sahne. Danach wird sie eher fest und klobig. Wenn man solch einen Test durchgeführt hat, bekommt man ein Gefühl dafür, wie wichtig die Aerodynamik für die Performance eines Fahrzeugs ist. Der Luftwiderstandswert (Cw-Wert) beeinflusst übrigens auch den Kraftstoffverbrauch. Je größer der Luftwiderstand ist, desto mehr muss sich der Motor anstrengen. Bei niedrigen Geschwindigkeiten in der Stadt dominiert zunächst der Rollwiderstand zwischen Reifen und Straßenbelag. Bei höheren Geschwindigkeiten jedoch dominiert der Luftwiderstand. Damit ist er der wesentliche Teil des Fahrwiderstandes, den das Auto zu überwinden hat. Je windschnittiger das Auto also ist, desto positiver fallen die Folgen aus. Bessere Beschleunigung, höhere Endgeschwindigkeit und weniger Kraftstoffverbrauch. Die Wissenschaft der Luftströmung ist allerdings trotz allem bereits herausgefundenem Wissen nach wie vor ein großes Mysterium und beinhaltet noch viele ungelöste Rätsel. Anhand von Rennsportfahrzeugen wie DTM- oder Formel-1-Autos kann man erkennen, wie weit die Wissenschaft in der Aerodynamik voranschreitet. Hier spiegelt sich immer der neuste Stand der Technik wieder. Jedes Jahr gibt es neue, meist sehr gravierende Veränderungen an den Fahrzeugen. Vor allem die Frontpartie ist ein gutes Beispiel dafür.

Performance. Die passende Getriebeübersetzung sowie Aerodynamik und Leichtbau sind definitiv wichtige Aspekte für die Beschleunigung eines Fahrzeugs. Doch sie sind im Sinne der Performance nur sekundär. Denn primär sind nicht das Gewicht, nicht die Getriebeübersetzung und auch nicht zwingend die Leistung oder das Drehmoment entscheidend. Am wichtigsten ist die Performance des Motors selbst. Diese ist neben dem Design des Fahrzeugs und dem Charakter des Motors die absolut wichtigste Voraussetzung für ein sportliches Fahrzeug. Wenn ein Auto nicht so funktioniert, wie es eigentlich könnte oder laut Papier (Werksangabe) müsste, ist es damit schon grundlegend eher ein enttäuschender Vertreter seiner Klasse. Wie kann es zum Beispiel sein, dass ein Golf R mit 300 PS bereits im Serienzustand schneller ist, als ein Ford Mustang mit 421 PS? Wo doch der Golf nicht mal ein sportliches Coupé ist und mit seinem Allradantrieb auch ein beachtlich hohes Gewicht auf die Waage bringt. Die Performance eines Fahrzeugs bestimmt, ob es (im Verhältnis) schneller ist als andere oder eben nicht. Egal ob auf der Rennstrecke oder auf der Viertelmeile. Da die Performance und die Abstimmung des Motors für die Beschleunigung des Fahrzeuges entscheidend sind, handelt dieses Kapitel nicht etwa von der Performance im Sinne der Fahrdynamik auf der Rennstrecke, sondern von normalen Höchstmotorisierungen aus dem Straßenverkehr und ihren Beschleunigungswerten. Denn nichts ist aussagekräftiger über die wahre Performance, die der Motor ab Werk leistet.

BMW M. Das Wichtigste für die Performance ist, wie fit der Motor in seinen Hardware- und Softwarekomponenten ab Werk abgestimmt wird. Dies hat sich in früheren Zeiten vor allem bei sportlichen Saugmotoren bemerkbar gemacht. Hierfür ist vor allem BMW immer ein gutes Beispiel, denn die Saugmotoren der älteren M-Modelle wurden bereits ab Werk absolut großartig getunt. Umgangssprachlich ausgedrückt wurden sie "richtig scharf gemacht". In Sachen Sportlichkeit und Aggressivität bei Saugmotoren konnte BMW seiner Zeit niemand das Wasser reichen. Mercedes-Benz setzte mit seinen AMG-Modellen auf Kultur und viel Hubraum. Audi mit den RS-Modellen hingegen auf Drehzahl oder modernere Turbotechnik. Charakter hatten sie alle. So viel sei gesagt. Aber da die BMW-Motoren in den M-Modellen ab Werk durch das hauseigene Tuning der M-GmbH extrem bissig gemacht wurden, hatten sie auch unter den Saugern die beste Performance. Ein E92 M3 (4.0 V8, 420 PS) wird beispielsweise seinem ewigen Konkurrenten den RS4 B7, der ebenfalls mit einem V8-Hochdrehzahlmotor mit 420 PS gesegnet ist, immer und in jeder Lebenslage davonfahren. Natürlich nur sofern man davon ausgehen darf, dass beide Fahrzeuge nicht getunt und im Besitz ihrer vollen Kräfte und Funktionen sind. Der E92 M3 schlägt sogar den Audi R8 der ersten Generation. Wenn auch nur mit marginalem Vorsprung. Dies ist deswegen ein guter Vergleich, da der R8 ebenfalls den Motor aus dem RS4 verpasst bekommen hat. Wobei an ihm sogar noch ein paar kleine sportlichere Veränderungen vorgenommen wurden. Zum Beispiel hat er nicht mehr eine große zentrale Drosselklappe wie im RS4, sondern zwei kleine, jeweils für jede Zylinderbank eine. Des Weiteren zählte der alte R8 seiner Zeit bereits als Supersportwagen, weshalb er sich schon mal von Grund auf nicht von einem gleichaltrigen Mittelklassecoupé schlagen lassen dürfte. Wenn man bedenkt, dass ein M3 schneller als ein R8 sein kann, ist das schon wahrlich eine Hausnummer. Übrigens war auch der erste TT RS (2.5 R5T, 340 PS) bereits schneller als der R8 mit dem V8. Aber bleiben wir vorerst bei BMW. Der E39 M5 war mit einem 5.0 V8 ausgestattet. Das Auto war schwer und nicht sehr windschnittig. Und der Motor war für eine Höchstmotorisierung träge und nicht wirklich ein Beschleunigungswunder. Aber immerhin generierte er laut Werksangabe schon 400 PS. Gar nicht schlecht für die damalige Zeit. Jedoch bekam er nicht das übliche Tuning wie seine Vorgängermodelle, welche noch mit spritzigen Sechszylindermotoren ausgestattet waren. Der E34 M5 mit seinem 3.6 Liter Reihensechszylinder leistete 315 PS und später aus 3.8 Litern 340 PS. In BMW-Fan-Kreisen heißt es sogar, dass der 3.6-Liter-Motor der Standhaftere und Spritzigere gewesen sei. Der E28 M5 besaß einen ähnlichen Motor, allerdings mit lediglich 286 PS. Die drei zuvor genannten Sechszylinder in den beiden Vorgängern des E39 M5 waren unter anderem ab Werk mit scharfen Nockenwellen, Einzeldrosselklappen und elektronisch gesteuerter Saugrohreinspritzung

ausgestattet. Beim E39 M5 setzte man hingegen zwar auch auf Sportlichkeit, schließlich handelte es sich um ein M-Modell, aber der Fokus
lag aus unternehmenspolitischer Sicht eher auf Komfort, Laufkultur und
luxuriösem Drehmoment. Daher auch das bis dato ungewöhnlich hohe
Motorvolumen. Ähnlich wie bei Mercedes-AMG, deren Motoren sogar
noch größer waren. Ganz anders war es zum Beispiel beim E46 M3 (3.2
R6, 343 PS). Es gibt kaum ein Fahrzeug in der Premiumklasse oder darunter, dessen Saugmotor ab Werk heißer getunt wurde als der des E46
M3 oder des E92 M3. Beide waren sie Meisterwerke unter den Saugmotoren. Von luxuriösen Sportwagenmarken wie Porsche, Pagani, Ferrari
und Co. mal abgesehen, denn diese stehen natürlich auf einem anderen
Level. Selbst vor Ansaugsystemen aus Kohlefasern wurde nicht haltge-
macht. Die Rede ist von der berühmten "Carbon-Airbox" aus dem M3
CSL (360 PS), welche heutzutage gebraucht auf eBay hoch gehandelt
wird und Spitzenpreise erzielt. Der E46 M3 war vollständig auf Sportlichkeit und Drehzahl ausgelegt. Aus diesem Grund hat der Motor für seine
Verhältnisse nicht nur eine überragende Performance, sondern ist weltweit auch für sein charakteristisches und unverwechselbares Klangbild
bekannt. Bei diesem Aggregat kommt der Sound größtenteils von vorne
aus dem Ansaugsystem und nicht wie bei den meisten anderen Autos
hinten aus der Abgasanlage. Jedoch war nicht jeder BMW-Motor ab
Werk so fit. Vor allem die Acht- und Zwölfzylinder dienten aus markt-
technischer Sicht eher dem komfortablen "Cruisen" und entspanntem
Fahren und waren trotz viel Hubraum und Leistung wiederum verhältnismäßig langsam.

Funfact. Die sportlichen Saugmotoren der BMW M-GmbH fanden sich
auch in den Fahrzeugen der Marke Wiesmann wieder.

Realbeispiel. Bei einem Test mit meinem Team fuhren wir mit einem
VW Golf V R32 (3.2 VR6, 250 PS, 1.650 Kg) gegen einen BMW E63 645i
(4.4 V8, 333 PS, 1.710 Kg). Um faire Verhältnisse zwischen Allradantrieb
und Heckantrieb zu schaffen, fuhren wir mit fliegendem Start bei 50
km/h los. Es gab also keinen Allradvorteil für den Golf und im Gegenzug
auch keinen Hecktrieblernachteil für den BMW. Der R32 war darüber
hinaus auch nicht mit einem DSG ausgestattet. Auch wenn es knapp
war, der Golf hat dem großen V8, der fast 100 PS mehr leistete, Zentimeter um Zentimeter abgenommen. Schlussendlich hat der R32 mit ca.

2 Wagenlängen Vorsprung gewonnen. Hier macht sich die Performance wieder deutlich bemerkbar. Der Golf gewann mit dem viel kleineren und leistungsärmeren Sechszylinder, welcher ab Werk aber auf Sportlichkeit getrimmt war und spritzig ausgelegt wurde. Dagegen verlor das große Coupé mit dem viel größeren und leistungsstärkerem V8, welcher auf Komfort und Laufkultur ausgelegt war. Unterm Strich hatte der fast 100 PS schwächere Golf die Nase deutlich vorn.

Marketing. Der Golf R32 ist, da er mit seiner Motorisierung das Ende der Nahrungskette des Golf V gebildet hat, auf Sportlichkeit ausgelegt. Er soll schnell sein, dem Kunden ein luxuriöseres Gefühl bieten und eine gute Performance abliefern. Außerdem soll er auch eine andere Käufer-schicht ansprechen, als beispielsweise der GTI. Er soll Spaß machen und sich mit seinem viel kultivierteren und charakteristischeren Sechszylin-dermotor vom GTI deutlich distanzieren. Der BMW 6er aus unserem Vergleich hingegen ist ein komfortables Luxuscoupé. Sein bollernder, schwerfälliger V8 soll den Fahrer mit einem angenehmen Reisegefühl an sein Ziel befördern. Hierbei darf man natürlich nicht vergessen, dass der 645i im Gegensatz zum R32 noch lange nicht das Ende der Fahnenstange in seiner Baureihe ist. Über ihm steht noch der 650i. Auch dieser ist für seine 367 PS aus 4.8 Litern Hubraum recht träge und langsam. Und schließlich steht als Höchstmotorisierung darüber der M6. Wenn man sich stattdessen mit dem M6 beschäftigt, sieht man, dass sein legendä-rer V10-Motor ähnlich ausgerichtet ist, wie der VR6 des R32. Denn hier-bei handelt es sich ebenfalls um die Höchstmotorisierung. Er wurde von der M-GmbH ähnlich getunt wie der E46 M3 und der E92 M3. An diesen Beispielen zeigt sich klar und deutlich, dass viele Motoren erheblich weniger Performance liefern, als sie eigentlich könnten. Jetzt denkt sich möglicherweise der Ein oder Andere, dass das doch nicht so tragisch ist und dass die Motoren doch genug Leistung haben. Die Autos sind ja schließlich trotzdem schnell genug. Selbstverständlich. Dem ist auch so. Irgendwo stimmt das sicherlich. Aber hierbei geht es um das ver-schenkte Potential. Denn wenn man ein Luxuscoupé einer deutschen Premiummarke für 60.000€ oder gar noch mehr Geld fährt, dann will man sich nicht beim nächstbesten Ampelstart von einem Golf "verbla-sen" lassen.

Realbeispiel. Mit dem R32 konnten wir auch noch ein weiteres Beispiel ertesten. Hierbei war der Gegner ein Nissan 370Z Nismo. Da dieses japanische Sportcoupé 344 PS leistet, ist es eigentlich kein Gegner und spielt in einer anderen Klasse als der R32. Da der Nissan jedoch trotz Höchstmotorisierung nicht all zu spritzig ist und der Motor leider nach unten streut, wagten wir den Test. Bis 130 km/h (Ende des 3. Ganges) hielt der Golf tatsächlich mit und verschenkte an das viel stärkere Coupé nicht einen einzigen Zentimeter. Als der Golf in den vierten Gang schalten musste, fuhr der Nismo dann langsam aber sicher aufgrund seiner Mehrleistung davon. Das war natürlich auch gut so. Immerhin hatte er auf dem Papier knapp 100 PS mehr. Werksangabe für den 370Z Nismo ist laut Nissan 5,2 Sekunden. Leider schafft er diese bei weitem nicht. Während der R32 als Schalter, wie wir ihn hatten, mit 6,5 Sekunden angegeben ist liegt er mit einem vernünftigen Start auch gerne mal bei glatten 6 Sekunden. Wenn man dann bedenkt, dass der Nissan ein Stück weit über seiner Werksangabe liegt, so passt es dann auch, dass die beiden Autos bis 130 km/h gleichauf waren. Den Golf hatten wir auch auf dem Leistungsprüfstand. Erstaunlicherweise brachte er 259,9 PS aufs Papier. Also knapp 10 PS mehr als Herstellerangabe. Für einen Saugmotor ist das sehr ungewöhnlich und uns deshalb immer positiv in Erinnerung geblieben.

Audi TT RS. Ein hervorragendes Beispiel einer anderen Premiummarke ist der Audi TT RS 8J (2.5 R5T, 340 PS). Bei ihm kam erstmals nach langer Pause wieder einer von Audis legendären Fünfzylindermotoren zum Einsatz. Entgegen dem Aberglauben, der oft von Ford- und Volvo-Fans in der Autoszene verbreitet wird, kommt dieser Motor nicht von Volvo. Der Fünfzylinder-Turbo im Ford Focus RS der zweiten Generation (2.5 R5T, 305 PS) hingegen schon. Der Motor im TT RS jedoch stammt aus dem eigenem Mutterkonzern und wurde aus der amerikanischen Version des VW Jetta entnommen. Bei dem TT RS handelt es sich um die Höchstmotorisierung von Audis kleinerem Sportcoupé. Das große Sportcoupé im Supersportwagensegment angesiedelt, ist dagegen der Audi R8. Laut Werksangabe schafft der TT den Sprint von 0-100 km/h in 4,3 Sekunden. Wer das Fahrzeug kennt, weiß dass er das auch spielend packt und weder unter Leistungsverlust, noch unter Schwächeleien leidet. 4,3 Sekunden sind für 340 PS irrsinnig schnell. Mehr Performance in einem Straßenfahrzeug geht fast nicht mehr. Zumindest im Verhältnis.

Zum Vergleich: Ein Nissan 370Z Nismo (V6, 344 PS) ist mit 5,2 Sekunden angegeben und schafft diese leider noch nicht mal. Ein Audi S5 8T (V8, 354 PS) ist mit 5,4 Sekunden angegeben und schafft diese ebenfalls nicht. Liebe S5-V8-Fahrer und liebe 370Z-Fahrer, ich möchte euch wirklich nicht auf den Schlips treten. Es handelt sich um wunderschöne und charakteristische Autos. Ich war auch schon selbst drauf und dran diese Autos für mich zu erwerben. Vor allem der S5 hatte es mir mal angetan. Und für den Nissan wiederum hatte ich mir schon umfangreiche Tuningpläne ausgemalt. Von Optik bis Performance. Aber es ist bekannt, dass die Motoren keine Performancewunder sind und auch leider nach unten streuen. Das bedeutet, dass ihre Motoren in der Realität weniger Leistung bringen, als sie eigentlich laut Werksangabe müssten. Und wer sich mit diesen Fahrzeugen mal beschäftigt hat, kennt diese Problematik. Vor allem die V8-Saugmotoren im sportlichen Segment bei Audi waren davon ganz stark betroffen. Und der im S5 war eher noch eines der kleineren Sorgenkinder, wenn man das DSG-Getriebe mal außer Acht lässt. Doch hierzu in einem späteren Abschnitt mehr. Ein BMW E82 1er M Coupé (R6T, 340 PS) ist mit 4,9 Sekunden angegeben, ebenfalls turboaufgeladen und hat exakt die gleiche Leistung wie der TT. Er hält meistens auch was er verspricht. Dennoch ist er nicht so schnell wie der TT. Ein Vorteil des Audi TT RS gegenüber den anderen Konkurrenten ist sicher die Turboaufladung und der kleine, aber extrem effiziente und hochgezüchtete Motor. Hier gilt: Turboaufgeladene Fahrzeuge sind im direkten Vergleich, bei gleichem Gewicht, gleicher Motorleistung usw. in der Beschleunigung immer deutlich überlegen! Beim letzten Vergleich hat der BMW allerdings ebenfalls Turboaufladung, was unterm Strich ein weiterer Punkt für den Audi ist, da er trotzdem schneller ist. Jetzt muss man an dieser Stelle fairerweise einhaken und dazusagen, dass der BMW keinen Allradantrieb hat, wie der Audi. Stattdessen wird seine Kraft traditionsgemäß auf die Heckachse übertragen. Beim Beschleunigungsvergleich von Null auf Hundert ist das von großem Nachteil. Allerdings tut auch dieser Aspekt nichts zur Sache. Wir haben es getestet. Beim stehendem als auch beim fliegendem Start zieht der TT RS beide Male so oder so davon. Egal ob von 50 km/h oder gar erst ab 100 km/h. In Sachen Gewicht nehmen sich diese Autos alle ebenfalls nicht viel. Alles moderne, mit Technik und Elektronik vollgestopfte Sportcoupés, die mehr wiegen als einem eigentlich lieb ist. Denn auch der TT RS ist für seine Größe nicht gerade der Leichteste, aber dennoch hat er eine so unglaubliche Performance, dass sie im Verhältnis sogar besser als bei einem Nissan GT-R ist. Das Nachfolgemodell des TT RS besitzt ebenfalls einen Fünfzylinder-Turbo. Mittlerweile allerdings sogar mit 400 PS. Seine Werksangabe liegt inzwischen nur noch bei 3,7 Sekunden. Das ist abartig schnell für einen TT. Vor allem wenn man bedenkt, dass hier noch kein Tuning im Spiel ist. Auch wenn es kaum zu glauben ist, er schlägt beim Start tatsächlich sogar den neusten Nissan GT-R (V6TT, 570 PS, 2,8s). Dieser ist ebenfalls mit einem Allradantrieb versehen und sogar mit gleich zwei Turboladern ausgestattet. Hierbei sei noch erwähnt, dass der Nissan GT-R weltweit bekannt ist als das Auto schlechthin in Sachen Performance. Gefürchtet von sämtlichen Konkurrenten in seiner Klasse und bekannt als Nürburgring-Rundenrekordaufsteller. Natürlich holt der GT-R dann im weiteren Verlauf des Sprints gegen den TT auf und zieht schlussendlich bei höheren Geschwindigkeiten vorbei. Da macht sich dann die Mehrleistung endgültig bemerkbar. Schließlich hat er fast 200 PS mehr. Nach diesen Vergleichen dürfte klar sein, dass der Audi TT RS mit seinem turboaufgeladenen Fünfzylinder ein absolutes Performancemonster ist und man für wenig Motor und wenig Leistung unsagbar herausragende Fahrwerte bekommen kann. Und dies trotz hohem Gewicht und edler Ausstattung.

Turbo vs. Sauger. Der Turbomotor ist in Sachen Beschleunigung und Performance dem Saugmotor bei gleichen Verhältnissen immer überlegen. Dies ist mit eine der wichtigsten Regeln, wenn es um Motorenperformance geht. Ein ordentlich sportlich zurecht gemachter Sauger kann zwar mithalten. Jedoch ist dies nur extrem selten der Fall. Gute Beispiele für solch spritzige Saugmotoren sind die älteren Hochdrehzahlmotoren der BMW-M-Modelle, der Audi R8 plus 4S und der Porsche 911 GT3 RS. Hinzu kommen auch noch einige weitere Motorisierungen aus den älteren 911er- und Cayman-Modellen, die ebenfalls ohne Aufladung auskommen und äußerst sportlich sind und ihrer Zeit gegenüber der Konkurrenz überlegen waren.

Realbeispiel. Wir testeten einen Scirocco R (2.0 R4T, 265 PS) gegen einen Audi A3 3.2. Der A3 hatte den VR6-Motor aus dem Golf V R32 und besaß demnach 250 PS. Seine Performance war nicht die schlechteste. Außerdem hatte er durch seinen Allradantrieb am Start einen Vorteil gegenüber dem frontgetriebenen Scirocco. Doch Fehlanzeige. Von einem Vorteil war nichts zu sehen. Selbst mit durchdrehenden Reifen fuhr der Scirocco dem Audi schon im ersten Gang davon. Der Audi hatte keine Chance und fiel massiv zurück, obwohl die beiden Autos auf dem Papier nur 100 Kilo und 15 PS Unterschied hatten. Man darf den A3 3.2 bei diesem Beispiel auf keinen Fall mit dem Audi S3 gleichsetzen oder gar verwechseln. Denn dieser hat wiederum den gleichen Motor wie der Scirocco R und ist damit ebenfalls bedeutend schneller als der 3.2er. Es wird in diesem Kapitel einen späteren Abschnitt geben, in dem ebenfalls ein Realbeispiel mit Scirocco R und Audi S3 kommt, in dem wiederum der Audi schneller ist und dies auch erklärt wird. Dieses Beispiel darf man auf keinen Fall mit dem hier verwechseln, denn hier besteht ein erheblicher Unterschied der Motoren und damit letztendlich auch der Performance.

Realbeispiel. Zugegebenermaßen war das letzte Beispiel auch ohne Turboaufladung zugunsten des Sciroccos ausgelegt. Daher folgt jetzt noch ein Beispiel, welches zwischen zwei theoretisch ungefähr gleichen Autos ausfällt. Zu einem damaligen Zeitpunkt befanden sich im Fuhrpark meines Teams einerseits der altbekannte turboaufgeladene Scirocco R und andererseits ein Nissan 350Z. Bei Letzterem handelte es sich um das Vorfacelift mit 280 PS. Wir testeten diese beiden Autos mehrfach gegeneinander.

Scirocco R vs. 350Z

Karosserieart	Coupé	vs.	Coupé
Hubraum	2.0 Liter	vs.	3.5 Liter
Zylinder	4 in Reihe	vs.	6 in V-Stellung
Leistung	265 PS	vs.	280 PS
Aufladung	**Turbo**	vs.	**Sauger**
Streuung	Nach oben	vs.	Nach unten
Gewicht	1500 Kilo	vs.	1600 Kilo
Tankinhalt	Fast voll	vs.	Fast leer

Antrieb	Front	vs.	Heck
Traktion	Probleme	vs.	Keine Pro-bleme

Alles in Allem kann man sagen, dass die Vor- und Nachteile dieser Autos sich nahezu zu hundert Prozent ausgleichen. Der Scirocco hat auf dem Papier weniger Leistung, streut aber nach oben. Der 350Z hat auf dem Papier mehr Leistung, streut aber nach unten. Der Scirocco wiegt ein bisschen weniger, hatte dafür aber einen vollen Tank. Er hat Frontantrieb, aber massive Traktionsprobleme. Während der Nissan mit seinem Heckantrieb keine hatte. Der Scirocco hat trotz seines Turboladers ein viel giftigeres Ansprechverhalten als der hubraumstarke Sauger im Nissan. Was vermutet ihr, wie der Vergleich auf dem Asphalt letztendlich ausgefallen ist? Der R ist dem Nissan zwar nicht ganz so schnell davongefahren wie dem A3, aber er ist ihm trotzdem noch davongefahren. Der Turbolader macht's. So verhält es sich also auch unter gleichen oder ähnlichen Verhältnissen.

Porsche. Die deutsche Kultsportwagenmarke Porsche ist ganz gewiss ein Extrembeispiel für Performance. Ganz gleich, ob man dabei den Aspekt der Rennstreckentauglichkeit (Fahrdynamik) oder den der Motorenperformance betrachtet. In jedem Jahrzehnt bringt Porsche mindestens ein Hypercar auf den Markt, in dem das Unternehmen deutlich unter Beweis stellt, über welche Ingenieurskunst es eigentlich verfügt. Die direkten Gegner von Porsche sind Ferrari, Lamborghini, McLaren sowie Nissan mit dem GT-R. All diese Konkurrenten zaubern regelmäßig abartig schnelle Performancecars auf den Markt. Wenn man in solchen Autos sitzt und deren Beschleunigung spürt, denkt man sich nur noch, dass es noch schneller einfach überhaupt nicht mehr gehen kann. Und auch, wenn sie sich meist dabei etwas gediegener und gelassener anfühlen, schaffen es die Autos von Porsche doch immer noch einen Tick besser zu sein als die Konkurrenz. Die Rede ist hier vor allem von der Superlative der Porsche-Produktpalette.

Porsche-Superlative

Antriebs- art	Modell	Hub- raum	Motor	Leistung	0-100
Sauger	GT3 RS	4.0	B6	520 PS	3,2
Turbo	GT2 RS	3.8	B6TT	700 PS	2,7
Hybrid	918	4.6	V8EE	887 PS	2,6

Funfact. Der Streckenrekord auf der Nürburgring-Nordschleife wird seit jeher von Porsche gehalten. Über 35 Jahre war der Rekord mit einer Zeit von 6:11,13 beim Porsche 956 C. 2018 wurde diese Zeit zum ersten Mal unterboten. Ebenfalls wieder von Porsche. Mit dem 919 Hybrid Evo fuhr man auf der Nordschleife eine utopische Zeit von 5:19,55. Das Fahrzeug war ein spezielle abgestimmtes Monocoque, das nur 849 Kilogramm wog und 1.160 PS unter der Haube hatte. Auch auf der belgischen Rennstrecke Spa Francorchamps stellte dieses Fahrzeug bereits einen Rundenrekord auf. Dabei übertraf man sogar die aktuellen Formel-1-Rundenzeiten.

Porsche 911 GT3 RS. Zurück zu den Serienmodellen von Porsche. Wie selbstverständlich fahren diese Autos auch alle spielend über 300 km/h. Doch das ist eher weniger die Besonderheit. Das wirklich Heftige ist ihre Beschleunigung. 3,2 Sekunden für einen 520 PS starken Sauger ist schon so abartig schnell, dass man dafür eigentlich keine Worte mehr finden kann. Mehr Performance in einem Sauger geht einfach nicht. Aber genau dafür steht ein GT3 RS und dafür ist er auch bekannt. Dieses Auto hat auch mit seinen über 9.000 Umdrehungen pro Minute einen unglaublich infernalischen Sound. Der GT3 hat übrigens mittlerweile und auch in Zukunft den letzten Saugmotor, den es bei Porsche gibt und geben wird. Aufgrund der Effizienzsteigerung und des Downsizings sind ansonsten alle anderen Modelle bei Porsche nur noch mit Turbolader erhältlich. Dies spart Hubraum, Kraftstoff und CO2-Ausstoß. Die Performance und die Effizienz der Motoren werden hierdurch weiter gesteigert. Doch die meisten Fans der Marke finden dies aufgrund von charakteristischen Einbußen eher bedauerlich. Dass die Modelle GT3 und GT3 RS jedoch von Turboladern "verschont bleiben", liegt daran, dass sie der Rennliga GT3 nachempfunden sind, an der Porsche erfolgreich teilnimmt. Das Reglement dieser Rennliga verbietet den Einsatz von Turboladern. Daher verzichtet Porsche auch traditionell bei den Straßenversionen der GT3-Modelle auf Turbolader. In der GT2-Liga sieht dies allerdings anders aus. Dort sind Turbolader so standardisiert wie Reifen auf der Felge. Daher sind auch die 911er-Modelle der GT2-Serie mit einem oder zwei Turboladern ausgestattet. Dieser gravierende Unterschied macht sie noch bedeutend leistungsstärker und schneller.

Hypercars. Selbstverständlich gibt es immer einen, der noch schneller ist. Wenn man vom normalen Sportwagensegment (z.b. Audi TT, Toyota GT86, Nissan 370Z) über das Supersportwagensegment (z.b. Audi R8, Mercedes-Benz AMG GT, Nissan GT-R) zum Segment der Hypercars geht, findet man dort Performance in seiner reinsten Form. Der Porsche 918, der Ferrari LaFerrari, der McLaren P1 oder der McLaren Senna. Gegen diese Ungetüme ziehen natürlich der TT RS und auch bekannte Performancemonster wie der Nissan GT-R oder die Porsche GT-Modelle in sämtlichen Lebenslagen den Kürzeren. Dennoch sprechen die Fahrwerte des TT RS nach wie vor für sich und überzeugen davon, dass man bei ihm die absolut besten Leistungsfahrwerte hat, sofern man diese ins Verhältnis setzt.

Realbeispiel. Ein noch direkterer und interessanterer Vergleich kann zum Beispiel innerhalb des Volkswagenkonzerns aufgrund der Vielzahl an Marken vorgenommen werden. Der Seat Leon Cupra R 265 (2. Generation) besaß einen Vierzylinder-Turbo mit 265 PS und 350 Nm. Diese generiert er aus zwei Litern Hubraum kombiniert mit einem K04-Turbolader. Das exakt gleiche Aggregat findet sich auch im VW Scirocco R und im Audi S3 8P wieder, für welchen es auch ursprünglich entwickelt wurde. In allen drei Fahrzeugen leisten die Motoren 265 PS und 350 Nm. Die Motoren haben auch alle die gleiche Bezeichnung, den sogenannten Motorkennbuchstaben (MKB). An diesem kann man erkennen, dass es sich tatsächlich um exakt das gleiche Aggregat handelt und weder softwaretechnisch noch hardwaretechnisch Unterschiede bestehen. Ab

Werk ist der Seat mit einer Beschleunigung von 6,2 Sekunden, der Scirocco mit 5,8 Sekunden und der Audi mit 5,5 Sekunden angegeben. Obwohl der S3 mit Abstand das höchste Gewicht hat, besitzt er die beste Beschleunigungsangabe. Der Scirocco ist ein flaches designgeprägtes Sportcoupé. Er ist der Aerodynamischste des Trios und wiegt in etwa das Gleiche wie der Seat Leon. Daher müsste er auch der Schnellste sein. Jedoch schafft er nur den zweiten Platz. Auch dies haben wir bereits in der Realität getestet. Der Seat, mit dem gleichen Gewicht, müsste mit minimalem Unterschied hinterherziehen. Jedoch ist er deutlich langsamer als die beiden anderen Fahrzeuge. Der geringere Unterschied ist tatsächlich zwischen dem Audi und dem VW zu finden. Nicht nur laut Werksangabe, sondern auch in der Realität. Die Differenz zwischen dem Scirocco R und dem Audi S3 ist gering, dennoch hat hier der Audi die Nase vorne, obwohl er weit über 100 Kilo mehr an Bord hat und deutlich weniger sportlich von seiner Karosserie her ist. Wir haben dies auch mal mit einem Audi A3 8V, einem normalen VW Scirocco (kein R) und einem VW Golf VII getestet. Alle drei waren mit exakt dem gleichen Motor ausgestattet. Es handelte sich um einen 1.4 T(F)SI mit 125 PS. Der Scirocco war der leichteste und gleichzeitig wieder der aerodynamischste Kandidat. Der Audi war wieder deutlich schwerer als die beiden Konkurrenten. Folglich müsste der Scirocco die Nase vorne haben, der Golf im mittleren Bereich liegen und der Audi das Schlusslicht bilden. Doch auch hier lag der Audi, wie zwar bereits erwartet, aber dennoch überraschend, vorne. Die beiden VWs fuhren auf 17-Zoll-Felgen. Der Audi sogar auf breiteren und schwereren 18-Zöllern, wodurch er sogar noch einen weiteren Nachteil in Sachen Beschleunigung hatte (vom Grip mal abgesehen). Spätestens hier beginnt man sich zu fragen, wie dies zu Stande kommt und vor allem warum.

Marktpositionierungen. An diesem Punkt befindet man sich eigentlich schon nicht mehr bei Autos, sondern bei mühselig studierbarer Betriebswirtschaftslehre. Um das letzte Realbeispiel zu erklären, könnte man sagen, dass hierbei Firmenpolitik von ganz oben in die Entscheidungen der entwickelnden Ingenieure mit einfließt. Anhand der letzten Beispiele zeigt sich auch, dass Motoren absichtlich ab Werk in Verbindung zwischen Software und Hardware eingeschränkt oder gar komplett kastriert werden. Und dies hat wiederum unternehmenspolitische Gründe. Diese sind wiederum von der Unternehmensphilosophie abhängig und auch primär davon, wie sich das Unternehmen mit seinen Marken in den verschiedenen Segmenten positioniert. Hier geht es ausschließlich um Marketing in seiner reinsten Form. Als Beispiel eignet sich wieder der Volkswagen-Konzern, denn dieser besitzt als größter europäischer Automobilhersteller eine Vielzahl von verschiedensten Automarken. Die in der Autoszene umgangssprachlich genannte VAG (**V**olkswagen-**A**ktien**g**esellschaft) ist weltweiter Spitzenreiter und duelliert sich jedes Jahr aufs Neue mit den Absatzzahlen der US-Amerikanischen Konkurrenz General Motors sowie dem japanischen Konzern Toyota um die ersten drei Plätze der weltweit führenden Automobilhersteller. Die Volkswagen-AG ist die sogenannte Dachgesellschaft und hält die Fahrzeugmarken Volkswagen, Porsche, Audi, Lamborghini, Bugatti, Bentley, Seat, Cupra, Škoda sowie im Zweiradbereich Ducati und im Nutzfahrzeugbereich Volkswagen Nutzfahrzeuge, MAN und Scania. Für die nachfolgende Erklärung sind jetzt vor allem Audi im sportlichen Premiumsegment, VW im preiswerten Premiumsegment, Seat im preiswerten sportlichen Segment und Škoda im allgemeinen preiswerten Segment von Interesse. Anhand dieser Marken lässt sich die Unternehmenspolitik und ihre Entscheidungen auf die Performance der Fahrzeuge erklären.

Marktpositionierung

VAG-Marken

	Luxus	Premium	Sportlich	Preiswert
Luxus	Bentley		Porsche	
Premium				
Sportlich		Audi		Seat, Cupra
Supersport	Bugatti		Lamborghini	
Preiswert		VW		Škoda
Motorrad			Ducati	

Anhand der Marktpositionierungen der VAG-Marken lässt sich nun vermuten, warum ein S3 trotz gleichem Motor und mehr Gewicht schneller ist, als ein Golf R und sogar ein Scirocco R. Und auch warum diese beiden wiederum schneller sind, als ein Leon Cupra mit ebenfalls demselben Aggregat. Die interne Firmenpolitik sieht vor, dass die sportliche Premiummarke (Audi) im direkten Vergleich schneller und besser sein muss, als die günstigere Premiummarke (VW) und dass die hauseigene Marke schneller und besser sein muss, als die außerhalb des Premiumsegmentes (Seat und Škoda). Gewichts- und Aerodynamikunterschiede spielen hier kaum mehr eine Rolle und werden durch effizientere Motoreneinstellung, meist über Softwareunterschiede ausgemerzt. Während viele Jugendliche sich auf deutschen Straßen geradezu schon Kleinkriege liefern, die darum gehen, wer das schnellere Auto hat, kann man tatsächlich anhand der Hersteller und der Motorisierung schon im Voraus sagen, wer das Rennen machen wird.

Fünfzylinder-Turbo. Die turboaufgeladenen Fünfzylinder sind im Allgemeinen sehr besondere Motoren. Sie sind exotisch, selten, charakterstark und haben einen ganz besonderen Klang. Außerdem sind vor allem die Aggregate von Audi mit einer ganz besonders herausragenden Performance gesegnet. Daher werden sie innerhalb des VAG-Konzerns auch nicht an andere Marken verliehen, sondern bleiben ausschließlich der sportlichen Premiummarke Audi vorbehalten. Aufgrund der Marktsegmentierung würde es auch gar keinen Sinn machen sie in Modellen andere Marken einzusetzen. Für VW, Seat und Škoda sind die Fünfen der zu leistungsstark. Immer wieder gab es Tests auf dem Nürburgring, wo VW einen Golf R mit einem Fünfzylinder-Turbo von Audi ausstattete. Doch diese Ideen sind nie in Serienproduktion gegangen. Wenn man bedenkt, dass sich auch die Vierzylinder-Turbos immer weiter entwickeln, macht dies auch Sinn. Viele Fans würden sich den Fünfzylinder allerdings im Golf R wünschen. Und dies wäre wahrlich eine charakterliche und vor allem klangliche Aufwertung, wie es sie schon lange nicht mehr gab. Doch wäre der Golf dann viel zu stark motorisiert, um ihn im Marktsegment noch ordnungsgemäß einordnen zu können. Der Sprung vom Vierzylinder-Turbo zum Fünfzylinder-Turbo ist leistungstechnisch viel zu groß. Auch wenn man eigens dafür ein neues R-Modell herausbrächte, welches dann mit fünf "Töpfen" ausgerüstet wäre, wäre hierbei der Leistungssprung zum Vorgänger oder zu anderen Varianten zu groß.

Hier hält die Betriebswirtschaft nach wie vor die Hand über die technischen Möglichkeiten. Für Bentley, Lamborghini und Bugatti haben die Fünfender wiederum zu wenig Zylinder. Allenfalls bei Porsche im Boxter und im Cayman würden sie gut passen. Doch bisher bleibt der Fünfzylinder-Turbo traditionsgemäß den Audi-Modellen vorbehalten. Bis auf eine Ausnahme: Der Cupra (ehemals Seat) Formentor hat in der Höchstmotorisierung einen leicht abgeschwächten Fünfzylinder-Turbo von Audi bekommen. Statt der üblichen 400 PS wird er in diesem Modell mit 390 PS angegeben. Auf 100 km/h ist dieser in 4,2 Sekunden. Für ein SUV, wenn auch ein kleines mit "nur" 390 PS, ist dies irrsinnig schnell. Auch hier stellt der Fünfzylinder-Turbo seine wahnsinnige Performance unter Beweis. Selbst in der leicht gedrosselten Variante.

Turbodieselmotoren. Tatsächlich sind wir heutzutage von vielen Automobilherstellern schon ziemlich verwöhnt, was Fahrleistungen und Performance angeht. Gerade bei turboaufgeladenen Autos, zu denen nun mal mittlerweile nahezu auch fast jeder benzinbetriebene Motor gehört. Beim Diesel ist es klar, denn mal Hand aufs Herz: Ohne Turbolader ist der Dieselmotor in einem KFZ heutzutage nicht wirklich zu gebrauchen. Der attraktive, moderne Diesel (Skandal mal außen vor gelassen) lebt von Turboaufladung. Der letzte Saugdiesel der bei Volkswagen vom Band lief, also einer der modernsten die es jemals gegeben hat, war ein 2.0 Vierzylinder, der ohne Turboaufladung gerade mal 69 PS erreichte. Auch das beim Diesel so haushoch gelobte Drehmoment ist ohne Turboaufladung eher mau. 140 Nm war die Angabe laut Hersteller. Kein spürbarer Unterschied zu einem Saugbenziner. Im Gegenteil. Die Werte sind eher schlechter, da es ohne Turbolader auch noch schwer an Leistung mangelt. Aber nicht nur der Diesel lebt heutzutage ausschließlich mit einem Turbolader an seiner Seite. Auch beim Benziner ist er zumindest aus Sicht der Automobilhersteller nicht mehr wegzudenken. Zwingend nötig hat den Turbolader ein ordentlicher Benzinmotor mit halbwegs vernünftiger Drehzahl, einem angemessen Hubraum, moderner Technik und ordentlicher Abstimmung zwar definitiv nicht. Doch die aktuell oft kleinen Turbos machen in Verbindung mit Direkteinspritzung und moderner Softwaresteuerung die Motoren effizienter und schneller, steigern ihre Performance und generieren mehr Leistung. Und das, obwohl sie dabei massiv an Hubraum einsparen. Dadurch senken sie die Emissionswerte und den Kraftstoffverbrauch und sparen sogar KFZ-Steuern ein. Wobei hier leider in den letzten Jahren einiges an Ausgleich durch die beinahe regelmäßige Anhebung der Steuern stattgefunden hat. Die Saugrohreinspritzung und der sogenannte natürlich beatmete Saugmotor sind am Aussterben, wie der Vergaser ein paar Jahrzehnte zuvor. Und durch all diese Revolutionen in der modernen Motorentechnik, allem voran der Turbolader, hat sich die Performance von unseren heutigen Fahrzeugen unheimlich gesteigert.

Realbeispiel. Ein ganz normaler Golf VII TDI mit 2.0-Motor und 150 PS beschleunigt mittlerweile in 8,6 Sekunden auf 100 km/h. Die 1.4er und 1.5er-TSI-Motoren im selbigen Modell, mit ebenfalls 150 PS, sind sogar mit 8,2 und 8,3 Sekunden angegeben. Natürlich raubt einem das nicht den Atem, aber für 150 PS ist das geradezu irrsinnig schnell. Ein alter Audi 100 aus meiner Sammlung (Baujahr 1992) besaß ebenfalls 150 PS und diese wurden sogar noch von einem Sechszylinder generiert. Aber auf 100 km/h benötige er knappe 10 Sekunden. Und das war eigentlich schon gar nicht mal so übel. Vor allem für die Zeit, aus der er kam. Das mag jetzt für den Ein oder Anderen gar nicht nach einem so großem Unterschied klingen. Und zugegeben, auf dem Papier ist er auch nicht sehr groß. Aber bei der Beschleunigung sind knappe 2 Sekunden Differenz eine Welt! Im Rennsport hingegen wäre die Differenz noch viel gravierender. Der Audi 100 hat übrigens gerade mal 1.200 Kilo gewogen. Zumindest der, den ich damals besaß. In den alten Autos war nicht wirklich viel an Technik und Elektronik drin, während die heutigen geradezu bis unter das Dach vollgestopft werden. Und ein Golf wiegt heutzutage je nach Ausstattung sogar tatsächlich eine kleine Ecke mehr als 1.200 Kilo

Regeln. Für die Performance von Motoren gibt es tatsächlich ein paar Regeln und eine Faustformel. Vermutlich wird mich der Ein oder Andere für die ersten zwei Regeln in die Tiefen der Hölle herabwünschen. Aber ich garantiere euch, diese Regeln entsprechen tatsächlich der Wahrheit. Dabei finden sie aber allgemein nur bis circa zum Baujahr 2012 Gültigkeit.

1. **Turbomotoren.** Audi baut(e) die besten Turbomotoren. Nicht nur im Sinne der Performance, sondern auch im Sinne der Haltbarkeit.

2. **Saugmotoren.** BMW baut(e) die besten Saugmotoren. Hier wiederum nicht im Sinne der Haltbarkeit, aber definitiv und eindeutig im Sinne der Performance.

3. **Beschleunigung.** Ein Auto mit 200 PS besitzt eine relativ gute Performance, wenn es circa 7 Sekunden auf 100 km/h schafft. Liegt es mit der gleichen oder sogar weniger Leistung darunter, ist seine Performance umso besser. In diesem Fall hat das Fahrzeug sogar eine überdurchschnittlich gute Performance. Liegt es aber darüber und benötigt länger und das vielleicht sogar mit deutlich mehr Leistung, lässt die Performance eher zu wünschen übrig. Beispiele für diese Faustformel sind der VW Scirocco III 2.0 TSI, der VW Golf V GTI und der Opel Astra G OPC II. Sie alle besitzen exakt 200 PS und liegen extrem nahe an der Sieben-Sekunden-Marke. Damit haben sie eine recht sehenswerte Performance.

4. **Endgeschwindigkeit.** Um die 300-km/h-Marke zu knacken, braucht es durchschnittlich um die 400 PS. Zwar variiert dieser Wert noch deutlich stärker, als die Faustformel von Punkt 3. Aber als eben eine solche Faustformel gilt auch dieser Wert. Circa ±20 km/h kann man als weitere Ergänzung verwenden, denn etwas Spiel ist schließlich immer. Und nicht alle Autos und Motoren sind gleich. Man kann also sagen, dass Fahrzeuge mit 400 PS oder mehr, im schlechtesten Fall noch mindestens 280 km/h fahren sollten.

5. **Turbo vs. Sauger.** Unter gleichen Verhältnissen hat ein Turbomotor immer die bessere Beschleunigung. Wenn man es genau nimmt, gehören zu einem solchen Verhältnisvergleich das Gewicht, die Getriebeart, die Getriebeübersetzung, die Aerodynamik, die Karrosserieform und natürlich die Motorleistung. In der Realität ist die Performance eines turboaufgeladenen Motors allerdings schon umso vieles besser, dass man in der Regel all diese Aspekte weglassen kann. Es reicht beispielsweise, wenn die Motoren die gleiche Leistung haben. Im VW Golf IV gab es unter anderem einen 1.8er-Turbo mit 150 PS und einen 2.3-Liter-Fünfzylinder mit ebenfalls 150 PS. Der Fünfzylinder-Sauger war mit 9,7 Sekunden auf 100 km/h angegeben. Der Turbomotor dagegen mit 8,5 Sekunden.

Wenn man jedoch von aktuellen Verhältnissen ausgeht und mal die drei großen deutschen Premiummarken Audi, BMW und Mercedes-Benz als Beispiel nimmt, verlieren die ersten zwei Regeln leider an Gültigkeit. Leider sind die großen Hubraummonster von AMG sowie die Hochdrehzahlsauger von der M-GmbH und der Quattro-GmbH ausgestorben. Alle drei dieser Automobilgiganten beschränken sich mittlerweile gleichermaßen auf 2.0-Liter-Turbos, 3.0-Liter-Biturbos und 4.0-Liter-Biturbos bei ihren Höchstmotorisierungen. Entsprechend haben all diese Fahrzeuge aber auch allesamt eine umwerfende Performance. Die Meisten unter ihnen streuen darüber hinaus auch nach oben, wie man es von einem guten Turbomotor auch erwarten kann. Besonders beeindruckend ist der S55B30 Motor von BMW, welcher im M3 F80 und im M4 F82 (3.0 R6TT, 431 PS) zum Einsatz kommt. Diese Motoren sind bekannt für ihre utopisch positive Streuung. Der Tuner Franz Simon von "Simon Motorsport" hat bereits einen M3 F80 mit 499 PS und einen M4 F82 mit 500 PS auf seinem Leistungsprüfstand gemessen Die Fahrzeuge waren komplett unverändert und befanden sich im orginalem Serienzustand. Dabei leisteten sie knapp 70 PS mehr als vom Hersteller angegeben.

Markenhass. Ich halte nicht viel von Markenhass und von der ewigen Streiterei, welche Marke die Beste sei. Selbstverständlich hat jeder seine bevorzugten Marken. Aber die Menschen, die den Leuten ständig erzählen wollen, welche Marke die Bessere ist, sind unheimlich anstrengend. Vor allem, wenn es sich dabei ausschließlich um BMW, Mercedes oder Audi dreht. In diesem Fall steht dann grundsätzlich eine der drei Premiummarken im Vordergrund und die anderen beiden werden schlecht geredet. Sich über so etwas zu streiten ist totaler Quatsch! Alle drei dieser Marken sind gut. Das steht außer Frage. Technisch, sportlich, edel. Egal welchen Aspekt man sich heraussucht. Darüber hinaus sollte jedem selbst überlassen sein, was er gut findet. Denn letztendlich ist es am Ende größtenteils subjektive Wahrnehmung, da sich die großen Premiumhersteller leider immer ähnlicher werden. Viele Menschen verwechseln allerdings Markenhass mit Fakten. Und ausschließlich um diese geht es in diesem Buch. Ich bitte euch daher, die nachfolgenden Abschnitte als auch die restlichen Kapitel in diesem Buch unvoreingenommen zu lesen, auch wenn es mal Kritik gibt. Mit Automarken ist es genau das gleiche Phänomen wie beim Fußball: Es gibt gute und nicht so gute Vereine und Mannschaften. Und das lässt sich in der Regel schwer bestreiten. Das hat auch nichts mit Affinitäten und Sympathien zu tun, sondern mit Erfolgen und guten Ergebnissen. Daher wird in diesem Buch auf Fakten und Werte eingegangen.

Negative Streuung. Leider schaffen es die Automobilhersteller immer wieder absolute Nieten in Sachen Performance auf den Markt zu bringen. Diese preisen sie dann aber als sportliche Fahrzeuge an. In Sachen schlechter Fahrleistungen von sportlichen Automobilen haben hier definitiv Ford und Opel unabhängig voneinander, gemeinsam die Spitze gebildet. Selbst bei turboaufgeladenen Motoren haben sie leider vielfach versagt. Es gibt einige sportliche Fahrzeuge dieser Marken, die es nicht im Ansatz schaffen auf passable Fahrwerte zu kommen. Zumindest im Vergleich mit der Konkurrenz. Das betrifft leider auch fast alle von ihren Sportversionen und Höchstmotorisierungen. Die ST- und RS-Modelle von Ford und die OPC-Modelle von Opel sowie auch die sportlichen Motorisierungen darunter. Am extremsten ist es bei Opel mit dem Insignia. Die Motorisierungen anderer Modelle unterhalb der OPC-Versionen sind genau so betroffen, wie der OPC selbst. Die Höchstmotorisierungen bringen eine ungefähre Performance auf dem Niveau von Seat. Also durchaus schnell fahrbar, aber eben deutlich unter dem Niveau, das sie eigentlich mit ihren Turbomotoren und deren Leistung erreichen sollten. Über die RS-Modelle vom Ford Focus Mk2 und Mk3 ist in Fachkreisen hingegen sogar bekannt, dass diese Fahrzeuge nicht nur Performanceprobleme haben, sondern auch noch deutlich nach unten streuen. Für turboaufgeladene Motoren ist das ein absolutes No-Go. Ein guter Turbomotor bringt immer die Leistung, mit der er angegeben ist und liegt auch gern ein bisschen darüber. Beispielsweise bei Turbomotoren von BMW oder VW kann man sich bei nahezu jedem Aggregat sicher sein, dass es deutlich über seiner angegebenen Leistung liegt, was nicht zuletzt auch die Fahrwerte beweisen. Egal ob es sich um einen kleinen 1.4er oder um einen großen V8-Biturbo handelt. Dies wird auch auf Prüfständen immer wieder belegt. Diese Motoren streuen alle nach oben. Auch die Turbobenziner von anderen Marken machen mindestens das, was sie sollen oder liegen darüber. Dies gilt auch für Tochterunternehmen wie zum Beispiel Mini oder Audi. Bei den Fahrwerten von modernen turboaufgeladenen Motoren von Ford und Opel bekommt man hingegen Falten auf der Stirn. Sie streuen oftmals nach unten und das ohne erkennbaren Grund. Großartig bekannte Probleme, die den

Leistungsverlust verursachen, haben sie nicht. Der Opel Astra J als GTC (Coupé) mit 200 PS (2.0 R4T) benötigt sage und schreibe ganze 8,6 Sekunden auf 100 km/h. Denkt man an die zuvor erwähnte Faustformel, fällt auf, dass das eine halbe Ewigkeit ist. Der Astra J OPC mit gerade mal 41 PS mehr aus der gleichen Maschine benötigt hingegen nur 6,4 Sekunden. Ein riesiger Unterschied für 41 PS Differenz, aber trotzdem noch kein Weltwunder. Gleichwertig mit dem Seat Leon II Cupra, der ebenfalls einen 2.0 Turbobenziner mit 240 PS hat. Auch er ist mit 6,4 Sekunden angegeben. Zum Vergleich: Ein VW Golf V R32, welcher mit deutlich mehr Gewicht und dafür aber ohne Turboaufladung auskommt und somit deutlich benachteiligt ist, benötigt sogar nur 6,2 Sekunden. An dieser Stelle sei noch einmal erwähnt, dass ein turboaufgeladener Motor unter gleichen Bedingungen immer merkbar schneller beschleunigt, als ein Sauger. Außer er ist ab Werk in seiner Performance eingeschränkt, wie es hier der Fall ist. Aber an dieser Stelle sei nun auch gesagt, dass Opel zu gewissen Zeiten auch Modelle mit ordentlicher Performance auf den Markt gebracht hat. Das eher weniger ästhetische Modell Astra G bekam zum ersten Mal OPC-Versionen als offizielle Höchstmotorisierung. Damit wurde das frühere GSI-Kürzel abgelöst. Der Astra G OPC hatte einen 2.0 16V Vierzylinder, der ab Werk recht ansehnlich getunt war. Mit einem Fächerkrümmer, scharfen Nockenwellen und Schmiedekolben kam er auf 160 PS. Zugegebenermaßen ist das nicht die Welt für einen Sauger mit 2 Liter Hubraum. Man denke an den Honda S2000, der aus 2.0 Liter ebenfalls ohne Turbolader 241 PS leistete. Aber mit seiner Beschleunigung von 8,2 Sekunden auf 100 km/h war der Astra für 160 Sauger-PS schon akzeptabel aufgestellt. Noch besser traf es anschließend das Facelift-Modell. Der sogenannte OPC II leistete mittlerweile durch Turboaufladung 200 PS und war mit 7,1 Sekunden angegeben. Wenn man an die Faustformel denkt, ist dies eine absolut passable Zeit. Mit seiner Endgeschwindigkeit von 240 km/h war er sogar erstaunlicherweise noch schneller als beispielsweise der VW Scirocco III (200 PS, 7,1 Sekunden, 235 km/h). Der Opel Insignia (Baureihe A und B) hingegen schreit geradezu nach Softwareoptimierungen, damit er sich mit Artgenossen in seiner Fahrzeugklasse überhaupt messen darf. Obwohl er ein modernes Fahrzeug mit modernen Turbomotoren ist, sind seine Fahrwerte im Bezug auf die Motorleistungen geradezu erbärmlich. Nehmen wir zum Beispiel seinen 2.0 Biturbodiesel, welcher 195 PS leistet. Ein biturboaufgeladener Vierzylinder ist sehr ungewöhnlich. Man könnte hier aufgrund der doppelten Turboaufladung eigentlich eine hohe Performance erwarten. Doch wie es leider nun mal so ist, erreicht er mit seinen schon bald 200 PS nicht mal annähernd die Fahrwerte, die er haben müsste. Opel gibt den modernen Dieselmotor mit 8,7 Sekunden an. Die Fahrwerte werden dieser Dieselhöchstmotorisierung keinesfalls gerecht. So steht es auch um die OPC-Variante des Insignia A. Sie ist geradezu unsagbar langsam, trotz ihrer 325 Turbopferdestärken. Reale Vergleiche zeigen sogar, dass der OPC kein bisschen schneller ist, als die Motorisierung unter ihm. Bei beiden Varianten handelt es sich um einen turboaufgeladenen 2.8 V6 mit Allradantrieb. Angegeben ist der OPC mit 6,0 Sekunden. Tatsächlich liegt er bei realen Tests zwischen 7 und 8 Sekunden. Je nach Fahrer, atmosphärischen Begebenheiten und wie sauber der Start war. Das sind wahrlich bitterbös schlechte Fahrwerte. Die Performance der im Insignia eingesetzten Motoren lässt leider sehr zu wünschen übrig. Man sieht also, dass es um die Performance des Opels leider wieder mal nicht sehr gut steht. Tatsächlich ist das recht schade, denn man muss auch mal den "Kleinen" etwas Positives zusprechen können. Sportliche Fahrzeuge von den günstigeren Marken, wie der Opel Insignia OPC oder der Hyundai i30N, sind wirklich gut gelungen und haben auch positive Aufmerksamkeit verdient. Vergleichbare Fahrzeuge in der Klasse des Opel Insignia OPC, nach Bauzeitraum und Motorisierung, sind der VW Passat R36 (3.6 VR6, 300 PS, 5,8 Sekunden), der Audi A4 B8 (V6K, 333 PS, 5,0 Sekunden), der BMW E90 335i (3.0 R6T, 306 PS, 5,6 Sekunden) sowie die Mercedes-Benz C-Klasse W204 350 (3.5 V6, 306 PS, 6,0 Sekunden). Wohlbemerkt wiegen auch alle diese Modelle mehr als der Opel. Und trotzdem sind sie um Welten schneller. Auch die normalen Motorisierungen im Insignia A, Insignia B und in den letzten Modellen des Astra weisen leider diese extremen Performanceschwächen auf. Diesel als auch Benziner. Sie sind alle grauenhaft langsam für die Leistung und das Drehmoment, dass ihre Motoren entwickeln.

Opel. Trotz all dieser negativen Aspekte muss man die Marke Opel in Schutz nehmen. In Deutschland ist sie Kult und oftmals hat sie stark unter der ehemaligen US-amerikanischen Führung von General Motors gelitten. Die Marke wurde vor allem dadurch immer wieder stark eingeschränkt. Oftmals bekommt man von Autofans auch zu hören, dass Opel bezüglich der Haltbarkeit und der technischen Beschaffenheit einfach nur schlecht sei. Vergleicht man Opel jedoch mit ähnlichen Marken, die am Markt im gleichen Segment vertreten sind, kann man dies nicht bestätigen. Auch die modernen Fahrzeuge von Opel sind bis auf ihre Performance und ein paar Wehwehchen wirklich absolut in Ordnung. Vor allem am Interieur und am Außendesign kann man mittlerweile großen Gefallen finden. Als die Werbekampagne "Umparken im Kopf" kam, wurde das Image ein wenig aufgewertet. Unter der neuen europäischen Führung von PSA (Peugeot und Citroën) scheint es wohl nun auch wieder bergauf zu gehen.

Ford Focus RS Mk2. Die zweite Generation des Ford Focus RS hatte einen wunderbaren Fünfzylindermotor mit Turboaufladung. Dies schreit geradezu nach Performance. Der Motor stammt ursprünglich von Volvo. Die Fangemeinde dieses Fahrzeuges ist ziemlich groß. Und dies nicht zuletzt aufgrund seiner Rallye-Gene und seines pompösen Auftretens. Jedoch in Sachen Performance ist dieses Auto komplett ernüchternd. Kennern dieses Fahrzeuges wird bekannt sein, dass der Fünfzylinder leider trotz Turboaufladung nach unten streut. Auf dem Prüfstand bringen sie durchschnittlich etwa 290 PS. Angegeben ist dieses Modell mit 305 PS. Außerdem sagt Ford der RS brauche rund 5,9 Sekunden, was für diese Motorleistung inklusive Turboaufladung schon extrem langsam ist. Zum Vergleich: Ein Golf VII R (300 PS und im Facelift 310 PS) ist mit 4,6 Sekunden angegeben. Ein Audi TT S und ein Audi S3 sind mit den gleichen Motoren sogar noch schneller. Die Autozeitschrift "auto motor sport" maß einen Focus RS nach einigen Versuchen mit 6,4 Sekunden als bestes von mehreren Ergebnissen. Die Fahrwerte des Focus RS sind für einen Fünfzylinder-Turbo erschreckend schlecht.

Realbeispiel. Zum Vergleich sind wir mal mit einem Scirocco R, den wir auch im Test mit dem Seat und dem S3 hatten, gegen einen solchen Focus RS Mk2 gefahren. Beide Autos waren natürlich nicht getunt. Der Focus war unterlegen wie kein Zweiter in seiner Klasse. Nachdem der Kunde das Auto tunen ließ, machten wir einen erneuten Test. Abgasseitig, ansaugseitig und mit einer anschließenden Motorsteuersoftwareoptimierung kam der RS nun auf ehrliche 400 PS. Nach dieser Leistungssteigerung merkte man schon einen deutlichen Beschleunigungsanstieg. Doch letztendlich besaß er nun so viel Können, dass er mit dem R mithalten konnte. Aber auch nur das. Davongefahren ist er ihm erst ab circa

130 km/h. Und dabei baute er den Abstand auch nur langsam auf. Zugegebenermaßen ist der R ein im Windkanal designtes Sportcoupé und der Focus ein klobiger Kompaktsportler, bei dem auf Aerodynamik keinen Wert gelegt wurde. Daher ist der R aerodynamisch schon mal im Vorteil. Hinzu kommt aber auch, dass die Audi-Motoren im Scirocco immer etwas über ihren Leistungsangaben liegen. Das gilt auch für den R. So wie man es von einem Turbomotor von Audi auch erwarten darf und gewohnt ist. Das heißt, während die Focus RS beispielsweise nach unten streuen, so streuen die Scirocco R (aber auch Golf R, Audi S3, Audi RS3 usw.) stattdessen nach oben. Dies bringt ihnen natürlich einen weiteren Vorteil. Aber nichtsdestotrotz waren immer noch über 100 PS Unterschied zwischen den beiden Fahrzeugen. Wie konnte es also sein, dass der Focus RS doch noch verhältnismäßig so langsam war? Trotz Turboaufladung und echten Rallye-Genen. An dieser Stelle sei etwas erwähnt. Dies gilt für den Focus RS als auch für die meisten anderen Autos in den nachfolgenden Abschnitten dieses Kapitels: Die Fahrzeuge haben in der Regel einen Grund, wenn sie eine derart schlechte Performance auf die Straße bringen. Beim Focus RS waren wir jedoch ratlos. Mit den Jahren haben wir eine Hand voll weiterer Focus-RS-Modelle mit dem begehrten Fünfzylinder in unserer Obhut gehabt. Alle haben wir getestet. Natürlich ausschließlich mit Zustimmung der Besitzer. Bei allen war das gleiche Phänomen zu beobachten. Die Motoren bauten Ladedruck auf, sie liefen wie sie laufen sollten, aber sie fuhren nicht, wie sie fahren sollten. Sie brachten einfach die Werte nicht und verloren gegen jedes gleichwertige Modell. Bis auf einen! Ein einziger RS war dabei, der genau so ging, wie er gehen sollte. 305 PS und 440 Nm sind die Angaben beim Fünfzylinder-Turbo des Focus RS Mk2. Da kann man schon mal hohe Erwartungen haben. Vor allem an einen Rallye-Flitzer wie diesen. Und plötzlich hatten wir einen RS in unseren Händen, der genau das machte, was er machen sollte. Und das nach all den Enttäuschungen. Um es umgangssprachlich zu sagen: Er ging wie Sau! Wir konnten es kaum glauben. Er musste gechipt sein! Ganz klar. Also sind wir zum Tuner und haben das Auto durchchecken lassen. Aber Fehlanzeige. Keine neue Software, keine Tuningteile. Absolut gar nichts war verändert. Das Fahrzeug war komplett Serie und hatte zu diesem Zeitpunkt sogar schon 9 Jahre auf dem Buckel. Er war auffallend gut gepflegt und besaß keinerlei Gebrauchsspuren. Er hatte auch erst 40.000 Kilometer gelaufen. Noch dazu kam, dass er einer der Letzten war, die von diesem

limitierten Modell (11.500 Stück) vom Band liefen. Später stellte sich heraus, dass genau dies der entscheidende Punkt im Vergleich zu den anderen Focus RS war. Wir stellten ihn auf die Probe. Wir schufen ein Revival und besorgten uns kurzerhand einen Scirocco R von dem wir wussten, dass er im Serienzustand war. Wir ließen die beiden Fahrzeuge also erneut gegeneinander antreten. Und wahrhaftig besiegte der RS den Scirocco. Während der Vierzylinder im Scirocco ein kurzes Turboloch überwinden musste, machte der Focus gleich einen Satz nach vorne. Als auch sein Turbolader dann zeitschnell einsetzte, nahm er dem R noch einige Meter ab und fuhr einen leichten Vorsprung heraus. Genau so muss ein Focus RS fahren.

Ford Focus RS Mk2. Der Focus RS der zweiten Generation war auf eine Stückzahl limitiert, wie bereits erwähnt. So kam es, dass er nur knapp zwei Jahre gebaut wurde. Innerhalb der Bauzeitraumes von 2009 bis 2011, gab es zwei verschiedene Ausbaustufen dieses Fahrzeugs. Mit den ersten Modellen hatte Ford eine Menge Pech und sie liefen einfach nicht, wie sie sollten. Nachdem sie während des Produktionszeitraumes dann komplett überarbeitet wurden, liefen die späteren Modelle deutlich besser. Aus diesem Umstand ergibt sich die starke Differenz zwischen den Modellen. Die meisten älteren Focus-RS-Modelle lassen leider extrem zu wünschen übrig. Die neueren überarbeiteten Modelle hingegen laufen genau so wie sie müssen. Unser letztes Testmodell machte auf dem Leistungsprüfstand sogar über 326,9 PS. Er streute also sogar nach oben. Wir waren total begeistert. Wenn man sich beim Focus RS mal die Leistungsprobleme wegdenkt, hat man ein grandios schönes und sehr sportlich ausgelegtes Auto. Rennstrecken und Rallye-Feeling für den Alltag, wenn man so will. Doch warum Rallye? Nicht nur wegen dem Fünfzylinder-Turbo. Die bereits oft erwähnten Rallye-Gene erklären sich wie folgt. Der Focus RS der zweiten Generation wurde nicht direkt von Ford gebaut und entwickelt. Er war tatsächlich vielmehr ein Fahrzeug einer Tochterfirma des Konzerns. In der ersten Stufe (Rohkarosse und weitere Teile) kam er zwar vom Mutterkonzern. Doch die ganze Technik und das was den Wagen letztendlich so sportlich macht, kommt von "CNG-Technik". Da Ford zu dieser Zeit sehr aktiv in der WRC war, entschied man sich dem RS-Modell Rallye-Gene zu verpassen. Diese äußern sich vor allem im Antriebskonzept und im Fahrwerk. 440 Newtonmeter auf die Straße zu bringen, muss man bei einem Fronttriebler erst mal schaffen. Auch das Fahrwerk war grandios abgestimmt. Wenn der Focus RS auf ordentlicher Bereifung steht, hat man quasi einen kleinen GT3 RS unter den Kompaktsportlern. In Sachen Sportlichkeit können die Konkurrenten in derselben Leistungsklasse nicht mithalten. Zu diesen zählen zum Beispiel der VW Golf R, der Honda Civic Type R, der Hyundai i30N, der Audi S3, der A35 AMG und noch einige weitere Kompaktsportler. Sofern der Fünfzylinder des RS nicht unter den Performanceeinbußen leidet, ist er ein kleines Meisterwerk. Unser Modell hatte sogar noch Carbon-Ausstattung und war weder von rohem Gebrauch noch von Tuning angetastet worden. Ich war so begeistert von diesem giftgrünen Monster, dass ich ihn kurzerhand abkaufte und in meine Sammlung aufnahm. Diese Fahrzeuge sind nicht nur optisch, sondern auch technisch dermaßen charakteristisch gestaltet worden, dass man sie einfach lieben muss. Vorne zischt es im Ladedrucksystem, wenn man vom Gas geht. Hinten knallen parallel Fehlzündungen aus der Abgasanlage. Und dauerhaft ertönt dazu der sonore Klang des Volvo-Fünfzylinders, der deutlich charakteristischer klingt, als die Audi-Fünfender. Er erinnert schon fast etwas an die alten VR-Motoren von VW.

Ford Focus RS Mk3. Nachdem sich die Fangemeinde um die frontgetriebene Generation des Focus RS dies lange Zeit sehnlichst gewünscht hatte, bekam der Nachfolger der zweiten Generation endlich einen Allradantrieb. Der Mk3 wurde allerdings leider nur noch mit einem 2.3 Liter großen Vierzylinder gebaut. Für viele war dies erneut ein großes Manko. Ein Fünfzylinder ist selten und exotisch. Außerdem hört er sich fantastisch an. Ein Vierzylinder hingegen ist in jedem Automodell vorzufinden und der Standardmotor schlechthin. Wieder turboaufgeladen und wieder mit starker Streuung nach unten kam die dritte Generation des Focus RS auf den Markt. Ab Werk sollte er nun 350 PS leisten. Bewiesenermaßen generiert er durchschnittlich leider etwa nur 320 PS auf Leistungsprüfständen. So wurde hier nicht nur ein unsympathischerer Motor verbaut, sondern waren auch die altbekannten Probleme wieder mit von der Partie. Der RS wurde außerdem mit einem Driftmodus versehen, was wiederum ein positives Gimmick war. Er wäre der perfekte "Hot Hatch" zum Spaß haben, wenn da nicht wieder diese störende Sache mit der Minderleistung wäre. Für einen guten Turbomotor ist es, wie bereits erwähnt, ein Muss mindestens seine Serienleistung zu bringen. In der Regel nun mal auch ein bisschen mehr.

Ford Fiesta ST. Glücklichen Umständen zur Folge weisen nicht alle Modelle des Ford-Konzerns eine schlechte Performance auf. Der gerne gekaufte Kleinwagen Fiesta erweist sich seit der 7. Generation, anders als seine großen Brüder, sogar als kleiner Performanceking. Zumindest innerhalb seiner Fahrzeugklasse. Er wurde mit einem Reihenvierzylinder mit Eco-Boost-Turbolader ausgestattet. Es gab ihn mit 182 PS und in der Variante ST 200, wie der Name schon sagt, mit 200 PS. Die kleinen Flitzer sind mit 6,9 und 6,7 Sekunden angegeben und das ist für diese Leistung definitiv besser als der Durchschnitt. Sein Nachfolger, der Fiesta in der 8. Generation, hatte nur noch einen äußerst hochgezüchteten 1.5-Liter-Dreizylinder. Auch hier wieder mit EcoBoost-Turbolader. Der Motor leistete ebenfalls 200 PS. Hier hat das Downsizing mal wieder voll zugeschlagen. Überraschenderweise ist der ST inzwischen mit 6,5 Sekunden angegeben, nach denen er bereits die 100 km/h-Marke erreichen soll. Ziemlich schnell, obwohl er einen Zylinder und einen halben Liter Hubraum weniger hat. Und er hält, was er verspricht. Seine Fahrwerte sind mindestens so gut wie die eines VW Polo R WRC mit 220 PS. Und nicht nur das. Der kleine Flitzer ist ein fantastisches Auto und deutlich emotionaler als die Konkurrenzmodelle ausgelegt worden. Ford blieb auch nichts anderes übrig, als zu überzeugen, denn der Autobauer stand wegen der Umstellung auf den hochgezüchteten Dreizylinder-Turbo unter herber Kritik. Doch der Wagen überzeugt auf ganzer Linie. Im Sportmodus ist er überraschend laut und klingt besser als so mancher Vierzylinder. Und sogar Fehlzündungen macht der kleine Dreiender. Zwar entstehen diese wie so oft heutzutage nicht mehr auf natürliche Art, doch dafür wurden sie wenigstens halbwegs authentisch programmiert. Der Verbrauch ist zudem stark reduziert worden, was die Brieftasche sehr erfreut. Außerdem gibt es ein verstellbares Magnetfahrwerk, eine Launch-Control und eine Klappenabgasanlage. Hier hat Ford gezeigt, dass man mittlerweile nun doch in der Lage ist, endlich die Motoren in Richtung Performance auszulegen und dass man mit konkurrierenden Herstellern nicht nur mithalten, sondern sie sogar auch überbieten kann. Schade nur, dass der Fiesta inzwischen eingestellt wurde. Vor allem die letzte Generation des ST war ein wunderbar sportliches Auto für den Alltag. Eine gute Performance beweist bei Ford übrigens auch der exotische GT (3.5 V6TT, 656 PS). Ein wahnsinnig seltenes und schnelles Fahrzeug, selbst für einen Supersportwagen. Auch ihm mangelt es nicht an Performance. In nur 2,8 Sekunden erreicht er bereits die 100 km/h.

Kleinwagensportler. Der VW Polo VI GTI (2.0 R4T TSI, 200 PS) benötigt vergleichsweise 6,7 Sekunden auf 100 km/h. Der Audi A1 GB 40 TFSI hat den gleichen Motor an Bord und ist sogar wie der Fiesta mit 6,5 Sekunden angegeben. Der Peugeot 208 GTi (1.6 R4T THP, 200 PS) benötigt hingegen 6,8 Sekunden für den Sprint auf die berühmten 100 km/h. Sein Konzernbruder, der Citroën DS3 (1.6 R4T THP, 207 PS), überwindet die 100 km/h-Schwelle hingegen wieder in etwas schnelleren 6,5 Sekunden. Sportler unter den Kleinwagen sind allgemein sehr performancestark. Dies liegt vor allem daran, dass sie klein, leicht und wendig sind. Außerdem haben sie heutzutage alle einen Turbomotor. Ein kleines Performancewunder unter den Kleinwagensportlern ist zudem der Hyundai i20N. Ausgestattet mit einem 1.6er-Turbo leistet sein Vierzylinder 204 PS. Bei einem Gewicht von nur 1.200 Kilo sprintet er in nur 6,2 Sekunden auf 100 km/h. Damit ist er witzigerweise sogar schneller als sein großer Bruder, der i30N, welcher mit 6,5 Sekunden angegeben ist. Mit 250 Turbopferdestärken ist dieser aber ohnehin kein Performancewunder. Das Gleiche gilt auch für die etwas stärkere Variante, die ironischerweise den Zusatz "Performance" im Namen trägt.

Muscle-Cars. Nun fehlt nur noch ein wichtiger Kandidat aus der Ford-Produktpalette. Zumindest wenn man über sportliche Autos reden möchte. Es handelt sich um den berühmtesten Vertreter der Muscle-Cars, den Mustang. Der Mustang als auch die anderen Vertreter der Muscle-Cars sind so ziemlich das genaue Gegenteil von Kleinwagensportlern. Sie sind riesengroß, obwohl es sich um Coupés handelt, sie sind plump, bullig, klobig, schwer und überhaupt nicht wendig. Und trotz ihrer massiven Größe bieten sie kaum Platz auf der Rückbank oder im Kofferraum. In einem Satz gesagt: Im Vergleich zu Kleinwagensportlern und Kompaktsportlern sind sie geradezu alltagsuntauglich und auch unsportlich. Auch der Mustang wird mittlerweile mit leistungsärmeren Vierzylinder-EcoBoost-Motoren aus dem Focus RS angeboten. Es grenzt wirklich an absolute Blasphemie in ein amerikanisches Muscle-Car einen Vierzylindermotor einzubauen. Man war ja bereits seit den 60er-Jahren daran gewöhnt, dass es von jedem Muscle-Car eine kostengünstigere und leistungsschwächere Variante mit Sechszylindermotor gab. Aber

Vierzylindermotoren haben dort wirklich nichts verloren. Auch wenn sie alle Turbolader haben und noch so hochgezüchtet werden. Das selbe Spiel zeigt sich auch beim Chevrolet Camaro. In ein amerikanisches Muscle-Car gehört ein großer, bollernder, primitiver V8 und definitiv nichts Anderes! Allein schon für die Soundkulisse. Diese Motoren sind zwar verschwenderisch und wenig effizient, aber sie sind auch ehrlich und authentisch. Aufgrund ihres Charakters und ihrer primitiven hubraumstarken Motoren werden sie als die ehrlichsten und authentischsten Fahrzeuge überhaupt geschätzt. Und dies auf der ganzen Welt. Zum Glück bekommt man aber auch noch Achtzylinder im Ford Mustang. Und natürlich auch in den Modellen bei der Konkurrenz. Doch leider werden diese Autos tatsächlich aber auch immer öfter mit Sechs- und leider auch Vierzylindern gekauft. Doch ein jeder wahrer Autofreund wird sich an dieser Stelle fragen: Wieso?! Da kann man ja gleich einen Elektromotor in die Muscle-Cars pflanzen. Gott bewahre! Doch genau dies hat Ford bereits getan. Der Ford Mustang existiert auch als "Mach-E" (Anlehnung an ein altes Modell "Mach-1"). Der Mach-E hat in der Höchstmotorisierung ("First Edition") 336 PS und ist mit 5,1 Sekunden angegeben. Auch hier sind die Werte deutlich ehrlicher als bei anderen Autos. Wenn man bedenkt, dass der Mach-E zwischen 2 und 2,2 Tonnen wiegt, sind die Beschleunigungswerte gar nicht mal so übel. Aber natürlich würde auch hier trotz allem Gewichts deutlich mehr Performance möglich sein.

Realbeispiel. Auch unsere Kunden sowie Freunde und Bekannte frage ich rein interessehalber immer nach dem "Warum", wenn sie sich ein Muscle-Car mit Vier- oder Sechszylinder zugelegt haben oder dies noch tun wollen. Ich will von ihnen wissen, warum sie nicht mit traditionsgemäßem V8 unterwegs sind. Ich bin wirklich kein konservativer Mensch, aber ein großvolumiger V8 muss einfach sein, wenn es um US-Amerikanische Coupés geht. Wenn ich dann vorsichtig nachhake, ist die Antwort im Grunde immer dieselbe: "Joar, der ist günstiger in der Steuer.", oder: "Klar wäre ein V8 schön gewesen, aber dieser hier verbraucht halt weniger Sprit.".

Muscle-Cars. Nun mal Hand aufs Herz. Nichts ist so authentisch und extrem wie ein Muscle-Car. Diese Autos sind laut, aggressiv, prollig, verschwenderisch und ineffizient. Egal mit welcher Motorisierung sie ausgestattet sind. Und wenn man sich ein solch unsinniges Gefährt zulegt, dann tut man dies auch richtig und nicht nur halbgar, um ein bisschen Benzin oder Steuern zu sparen. Wenn man das Geld für den Anschaffungspreis eines solchen Autos hat, dann hat man auch noch 200€ im Jahr die ein V8 eventuell in der Kraftfahrzeugsteuer mehr kostet. Denn viel mehr ist es tatsächlich nicht. Und was den Kraftstoffverbrauch betrifft, so ist so ziemlich jeder Motor in einem Muscle-Car alles Andere als sparsam. Das gilt selbst für die viel kleineren Vierzylinder. In diesem Fall gelten folgende Kriterien:

1. **Anstrengung.** Die Vier- und Sechszylindermotoren müssen sich viel mehr anstrengen, um die schweren, großen Autos in Bewegung zu setzen. Die Masse und das Gewicht der Fahrzeuge bleibt schließlich gleich. Das Drehmoment und die Leistung des Motors nehmen allerdings rapide ab, wenn ein Vierzylinder einen V8 ersetzt.

2. **Leistungsausbeute.** Die kleineren Motoren sind viel leistungsstärker und hochgezüchteter, als normale Vier- und Sechszylinder. So nutzt man zum Beispiel für den Mustang den hochgezüchteten Vierzylinder-Turbo aus dem Focus RS und keinen normalen Vierzylinder. Dies macht man, um dem Muscle-Car halbwegs gerecht werden zu können. Die Achtzylindermotoren sind hingegen überhaupt nicht hochgezüchtet. Sie haben massenhaft Hubraum, dafür aber meist wenig Drehzahl und keine Turbolader. Mal abgesehen vom Ford Mustang Shelby GT350.

Beide dieser Punkte führen zu einem deutlich erhöhtem Kraftstoffverbrauch. Zwar nicht so hoch wie bei einem Achtzylinder, aber tatsächlich ist die Differenz nur äußerst geringfügig. Allerdings unternimmt man mittlerweile auch bei den großen V8-Motoren einiges, um mehr Kraftstoff zu sparen. So fahren beispielsweise die letzten Generationen des 6.2 V8 im Camaro und des 6.4 V8 im Challenger und im Charger mit Zylinderabschaltung. Das bedeutet, dass der Motor in bestimmten Momenten vier der acht Zylinder abstellt. Der Fahrer bekommt davon nur wenig mit, aber der Kraftstoffverbrauch wird dadurch deutlich gesenkt. Für manch einen mag das vielleicht unauthentisch klingen, aber so ist es beispielsweise möglich, vor allem den riesigen 6.2-Liter-V8 im Camaro mit deutlich unter 10 Litern auf 100 Kilometern zu fahren. Ich selbst habe dieses Fahrzeug bereits mit 7,8 Litern Durchschnittsverbrauch bewegt. Eine absolut irrwitzige Story dazu findet ihr in meinem Buch "Der Weg zum Traumauto".

Muscle-Cars. Mit Vierzylindern in Muscle-Cars ist es wie mit Schlagern. Die Meisten behaupten immer sie würden sie verabscheuen. Aber wenn dann auf Partys welche gespielt werden, kann sie plötzlich jeder lautstark mitsingen und hat Spaß dabei. Leider ist auch wieder keiner dieser Turbomotoren ein Performancekünstler. Auch die Sechs- und Achtzylinder lassen hier deutlich zu wünschen übrig. Dies gilt nicht nur für den Mustang, sondern auch für seine Konkurrenten. Aber bei einem Muscle-Car ist man das auch seit jeher so gewohnt und akzeptiert dies. Die Qualitäten dieser Autos liegen ohnehin in anderen Bereichen. Vor allem die älteren Modelle schwächeln auch gern mit ihrer Leistung. Beispielsweise wurde der Mustang Shelby GT500 (5. Generation, 5.4 V8K) mit 500 PS angegeben. In der britischen Autosendung "Top Gear" wurde er auf einem mobilen Leistungsprüfstand von deutschen Ingenieuren getestet und brachte sage und schreibe gerade mal 447 PS auf die Anzeige. Anschließend wurde sein Urahne aus dem Jahre 1968 ebenfalls auf demselben Prüfstand unter denselben Bedingungen getestet. Er besaß einen 6.4 V8 und war mit 325 PS angegeben. Tatsächlich leistete er während des Tests sogar nur 250 PS. Im Fahrgefühl der alten als auch der neuen Muscle-Cars spiegelt sich dies ebenfalls wieder. Die neueren Modelle sind zwar recht frech geworden, aber man spürt schon deutlich, dass sie oftmals nicht die Leistung machen, die auf dem Papier steht und dass die Motoren keine Performancekünstler sind. Selbstverständlich darf man bei dem Modell aus 1968 nicht vergessen, dass der Motor bereits einige Jahrzehnte auf dem Buckel hatte. Doch mit etwas Pflege und artgerechter Behandlung sollte einem solchen V8 das Alter nichts ausmachen. Die saugmotorbetriebenen Muscle-Cars streuen in der Regel nach unten. Man kann ihnen allerdings mit gewissen Tuningmaßnahmen auf die Sprünge helfen. Hierbei eignen sich Sportluftfilter mit Hitzeabschirmung und neue Ansaugsysteme. So werden die Autos nicht nur mindestens ihre Sollleistung erreichen, sondern auch deutlich spritziger. Im Deutschen Raum eignet sich für Muscle-Cars und Amis aller Art vor allem der Tuner "Geiger-Cars". Diese Firma berichtet auch immer wieder von Muscle-Cars, die deutlich nach oben streuen. Allerdings gilt dies wiederum nur für die Spezialversionen mit Kompressoraufladung. Die

Modelle Camaro ZL1, Mustang Shelby GT500, Challenger Hellcat, Hellcat Redeye und Challenger Demon machen alle noch mehr Leistung, als sie ohnehin schon auf dem Papier stehen haben. Und dies extremerweise, da sich diese speziellen Höchstmotorisierungen schon im Serienzustand zwischen 650 PS und unglaublichen 850 PS bewegen. Es gibt allerdings auch unter den Saugmotoren eine überraschend positive Ausnahme. Der Chevrolet Camaro wurde in der sechsten Generation komplett neu ausgerichtet. Man begann ihn auf Performance zu trimmen. Er teilte sich nun die Plattform mit der Corvette C7 und wurde leichter, tiefer und kleiner. Außerdem bekam er ein Magnetfahrwerk und war zudem das erste Muscle-Car, das im Windkanal designt wurde. Seine Konkurrenten wurden dagegen größer und immer schwerer. Sein 6.2-Liter-V8-Sauger wurde nun mit Direkteinspritzung, Zylinderabschaltung und moderner Motorsteuerung ausgestattet. So leistete er statt 432 PS nun 461 PS (453 PS in der EU-Version). Zwar sind dies nur 29 PS mehr, doch wurde der Camaro von 0 auf 200 km/h ganze viereinhalb Sekunden schneller. Dies sind absolute Welten. Plötzlich konnte das Auto schon fast mit deutschen Sportcoupés wie dem BMW M4 oder dem Audi RS5 mithalten. Der Camaro ist ein wunderbares Beispiel dafür, wie stark sich ein Auto verbessern kann, wenn man seine Auslegung in Richtung Performance ändert.

Toyota GT86 und Subaru BRZ. Geradezu interessant in Sachen Performance sind auch der Subaru BRZ und der Toyota GT86. Diese beiden Fahrzeuge sind praktisch ein und dasselbe Auto. Beide werden bei Subaru gefertigt und bis auf die Fahrwerksabstimmung und die Bereifung unterscheiden sie sich nur durch das Markenemblem. Ansonsten sind sie identisch. Der Toyota ist etwas weicher und deutlich driftfreundlicher abgestimmt. Der Subaru ist dagegen härter und neutraler. Eben genau so, wie man es von diesen beiden Marken im sportlichen Bereich auch gewohnt ist. Ansonsten ist alles an diesen Autos exakt gleich. Karosserie, Motor, Getriebe, Größe, usw. Sie beide sind mit einem 2.0 Boxermotor von Subaru ausgestattet, der auf Drehzahl setzt und somit immerhin 200 PS ohne Aufladung leistet. Für einen Sauger ist das schon mal nicht schlecht. Sportliches Design und moderne Technik runden diese japanischen Sportwagen im Gesamtpaket ab. Allerdings gibt es eine große Schwäche. Sie sind bereits ab Werk mit nur 7,6 Sekunden auf 100 km/h angegeben. Darüber hinaus sind sie, verglichen mit anderen in ihrer Klasse, ziemlich träge und zurückhaltend was ihre Beschleunigung betrifft. Die 7,6 Sekunden schaffen sie in der Regel leider noch nicht mal. Sie liegen eher bei 8 Sekunden und mehr. Gerade bei modernen, japanischen, nicht ganz so schweren Sportcoupés erwartet man da doch eine deutlich bessere Performance der Motoren. Diese Fahrzeuge sollten spielend die 7 Sekunden glatt schaffen. Allerdings ist hier auch die Streuung extrem. Es gibt aber auch vereinzelte Modelle von diesen Autos, wo sich der Motor ungewohnt spritzig anfühlt und unter Verwendung der Launch-Control erheblich schneller die 100-km/h-Marke passiert.

Leistungsverlust. Aber es geht noch schlimmer. Manche Motoren leiden regelrecht unter massivem Leistungsverlust, obwohl sie so funktionieren, wie es ab Werk vorgesehen war. Hier ist die Rede von noch deutlich extremeren Problemen als in den letzten Beispielen. Man könnte solche Motoren beinahe als Fehlkonstruktionen bezeichnen, denn ihr extremer Leistungsverlust ist keine Streuung oder Softwareschwäche mehr. Stattdessen beruht er auf technischen Makeln, die von den Konstrukteuren sogar so vorgesehen waren. Vermutlich sind die Fehler an sich keine gewollte Planung gewesen. Auch die Fehler solcher Motoren, die letztendlich zu den extremen Leistungsverlusten führen, haben oftmals einen anderen Sinn gehabt. Von daher sollte man den Automobilherstellern auf nicht nachsagen, dass sie absichtlich Fehler eingebaut haben. Wozu auch? Oftmals handelt es sich in diesen Fällen um äußerst kostspielige Reparaturen, die auf Kosten des Herstellers gehen. Denn meist übernimmt der Automobilhersteller solche Fälle innerhalb der Garantiezeit oder aber anschließend auf Kulanz. Wenn man den verärgerten Besitzern Glauben schenkt, haben sich die Automobilhersteller damit offenbar auch schon so manche Sammelklage eingehandelt. Vor allem die VAG-Marken sind hier leider mal wieder die üblichen Sorgenkinder.

Verkokung. Unter den sportlichen Fahrzeugen und Höchstmotorisierungen ist vor allem ein Fahrzeug extrem betroffen. Bei diesem hochmotorisiertem Sorgenkind handelt es sich um den Audi RS4 B7. Laut Audi soll der V8 420 PS erzeugen. Auf Leistungsprüfständen zeigt er sich durchschnittlich höchstens mit ermüdenden 360 PS. Oft auch deutlich weniger. Es wurden schon Modelle gemessen, die nur knapp über 300 PS lagen. Diese wiesen dann zusätzlich zu den eigentlichen Motorproblemen, noch Beschädigungen an Magnetklappen in ihren Einlasskanälen auf. Meist waren es Brüche. Doch die Hauptursache für den bitteren Leistungsverlust ist eine andere. Vor einigen Jahren wurde noch größtenteils der Mantel des Schweigens über die Leistungsprobleme beim RS4 gelegt. Doch mittlerweile ist weitestgehend bekannt, was die Ursachen dafür sind: Massive Verkokung im Ansaugsystem. Dies geschieht dadurch, dass die Kurbelwellengehäuseentlüftung in den Ansaugtrakt des Motors geführt ist. Dadurch gelangt Öl in das Ansaugsystem. Da der FSI aufgrund von immer anspruchsvoller werdenden Euro-Normen mit einem Abgasrückführungssystem (AGR) ausgestattet ist, verkokt das Öl im Ansaugsystem unter der zugeführten Hitze zunehmend. Normalerweise hätte man zumindest bei einem Saugrohreinspritzer durch den Kraftstoff noch den Effekt einer Reinigung. Da der FSI aber ein reiner Direkteinspritzer ist, fällt der Effekt der Reinigung an den Einlasskanälen weg. Es fällt dem Motor durch die Verkokung zunehmend immer schwerer Luft anzusaugen. Die Ansaugwege verjüngen sich und Volumen geht verloren. Außerdem kommt erschwerend hinzu, dass diese durch die Verkokung ihre glatte Oberfläche verlieren. Dadurch besitzen sie keine strömungsoptimierte Beschaffenheit mehr. Es entstehen Unebenheiten, welche die Motorleistung zusätzlich reduzieren. Gerade für einen Saugmotor ist dies extrem leistungshemmend, denn er beatmet sich durch Unterdruck selbst. Ein guter Vergleich zur Vorstellung ist der Folgende: Ein Marathonläufer, dem sich die Atemwege immer mehr zusetzen und immer kleiner werden, bekommt nicht mehr richtig Luft und kann seine Leistung nicht mehr vollständig entfalten. Das Ergebnis ist, dass er auf Sparflamme laufen muss und deutlich langsamer wird. Atmung ist im Sport alles. Genau so ist es bei dem RS4-Motor auch.

Auf der nachfolgenden Seite sieht man eine Nahaufnahme von zwei Einlasskanälen eines solchen 4.2-Liter-V8. Darauf lässt sich erkennen, wie stark die Verkokungsprobleme sind. Das Foto stammt aus der "RS-Klinik". Diese kleine sympathische Tuningwerkstatt in der Nähe von Hannover, hat es sich zur Hauptaufgabe gemacht, die Verkokungsprobleme zu bekämpfen. Daher ist der Name "RS-Klinik" wahrlich passend. Sie hat sich auf Audi-Modelle und vor allem auf den Hochdrehzahl-V8 des RS4 und seine Probleme, spezialisiert. Dort bekommt man außerdem auch sehr gute, hausgemachte Softwareoptimierungen für alle VAG-Modelle jeglicher Art, inklusive Leistungsmessung auf dem Prüfstand. Durch eine sogenannte BEDI-Reinigung können die Ansaugwege auf verschiedene

Arten von der Verkokung befreit werden. Dies kann chemisch als auch mechanisch durchgeführt werden. Wenn eine solche Reinigung vorgenommen wird und keine weiteren Tuningmaßnahmen ergriffen werden, sowie ansonsten keine Beschädigungen vorliegen, leistet der Motor dann durchschnittlich auf Prüfständen um die 410 PS. Er erreicht also immer noch nicht ganz die Serienangabe, aber da dies leider bei vielen sportlichen Saugern der Fall ist, ist das zu verkraften. Bei den letzten fehlenden Pferdchen handelt es sich nur noch um eine negative Streuung. Und 410 PS sind schon immerhin sehr nahe am Sollwert.

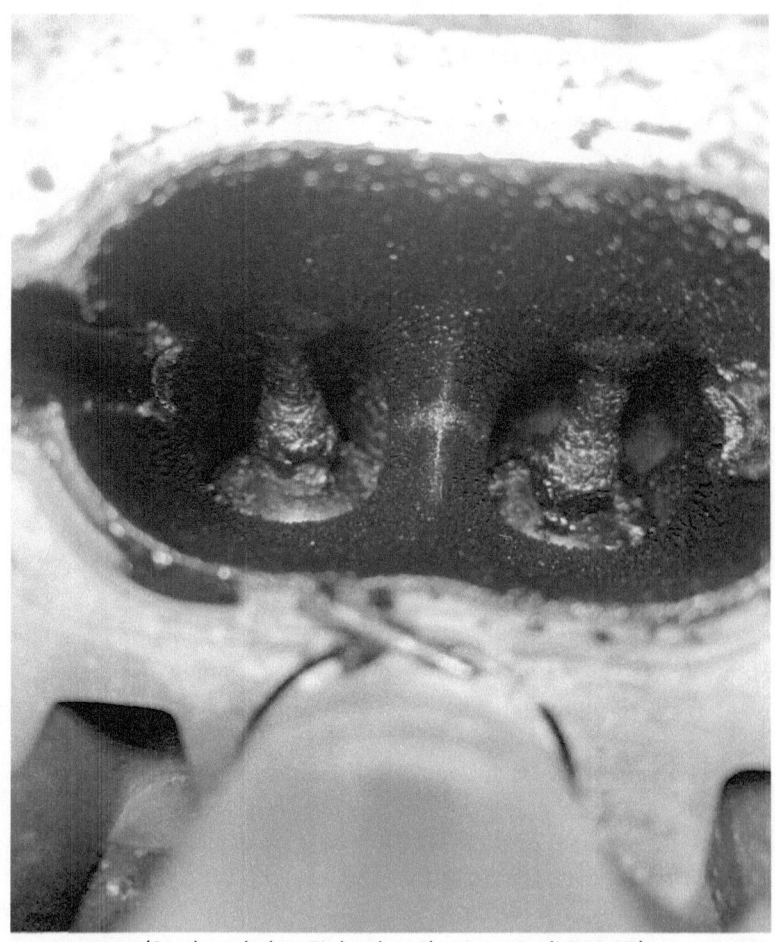

(Stark verkokte Einlasskanäle eines Audi RS4 B7)

Es empfiehlt sich bei diesem Modell auch ein neues Tuningansaugsystem zu verbauen und dieses mit einer komplett neuen Motorsteuersoftware abstimmen zu lassen. So lassen sich bei diesem Modell in Verbindung mit Sportkatalysatoren schon ohne Weiteres bis zu 460 PS erreichen. Und diese Fahrzeuge sind dann nicht nur über der Serienleistung angesiedelt, sondern werden vor allem auch durch das Tuning extrem spritzig und drehfreudig.

(Mechanisch gereinigte Einlasskanäle und -ventile des gleichen Audi RS4 B7)

Audi. Der RS4-Motor ist allerdings nicht der einzige V8 bei Audi, der mit solchen Sorgen zu kämpfen hat. Da der R8 42 (erste Generation) den gleichen Motor mit marginalen Änderungen hat, bleibt auch er nicht von der Verkokung verschont. Der RS5 8T hat ebenfalls den gleichen Motor in modernerer Form, mit weiteren neuen Änderungen. Die Wichtigste davon ist: Er hat ein doppeltes Ansaugsystem. Für jede Zylinderbank jeweils eine Ansaugung. Dies wirkt der Verkokung zwar entgegen, weil das Volumen der Ansaugung stark angehoben wird, aber das Problem wird damit nicht behoben, sondern nur aufgeschoben. Zusätzlich hat das Fahrzeug auch eine andere Motorsteuerungssoftware. Audi verspricht durch die Neuerungen sogar 450 PS. Wie zu erwarten werden diese nicht erreicht. Der RS5 wird meist mit ca. 420 PS gemessen. Ein Vorteil vom RS5 ist aber, dass er im Gegensatz zum RS4 B7 im verkoktem Zustand nicht seine gesamte Performance verliert und nicht all zu träge wird. Seinen sportlichen Durchzug behält er zum Großteil. Nichtsdestotrotz ist auch bei ihm deutlicher Leistungsverlust zu verzeichnen. Auch die anderen V8-Motoren von der Audi AG sind von erheblichem Leistungsverlust befallen. Der Audi S4 B6, welcher sich seinen Motor auch gleich mit seinem Nachfolger dem S4 B7 teilte, soll laut Werksangabe 344 PS generieren. Auf Prüfständen erreicht er dann aber durchschnittlich gerade mal 280 PS. Auch der V8 im Audi S5 8T ist betroffen. Ebenfalls auch die Modelle S8 D3 (5.2 V10, 450 PS) und S6 C6 (5.2 V10, 435 PS) mit den V10-Saugmotoren. Darüber hinaus kommen auch noch die ganz alten Achtzylinder aus dem Audi 100 S4 (4.2 V8, 280 PS) und dem Audi V8 (3.7 V8, 250 PS und 4.2 V8, 280 PS) hinzu. All diese Motoren sind von starken Leistungsverlusten nicht verschont geblieben. Man sieht also, obwohl diese bärenstarken S- und RS-Modelle mit beliebten Achtzylindern ausgestattet sind, ist das bei Weitem kein Indikator für ein perfektes Auto oder gute Performance. Es kommt immer darauf an, was der Autobauer daraus macht. Aber man darf nicht vergessen, dass Audi dafür bei kleineren Saugmotoren die vier, fünf und sechs Zylinder haben, immer vernünftige Arbeit geleistet hat. Ganz anders ist die Marke bei Turbomotoren, für die Audi regelrecht berühmt berüchtigt ist. In Sachen Turboaufladung ab Werk ist Audi wiederum ungeschlagen bei Performance, Power und Haltbarkeit. Somit war die Audi AG lange Zeit der Spitzenreiter in dieser Kategorie. So schlecht ihre Sauger der S- und RS-Modelle auch sind, so großartig sind wiederum ihre Turbomotoren. Aber auch diese litten zu bestimmten Bauzeiträumen unter Verkokungsproblemen. Der Unterschied ist hierbei jedoch, dass man es ihnen einfach nicht anmerkt. Der Turbomotor bekommt den Ladedruck, also die Luft, in den Brennraum reingepresst. Während ein Saugmotor die Luft vergleichsweise mühselig mit Unterdruck ansaugen muss. So verursachten leichte Verkokungen im Ansaugtrakt der Turbomotoren keine Performanceverluste. Außerdem streuten die Motoren stark nach oben. Selbst wenn sie marginalen Leistungsverlust erlitten, waren sie immer noch mindestens auf der Serienleistung oder darüber.

Realbeispiel. Auf dem Prüfstand hatten wir mal einen Audi TT RS 8J mit 340 PS. In der Regel haben diese Motoren mindestens 20 PS mehr. Dieser eine hatte bereits 160.000 Kilometer gelaufen. Wir nahmen ihm die Ansaugbrücke ab, um ihn auf Verkokungen zu untersuchen. Tatsächlich fanden wir diese auch vor. Wenn auch Gott sei Dank nicht sehr extrem. Doch trotz leichter Verkokung im Ansaugtrakt, leistete der Fünfzylinder immer noch 342 PS. Er lag also noch knapp über der Serienangabe.

Kombinierte Einspritzvarianten. Um der Verkokung vorzubeugen findet man in neueren VAG-Modellen mittlerweile zwei verschiedene Einspritzvarianten, die parallel voneinander arbeiten. Durch die eher altertümliche Saugrohreinspritzung werden die Ansaugwege durch die reinigende Wirkung des Benzins von Verkokung freigehalten. Gleichzeitig behält man die Effizienz und die Vorteile der modernen Direkteinspritzung. Dafür hat man auf der anderen Seite aber auch mehr Technik, mehr Gewicht und mehr Elektronik, die gerne mal mit der Zeit kaputt gehen kann.

BMW. Der immer wieder mit dem RS4 B7 verglichene Dauerkonkurrent BMW E92 M3 hat leider ebenfalls eine negative Streuung zu vermerken. Er soll genau wie der Audi 420 PS leisten. Bei ihm sind es auf den Prüfständen meistens 405 PS bis 410 PS. Manchmal auch noch ein bisschen weniger. Auch der große Bruder dieses im M3 eingesetzten V8-Motors hat eine leichte negative Streuung. Der 5.0 V10 aus dem BMW E60 M5 und dem E63 M6 sollte eigentlich 507 PS leisten. Auch er liegt in der Regel immer ein klein wenig darunter. Aber wie bereits erwähnt, ist dies für Saugmotoren im sportlichen Segment leider fast normal. Es handelt sich schon eher um eine Regel als eine Ausnahme.

Mercedes-Benz. Die älteren AMG-Modelle, welche im selben Zeitraum wie die bereits erwähnten BMWs und Audis erschienen sind, haben trotz ihrer riesigen Motoren (bis zu 6.2 Liter) ebenfalls geringfügige Leistungsprobleme zu verzeichnen. Hierfür wollen schon alle möglichen Tuner die unterschiedlichsten und unmöglichsten Gründe gefunden haben. Von falschen Getriebeübersetzungen bis hin zu Messfehlern ist schon alles an Erklärungen bekannt geworden. Allerdings reicht es in solchen Fällen auch, wenn man sich schlichtweg damit abfindet, dass viele Saugmotoren aus den sportlichen Segmenten weniger Leistung machen als sie auf dem Papier stehen haben. Die großvolumigen Benz-Motoren haben zumindest keine nennenswerten Probleme, die einen Leistungsverlust tatsächlich verursachen können.

Nissan 370Z. Ein weiteres Beispiel ist Nissans kleineres Sportcoupé, der 370Z. Auch er bleibt von dezenter negativer Streuung nicht verschont. Zuerst war er mit 331 PS angegeben. Später jedoch, durch die Umstellung auf die Abgasnorm Euro 5, nur noch mit 328 PS, aufgrund einer leicht abgeänderten Motorsteuerungssoftware. Auf Prüfständen sind es allerdings durchschnittlich höchstens 315 PS und weniger. Auch an Spritzigkeit und Agilität mangelt es den Hochdrehzahl-V6-Motoren deutlich. Sie müssten viel zackiger im Anzug und viel frecher im Feeling sein. Auch bei diesen Modellen gibt es eine Tuningschmiede, die sich fast ausschließlich den sportlichen Modellen von Nissan widmet und ihr Tuningkonzept auf den Problemen dieser Fahrzeuge aufgebaut hat. "CTD-Germany" befasst sich weitestgehend mit dem 350Z, dem 370Z und dem GT-R. Dies bezieht sich einerseits auf Tuning, andererseits aber auch auf die Sorgen, welche die Fahrzeugbesitzer mit ihren Schätzchen haben. Da es sich bei dem Leistungsverlust dieser Motoren nur um negative Streuung handelt, kann das Problem meist schon mit einer neuen Motorsteuerungssoftware eines Tuners behoben werden. Darüber hinaus steht ein umfangreiches Tuningangebot für die seltenen Japano-Racer zur Verfügung. Wer seinen 370Z fitter machen und zur Serienleistung verhelfen oder auch darüber hinausgehen möchte, für den gibt es Empfehlungen: Ein neues doppelseitiges Ansaugsystem und Veränderungen an der Abgasanlage sind hier vor allem nennenswert. Mit anschließender Softwareabstimmung des Tuners sind die Motoren so problemlos auf standhafte 350 - 360 PS zu bekommen. Dies ist natürlich nicht das Ende der Fahnenstange, aber der Motor liegt nach diesen Maßnahmen deutlich über seiner Serienleistung und hat keine Schwächeleien mehr. Er wird auch um einiges agiler und spritziger. Man könnte sagen, dass er sich ähnlich wie der RS4-Motor, nach diesen Maßnahmen endlich genau so anfühlt, wie er es bereits im Serienzustand tun sollte. Bei CTD-Germany sind natürlich auch andere Fahrzeuge willkommen. Sie müssen nicht zwingend der Marke Nissan angehören. Bei diesem Unternehmen steht eine große Affinität zu Japano-Racern im Vordergrund. Darüber hinaus auch naheliegenderweise zu anderen japanischen sowie auch südkoreanischen Marken. Allgemein ist man mit asiatischen Autos, vor allem im sportlichen Bereich, dort zweifelsohne sehr gut aufgehoben.

Gefühlsebene. Das Feeling macht den entscheidenden Unterschied. Sofern die Gefühlsebene nicht zu subjektiv wahrgenommen wird, sondern auch mit der Performanceebene übereinstimmt. Die paar PS, welche ein Sauger durch Tuning auf dem Papier mehr hat, sind in Wahrheit gar nicht so ausschlaggebend. Das Fahrgefühl und der Durchzug des Motors machen das Meiste aus. Die Performance kann durch das Tuning unheimlich gesteigert werden, während die Motorleistung gleichzeitig nur ein wenig Zuwachs bekommt. Auch auf der gefühlten Ebene hat man deutlich mehr Leistungszuwachs, als auf dem Papier. Man hat ohne zu übertreiben, gleich ein ganz anderes Auto mit einer gefühlten Mehrleistung im dreistelligen Bereich. Denn meist bekommen die Motoren durch die Tuningmaßnahmen einen ganz neuen Charakter und werden deutlich emotionaler.

Nissan GT-R. Japano-Racer sind ein gutes Stichwort, denn beim Thema Performance gibt es vor allem ein Fahrzeug, dem man sich unbedingt widmen muss. Die Rede ist vom König aller Japano-Sportwagen: Der Nissan GT-R. Als stolzer Nachfolger des Skyline R34 GT-R kam er 2008 auf den Markt. Ab da galt er als Schrecken aller in seinem Segment befindlichen Supersportwagen. Egal ob Audi R8, Ferrari, Lamborghini oder McLaren. Der GT-R lehrte mit seiner damals modernen Biturbotechnik die anderen Supersportler das Fürchten. Und das mit vergleichsweise gerade mal 485 PS. Doch inzwischen sind bereits einige Jahre vergangen. Der GT-R existiert mittlerweile in mehreren verschiedenen Generationen. Tatsächlich handelt es sich hierbei eigentlich nur um Facelifts, die gleichzeitig nicht nur für optische, sondern auch für technische Überarbeitungen genutzt wurden. Allgemein spricht man aber bei diesem

Modell oftmals von eigenständigen Generationen, statt von Facelifts. Der GT-R ist zwar mit jedem Facelift auch immer wieder schneller geworden, aber auch gleichzeitig ruhiger, ausgeglichener und zahmer. Der erste GT-R war deutlich biestiger und frecher als beispielsweise das aktuelle Modell. Mit dem Zuwachs an Ausgeglichenheit hat der GT-R auch gleichzeitig an Performance abgenommen. Die Schreckensherrschaft der japanischen Performancemonster ist unlängst vorbei. Auch ihre Werksangaben erfüllen die neueren Modelle leider nicht. So ist beispielsweise der Mk3 des GT-R mit utopischen 2,7 Sekunden auf 100 km/h angegeben. Aber für 550 PS ist das leider nahezu unmöglich. 2,7 Sekunden macht beispielsweise der Porsche 911 991 GT2 RS mit 700 Biturbo-PS. Und selbst für mondernste 700 PS ist das schon wahnsinnig schnell. Porsche ist hierbei ein gutes Stichwort, denn der Hauptkonkurrent des GT-R ist kein Ferrari oder Lamborghini. Es ist seit jeher der Porsche 911 Turbo. Aber auch dieses Modell hat sich weiterentwickelt. Mittlerweile ist es eher so, dass der 911 Turbo den GT-R das Fürchten lehrt und nicht umgekehrt. Auch Lamborghini, McLaren, Ferrari und Co. fahren in der Fahrzeugklasse des GT-R unlängst der ehemaligen japanischen Performancebestie davon. So auch nicht zuletzt inzwischen der Audi R8, der sogar ohne Turbolader auskommt. Allgemein gilt mittlerweile der Porsche 911 Turbo S als das Performancemonster schlechthin.

Realbeispiel. Bei einem Test mit einem Nissan GT-R der dritten Generation konnten wir als bestes Ergebnis 3,5 Sekunden erzielen. Das ist wahnsinnig schnell. Keine Frage! Aber im Vergleich zur Werksangabe (2,7 s) wiederum ziemlich ernüchternd. Allerdings war uns dies im Voraus bewusst. Kein normales Straßenfahrzeug mit 550 PS würde eine solch brachiale Zeit hinlegen. Außer es wöge nur 800 Kilo. Dafür war die Leistung des GT-R einfach noch zu wenig.

Funfact. Der Nissan GT-R ist weltweit nach wie vor als der Performancekünstler unter den Supersportwagen bekannt. Daher lautet sein Spitzname in Japan "Godzilla". Dies kommt einerseits durch seine Optik und sein aggressives Design, andererseits aber vor allem durch seine ursprünglich sehr starke Performance.

Audi R8. Ein Fahrzeug, welches uns in der ersten Generation sehr enttäuscht hat, beeindruckte uns dagegen in der zweiten Generation allerdings umso mehr. Die Rede ist vom Audi R8. In der ersten Generation kam er ein Jahr vor dem GT-R auf den Markt und wurde zunächst mit dem Hochdrehzahl-V8 aus dem RS4 mit 420 PS ausgeliefert. Der Motor war zwar dezent sportlicher gemacht, um dem neuen Supersportcoupé gerecht zu werden, doch litt auch er unter Verkokungsproblemen, Trägheit und Schwächeleien. Vom Gefühl her ist jeder Golf R schon schneller. Und tatsächlich manchmal auch leider nicht nur vom Gefühl. Auch die V10-Motoren, die dann später in diesem Modell zu finden waren, taten ihr Werk nicht wie sie sollten. In der Basis mit 525 PS und später mit 550 PS, waren sie für so viel Leistung geradezu qualvoll langsam. Diese V10-Motoren kamen entgegen vieler Behauptungen, nicht von Lamborghini. Oftmals hört man selbiges nicht nur für den R8, sondern auch für den V10 aus dem Audi S6 C6 (5.2 V10, 435 PS) und dem Audi S8 D3 (5.2 V10, 450 PS). Die Zehnzylinder von Audi wurden aufgrund der Konzernverwandtschaft grundsätzlich mit Lamborghini in Verbindung gebracht. Dem war jedoch nicht so. Lediglich die Motorblöcke waren gleich. Die Audi-Motoren hatten grundsätzlich 5.2 Liter Hubraum und eine etwas andere Technik. Bei Lamborghini wurden hingegen 5.0-Liter-V10-Motoren mit technisch völlig anderen Akzenten verbaut. Die V10-Motoren im R8 hatten dieselben Probleme wie die V8-Motoren, jedoch in abgeschwächter Form. Hier war mit einer Softwareoptimierung auch schon viel rauszuholen, obwohl es sich um reine Saugmotoren handelte. Nachdem das Vorfacelift sowie auch das Facelift in der ersten R8-Generation mit V8- und V10-Motoren vergleichsweise träge und langsam war, hat Audi anschließend einen neuen Schritt gewagt. In der zweiten Generation (4S) kamen dann erstmals tatsächlich Lamborghini-Motoren zum Einsatz. Da sich der zweite R8 sowieso die Plattform mit dem Lamborghini Huracan (5.2 V10, 610 PS) teilte, bekam er auch gleich dessen Motor. V8-Motoren gab es nicht mehr. Aber viel wichtiger war: Leistungsverlust gab es ebenfalls nicht mehr. Und noch besser: Der Lamborghini-Motor war ein fantastisches Aggregat. Ein so moderner und hochgezüchteter Sauger musste ja geradezu die Mundwinkel nach oben ziehen. Während der alte R8 auch mit V10-Motoren gerade mal mit amerikanischen Muscle-Cars zwischen 400 PS und 500 PS mithalten konnte, war der neue R8 eine absolute Rakete! Ab Werk angegeben mit 3,2

Sekunden, was für 610 Sauger-Pferdestärken schon durchaus ziemlich schnell ist, übertrifft er dies sogar.

Realbeispiel. Wir haben das Vorfacelift des R8 mehrfach getestet. In den besten Durchläufen schaffte der 610-PS-V10 mit Launch-Control sogar sage und schreibe 2,9 Sekunden auf 100 km/h. Nicht nur 0,3 Sekunden schneller als Werksangabe, sondern dies auch noch mit einem reinen Saugmotor. Wo diese doch meistens eher enttäuschen und dafür bekannt sind im sportlichen Bereich in der Regel nicht die Werksangaben zu erfüllen. Doch dieser Lamborghini-Motor war ein einziges Sahnestück. Damit waren der R8, als auch der Huracan genau so schnell wie der große Bruder von Lamborghini: Der Aventador mit 700 PS. Auch er ist mit 2,9 Sekunden angegeben und erfüllt diese Angabe auch.

Realbeispiel. Mit einem Audi R8 der ersten Generation mit dem 525-PS-V10 fuhren wir testweise mal gegen einen Chevrolet Camaro SS (6.2 V8, 432 PS). Beide Autos wogen ziemlich genau 1,8 Tonnen. Der Chevy hatte dieses hohe, aber für Muscle-Cars relativ normale Gewicht, weil er einfach groß war und aus primitiven Materialien gefertigt wurde. Der R8 erreichte dieses stolze Gewicht hingegen aufgrund seiner ganzen Technik, seines Allradantriebes und auch deshalb, weil es sich um den Spyder (Cabriolet) handelte, was gegenüber der Coupéversion ein großer Nachteil in Sachen Performance ist. Der klobige Chevy hatte gegenüber dem Hochdrehzahl-V10 etwas mehr Probleme, in Schwung zu kommen. Doch als dies erst mal geschehen war, hielt er erstaunlicherweise mit dem R8 mit. Eine Weile lang schenkten sich die Autos nichts. Selbst ihre Getriebeübersetzungen waren ähnlich groß. Erst ab 180 km/h zog der R8 dann langsam davon. Ab da machten sich dann letztlich erst die 120 PS Leistungsüberschuss bemerkbar. Nichtsdestotrotz ein enttäuschendes Ergebnis. Da der alte Camaro nicht gerade ein Performancewunder war, erwartet man vom R8, dass er als Supersportwagen mit über 500 PS, dem Muscle-Car spielend davonfährt. Auch wenn es sich um das schwere und unsportlichere Cabriolet handelt.

Cabriolets. Cabrios sind gleichwertigen Coupés gegenüber immer im Nachteil, da sie schwere Versteifungen besitzen. Diese sind notwendig, weil bei ihnen das Dach und damit auch die A-, B- und C-Säulen wegfallen. Da diese Elemente für die Stabilität in einer sogenannten selbsttragenden Karosserie äußerst wichtig sind, müssen sie bei einem Cabriolet durch Versteifungen ersetzt werden. Dies erhöht das Gewicht enorm. Die meisten Cabriolets wiegen im Vergleich zur Coupéversion des gleichen Autos durchschnittlich 100 bis 200 Kilo mehr.

Coupés. Sieht man mal von negativen Streuungen und Leistungsverlusten ab, gilt allgemein: Sportwagen und Coupés haben im Verhältnis die beste Performance. Ein Coupe eines Automodells wird immer bessere Fahrwerte als die Limousine haben. Und die Limousine hingegen wird immer bessere Fahrwerte als ein Kombi des gleichen Modells haben. Sports Utility Vehicle (SUV) haben dagegen die schlechteste Performance. Sie sind das genaue Gegenteil von Sportwagen. Schwer, träge, klobig und absolut nicht aerodynamisch. Und dies sind nur einige ihrer negativen Eigenschaften, welche wiederum zu anderen negativen Eigenschaften wie zum Beispiel erhöhtem Kraftstoffverbrauch usw. führen. Um die gleichen Fahrwerte eines Scirocco R (265 PS, 350 Nm) zu erreichen, benötigt ein Porsche Cayenne 92A (zweite Generation) beispielsweise bereits einen 4.8 V8 mit 420 PS und 515 Nm Drehmoment.

Performance nach Karosserieart

Fahrzeugkategorie	Performance
Sportwagen	Am besten
Kleinwagen	Sehr gut
Kompaktwagen	Gut
Coupé	Gut
Limousine	Neutral
Cabriolet	Schlecht

Kombi	Schlecht
SUV	Sehr schlecht

Karosserieformen. Manch einer mag sich jetzt vielleicht fragen, wo der Unterschied zwischen Sportwagen und Coupés liegt. Normalerweise versteht man unter diesen Begriffen in der Regel die gleiche Karosserie. Ein richtiger Sportwagen gilt auch immer als Coupé. Aber man darf nicht vergessen, dass dreitürige Limousinen auch als Coupé bezeichnet werden. Allerdings muss man an dieser Stelle bedenken, dass ein Mercedes-Benz C-Klasse Coupé ein völlig anderes Fahrzeug ist, als beispielsweise ein Mercedes-Benz AMG GT, ein SL, ein SLS oder ein SLR. Ganz unabhängig von der Motorisierung. Allesamt sind sie Coupés. Aber ein AMG GT, ein SLS oder ein SLR haben deutlich mehr Anrecht darauf, als Sportwagen bezeichnet zu werden. Die C-Klasse, ob Coupé oder eine andere Karosserieform, ist so oder so kein Sportwagen. Daher die Differenzierung zwischen "den einen Coupés" und "den anderen Coupés". Um die Angaben der vorherigen Tabelle zu bestätigen, sind nachfolgend die Werte von verschiedenen Modellen eines BMW E46 3er aufgelistet. Es handelt sich dabei um die Motorisierung "330i", die für einen 3.0 Reihensechszylinder mit 231 PS und 300 Nm steht. SUV, Kleinwagen und Sportwagen gab es in der Modellreihe des 3er nicht. Daher werden sie durch logische andere Modelle, die sich in diesen Fahrzeugkategorien befinden und den gleichen Motor besitzen, ersetzt. Außerdem haben sie auch teilweise die gleiche Basis wie der 3er. Beim SUV wurde bewusst der X3 und nicht der größere X5 gewählt, da der X3, seines Zeichens Mittelklasse-SUV, der 3er-Baureihe mehr gleicht. Wenn man so will, ist er praktisch die SUV-Variante des 3er. Die Fahrwerte beziehen sich auf die Werksangaben von BMW. Auch hier findet sich wieder ein reiner Sportwagen (Z3) und ein Coupé. Schlussendlich sei noch zu erwähnen, dass dreitürige Coupés die auf Limousinen basieren, manchmal auch von den Herstellern etwas sportlicher von der Karosserie und vom Fahrwerk her, ausgelegt werden. Dies bezieht sich vor allem auf die Fahrzeugbreite und -tiefe sowie den Radstand.

E46 330i im Vergleich

Karosserieart	BMW-Modell	Performance
SUV	X3 E83 3.0i	7,8 s
Kombi	E46 330i	6,7 s
Cabriolet	E46 330i	6,9 s
Limousine	E46 330i	6,5 s
Kompaktwagen	E46 330ti	~ 6,3 s
Coupé	E46 330ci	6,4 s
Sportwagen	Z4 E85 3.0i	5,9 s

Der E46 Kompakt wurde leider nicht mit dem 3.0-Motor ausgestattet und hat deswegen keine Angaben bezüglich dieses Motors. Bei anderen Motorisierungen des 3er ist der Kompakt jedoch grundsätzlich 0,1 Sekunden schneller als das Coupé, weshalb man hier mit an Sicherheit grenzender Wahrscheinlichkeit von einem Fahrwert von 6,3 Sekunden auf 100 km/h ausgehen kann.

Zuletzt folgt eine Übersicht bezüglich der Performance von den Motoren der gängigsten Automobilhersteller.

Performance nach Marken

Marke	Saugmotoren	Turbomotoren
Alfa Romeo	Schlecht	Gut
Audi	Schlecht	Gut
BMW	Gut	Gut

Chevrolet	Schlecht	Gut
Citroën	Schlecht	Schlecht
Dacia	Schlecht	Schlecht
Dodge	Schlecht	
Ferrari	Gut	Gut
Fiat	Schlecht	Schlecht
Ford	Schlecht	Schlecht
Honda	Gut	Gut
Hyundai	Mittelmäßig	Mittelmäßig
Jaguar	Schlecht	Gut
Lamborghini	Gut	Gut
Maserati	Schlecht	Gut
Mazda	Mittelmäßig	Schlecht
Mercedes-Benz	Mittelmäßig	Gut
Mini	Mittelmäßig	Gut
Mitsubishi	Mittelmäßig	Gut
Nissan	Schlecht	Gut
Opel	Schlecht	Schlecht
Peugeot	Schlecht	Mittelmäßig
Porsche	Gut	Gut
Renault	Schlecht	Mittelmäßig
Seat	Mittelmäßig	Mittelmäßig
Škoda	Mittelmäßig	Mittelmäßig
Subaru	Mittelmäßig	Gut
Toyota	Mittelmäßig	Mittelmäßig

Volkswagen	Gut	Gut
Volvo	Mittelmäßig	Mittelmäßig

Wer sich jetzt fragt, seit wann es in einem Lamborghini Turboaufladung gibt, der denke an den Urus. Dieses SUV hat den V8 Biturbo von Audi eingepflanzt bekommen. Dieser war beispielsweise auch im RS6 C7, im RS7 C7 und im S8 D4 vorzufinden. Die Turbomotoren von Alfa Romeo und Maserati wurden ausschließlich gut bewertet, weil sie in hohen Motorisierungen meist von Ferrari stammen oder abgespeckte Ferrari-Motoren sind. Die turboaufgeladenen Fahrzeuge bringen in dem Fall meist eine wirklich großartige Performance. Bei Renault, Peugeot und Volvo ist die Performance der Turbomotoren recht akzeptabel. Sie befindet sich in etwa auf dem bereits angesprochenen und verglichenem Niveau von Seat. Bei VW sind nicht nur die aufgeladenen, sondern auch die Saugmotoren zu loben. Die alten VR-Motoren standen meist gut im Futter und haben den Fahrer mit Spritzigkeit erfreut. Das Gleiche gilt für die Sauger von Honda und natürlich BMW. Die Supersportwagenmarken sind ganz klar ähnlich aufgestellt. Lediglich Maserati lässt zu wünschen übrig, denn deren hauseigene Saugmotoren, welche nicht von Ferrari kommen, sind trotz viel Hubraum, Drehzahl und Leistung, erschreckend langsam. Selbst in Maseratis Supersportwagen dem GranTurismo, vermisst man Performance wie eh und je. Er hat gegen Artgenossen derselben Fahrklasse nicht den Hauch einer Chance. Dafür sind diese Motoren allerdings unheimlich charakteristisch und haben den beinahe schönsten V8-Sound, den man für sein Geld bekommen kann. Wer einen Motor mit relativ guter Performance und ohne negative Streuung und Leistungsverlust möchte, der einigt sich mit sich selbst am besten auf ein turboaufgeladenes Aggregat japanischer oder deutscher Herkunft. Bei Letzterem sind vor allem die drei großen Premiummarken und ihre Konzernschwestern zu empfehlen.

Fahrdynamik

Die Nürburgring-Nordschleife, gelegen in der deutschen Eifel, gilt offiziell als anspruchsvollste Rennstrecke der Welt. Wenn ein Automobilhersteller sein neustes Fahrzeug auf Performance testen oder abstimmen will, kehrt er an genau diesem Ort ein. Dies gilt vor allem dem Ausbalancieren der Fahrwerksabstimmung. Damit ist die Nordschleife der Inbegriff für Fahrdynamik. Es gibt allerdings auch Gegner von dieser Prozedur. Sie behaupten, dass die Nürburgring-Nordschleife viel zu grobmotorisch veranlagt ist. Außerdem seien die Autos, die dort abgestimmt werden, für den normalen Straßen- und Alltagsverkehr viel zu hart und komplett unbrauchbar. Aber diese Sache ist äußerst subjektiv und jeder hat hier einen anderen Geschmack und ein anderes Empfinden. Möglicherweise spielt hier auch das Alter des Fahrzeugführers eine Rolle. Dass ein rüstiger Herr im Alter von 70 Jahren nicht auf brettharte Sportlimousinen und Sportwagen im Alltag steht, ist nachvollziehbar.

Realbeispiel. Ich muss gestehen, dass auch ich mit den Jahren ruhiger geworden bin. Früher konnte ein Auto gar nicht sportlich genug für mich sein. Ich bin zwar noch genau so scharf auf sportliche Fahrzeuge wie früher. Aber heute bin ich auch für jedes bisschen Restkomfort und für gewisse weggedämpfte Unebenheiten im Straßenbelag durchaus dankbar. Nicht etwa wegen meiner gebrechlichen Knochen. So alt bin ich zum Glück noch lange nicht. Aber wenn man einmal den Reichtum unseres Landes betrachtet, dann muss man sich doch immer wieder stark darüber wundern, in welch schlechtem Zustand unsere Straßen im Verhältnis dazu sind. Da kann es schnell mal nervig werden, wenn pausenlos Schläge durch das ganze Auto donnern und alles ruckelt und rappelt. Vor allem, wenn man zu allem Übel auch noch eine volle Blase hat...

Fahrwerke ab Werk. Nichtsdestotrotz haben moderne Autos meist ein sehr gutes und ausgetüfteltes Fahrwerk ab Werk, welches ihrer Motorisierung angepasst wurde. Je mehr Leistung der Motor hat, desto sportlicher ist meist auch das Fahrwerk in seinen Komponenten ausgelegt. Aber auch die schwächeren Modelle liegen bei guten Automarken und Premiumherstellern heutzutage erstaunlich gut auf der Straße und sind relativ sicher unterwegs. Nehmen wir erneut das typische Paradebeispiel: Den VW Golf. Dieses Mal in der siebten Generation. Nachfolgend findet ihr Einsicht in die Fahrwerkshöhe der verschiedenen Varianten ab Werk.

Fahrwerkshöhe VW Golf VII

Variante	Tieferlegung	Leistung
Normal	0mm	85 PS – 180 PS
R-Line	15mm	Sportausstattung
GTD	15mm	184 PS
GTI	15mm	220 PS, 230 PS, 245 PS
R	20mm	300 PS, 310 PS

Bei der R-Line-Variante handelt es sich um eine sportlich edle Ausstattung. Sie ist daher unabhängig von Motorisierungen. Man darf die R-Line auf keinen Fall mit dem R-Modell verwechseln, was vielen Nicht-Autofreaks leider öfter mal passiert. Außerdem sei zu beachten, dass die Fahrwerke eines GTI, eines GTD und eines normalen Golf VII mit R-Line-Ausstattung keineswegs gleich sind. Ein GTI (2.0 R4T, 230 PS) besitzt einen anderen Antrieb als ein GTD (2.0 R4TD, 184 PS). Dementsprechend soll er auch anders fahren und unterscheidet sich ab Werk durch feine Abstimmungsmerkmale von seinem Dieselbruder. Das Gleiche gilt natürlich für die Höchstmotorisierung, den Golf R. Auch er besitzt neben der etwas niedrigeren Höhe, eine vergleichsweise sportlichere Abstimmung.

Adaptive Fahrwerke. Mittlerweile gibt es ab Werk gegen Aufpreis für viele Autos nicht nur Sportfahrwerke, sondern auch sogenannte adaptive Fahrwerke. Diese lassen sich per Betätigung einer Taste verstellen. Dies kann über zwei technische Varianten geschehen:

1. **Elektromagnetisch.** Indem über Elektromagnetismus Metallpartikel im Öl der Stoßdämpfer beeinflusst werden, reguliert sich dadurch die Durchflussmenge. Über die Strommenge, welcher das Öl ausgesetzt wird, wird es zähflüssiger gemacht. Diese Variante des adaptiven Fahrwerks ist extrem schnell im Variieren der Fahrwerkseinstellung.
2. **Ventil.** Andererseits kann man die Durchflussmenge auch verändern, indem elektronisch angesteuerte Ventile eingesetzt werden.

Über eine höhere oder niedrigere Durchflussmenge kann das Fahrwerk härter oder weicher gestellt und so das Fahrverhalten in Richtung Sportlichkeit oder Komfort bewegt werden. Es ist gewissermaßen wie mit Tampons. Es geht nicht um den Durchmesser, sondern um die Durchflussmenge. Jede Frau wird das bestätigen. Fahrwerke wie diese fand man früher hauptsächlich in den Performancemodellen, also in den Sportvarianten und vor allem den Höchstmotorisierungen. Manche Automarken bieten sie heute aber auch in normalen Fahrzeugen an. Außerdem gibt es darüber hinaus auch verschiedene Fahrmodi. Diese kann man sich unter anderem selbst konfigurieren und auf mehrere verschiedene Fahrer anpassen. Darüber hinaus werden beim Betätigen der Sporttaste bei manchen Herstellern nicht nur die Dämpfer härter, sondern auch der Einschlagwinkel des Lenkrades kleiner und die Auspuffklappen dauerhaft geöffnet. Ein kleines und attraktives, aber meist auch sehr teures Gimmick. Adaptive Fahrwerke kann man auf Sport, Normal oder Komfort stellen. Die Bezeichnungen für die Fahrmodi variieren aber von Hersteller zu Hersteller. Zusätzlich gibt es auch elektronische Systeme, welche die Fahrwerke selbst steuern und in Bruchteilen von Sekunden an den Straßenbelag und die Situation immer wieder neu anpassen. Dies ist auch in Sachen Rennperformance ein riesiger Schritt gewesen. Denn tatsächlich ist es für die Sportlichkeit nur bis zu einem gewissen Punkt sinnvoll ein Auto tieferzulegen und steifer zu machen. Sportfahrwerke haben nicht nur den Sinn ein Auto optisch ansprechender wirken zu lassen, sondern auch die Wankbewegungen zu reduzieren und das Fahrzeug steifer zu machen. Dies steigert die Performance in Kurven usw. Wenn ein Fahrzeug aber so richtig bretthart ist, geht dadurch auch wiederum Bodenhaftung verloren, was wiederum für Einbußen in der Performance und Renntauglichkeit sorgt. Übertrieben dargestellt, springt das Fahrzeug dann von Unebenheit zu Unebenheit auf dem Straßenbelag. Ein adaptives Fahrwerk mit sogenannter Echtzeitanpassung kann dies aber verhindern und passt das Fahrwerk pausenlos an den Straßenbelag und etwaige Unebenheiten an. Und dies geschieht in der Regel auch variabel, also für jedes Rad einzeln. Man spricht deshalb von Echtzeit, da adaptive Fahrwerke unheimlich schnell reagieren. Bis zu 1000 Mal in der Sekunde sind sie in der Lage die Fahrwerkseinstellung zu variieren. Moderne und gut ausgestattete adaptive Fahrwerke besitzen zudem eine Stereokamera, welche ein 3D-Bild der Fahrstrecke macht. So weiß das Fahrwerk genaustens was auf das Auto zukommt und kann gewissermaßen sogar kurzzeitig in die Zukunft schauen.

Adaptive Fahrwerke

Hersteller	Bezeichnung	Bedeutung
Audi	Magnetic Ride	

BMW	Adaptive Mode / M-Fahrwerk	
Mercedes-Benz	ABC	Active Body Control
Mini	DDC	Dynamische Dämpfer Control
Opel	FlexRide	
Porsche	PASM	Porsche Active Suspension Management
Seat	DCC	Dynamic Chassis Control
Škoda		
VW		
Volvo	Four-C	Continously Controlled Chassis Concept

Luftfahrwerke. Verstellbare Fahrwerke gibt es schon seit den 50er Jahren. Damals konnte man sie in einigen Oberklasselimousinen von Mercedes-Benz, Cadillac und Citroën finden. Allerdings handelte es sich hier nicht um adaptive Fahrwerke, sondern um sogenannte Luftfahrwerke. Diese Art von Fahrwerken ist sehr komfortabel, jedoch im Ansprechverhalten weniger direkt. Diese findet man heutzutage häufig in Fahrzeugen, die nach allen Regeln der Kunst liebevoll getunt wurden. Oft sind diese Autos auffällig und bunt foliert und werden bis ins kleinste Detail zu kompletten "Show-Cars" hergerichtet. Ich persönlich bewundere die Leidenschaft und das Herzblut, das manche Tuner so detailliert in ihre Schätzchen investieren. Ein sogenanntes "Airride" (englisch für Luftfahrwerk) ist die mit Abstand teuerste Variante der Fahrwerksverstellung. Solche Fahrwerke werden heutzutage vor allem von Tunern genutzt um auf Knopfdruck extreme Höhenveränderungen an einem Kraftfahrzeug zu bewirken. Über einen Kompressor ist es möglich, per Knopfdruck beliebig in der Höhe zu variieren. Zu Show-Zwecken wird dies auch nicht selten bis zum Erdboden ausgereizt. Für diese angenehme Funktion zahlt man allerdings auch in der Regel mehrere tausend Euro. Meist handelt es sich bei den Käufern von solchen Fahrwerken um ein anderes Klientel, als dem einfachen Hobbytuner von nebenan. Bei ihnen ist es meistens das Prestige, um das es bei solchen Investitionen am Fahrzeug handelt.

Gewindefahrwerke. Alternativ zum Luftfahrwerk entscheiden sich allerdings die Meisten eher für ein sogenanntes Gewindefahrwerk. Normalerweise ist ein ein solches dafür vorgesehen, im Drift-, Slalom-, Rallyeoder im allgemeinen Rennsportbereich eingesetzt zu werden. Dort wird das Fahrzeug vor Rennbeginn an die Verhältnisse der Strecke und die Fahrweise des Fahrers angepasst. Unter einem Gewindefahrwerk versteht man eine Kombination aus Dämpfern und Federn, die direkt aufeinander abgestimmt sind. Außerdem ist das Fahrwerk, wie der Name schon sagt, über ein Gewinde in der Höhe verstellbar. Diese Funktion wird im Straßenverkehr allerdings nicht wirklich benötigt. Darüber hinaus begibt sich schon gar nicht jemand vor einer gewöhnlichen Straßenfahrt mit dem entsprechendem Einstellwerkzeug auf eine Hebebühne und stellt das Fahrwerk neu ein. Außer wenn die "Rennleitung" (Polizei) Beschwerde einlegt. Ansonsten wird diese Funktion ausschließlich bei Sport-Events angewandt. Dennoch erfreuen sich die recht kostspieligen Gewindefahrwerke äußerster Beliebtheit.

Realbeispiel. Ich kenne einige Autobegeisterte, für die es geradezu Pflicht ist, bei jedem neuen Auto ein solches Gewindefahrwerk einzubauen. Dies dient allerdings niemals der Sportlichkeit oder gar zur Nutzung im Rennbetrieb. Es ist jedes Mal immer nur ein und derselbe Grund: Die Tieferlegung. Auch wenn es keiner zugeben will, den Meisten geht es in Wahrheit schlichtweg nur darum, sagen zu können, dass sie ein Gewindefahrwerk in ihrem Auto verbaut haben. Aber ein Gewinde-fahrwerk wirklich zu benötigen und dieses auch sinnvoll einzusetzen, ist tatsächlich wie so oft bei den Wenigsten der Fall. Es dreht sich also auch hier nur um Prestige. Denn 99% aller im Straßenverkehr eingesetzten Gewindefahrwerke werden lediglich ein einziges Mal beim Einbau einge-stellt, gegebenenfalls noch mal nachjustiert und danach nie wieder angerührt. Meist liegt die Grenze der Einstellung genau da, wo es der TÜV gerade noch erlaubt. Die maximal erlaubte Tiefe wird also oftmals ausgereizt. Aber Gewindefahrwerke werden nicht umsonst im Renn-sport eingesetzt. In Sachen Sportlichkeit und Performance sind sie ganz vorne dabei. Da sie bei normalen Straßenfahrzeugen, auch wenn diese sportlicher Natur sind, meist nur einmal eingestellt werden und in der Regel nur der Tieferlegung dienen, ist es schlichtweg überflüssig viel Geld für ein Gewindefahrwerk auszugeben.

Tieferlegungsfedern. Da die meisten KFZ-Besitzer Gewindefahrwerke ausnahmslos zur Tieferlegung missbrauchen, bietet sich dafür jedoch eine vergleichsweise noch deutlich günstigere Alternative an. Die Rede ist von schlichten Tieferlegungsfedern. Sie können ein Fahrzeug über einige Millimeter im mittleren zweistelligen Bereich senken. Normaler-weise reicht dies für eine ordentliche Tieferlegung absolut aus. Egal ob der Grund optische oder sportliche Zwecke hat. Sie kosten meist nur einen Bruchteil eines Gewindefahrwerkes und sind schon ab unter 100€ zu bekommen. Gegebenenfalls kann oder muss man diese noch, je nach Tieferlegung, mit gekürzten Stoßdämpfern kombinieren. Ab etwa 25mm - 30mm, müssen bei den meisten Serienfahrzeugen die Standardstoß-dämpfer durch kürzere und sportlichere ersetzt werden, da sonst die neuen Tieferlegungsfedern nicht mit den Serienstoßdämpfern kombi-nierbar sind. Dies ist jedoch von Auto zu Auto unterschiedlich. Reicht einem die Tieferlegung mit Federn, die eine ABE (**A**llgemeine **B**etriebser-laubnis) besitzen nicht aus, kann man sich auch für Produkte ohne ABE entscheiden. Somit ist es möglich mit dem Fahrzeug noch deutlich tiefer zu gehen. Möchte man allerdings legal unterwegs sein, müssen diese dann noch vom TÜV abgenommen werden. Hier muss man sich aller-dings darüber bewusst sein, dass die sogenannte Einzelabnahme eben-falls wieder einen dreistelligen Betrag kostet und für den TÜV alles schön nach Vorschrift sein muss. Ansonsten wird keine Betriebserlaub-nis erteilt. Das heißt, das Auto darf nicht zu tief sein, die Räder müssen bei maximalem Einschlagwinkel des Lenkrades frei sein und nirgends darf etwas schleifen.

Funfact. Falls man erstmalig Tieferlegungsfedern verbaut und danach nur einen marginalen oder gar keinen Unterschied sieht, ist dies kein Grund zur Besorgnis. Oft kommt es vor, dass sich die Federn erst unter dem Gewicht des Fahrzeugs senken müssen. Dies kann bis zu mehreren Wochen dauern. Man kann diesen Vorgang auch ein wenig beschleunigen, indem man sein Auto einfach mit so vielen und so korpulenten Leuten wie möglich füllt und über eine Straße mit Kopfsteinpflaster fährt. Natürlich war das mehr scherzhaft gemeint. Aber es funktioniert tatsächlich.

Rennstreckentauglichkeit. Manche Autos sind ab Werk so sportlich ausgelegt, dass sie ein vollkommen neues Feeling schaffen. Sie loten die Grenzen komplett neu aus und ihr Fahrverhalten kann mit kaum etwas Anderem verglichen werden. Unter den Kompaktsportlern ist dies ganz klar der Ford Focus RS. Ein Golf R oder ein i30N können da in Sachen Fahrdynamik nicht mithalten. Dies gilt auch für die anderen Konkurrenten in dieser Klasse. Und unter den Supersportlern hat hingegen der Porsche 911 GT3 RS die Nase vorn. Was Rennstreckentauglichkeit betrifft, bildet er schon die Spitze unter straßenzugelassenen Fahrzeugen. Es gibt auch Fahrzeuge die noch extremer sind. Hierzu zählen zum Beispiel der Pagani Zonda R oder der Lamborghini Sesto Elemento (italienisch für "sechstes Element" im Bezug auf Kohlenstoff als Hauptmaterial der Carbon-Leichtbauweise). Diese Fahrzeuge sind so leicht, so hoch motorisiert und so extrem auf Rennsport getrimmt, dass sie zu abartigen Waffen werden können. Sie sind brachial schnell und man kann mit ihnen so sehr an die Grenzen gehen, wie mit nichts Anderem. Allerdings besitzen sie dafür auch leider keine Straßenzulassung.

Sicherheit. Je höher motorisiert und je sportlicher ein Fahrzeug ist, desto sicherer ist es auch. Denn solche Fahrzeuge haben ab Werk ein besseres Fahrwerk, leistungsfähigere Bremsanlagen, angepasste Sicherheitselektronik und breitere Reifen. Dies macht sie zweifelsohne sicherer. "So ein schnelles Auto?! So viel PS?! Das ist doch viel zu gefährlich!" Wer kennt den diesen Satz nicht? Meist sind es jammernde Mütter oder Omas, die sich um ihre Lieblinge sorgen. Tatsächlich ist dies aber völliger

Quatsch. Denn umbringen kann man sich auch mit einem 60-PS-Auto. Mit jedem Auto kann man sich mutwillig in Gefahrensituationen bringen. Egal ob es ein Sportwagen mit 500 PS ist oder ein babyblauer unschuldig dreinschauender VW Lupo mit 50 PS. Deshalb ist es auch Unsinn ein Auto in seiner Leistung für Fahranfänger begrenzen zu wollen. Wie man unter Autofreunden so schön sagt: "Fehlende PS werden durch den Wahnsinn des Fahrers ersetzt." Leider ist dies eher eine bittere Wahrheit, als nur ein lustiger Spruch. Fakt ist allerdings, sollte die Politik tatsächlich so etwas beschließen, wird genau das eintreten, was Sechzehnjährige mit ihren Mopeds machen. Die Autos werden illegal und mehr oder weniger unauffällig getunt und etwaige Drosseln werden entfernt. Gleiches kann man auch bei E-Bikes und E-Rollern beobachten. Nur wird das dann nicht mehr über entfernte Drosselungen im Ansaugsystem oder in der Abgasanlage geschehen, sondern per Software beim Tuner oder durch Produkte aus dem Internet. Fakt ist auch, wenn es in einer Gefahrensituation wirklich ernst wird, ist man in einem Sportwagen oder einem sportlich ausgestattetem Fahrzeug deutlich sicherer, als in einem normalen Auto mit einem normalem Motor. Die Bremsen sind größer, die Lenkung direkter und präziser und die Reifen haben mehr Bodenkontakt und mehr Grip. Also kommt das Auto bei Bremsvorgängen deutlich schneller zum Stehen. Es kann außerdem auf Straßen deutlich besser ausweichen, reagiert direkter und setzt die Lenkbefehle präziser um. Außerdem liegt es allgemein sicherer auf der Straße. Zusätzlich entsteht durch die sportlichere Dämpfung bei Unebenheiten ein intensiverer Kontakt zwischen Reifen und Asphalt. Und gerade in Sachen Sicherheit spielt der Reifenkontakt zum Asphalt die größte Rolle in der Fahrdynamik. Deshalb werden in der Formel 1 auch pro Rennen zigmal die Reifen gewechselt. Die Mischung dieser Reifen ist so weich, dass sie sich unter der hohen Belastung innerhalb weniger Runden komplett abnutzen. Durch die weiche Beschaffenheit wird der maximale Kontakt zum Streckenbelag hergestellt. Diesen nennt man Grip. Vergesst niemals: Der Reifen ist immer der direkte Kontakt zum Boden. Außer man überschlägt sich gerade mit seinem Fahrzeug. Aber nun genug mit den Scherzen.

Reifen. Ein Fahrwerk kann noch so ausgeklügelt und noch so sehr auf Sportlichkeit getrimmt sein. Wenn die Bereifung nicht angepasst wird, können die Grenzen nicht neu gesetzt werden. Und darum geht es ja schließlich beim Tuning. Egal ob es um Beschleunigung, Höchstgeschwindigkeit oder Fahrdynamik geht. Allgemein ausgedrückt ist es immer das Ziel die Grenzen weiter zu verlegen und neu zu setzen. Sportliche Bereifung zeigt sich vor allem in der Reifenbreite. Ein Ferrari F12 Berlinetta hat serienmäßig 255/35/ZR20-Reifen vorne und 315/30/ZR20 auf der Hinterachse. Diese Zahlen stehen der Reihe nach für:

1. **Breite.** Die erste Zahl steht für die Reifenbreite in Millimetern. Je breiter der Reifen, desto mehr besteht Kontakt zum Boden. Daraus ergeben sich sportliche und sicherheitsrelevante Vorteile. Zumindest bei trockener Fahrbahn.
2. **Querschnitt.** Die zweite Zahl gibt den Querschnitt des Reifens an. In diesem Fall handelt es sich um Niederquerschnittsbereifung (40 oder niedriger), welche man auf sportlichen oder getunten Fahrzeugen häufig zu sehen bekommt. Der Querschnitt gibt das Verhältnis von Reifenbreite und Reifenhöhe in Prozent an. Je niedriger der Reifenquerschnitt ist, desto besser sieht das Fahrzeug aus. Allerdings bringt ein niedrigerer Querschnitt auch deutliche Komforteinbußen mit sich.
3. **Innendurchmesser.** Die dritte Zahl beschreibt die Felgengröße und damit gleichzeitig auch den Innendruchmesser des Reifens. Hierbei gibt es aber weder Millimeter-, noch Prozentangaben. Stattdessen bedient man sich der Zoll-Einheit. 1 Zoll sind exakt 25,4 Millimeter oder 2,54 Zentimeter. Je größer die Felge im Durchmesser ist, desto breiter ist sie meistens auch und desto breitere Reifen kann man auch auf ihr fahren. Das R vor der Zahl steht für die Bauart, also einen **R**adialreifen.

Zwar sind all diese Zahlen variabel und bis zu bestimmten Grenzen beliebig miteinander kombinierbar, aber meistens verhalten sie sich relativ gleich zueinander. Es gibt also Standardbreiten und Standardquerschnitte, die sich den jeweiligen Felgengrößen anpassen. Wenn man Veränderungen an seinen Rädern vornehmen möchte, müssen die Reifendimension und die Felgengröße unbedingt im richtigen Verhältnis zueinander stehen. Sie müssen also aneinander angepasst werden. Das ist in erster Linie wichtig, damit der Reifen überhaupt auf die Felge passt. Aber selbst wenn diese ziemlich einleuchtende Hürde überwunden ist, muss man darauf achten, dass neue Räder immer äquivalent zu den Serienrädern sind. Das bedeutet, dass die Radgröße zumindest annähernd gleich bleiben muss, auch wenn sich Felgengröße, Reifenbreite oder Reifenquerschnitt verändern. Die Rede ist hier bewusst von Rädern. Denn das Rad ist das Gesamtpaket aus Felge und Reifen. Und beim Rad ist die Größe und der damit verbundene Umfang von großer Bedeutung. Denn dieser Wert ist wiederum für die Geschwindigkeitsanzeige im Auto entscheidend. Wenn man beispielsweise auf einem Fahrzeug größere Felgen montieren möchte, dann muss die Reifenflanke kleiner werden, damit man annähernd dieselbe Größe behält wie das Serienrad zuvor. Weicht die Radgröße ab, verändert sich auch die Geschwindigkeitsanzeige, bei gleicher Geschwindigkeit. Eine Abweichung der Radgrößen beziehungsweise des Umfangs wird vom Gesetzgeber nur bis 2% toleriert. Alles was darüber liegt erfordert eine Einzelabnahme beim TÜV und eine Neujustierung des Tachos.

Vielleicht ist euch aufgefallen, dass unser Ferrari im vorherigen Beispiel auf der Vorderachse eine andere Bereifung hatte, als auf der Hinterachse. Dies nennt man Mischbereifung und liegt daran, dass der Italo-Sportler heckangetrieben ist. Das heißt, die 740 PS seines V12 gehen ausschließlich an die beiden hinteren Räder. Vorne sind sehr große und breite Reifen montiert, um die sportliche Fahrstabilität zu gewährleisten. Da das Auto aber keinen Allradantrieb hat, benötigt man hinten sehr weiche und noch breitere Reifen, um die 740 PS angemessen auf die Straße zu bekommen und wenig bis gar keinen Traktionsverlust zu erleiden. Daher sind sie hinten bereits ab Werk noch breiter als vorne. 315er-Reifen sind auch schon ein Extrembeispiel. Viel breiter geht es fast nicht mehr. Allerdings muss man an dieser Stelle auch sagen, dass breite Reifen nicht nur die Vorteile von viel Grip, Fahrstabilität, besseren Bremseigenschaften und besserer Fahrdynamik mit sich bringen.

1. **Aquaplaning.** Je breiter die Auflagefläche auf der Straße ist, desto leichter schwimmt der Reifen bei Nässe auf. Das Gleiche gilt auch bei Schnee. Das bedeutet, dass man bei sehr breiten Reifen die zuvor erwähnten Vorteile auch viel schneller verlieren kann, als bei normalen Reifen. Man kann sich das in etwa so vorstellen: Läuft man mit normalen Schuhen durch einen Meter hohen Schnee, sinkt man ein. Montiert man sich unter die Schuhe aber etwas sehr Großflächiges wie zum Beispiel

Tennisschläger, wie es in den alten Disney-Comics immer so schön dargestellt wurde, dann sinkt man nicht mehr ein. Das Gewicht kann sich so auf eine viel größere Fläche verteilen und der Schnee gibt nicht nach. Genau so ist es auch mit Reifen. Ein schmaler Reifen mit kleinerer Auflagefläche schneidet sich besser durch Schnee und Wasser. Aber je breiter er wird, desto schwieriger wird dies und desto schneller droht der Reifen auf dem Schnee oder dem Wasser aufzuschwimmen.

2. **Spurrillen.** Je breiter der Reifen wird, desto stärker folgt er auch Spurrillen im Asphalt. Diese findet man oft auf der Autobahn. Und je stärker das Fahrzeug Spurrillen folgt, desto unangenehmer und unsicherer wird das Fahren. Man muss in solchen Fällen aufmerksam sein und dauerhaft konzentriert gegenlenken.

Realbeispiel. Bei einem Chevrolet Camaro SS (6.2 V8, 432 PS) tunten wir die Räder. Vom Vorbesitzer übernahmen wir ihn auf 19-Zoll-Rädern mit sportlicher Standardbereifung 235/35/19. Wie es dazu kam, dass er auf Neunzehnzöllern stand, konnten wir uns nur so erklären, dass der Vorbesitzer die originalen Zwanzigzöller einbehalten hat, um diese dann separat zu weiterem Geld zu machen. Neunzehnzöller sind zwar an sich große Räder, jedoch auf einem Camaro wiederum ziemlich winzig. Serienmäßig stehen SS-Modelle bereits auf Zwanzigzöllern. Wir reizten aus, was bei ihm möglich war und verpassten ihm 22-Zoll-Felgen. Die Bereifung hatte vorne die Maßen 265/30/22 und hinten 295/25/22. Wir waren mit diesem Auto des Öfteren auf der Autobahn unterwegs. Dabei handelte es sich immer um dieselbe Strecke. Zunächst fiel uns nichts Auffälliges auf. Aber als der Wagen dann auf den Zweiundzwanzigzöllern stand und mit deutlich breiterer Bereifung fuhr, merkten wir plötzlich wie stark manche Abschnitte der Autobahn mit Spurrillen übersät waren. Vorher fiel uns das praktisch kaum auf. Aber als der Camaro dann auf den breiten Reifen unterwegs war, wurde das Fahren auf diesen Abschnitten äußerst unangenehm. Er sollte einfach nur geradeaus fahren, doch er wollte ständig woanders hin. Man musste äußerst konzentriert fahren und pausenlos gegenlenken. Das ist nicht nur anstrengend, sondern beeinträchtigt auch die Fahrsicherheit.

Funfact. Amerikanische Autos haben übrigens einen ganz besonderen Lochkreis. Dieser ist mit Europäischen nicht zu vergleichen. Solltet ihr mal beispielsweise einem amerikanischen Muscle-Car neue Felgen verpassen wollen, vertraut auf keinen Fall auf das, was euch Werkstätten, Tuning-Shops oder Websites an angeblich passenden Felgen verkaufen wollen. Diese bekommen im Programm zwar angezeigt, dass die Felgen tatsächlich auf das Auto passen, doch oftmals scheitert das Vorhaben dann am amerikanischen Lochkreis. Macht euch zuerst schlau darüber, welchen Lochkreis euer Tuningobjekt hat und vergleicht diesen Wert dann mit den Angaben des Felgenherstellers.

Winterreifen. Wer einen guten Allrounder möchte und keinen großen Wert auf Sportlichkeit legt, der kann besten Gewissens das ganze Jahr über Winterreifen fahren. Viele Menschen glauben, sie müssten im Sommer zwingend teure Sommerreifen fahren. Dem ist definitiv nicht so. Umgekehrt ist es aber zur eigenen Sicherheit als auch aus versicherungstechnischen Gründen sinnvoll, im Winter immer Winterreifen zu fahren. Die meisten Versicherungen schreiben in den Wintermonaten das Fahren von Winterreifen vor. Wird diese Auflage nicht erfüllt, kann es im Ernstfall sein, dass die Versicherung nicht zahlen muss. Dies gilt für Kasko- als auch für Haftpflichtfälle. Winterreifen sind also durchaus sinnvoll. Allein schon der eigenen Sicherheit gegenüber. Auch im Sommer ist man vor allem bei Nässe und Regen auf Winterreifen sicherer unterwegs. Zwar hat man mit ihnen einen höheren Verschleiß, denn dadurch dass Winterreifen eine weichere Mischung haben, nutzen sie sich schneller ab. Jedoch hat man dadurch auch mehr Grip und mehr Sicherheit. Da Winterreifen auf Schnee und Matsch, also im Prinzip auf Nässe ausgelegt sind, sind sie auch dem Sommerreifen gegenüber im Sommer bei Regen im Vorteil. Es ist tatsächlich auch günstiger das ganze Jahr über Winterreifen zu fahren. Ein Reifen kostet je nach Größe, Marke und Anforderungen zwischen 50€ und 400€. Für einen kompletten Satz, also vier Stück, kommt da schnell mal ein erheblicher Betrag zusammen. 800€ für einen Komplettsatz Premiumreifen sind keine Seltenheit. Zumal es die meisten Menschen auch vorziehen einen anderen Felgensatz zu fahren, wird es darüber hinaus noch teurer. Denn dieser muss ebenfalls teuer bezahlt werden. Winterreifen sind also nicht nur bei Nässesituationen sicherer, sondern auch auf das ganze Jahr gerechnet, deutlich günstiger. Zwar haben sie einen höheren Verschleiß und müssen demnach öfter erneuert werden, doch steht das tatsächlich in keinem Verhältnis. Auf trockener Strecke sind allerdings bei warmen Temperaturen Sommerreifen im Vorteil. Das gilt für den Grip und auch den Bremsweg.

Realbeispiel. Als ich noch recht jung war, nahm ich zum ersten Mal an einem Fahrsicherheitstraining teil. Ich kreuzte dort mit einem turboaufgeladenem Sportcoupé auf, welches bereits über 300 PS hatte. Ich hatte mich sehr auf das Fahrsicherheitstraining gefreut und wollte mein Können und das meines Autos unter Beweis stellen. Doch wie ich feststellen musste kam wieder mal alles anders. Das Fahrsicherheitstraining fand im Sommer statt und mein Sportwagen stand sportlichkeitshalber ordnungsgemäß auf Sommerreifen. Das gesamte ganztägige Fahrsicherheitstraining fand jedoch auf nasser Piste statt. Alle Strecken wurden extra bewässert. Dass das bei manchen Übungseinheiten gemacht wird, konnte ich durchaus nachvollziehen. Dass allerdings das gesamte Training auf nasser Strecke stattfand, wiederum nicht. Ein solches Training soll Gefahrensituationen schulen und den Fahrer vorbereiten. Aber bei Weitem finden diese in der Realität nicht immer auf nasser Strecke statt. Natürlich kommt dies zwar vor, aber die Regel ist es nicht. Schließlich sind wir nicht in Großbritannien. Ich hatte das mit Abstand sportlichste und auch eines der modernsten Autos von allen Teilnehmern. Ich stellte das Fahrwerk auf Sport, damit das Auto besser mit den simulierten Gefahrensituationen umgehen konnte und meine Reaktionen präziser und schneller umgesetzt wurden. Doch wie ich feststellen musste, war dies völlig egal. Obwohl ich das sportlichste und sicherste Auto hatte, musste ich bittererweise feststellen, dass ich die mit Abstand schlechtesten Leistungen erbrachte. Dies lag schlichtweg daran, dass die Sommerreifen auf Nässe extrem im Nachteil waren. Sie waren übrigens von einem teuren Markenhersteller. Mit von der Partie war auch ein Auszubildender, der einen alten Audi 80 B4 fuhr. Das Auto hatte nicht mal ABS, erbrachte aber von allen Teilnehmern verrückterweise die besten Leistungen. Ihr könnt es euch sicher schon denken: Aus Kostengründen war der Azubi nicht bereit zwei Reifensätze zu bezahlen und so fuhr der alte Audi auch im Sommer auf Winterreifen. Und mit diesen war er uns allen gegenüber deutlich im Vorteil, obwohl er das älteste und unsicherste Fahrzeug hatte. In diesem Moment wurde mir das erste Mal bewusst wie wichtig der Kontakt zum Boden ist und wie groß die Unterschiede durch verschiedene Bereifungen sein können. Spaß am Fahrsicherheitstraining hatte ich zwar nicht mehr, aber die neu erlangte Erkenntnis war äußerst wertvoll.

Sommerreifen. Sommerreifen lohnen sich vor allem dann, wenn man spritsparend unterwegs sein möchte oder sein Auto richtig sportlich bewegen will. In letzterem Fall sollte man dann auch auf Premiumprodukte setzen. Reifenhersteller gibt es mittlerweile wie Sand am Meer und jeder einzelne von ihnen hat unzählige Produkte in verschiedenen Generationen und Entwicklungsstufen im Programm. Daher ist der Markt recht unübersichtlich geworden. Reifenhersteller positionieren sich am Markt in drei Segmenten:

1. **Premiumhersteller.** Continental, Pirelli, Michelin, Dunlop, Goodyear und Bridgestone. Ihre Produkte sind die teuersten und besten. Sie stehen am Markt ganz oben.
2. **Markenhersteller.** Falken, Hankook, Nokian, Toyo, Yokohama, Uniroyal, Kleber, Semperit, Fulda, Barum, Vredestein und Nexen. Sie sind in der Mitte eingeordnet, stellen aber durchaus hochwertige Produkte her. Meist sind diese eine Ecke kostengünstiger als Premiumreifen, stehen diesen aber kaum nach.
3. **Noname-Hersteller.** Diese werden gerne auch als Qualitätshersteller bezeichnet, da sich dieser Name besser verkauft. Die Produkte nennt man dagegen aber Low-Cost-Reifen. Zu ihnen zählen unzählige asiatische Hersteller. Sie sind allesamt deutlich günstiger und am niedrigsten am Markt angesiedelt. Dennoch sind sie nicht unempfehlenswert. Wir haben schon viele von ihnen ausprobiert, einzig und allein um ihnen eine Chance zu geben. Wir konnten nie etwas Schlechtes feststellen, außer dass manche sich recht schnell abfahren. Natürlich schneiden solche Reifen bei Tests gegen Premiumhersteller immer etwas schlechter ab. Aber das macht sie nicht allgemein schlecht oder gar unbrauchbar. Oftmals hört man Horrorgeschichten von platzenden Reifen und "Chinamüll". Unser persönliches Fazit lautet dagegen ganz anders: Man bekommt viel Reifen für wenig Geld. Vor allem die asiatischen Hersteller haben die letzten Jahre extrem aufgeholt und viel von den Europäischen gelernt und abgeguckt.

Die teuren Premiumhersteller sind dagegen vor allem dann empfehlenswert, wenn ein Auto richtig sportlich bewegt werden soll. Produkte wie der "Pirelli P Zero", der "Michelin Pilot Sport" oder der "Continental Sport Contact" sind in jedem Fall empfehlenswert. Auch in der Winterreifenausführung. Die deutsche Premiummarke Continental setzt den Fokus dabei meist noch etwas mehr auf Sicherheit und Regentauglichkeit. Hier bekommt man in der Regel den besten Allrounder und auch die besten Winterreifen. Noch ein kleines bisschen sportlicher lassen es dagegen die Italiener (Pirelli) und die Franzosen (Michelin) angehen. Allerdings lässt sich dies nicht grundsätzlich pauschalisieren. Dabei handelt es sich eher um eine Faustregel für Reifen im Sportsegment. Ein solcher Premiumreifen kostet allerdings schnell mal 200€ und mehr. Sportliche Reifen lohnen sich natürlich auch nur auf sportlichen Autos. Schlecht sind sie zwar nie, egal auf welchem Fahrzeug. Jedoch wirklich lohnen tun sie sich nur dann, wenn man sein Auto wirklich sportlich bewegt und die Qualitäten des Reifens auch ausreizt. Für normales Fahren sind solche Reifen zwar nicht schlecht, aber in Wahrheit schlichtweg herausgeschmissenes Geld. Für ganz normale Fahrweisen eignen sich im Sommer Reifen, die auf Regen oder Kraftstoffersparniss spezialisiert sind, viel besser. Welcher Reifen der Richtige ist, lässt sich vor allem nach zwei Punkten beantworten:

1. **Wohnort.** Wo wohne ich und wie sind dort die Wetterverhältnisse und die Temperaturen?
2. **Fahrweise.** Was bin ich für ein Fahrer und wie viel Performance benötige ich. Lege ich Wert auf Sportlichkeit, Sicherheit oder Kostengünstigkeit? Ein ehrliches Wort: Für den Ottonormalverbraucher, der sein Auto weder sportlich bewegt, noch Vielfahrer ist, reicht heutzutage tatsächlich auch ein sogenannter Low-Cost-Reifen aus Asien. Vor allem dann, wenn es sich um ein Fahrzeug handelt, in das man ohnehin nicht mehr viel investieren möchte oder sollte.

Realbeispiel. Ich habe einen guten Freund, der seit Jahrzehnten ausschließlich Pirelli P Zero fährt. Egal auf welchem Auto. Er schwört auf diese Reifen. Jedoch auch lediglich mit der Begründung, dass er damit sehr zufrieden sei. Dies ist jedoch eine Frage der Erwartungshaltung. Natürlich ist er mit diesem Produkt zufrieden. Ein Reifen kostet ihn durchschnittlich 250€ und natürlich macht man mit solch teuren Premi-umprodukten in der Regel keine schlechten Erfahrungen. Doch diese Reifen sind für ein äußerst sportliches Fahren konstruiert. Sie bieten dem Fahrer neue Grenzen im Gegensatz zu anderen Produkten. Er fährt hingegen ganz normal damit. Er ist kein Heizer, reizt auf der Autobahn auch nicht die Höchstgeschwindigkeit aus und erlebt in der Regel nur ruhige Stadt- und Überlandfahrten. Er fährt ganz normal mit seinen Autos. In seinem Fall ist das schlichtweg herausgeschmissenes Geld. Das erste Mal hatte er diese Reifen auf einem VW Beetle mit 105 PS. Dann auf einem Opel Astra mit 115 PS. Anschließend auf einem VW Scirocco mit 122 PS. Weiterhin auf einem Mercedes-Benz CLS mit 292 PS, auf einem Ford Mustang V mit 309 PS und einem BMW Z4 mit 204 PS. Der Benz und der Mustang hatten zwar ordentlich Leistung, waren aber trotzdem keine sportlichen Autos. Der CLS ist eine große, schwere Luxuslimousine und nicht für sportliches Fahren ausgelegt. Der Mustang hatte nur den 3.7 V6 und war zudem noch mit altbackener Technik wie einer Starrachse ausgestattet. Von Sportlichkeit fehlt hier jede Spur. Dennoch wollte er sich nie davon abbringen lassen immer wieder diese extrem teuren Reifen zu fahren. Es müssen unbedingt immer die Pirelli P Zero sein. Obwohl er die eigentlichen Qualitäten dieser Reifen nie aus-nutzt und die Reifen nie so bewegt werden, wie sie es wollen. In seinem Fall würden es auch problemlos asiatische Noname-Reifen für 50€ das Stück tun. Und wenn man da kein Fan von ist und zu viel Sorge hat, was aber in der Regel heutzutage wirklich nicht mehr nötig ist, dann reicht auch als nächst besseres Produkt ein Markenreifen voll und ganz aus. Vorzugsweise ein solcher, der auf maximale Sicherheit und niedrigen Rollwiderstand ausgelegt ist.

Funfact. Mein zuvor erwähnter Bekannter hat in seinem Leben schon so viel Geld für sportliche Sommerreifen ausgegeben, dass man von diesen tausenden von Euros ein ganzes Auto hätte kaufen können.

Achsen. Die meisten Menschen verstehen unter dem Fahrwerk eines Autos nur die Stoßdämpfer und die Federn. Zum Fahrwerk gehören allerdings auch die Achsen beziehungsweise die Radaufhängung. Der Begriff "Achse" ist ein ziemlich altertümlicher. Früher bestand die Achse aus einem einzigen, durchgängigem, großen Bauteil, welches die Räder fest mit dem Auto verbunden hat.

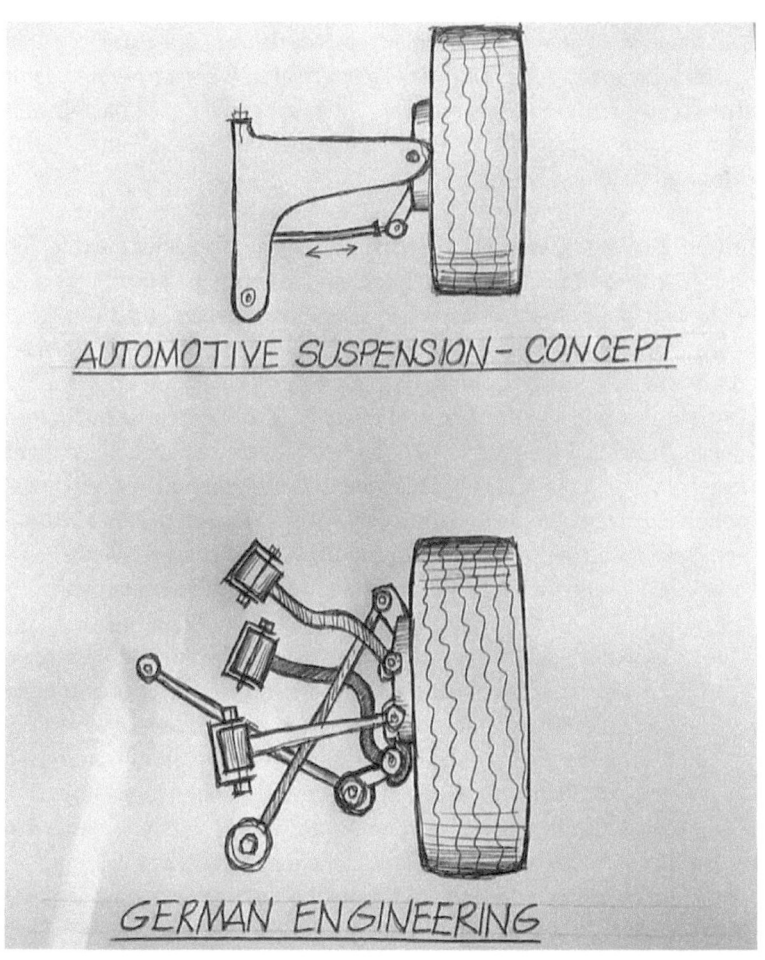

AUTOMOTIVE SUSPENSION - CONCEPT

GERMAN ENGINEERING

Dies waren die primitiven Starrachsen. Sie kommen schon lange nicht mehr zum Einsatz, was auch gut so ist. Diese Technik entspricht ungefähr dem Entwicklungsstand eines Gemüselasters aus den 60er-Jahren. Bei deutschen Premiumherstellern werden Starrachsen schon seit den 80er-Jahren nicht mehr verbaut. Die Amerikaner haben sich hingegen deutlich mehr Zeit gelassen. Beispielsweise wurde der Ford Mustang noch bis 2013 ausschließlich mit Starrachsen gefertigt. Erst 2014 wurde mit der Einführung der sechsten Mustang-Generation eine Einzelradaufhängung eingeführt. Heutzutage bestehen Achsen aus vielen einzelnen

Bauteilen. Sie beinhalten verschiedene Querlenker, Stabilisatoren und Koppelstangen. Dadurch wird das Fahrverhalten weniger nervös, dafür aber sportlicher und ausgeglichener. Entsprechend ist auch das Abstimmen und die Ausgereiftheit dieser Komponenten für die Fahrdynamik eines Autos äußerst wichtig.

Driften. Ein Thema, welches in Sachen Fahrdynamik absolut nicht fehlen darf, ist das Driften. Wenn das Heck eines Fahrzeugs kontrolliert ausbricht und seine Spur verlässt und sicher und elegant gehalten wird, nennt man das einen Drift. Aus technischer Sicht spricht man hierbei von einem Übersteuern. Umgangssprachlich sagt der Volksmund auch: "Driften is', wenn dir der Arsch rumgeht." oder "Driften is' mehr tote Fliegen an der Seite, als auf der Windschutzscheibe zu haben.". Richtiges Driften ist eine hohe Kunst. Professionelle Drifter können mit heckangetriebenen Fahrzeugen den Ausbruchwinkel des Fahrzeugs genau bestimmen. Daher beschreibt man dies auch als äußerst anspruchsvolle Fahrtechnik. Man kann das Heck auf drei Arten zum Ausbrechen bringen:

1. **Hecktriebler ("Power-Oversteer").** Der Klassiker: Ein Fahrzeug, bei dem ausschließlich die Hinterachse vom Motor angetrieben wird. Das Übersteuern bewerkstelligt man, indem man mit viel Gas oder auch Drehzahl die angetriebenen Hinterräder zum durchdrehen und dann mit Lenkbewegungen das Heck zum Ausbrechen bringt. An den Hinterrädern entsteht dabei ein Überschuss an Drehmoment und die Reifen verlieren Grip.

2. **Handbremse betätigen ("Slide").** Indem man während der Fahrt die Handbremse zieht, somit die Hinterräder blockieren lässt und dabei mit Lenkbewegungen das Heck dazu bringt einer anderen Spur zu folgen, als die Front sie fährt, kann man das Fahrzeug ebenfalls an der hinteren Achse zum Ausbrechen bringen. Letzteres wird vor allem bei Fronttrieblern benutzt, da diese nicht aus eigener Antriebskraft an der Heckachse ausbrechen können.

3. **Allraddrifts ("Power-Slides").** Auch Fahrzeuge mit Allradantrieb können Drifts ausführen. Zumindest sofern sie auf auf einem Untergrund mit wenig Grip fahren (zum Beispiel Schnee) oder sehr viel Leistung und Drehmoment haben. Bei Allradlern sind die Drifts oftmals langgezogener und die dabei gefahrenen Kur-

ven größer und weniger spitz. Vor allem auf Schnee ist ein Allradler zum Driften deutlich besser zu kontrollieren als ein Hecktriebler.

4. **Rasante Kurvenfahrten ("Feint").** Die letzte Möglichkeit ist, indem man sehr schnell in eine Kurve fährt, dabei dem Fahrzeug weiter Lenkbefehle gibt und dann schlagartig vom Gas geht. Das Heck will dann gewissermaßen die Front überholen. Bei Fronttrieblern funktioniert dieser Effekt noch ausgeprägter, da bei Gaswegnahme die Motorbremswirkung die Front zusätzlich abbremst. Verstärken kann man dies auch noch mal durch hohe Motordrehzahlen, da dabei die Motorbremswirkung noch höher ist. Diese Art des Drifteinleitens funktioniert am besten, wenn man zuvor bereits Pendelbewegungen mit dem Fahrzeug durchführt, wodurch dieses instabil wird.

Wie so oft kommt das Driften eigentlich aus dem Rennsport. Im Rallye-Sport werden kontrollierte Drifts eingesetzt, um höhere Kurvengeschwindigkeiten zu erreichen. Doch mittlerweile haben sich auch außerhalb des Rennsports ganze Szenen und unzählige Wettbewerbe daraus entwickelt. In manchen Ländern gibt es regelrecht ganze Driftkulturen. Vor allem Japan ist hier führend. Dieses Land ist es auch, dem man den Ursprung des Driftsports nachsagt.

Besonders beliebt für Drifts sind vor allem Hecktriebler mit viel Leistung und viel Drehmoment, da das Übersteuern mit ihnen am einfachsten zu bewerkstelligen ist. Vor allem aber kristallisieren sich besonders zwei Typen von Autos heraus, die als Drift-Cars prädestiniert sind:

1. **Japano-Racer.** Äußerst beliebte Beispiele sind der Toyota GT86 (2.0 R4, 200 PS), der Nissan 350Z (3.5 V6, 280 PS, 300 PS, 313 PS), der Nissan 370Z (3.7 V8, 328 PS, 344 PS), der Nissan Silvia S15 2000 Turbo (2.0 R4T, 250 PS) oder der Nissan 180SX / 200SX / 240 SX S13 (1.8 R4T, 169 PS / 2.0 R4T, 205 PS / 2.4 R4, 140 PS)
2. **BMW.** Fast alle Fahrzeuge der Marke BMW sind ebenfalls beliebte Driftfahrzeuge. Egal ob im Hobby- oder Sportbereich, denn diese sind zu 95% heckangetrieben. Früher galt dies beispielsweise auch für Mercedes-Benz. Dennoch werden BMW-

Modelle für Driftversuche (auch medial) viel mehr in den Fokus gerückt.

Funfact. "Fokus" ist ein gutes Stichwort, denn der Ford Focus RS der dritten Generation ist zwar allradangetrieben, was nicht in jeder Situation driftfreundlich ist. Dafür hat er aber ein sportliches Gimmick, welches ein elektronisches Driftprogramm enthält. Dieses unterstützt den Fahrer bei Driftvorgängen und bewegt die Kraft zwischen den Achsen und Rädern gezielt hin und her. Mittlerweile gibt es solche Gimmicks bei mehreren Marken. Unter anderem auch bei anderen Allradlern wie bei Subaru und neueren Mercedes-AMG-Modellen.

Driften lernen. Wer das Driften lernen möchte, für den ist ein BMW E92 M3 (4.0 V8, 420 PS) empfehlenswert. Er ist leichter, sportlicher und ausgeglichener als beispielsweise die M5-, M6- oder M8-Modelle. Im Vergleich zu einem normalem 3er mit einer anderen Motorisierung hat er außerdem ein anderes Differenzial, welches sportliche Driftaktionen ganz klar begünstigt. Bei normalen 3ern verhindert das Differenzial hingegen eher solche Aktionen. Zum Lernen der Driftkunst ist er das perfekte Fahrzeug. Es ist dabei allerdings immer empfehlenswert einen erfahrenen Instruktor dabei zu haben. 420 PS an der Heckachse eines so sportlichen Kampfboliden sind nicht ohne. Doch vor allem die Coupés sind in den letzten Jahren stark im Preis gestiegen. Wenn es etwas günstiger in der Anschaffung oder etwas weniger Leistung an der Heckachse sein soll, eignet sich alternativ auch ein Toyota GT86. Dieser Hecktriebler ist äußerst leichtfüßig an der angetriebenen Achse und daher für das Driften prädestiniert. "Aber kann es dann nicht auch ein Subaru BRZ sein? Schließlich sind diese beiden Autos komplett gleich.", heißt es oft. Nein, tatsächlich ist dem nicht so. Die beiden Modelle unterscheiden sich zwar nur durch Fahrwerksabstimmung und Bereifung, jedoch ist genau das der springende Punkt. Der Subaru ist durch die Rallye-Vergangenheit der Marke auf Traktion, Ausgeglichenheit und Sportlichkeit ausgelegt. Normalerweise hätte er deshalb auch einen Allradantrieb. Der Toyota ist hingegen ein klassischer Japano-Racer und daher eher auf Show und Drift ausgelegt. Mit den Bereifungen und den Fahrwerksabstimmungen hat man diese Ausrichtungen gezielt erreicht. Daher eignet sich der GT86 deutlich besser zum Driften als der BRZ.

ESP. Verzeiht mir die folgende Ausdrucksweise, aber man muss ganz klar sagen: Autos sind mittlerweile nahezu idiotensicher geworden! Und das ist gut so, wie das Beispiel im nachfolgenden Abschnitt zeigen wird. Doch zuerst dazu, was die Autos heutzutage so sicher macht: Die meisten Menschen kennen dieses elektronische Helferlein unter dem Namen "Elektronisches Stabilitätsprogramm". Das ESP ist praktisch das Gegenteil vom Driften. Es soll für maximale Fahrstabilität sorgen. Aus technischer Sicht handelt es sich hierbei um ein sicherheitsrelevantes Fahrassistenzsystem in Form einer Fahrdynamikregelung. Seit 2014 müssen alle neuzugelassenen Fahrzeuge in der EU über ein ESP verfügen. Dieses beinhaltet neben weiteren Funktionen hauptsächlich drei Komponenten auf die es zugreifen kann:

1. Antiblockiersystem.
2. Elektronische Bremskraftverteilung.
3. Antriebsschlupfregelung.

Letztere kann auch auf die Zündung des Motors zugreifen. Das ESP hat also in bestimmtem Maße Kontrolle über Motor, Bremsen und alle Sicherheitssysteme. Das Antiblockiersystem unterbricht extrem viele Male pro Sekunde den Vorgang einer Vollbremsung. Somit erhält es die Lenkfähigkeit beim Bremsvorgang. Die Antriebsschlupfregelung kann auf das ABS-System zugreifen und zusätzlich auch auf die Motorsteuerung. So hat es die Möglichkeit Schlupf (durchdrehende Räder) zu verhindern. Dies geschieht im ersten genannten Fall durch das Abbremsen einzelner Räder. In zweiten Fall jedoch, wird dem Motor gewissermaßen ebenfalls die Leistung genommen. Gaspedale funktionieren heutzutage elektronisch. Das ASR simuliert dem Motorsteuergerät eine Gaswegnahme des Fahrers, obwohl dieser aber weiterhin auf dem Pedal steht. Das Motorsteuergerät muss aus sicherheitsrelevanten Gründen jedoch die Befehle des ASR vorrangig behandeln. So wird dem Motor die Leistung entzogen, um letztendlich das Drehmoment am Rad zu vermindern. Das ESP ist dagegen sozusagen das oberste befehlshabende Sicherheitsprogramm im Auto und verfügt über all die zuvor genannten Funktionen. Zudem kann es auch auf die elektronische Bremskraftverteilung zugreifen. Hierüber versucht es bei einem Ausbrechen oder Schleudern des Fahrzeugs gezielt einzelne Räder abzubremsen. Dadurch wird das Fahrzeug in den allermeisten Fällen wieder stabilisiert. Nehmen wir mal als

Beispiel ein eher primitives und plumpes Fahrzeug wie beispielsweise einen älteren Chevrolet Camaro V (2009 - 2014). Dieser hat einen äußerst unkultivierten und rauen 6.2-Liter-V8, welcher ordentlich Krawall an der Hinterachse macht. Aber selbst in diesem Fahrzeug ist das ESP bereits so ausgetüftelt und so gut programmiert, dass ein Ausbrechen des Fahrzeugs nahezu unmöglich ist. Allerdings nur, solange es auch eingeschaltet ist. Die meisten sportlichen Autos erlauben es, das ESP über eine Taste auszuschalten. Allerdings wird dies in den meisten Fällen auch nur dem Fahrer vorgegaukelt. Nach dem angeblichen Ausschalten bleiben die ESP-Systeme meist in deutlich eingeschränkterer Form dennoch im Hintergrund aktiv. Bei manchen Autos wird dies auch kenntlich gemacht. Andere erlauben es zwar das ESP komplett auszuschalten, jedoch aktiviert sich dieses wieder von alleine, falls der Fahrer das Bremspedal in den Grenzbereich tritt. Registriert das Stabilitätsprogramm dabei eine Gefahrensituation, versucht es diese zu regeln und zu korrigieren und schaltet sich anschließend auch wieder ab. Es ist im Endeffekt Auslegung des Fahrzeugherstellers wie sportlich oder wie sensibel das ESP programmiert wird. Auch dies ist wieder Marketingsache. Hiernach richtet sich dann, wie spät oder wie früh das elektronische Stabilitätsprogramm eingreift. Fahrzeuge von Porsche oder auch beispielsweise RS-Modelle von Ford werden äußerst sportlich ausgelegt. Entsprechend greift das ESP bei diesen Autos erst sehr spät ein. Man muss schon sehr nahe an den Grenzbereich gehen, damit das elektronische Helferlein sich bemerkbar macht. Beispielsweise sind RS-Modelle von Audi etwas softer und harmloser, dafür aber komfortabler ausgelegt als die M-Modelle von BMW. Daher greift bei RS-Fahrzeugen das ESP meist früher ein als bei vergleichbaren M-Modellen.

Fazit. Das ESP ist eine großartige Erfindung für den normalen Straßenverkehr und hat die Autos ein ganzes Stück sicherer gemacht. Auch wenn das jetzt hart klingen mag, aber in vielen Fällen gleicht es auch schlichtweg die Inkompetenz oder die Aggressivität des Fahrers aus. Und manchmal sogar gleich beides zugleich. Es schreibt dem Fahrer zwar nicht vor wie er zu fahren hat, aber es fängt ihn und sein Fahrzeug wieder ein, wenn sich diese im Grenzbereich befinden oder diesem zu schnell nähern. Für viele Fahrer ist dies oftmals unerwartet und daher auch unkontrolliert. Das ESP rettet Situationen, welche die meisten Fahrer nicht mehr retten können. Es macht die Straßen daher deutlich unfallfreier. Vor allem bei jungen Menschen.

Realbeispiel. Erinnert ihr euch an den verstrahlten und verwöhnten Jüngling aus dem Kapitel "Elektrofahrzeuge", mit dem ich zusammen meine zweite Ausbildung absolviert habe? Der junge Tesla-Begeisterte musste in den ersten Monaten als Fahranfänger, statt mit einem Tesla, erst mal mit einem 1er BMW begnügen. Der BMW war gerade mal vier Jahre alt. Er bezeichnete ihn jedoch, hochnäsig und verwöhnt wie er nun mal war, als steinaltes Auto. Diesen Satz werde ich nie vergessen. Für mich war der 116i schick und total neuwertig. Das Einzige was man diesem Auto negatives nachsagen konnte war, dass es vielleicht etwas schwach motorisiert war. An sich war der junge Mann allerdings eher von der ruhigeren Sorte. Wenn er nicht prahlte oder etwas Weltfremdes von sich gab, war er eher introvertiert und still. Doch wenn er hinter dem Steuer saß änderte sich das schlagartig. Wie viele junge Männer kannte er dann nur noch eines: Vollgas! Dann drehte er im wahrsten Sinne des Wortes am Rad. Ich fuhr zu der Zeit bereits ein amerikanisches Muscle-Car mit V8 und viel Leistung. Ein anderer Jahrgangskamerad fuhr sogar einen relativ neuen Mercedes-Benz S500. Unser Tesla-Freund fühlte sich immer dazu berufen mit Anderen mitzuhalten und zu zeigen was sein 1er BMW kann. Eines Tages nach einem zähen Schultag, fuhr ich noch einen Kollegen von uns nach Hause. Unser Mit-Azubi folgte uns und wollte wieder einmal demonstrieren was sein 1er drauf hat. Er war hinter uns und fuhr viel zu schnell in einen Kreisel hinein. Beim Herausfahren eskalierte die Situation. Er gab viel zu früh Vollgas und das Heck des 1er brach extrem stark aus. Er schleuderte unkontrolliert auf eine Menschenmenge vor einem nahegelegenem McDonald's-Restaurant zu. Da wir dagegen aber nicht großartig beschleunigt hatten, sondern ganz normal fuhren, konnten wir das Schauspiel im Rückspiegel beobachten. Uns stockte der Atem. Wir wussten, dass gleich etwas sehr Schlimmes passieren wird. Doch das ESP griff ruckartig ein und verhinderte Gott sei Dank zunächst ein weiteres Ausbrechen des BMWs. Anschließend stabilisierte es diesen in Bruchteilen von Sekunden und er fuhr deutlich verlangsamt wieder normal die Straße entlang. Eine Lehre war ihm dies allerdings nicht. Er hatte das sonderbare Talent nie aus Fehlern zu lernen. In nur wenigen Monaten verursachte er mehrere kleine und zwei große Unfälle mit seinem 1er, bis er diesen endgültig zu Schrott fuhr.

Einmal rammte er sogar einen Rentner vom Fahrrad, weil er sich beim Fahren zu intensiv mit seinem Smartphone beschäftigte. Anschließend sponserte ihm sein "umweltfreundlicher Papi" einen nagelneuen E-Mini für knapp 50.000€. Es dauerte nur wenige Wochen, da fuhr er diesen ebenfalls direkt wieder zu Schrott. Und das mitten in das Heck der S-Klasse unseres Kollegen. Er fühlte sich einmal mehr dazu berufen zu zeigen was sein neues Auto kann. Die S-Klasse hatte ebenfalls einen Gebrauchtwagenmarktwert von etwas über 50.000€. Nach dem Unfall hatten beide Autos einen Totalschaden. Zusammengerechnet waren das also mal eben 100.000€ Sachschaden. Am nächsten Tag hatten wir Schule. Da unser unfallfreudiger Kollege nun vorerst kein Auto mehr hatte, wurde er freundlicherweise von seinen Eltern gefahren. Nach dem Schultag gingen wir zu dem Parkplatz, auf dem unsere Autos für gewöhnlich parkten. Sein Vater wartete bereits dort, um seine unfallfreudige Brut abzuholen. Er kam mit einem nagelneuen Porsche Taycan. Und er ließ seinen Sohn hinter das Steuer. Wir wagten es kaum unseren Augen zu trauen. Wir wussten nicht, ob wir lachen oder weinen sollten. Einen Monat später war Weihnachten. Als Geschenk spendierte sein Vater ihm erneut einen Neuwagen auf Elektrobasis. Dieses Mal war es ein VW ID.3. Wenn doch nur jeder so gutmütige und vor allem wohlhabende Eltern haben könnte...

Optik

Es gibt doch nichts faszinierenderes als die Schönheit eines Autos. Die Ästhetik kann sich in verschiedenen Aspekten äußern. Einerseits im Auftritt eines Autos, andererseits aber vor allem auch in seinem Design. Stellt euch einen Dodge Challenger SRT Hellcat Redeye vor. Ein amerikanisches Muscle-Car mit über 800 PS und fast 1.000 Nm. Breit, bullig, böse. Hinten hört man lautstark den V8 rauswummern und vorne den Kompressor heulen. Dazu schauen einen vier Angel Eyes grimmig und primitiv an. Dieses Auto hat einen Auftritt wie kein Zweites. Es sieht aus als käme es direkt aus der Hölle und als würde es der Teufel persönlich fahren. Die Lufteinlässe und das Widebody-Kit verstärken den aggressiven Eindruck noch zusätzlich. Dies ist durchaus eine Form von Ästhetik. Vor allem auch eine ziemlich Beeindruckende. Doch Ästhetik kann sich auch anders auswirken. Sicher kennt jeder von euch das folgende Empfinden. Es gibt Fahrzeuge, die sind wie geschliffene Edelsteine. Sie sind so wunderschön, dass man sie als vollkommen bezeichnen könnte. An diesen Autos würde man optisch niemals etwas verändern. Hierzu zählen im Allgemeinen zum Beispiel der Audi RS5 8T, der 1969er Camaro SS, die Corvette C2 Stingray oder der Jaguar E-Type (1961 - 1974). Und wem geht das nicht so? Egal für welche Marken man schwärmt, es gibt Autos, zu denen sagt einfach niemand nein. Selbst Leute die sagen: "Ich würde niemals einen Audi haben wollen. Die sind mir viel zu prollig!", ändern ihre Meinung schlagartig, wenn sie beispielsweise vor einem RS5 stehen. Dann heißt es plötzlich: "Boah, was für ein wunderschönes Coupé! Also wenn ich mir den leisten könnte...".

Coupés. Natürlich kann man das auch über viele andere Fahrzeuge behaupten. Vor allem aber sind es sportliche Coupés, die uns in der Autowelt immer wieder am meisten faszinieren. Die Form von dreitürigen Coupés und Sportwagen wirkt auf das menschliche Empfinden für Schönheit deutlich attraktiver als beispielsweise die Form eines Kombis oder Kleinwagens. So kommt es zum Beispiel auch, dass sehr viele Automobilhändler ihr Firmenlogo mit der Designlinie eines Sportcoupés verzieren.

Design. Der Audi RS5 hat im Jahr seiner Erscheinung nicht umsonst weltweit sämtliche Designpreise abgeräumt. Selbst der größte BMW-Fan kann die Marke Audi noch so sehr verabscheuen. Er würde niemals nein zu einem RS5 sagen. Umgekehrt ist es aber genau so. Das Äquivalent von BMW, der M4, ist ebenfalls ein solches Schmuckstück, den ein Audi-Fanboy für gewöhnlich niemals ablehnen würde. Ich kenne unzählige Audi- aber auch BMW- und Mercedes-Liebhaber. Und selbst wenn manche von ihnen so radikal und primitiv eingestellt sind, dass sie fast alle Modelle der Konkurrenzmarke nicht nur gänzlich ablehnen, sondern sogar regelrecht verachten, den M4, den RS5 und den C63 AMG finden sie alle großartig. Zumindest optisch. Auch ich finde diese Autos wunderschön. Zumindest aus bestimmten Bauzeiträumen.

Markenhass. Ich liebe alle drei dieser Fahrzeuge. Allerdings mag ich auch als einer der wenigen Menschen tatsächlich alle drei Marken. Ich sehe keinen Grund krampfhaft Partei unter den deutschen Premiummarken zu ergreifen. Und ehrlich gesagt, finde ich es ganz schlimm, dass für viele Autofreaks und auch Menschen im Allgemeinen die Welt immer nur schwarz oder weiß ist. Für die Meisten gibt es nur Mercedes-Benz, Audi oder BMW. Aber niemals alle drei. Beziehungsweise AMG, M oder RS. Das Gleiche gilt beispielsweise auch für Ford und VW. Aber unterm Strich ist das eine total monotone Einstellung. Richtig schlimm wird es, wenn die Menschen dabei ihre favorisierte Automarke so idealisieren, dass das Ganze schon religiösem Fanatismus gleicht. Unterm Strich gibt es aber von jeder Automarke mindestens ein Modell, das jedem gefällt. Technische Beschaffenheit und Qualität hat übrigens nichts mit subjektivem Empfinden zu tun. Dass es in Sachen Haltbarkeit und auch Performance starke qualitative Unterschiede zwischen den drei großen deutschen Premiumherstellern gibt, ist leider eine Tatsache.

Realbeispiel. In meiner Karriere als Automobilmakler sind mir unzählige Menschen und Kunden begegnet, die immer nur Fanboy von einer einzigen Marke waren. Eine einzige Automarke an sich als die Beste zu empfinden ist erst mal nicht tragisch. Das geht wahrscheinlich den Meisten so. Aber ab dem Punkt wo alle anderen Marken dann als schlecht oder gar als minderwertig bezeichnet werden, geht der Schuss nach hinten los. Ab da befindet man sich im Bereich des Markenhasses. Und viele dieser Menschen merken das selbst noch nicht mal. Ich bin mir sicher, dass die meisten Leser wissen was ich meine. Wahrscheinlich haben einige davon ähnliche Menschen in ihrem Bekanntenkreis. Aber es gibt eine ultimative Lösung dafür: Sofern ihr die Möglichkeit habt, fahrt bei diesen Menschen mal mit einem Muscle-Car vor und stellt es ihnen vor die Nase. Amerikanische Muscle-Cars verfügen über zwei spezielle Werte, die sie praktisch zu den sympathischsten Autos überhaupt werden lassen.

1. **Sympathie.** Ein Muscle-Car wirkt auf die Menschen sogar sympathischer als ein Supersportwagen wie zum Beispiel Corvette, Viper, Ferrari, Lamborghini, McLaren, Audi R8, Porsche 911 und Co. Vor allem aber auch deutlich sympathischer als RS-AMG- und M-Modelle.
2. **Auftritt.** Ein Muscle-Car hat einen deutlich heftigeren und pompöseren Auftritt als jeder AMG, M und RS. Sie lassen den Markenhass komplett verfliegen, weil solche Bezeichnungen wie VW, Ford, Mercedes, BMW und Audi schlagartig bedeutungslos werden. Stattdessen lassen sie einfach nur pure Faszination aufkommen. Faszination für etwas Schönes ist das beste Mittel gegen Markenhass.

Tieferlegungen. Doch nun zurück zum Thema Optik. Es gibt Autos, die sind einfach so perfekt, an denen würde man niemals etwas verändern. Vorausgesetzt sie haben die richtige Farbe. Mit einer Ausnahme: Manchmal ist eine dezente Tieferlegung wirklich angebracht, da einige Autos ab Werk ihrer Motorisierung unangemessen hoch sind. Und je tiefer das Fahrzeug ist, desto böser und breiter wirkt es in der Regel auch. Außerdem erscheint einem auch die Optik im Gesamtpaket einfach passender. Die Höhe eines Fahrzeugs macht am Eindruck des Designs unheimlich viel aus. Ein gutes Beispiel hierfür ist VW. Volkswagen ist mit Tieferlegungen sehr geizig, obwohl die Fahrwerke der einzelnen Motorisierungen sehr genau auf das angepeilte Käuferklientel abgestimmt werden. Das bedeutet, dass ein Golf R-Line tiefer und sportlicher ist, als ein normaler Golf (zum Beispiel 2.0 TDI), ein GTI tiefer ist als ein R-Line und ein R wiederum tiefer ist als ein GTI. Dennoch sind sie unterm Strich alle "hoch wie ein Bus", wie Tuner und Autofreaks gerne sagen. Das gilt beispielsweise auch für den Scirocco. Obwohl dieser ein etwas sportlicheres Coupé ist. Er ist zwar nicht unbedingt jedermanns Traumauto, aber dafür hat er äußerst wenig Hater und ist allseits recht beliebt. Auch bei der weiblichen Fraktion. Dies gilt insbesondere für das R-Modell. Obwohl er gegen Aufpreis ab Werk ein adaptives (verstellbares / anpassungsfähiges) Fahrwerk hat, verschlingt er ohne Tieferlegung sonderbarerweise einen Großteil des Designs. Da der normale Scirocco im Vergleich zum R sowieso etwas harmloser und weniger aggressiv designt ist, ist bei ihm der Effekt nicht ganz so extrem. Beim aggressiver aussehenden R-Modell jedoch, ist die ungewöhnliche Fahrwerkshöhe total widersprüchlich zum Design. Dies zerstört leider das positive optische Wirken auf den Betrachter. Auch bei manch anderem Auto kann man dieses Phänomen vorfinden. Natürlich ist es letztendlich Geschmackssache. Aber in solchen Fällen dient eine Tieferlegung tatsächlich erheblich der Unterstützung des Designs und der aggressiven Optik. Wie eine simple Tieferlegung die Optik dieses und anderer Fahrzeuge beeinflussen kann, ist wirklich ein ungemein wichtiger Aspekt. Tieferlegungen sind entsprechend sehr beliebt, um die Optik eines Fahrzeugs zu verstärken und aufzuwerten.

Felgen. Mindestens genau so populär wie Tieferlegungen sind Tuningfelgen. Es gibt sie in allen möglichen Designs und von unzähligen Herstellern. Meist wird nach dem Motto "Je breiter und größer, desto besser!" gekauft. Umso größer die Felge, umso breiter der Reifen und niedriger der Querschnitt, desto heißer ist der Look. Zwanzig-Zoll-Felgen sind in der Tuningszene mittlerweile Standard. Wenn es das Fahrzeug technisch noch zulässt, auch gerne größer. Felgen sind für Tuner und Autofans immer wieder ein besonderer Punkt. Manch individualistisch veranlagte Tuner sind sogar so pingelig, dass sie eine regelrechte Krise bekommen, wenn jemand die gleichen Felgen auf seinem Auto hat, wie sie selbst. Das bestätigt auch der bekannte Dortmunder Tuner Sidney Hoffmann von den "PS Profis". Felgen gibt es übrigens auch als Replikas. Darunter versteht man, dass sie die gleiche Optik haben, wie die eines teuren Markenherstellers, aber deutlich günstiger zu erwerben sind. Dafür sind sie dann eben nicht vom Originalhersteller. Interessant wird es aus preislicher Sicht auch, wenn man originale Aufpreis- oder Ausstattungsfelgen eines bestimmten Automodells nachrüsten möchte. Bleiben wir bei dem Beispiel mit dem RS5 und dem M4. Die beliebten Rotorfelgen, die auf vielen S- und RS-Modellen von Audi zu finden sind, werden mittlerweile im Internet je nach Zustand und Größe gebraucht für einige Tausend Euro gehandelt. Ähnlich ist es bei den Sternspeichenfelgen des BMW M4 Competition. Wenn man diese im Netz neu unter dem Namen von BMW kaufen möchte, darf man gut und gerne 4.000€ aufwärts für die Zwanzigzöller löhnen. Bestellt man sie hingegen von der Marke MAM, die sie auch für BMW produziert, kosten sie gerade mal um die 700€. Natürlich ebenfalls in 20 Zoll. Es handelt sich also hierbei dann tatsächlich auch um Originalteile und nicht um Replikas. Es ist geradezu irrwitzig, wie viel Geld man sparen kann, wenn man sich mal ein bisschen informiert. Diese Regel kann ich euch für Autos, allerdings auch für das Leben allgemein absolut ans Herz legen. Die Menschen geben heutzutage so unglaublich viel Geld aus, um sich vergleichsweise extrem wenig an Informationen oder Arbeit sparen zu können. Gerade als Automobilmakler kann ich bei den Themen Autokauf, Kredite, Versicherungen und Tuning bestätigen, wie viel Geld Menschen praktisch zum Fenster herauswerfen um sich minimalste Aufwände zu sparen. Wer effizient sein möchte, der verschafft sich so viel Informationen wie möglich selbst und packt so viel wie möglich selbst an. Das ist vor allem auch zu Anfang einer Tuningkarriere ratsam, denn Felgen und Tieferlegungen gelten allgemein als Einstiegsdroge in die Tuningwelt.

Distanzscheiben. Hat man sein Auto erst mal mit Tuningfelgen ausgerüstet, entscheiden sich viele auch noch für sogenannte Distanzscheiben. Diese werden auch Spurplatten genannt. Hier ist es ähnlich wie mit Gewindefahrwerken. Distanzscheiben sind Bauteile, die in 99% der Fälle für die Optik des Fahrzeuges verbaut werden. Die Räder stehen weiter von der Karosserie ab und sind von der Vorder- und Hinteransicht aufgrund ihres Überstehens deutlich sichtbarer. Dies macht sich natürlich besonders gut, wenn man große und breite Felgen montiert hat. Allerdings haben Distanzscheiben auch eine technische Tuningfunktion, genau wie Tieferlegungen. Sie können dazu beitragen, das Rad richtig im Radkasten zu positionieren und somit nach Tuningmaßnahmen wie zum Beispiel Tieferlegungen, Felgen usw., ein Schleifen bei starkem Lenkwinkeleinschlag verhindern.

Folierungen. Wenn ein Fahrzeug besonders auffällig werden soll, geht es dann oftmals mit Folierungen weiter. Sie sind äußerst attraktiv, da sie um ein Vielfaches kostengünstiger sind, als die klassische Lackierung. Außerdem können Folierungen auch selbst in der eigenen Garage vorgenommen werden. Ein wahrer Vollbluthobbytuner lässt sich die Folierungsarbeit nicht nehmen. Folieren kann im Prinzip tatsächlich jeder. Allerdings gibt es einige Punkte, die man unbedingt vorher wissen sollte. Außerdem muss man viel Geduld mitbringen. Benötigt wird nur die Folie selbst, ein Rakel, etwas Glasreiniger und ein Tuch. Eine zweite Person ist ebenfalls von Vorteil., vor allem bei Anfängern. Aber ein Muss ist dies nicht. Falls der Lack beziehungsweise die Karosserie in einem nicht sehr guten Zustand ist, wird außerdem auch noch Spachtelmasse und Schleifpapier benötigt. Je mehr Gebrauchsspuren ein Auto optisch hat, desto schwieriger ist es eine saubere Folierung vorzunehmen. Soll die Folierung ewig bleiben, müssen Beschädigungen wie Dellen und Rostpunkte vorab verarztet werden. Zur Bearbeitung und Ausmerzung dieser, eignet sich Spachtelmasse. Zuerst wird der Rost weggeschliffen. Anschließend trägt man die Spachtelmasse auf die bearbeiteten Stellen auf. Dies dient einerseits der Versiegelung der bearbeiteten Stelle und andererseits dem Füllen der Dellen und Hohlräume. Damit die gespachtelte Stelle glatt ist und nahtlos in das Karosserieteil übergeht, müssen überstehende Stellen noch weggeschliffen werden. Ist das ganze Auto bereit foliert zu werden, muss es zunächst noch gereinigt werden. Gröbere Verunreinigungen müssen unbedingt vorher entfernt werden und dürfen auf gar keinen Fall unter der Folierung sein. Für leichte Verschmutzungen und Staubpartikel eignet sich Glasreiniger, da dieser sich rückstandslos verflüchtigt und später nicht mit dem Folienkleber in Konflikt gerät. Das Folienstück muss immer so breit sein wie die breiteste Stelle des zu folierenden Karosserieteils. Ein gutes Beispiel hierfür sind vor allem die Autodächer. Diese werden oftmals nach hinten schmaler. Also muss das Folienstück mindestens so breit sein wie das vordere Ende, sofern dies denn die breiteste Stelle ist. Als schwierig erweisen können sich vor allem Quetschfalten und Designlinien in den Karosserieteilen. Zum Beispiel in Motorhauben und Stoßstangen. Hierbei darf man die Folie nicht zu stark straffen, also nicht zu viel Zug draufgeben. Es reicht völlig aus, wenn minimale Spannung auf der Folie ist.

Lackierungen. Im Vergleich zur Folierung ist eine professionelle Lackierung hingegen zwar eine edle Sache, aber eine solche kann in der Regel nur von gelernten Fahrzeuglackierern in einer richtigen Lackierwerkstatt durchgeführt werden. Heutzutage benötigt man dafür allerlei Equipment, welches dem normalen Hobbytuner bei Weitem nicht zur Verfügung steht. Vollfolierungen wirken jedoch oft billig und kommen gar nicht gut an, wenn das Fahrzeug zu einem späteren Zeitpunkt verkauft werden soll. Unter Folierungen lassen sich gravierende Mängel oder ehemalige Unfallschäden vertuschen. Daher wirkt ein vollständig foliertes Fahrzeug am Gebrauchtwagenmarkt nie seriös. Außerdem lassen sich viele Folien nur für eine kurze Zeit rückstandslos wieder entfernen. Sind sie erst mal ein paar Jahre auf dem Auto, gestaltet sich die Entfernung gerne mal als äußerst aufwendig und problematisch. Man sollte sich also im Voraus gut überlegen, ob man sein Fahrzeug wirklich folieren oder nicht doch lieber lackieren lassen möchte. Vollständige Lackierungen sind jedoch wahnsinnig teuer und können je nach Lack und Aufwand bis zu 10.000€ kosten.

Hat man dann das Fahrzeug erst mal in Wunschfarbe lackiert oder foliert, entscheiden sich manche auch noch dazu, die neue Folie mit einer weiteren zu versehen. Diese geht dann natürlich nicht lückenlos über das gesamte Fahrzeug, sondern verpasst dem Auto noch ein zusätzliches Design oder Muster. Oft auch in verschiedenen Farben. Ein bekanntes Beispiel, um hierfür eine Vorstellung zu bekommen, ist der Camouflage-Look (Tarnmuster). Dieses Muster auf der eigentlichen Folierung kann man sich im Prinzip vorstellen, wie ein weiterer großflächiger Aufkleber in Form einer Folie. Darüber hinaus gibt es auch noch hundertprozentig transparente Folien. Diese sollen dem Schutz des Lackes dienen. Beispielsweise bei Motorhauben ist dies beliebt und auch ratsam um diese vor Steinschlägen zu schützen.

Rückleuchten. Auch andere Rückleuchten können die Optik eines Autos sehr verändern. Manche schaffen regelrecht ein ganz neues Design. Sie können das Heck eines Fahrzeugs nicht nur deutlich aggressiver wirken lassen, sondern auch das Design moderner erscheinen lassen. Vor allem dann, wenn sie optisch den Stil des bereits erschienenen Nachfolgers imitieren. Großartige Beispiele sind hier der VW Golf V mit Rückleuchten im Stil derer des VW Golf VI und der Audi TT 8J mit Rückleuchten im Stil derer seines Nachfolgers Audi TT 8S. Bei diesen Autos sind die Rückleuchten unheimlich ausschlaggebend für das Design. Bei Rücklichtern aus dem Zubehör- und Tuninghandel ist es wichtig darauf zu achten, dass sie im Design mit dem Rest des Autos harmonieren. Rücklichter können ein Auto um ein Vielfaches aufwerten und viel schmucker wirken lassen. Sie können aber auch das totale Gegenteil bewirken. Viele Tuningrücklichter wirken billig und unauthentisch. Dies gilt vor allem für Klarglasrückleuchten. Entscheidet man sich für Tuningrücklichter ist es wichtig diese richtig anzuschließen und dies auch nach dem Einbau umgehend zu überprüfen. Das mag jetzt vielleicht selbstverständlich klingen, aber auch die besten Werkstätten und Tuner vergessen diesen Punkt gerne mal. Dies kann im Nachhinein zu verheerenden Folgen führen.

Realbeispiel. Vor einigen Jahren waren wir mit mehreren Autos auf dem Weg zu einem groß organisiertem Tuningtreffen. Hierfür tunten wir zuvor einen VW Polo R WRC. Er bekam das ganze Programm: Fahrwerk, Ansaugung, Abgasanlage, Software, Folierung, Felgen, Spoiler, Schweller. Er wurde rot mit schwarzen Akzenten foliert. Im Zuge dessen bekam er auch passend dazu schwarz getönte Rückleuchten mit aggressiverer Optik. Auf dem Weg zum Tuningtreffen fuhr der Polo zunächst eine ganze Weile hinter dem Fahrzeug, in dem auch ich mich befand. Ich war Beifahrer. Am Steuer saß eine Kollegin aus meinem Team. Nach einer ganzen Weile auf der Autobahn überholte der Polo uns dann irgendwann und wir fuhren hinter ihm. Als ein Auto vor ihm auf die linke Spur rauszog, bekamen wir alle einen riesen Schrecken. Vor allem aber unsere Fahrerin am Steuer, die daraufhin fast einen Unfall baute. Wir mussten feststellen, dass der Kollege, welcher die Tuningrücklichter eingebaut hatte, offenbar ein paar Stecker vertauscht hatte. Immer wenn der Fahrer im Polo auf die Bremse stieg, gingen statt der Bremslichter dafür der Rückfahrscheinwerfer an. Also die Leuchte, welche angeht, wenn der Rückwärtsgang eingelegt wird. Unser Schrecken war deshalb so groß, weil es vorkommen kann, dass man dabei reflexartig reagiert. In unserem Fall hatten wir dabei natürlich im Hinterkopf, dass wir uns gerade auf der Autobahn befinden und nicht auf einem ruhigen Parkplatz. Wenn man sich in einer Kolonne auf der Autobahn befindet und das Auto vor einem plötzlich signalisiert, dass es jetzt rückwärts fahren wird, kann man sich im ersten Moment gewaltig erschrecken. Schließlich ist das Aufleuchten des Rückfahrscheinwerfers ein Signal, welches man über viele Jahre verinnerlicht hat. Ähnlich wie beispielsweise auch das Aufleuchten der Bremslichter.

Scheinwerfer. Gleichermaßen designbeeinflussend sind die Frontscheinwerfer eines Autos. Sie sind daher der wichtigste Designpunkt in der Frontpartie. Dies gilt nicht nur für den Scheinwerfer als Ganzes, sondern auch für die Leuchte in seinem Inneren. Es macht einen gravierenden Unterschied, ob der Scheinwerfer eine altbackene gelbliche Halogenleuchte, einen weißen Xenonbrenner oder gar moderne LED-Streifen hat. Daher kommt es auch, dass Höchstmotorisierungen und Sportversionen grundsätzlich mit LED- oder Xenonscheinwerfern ausgestattet werden, da diese das Designbild des Autos deutlich unterstützen und abrunden. Sie sind außerdem hochwertiger, leistungsstärker, energiesparender und langlebiger. Also alles in allem nicht nur schöner anzusehen, sondern auch deutlich effizienter. Bei Normalversionen von Fahrzeugmodellen muss man hingegen diese Scheinwerfer gegen Aufpreis zubuchen. Aus optischer Sicht sind Xenon- und LED-Scheinwerfer ein absolutes Muss! Aber Scheinwerfer sind nicht nur ein Schönheitsaspekt bei Autos. Sie sind auch genauso ein sicherheitsrelevanter Aspekt, wie auch die Rückleuchten und die Bremslichter. So ändert zum Beispiel auch die Farbe des Scheinwerferlichts nicht nur die Optik des Autos, sondern auch die Sichtverhältnisse bei Dunkelheit sowie bei Nacht und bei Regen. Scheinwerferleuchtmittel sind in ihrer Farbe variabel, wenn man sie ersetzt. Umso weißer das Licht wird, desto besser ist die Sicht bei Nacht und bei Dunkelheit. Bei Regen verschlechtert sich die Sicht jedoch zunehmend, je weißer das Licht wird. Denn die dabei auftretenden Reflexionen des Wassers können den Fahrer im Dunkeln ungemein bleiben.

Heutzutage sind weiße oder sogar schon leicht bläuliche Leuchten bei Scheinwerfern normal. Gelbliche Halogenlampen haben praktisch keine Daseinsberechtigung mehr und sind fast ausgestorben. Aber auch Xenonscheinwerfer können nicht nur weiß oder bläulich leuchten. Auch gelb, rot, violett oder grün ist beispielsweise möglich. Daher sind sie besonders unter Hobbytunern beliebt um eine schönere Farbe im Scheinwerferlicht zu bekommen. Meist wird von gelb auf weiß gewechselt oder sogar von weiß auf blau. Möchte man bei seinen Xenonscheinwerfern die Farbe ändern, muss man dazu lediglich die Brenner tauschen. Hierbei gilt es vor allem auf zwei Dinge zu achten:

1. **Sockel.** Der Sockel in dem das eigentliche Leuchtmittel, also der Xenonbrenner sitzt, ist immer mit dem Brenner verbunden. Der Sockel und der Brenner werden bereits als ein Teil gekauft und können dann als Ganzes in den Scheinwerfer eingebaut werden. Daher muss man beim Tausch beziehungsweise Einbau darauf achten, dass der Sockel passgenau ist. Denn bei den Sockeln von Xenonbrennern gibt es verschiedene Formen und Arten. Die klassischsten und meist verbauten Varianten sind die Sockelarten "D2S", "D2R", "D1S" und "D3S".
2. **Farbe.** In der Physik gibt es den Wert der "Farbtemperatur". Temperaturen werden in der Physik nicht mit Celsius oder Fahrenheit angegeben, sondern in "Kelvin". Die verschiedenen Farben von Xenonbrennern orientieren sich aufgrund ihrer unterschiedlichen Brenntemperaturen an einer Temperaturskala. Je nach Temperatur ergibt sich ein anderes Farbspektrum in dem das Licht abgestrahlt wird. Daher wird die Farbe eines Xenonbrenners in Kelvin angegeben. Wenn man seinen Xenonbrenner tauschen möchte, sollte man sich also im Voraus überlegen, welche Farbe man möchte. Schlicht und dennoch am stilvollsten ist reines weißes Licht. In diesem Fall befindet man sich bei circa 6000 Kelvin. Bei dieser Temperatur erreicht man weißes Tageslicht bei Bewölkung. Bei 6000 Kelvin ist kein Gelbstich mehr vorhanden, aber auch noch kein Blaustich.

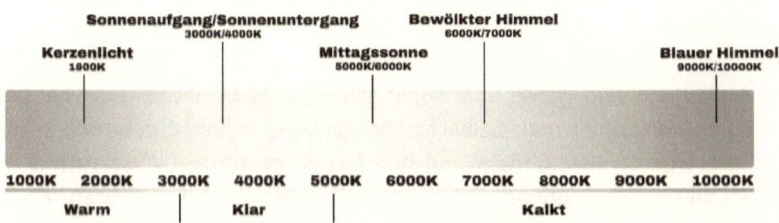

(Farbtemperaturskala von Xenonbrennern in Kelvin)

Funfact. Ist euch beim Filmen eines Autos oder auf Videos schon mal aufgefallen, dass manche Rückleuchten oder Scheinwerfer flackern und dass man dies ausschließlich auf dem Video sieht, nicht aber in echt? In diesem Fall handelt es sich grundsätzlich um LEDs (**L**ight **E**mitting **D**iode, Deutsch: Licht emittierende Diode). Diese haben eine äußerst starke Leuchtkraft. Da sie normalerweise die im Straßenverkehr erlaubten Werte deutlich überschreiten, werden sie in ihrer Leuchtkraft begrenzt. Dies wird erreicht, indem sie bis zu hundert mal pro Sekunde an- und ausgeschaltet werden (100 Hertz). Das menschliche Auge nimmt durchschnittlich bis zu 24 Bilder pro Sekunde wahr (24 Hertz). Kameras nehmen ebenfalls mit einer bestimmten Hertz-Frequenz auf. Übersteigt die Anzahl von Bildern pro Sekunde, welche die Kamera aufnimmt, die Anzahl die der Mensch wahrnehmen kann, sehen wir dies als Film und nicht mehr als einzelne Bilder. Natürlich nimmt aber nicht jede Kamera exakt die gleiche Anzahl an Bildern pro Sekunde auf, wie die LED-Scheinwerfer und LED-Rückleuchten getaktet sind. Selbst Smartphone-Kameras sind heutzutage spielend in der Lage, die Frequenz eines LED-Scheinwerfers um ein Vielfaches zu übertreffen. Aufgrund dieser Differenz wird dann auf dem Video das An- und Ausschalten der LEDs als ein Flackern sichtbar. Die Kameras sind also in der Lage die LEDs in einem ausgeschalteten Moment zu erwischen. Das menschliche Auge hingegen nicht.

Shadow Lights. Äußerster Beliebtheit erfreuen sich auch Türbeleuchtungen in Form von kleinen LED-Projektoren. Diese sitzen im unteren Teil der Türinnenverkleidung. Bei geöffneter Tür strahlen sie den Boden unter sich an. Dabei kann man dann nicht nur einen Lichtschein sehen, sondern meist ein Bild. In aller Regel wird hierbei das Logo und der Name des Autoherstellers gewählt. Vor allem bei den drei großen deutschen Premiummarken kann man solche Projektionen oft beobachten. Möchte man einen solchen LED-Projektor nachrüsten wird es allerdings in vielen Fällen etwas kniffelig. Die besten Erfolgschancen hat man, wenn in der Unterseite der Türinnenverkleidung bereits ab Werk eine Leuchte verbaut ist. Diese kann man dann durch den Projektor ersetzen. Hierbei muss man allerdings unbedingt darauf achten, dass der Anschluss passt. Außerdem müssen die Maßen des Projektors mit denen der ursprünglichen Leuchte übereinstimmen, damit er in die Öffnung passt. Ist aber ab Werk keine Leuchte vorhanden, muss man zum einen erst mal in den Kunststoff der Türverkleidung eine Ausbuchtung schneiden, in die der LED-Projektor hineinpasst. Zum anderen muss der Projektor mit zusätzlichen Leitungen an das Lichtnetz des Fahrzeuges angeschlossen werden, damit er mit Strom versorgt wird. Hierbei handelt es sich um die größte Hürde. Bei moderneren Autos wird das Stromnetz als auch beispielsweise ein separates Lichtnetz von einem eigenen Steuergerät gesteuert. Dieses überwacht auch die Spannung des gesamten Netzes. Schließt man nun zusätzliche Leuchten mit zusätzlichen Leitungen an, erhöht sich der elektrische Widerstand des Netzes. Dadurch nimmt wiederum die Spannung ab und das registriert das Steuergerät. Dies kann im harmlosesten Fall nur eine Fehlermeldung bewirken. Schwieriger wird es dann jedoch, wenn das Steuergerät etwas zickiger programmiert ist und aufgrund der Spannungsdifferenz einfach das Netz abschaltet. Eine Seltenheit ist dies leider nicht.

Bodykits. Bodykits sind in der Lage das komplette Aussehen eines Fahrzeuges zu verändern. Sie ersetzen dabei meist im direkten Sinne einige Karosserieteile. Stoßstangen, Kotflügel und Seitenschweller, sind die häufigsten Bauteile, die hierbei verändert werden. Allerdings gehört auch ein dezenter bis halbwegs großer Heckspoiler dazu. Nicht unbedingt eine riesen Frittentheke wie beim GT3 RS, auf der man in der Sonne Eier braten kann. Entscheidend ist nicht die Größe, sondern dass er zum Gesamtpaket passt. In seltenen Fällen gehört auch noch eine neue Motorhaube mit besonderen Lufteinlässen oder Lufthutzen dazu. Wenn jemand die Motorhaube ersetzt oder optisch verändert, geschieht das gerne auch mal in Carbon(-Optik). Manchmal spricht man auch bei simplen Kotflügelverbreiterungen bereits von Bodykits. Diese können auf zwei Arten herbeigeführt werden:

1. **Bördeln.** Durch das Einwirken einer Kraft wird der Kotflügel mechanisch gezogen und dadurch nach außen verbreitert. Es wird hierbei kein zusätzliches Material hinzugefügt. Dies erfordert allerdings einen professionellen Eingriff von geübter Hand.
2. **Separate Anbauteile.** Alternativ kann man geschraubte Kotflügelverbreiterungen an den Radhäusern anbringen. Ein wunderbares Beispiel hierfür ist der Dodge Challenger. Der Demon und der Redeye haben ab Werk eine geschraubte Kotflügelverbreiterung. Hierbei handelt es sich um ein sogenanntes "Widebody-

Kit". Bei den Motorisierungen R/T, SRT, ScatPack und Hellcat sind die Radhäuser hingegen komplett flach und mit dem Rest der kompletten Fahrzeugseite eben. Deshalb wirkt der Challenger auch wie ein einziger Kasten. Allerdings ein sehr böser, aggressiver Kasten. Bei diesen Motorisierungen kann man aber als zusätzliche Option gegen Aufpreis die Kotflügelverbreiterungen ab Werk mitbestellen. Viele Besitzer von modernen Challenger-Modellen versuchen allerdings im Nachhinein die originalen Kotflügelverbreiterungen nachzurüsten. Dagegen spricht zunächst erst mal nichts. Jedoch bleiben in 90% der Fälle die Räder und die Achsen unberührt, was am Ende katastrophal aussieht. Stellt euch vor die Kotflügel werden auf jeder Seite 3,5 cm breiter, aber das Rad bleibt da stehen, wo es sich auch vorher befand. Mehr "gewollt und nicht gekonnt" geht nicht. Ab Werk beinhalten die Kotflügelverbreiterungen bei Dodge einige zusätzliche sportliche Erweiterungen, zu denen unter anderem leicht breitere Achsen und deutlich breitere Felgen mit 305er-Reifen gehören. Somit beinhaltet das Ganze nicht nur technische Verbesserungen, sondern sieht vor allem auch stimmig aus.

Liberty-Walk. Rüstet man Kotflügelverbreiterungen selbst nach, sollte man unbedingt beachten, auch das Rad mit Distanzscheiben und/oder breiteren Felgen nach außen zu verlegen und der Kotflügelverbreiterung anzupassen. Ansonsten steht das Rad viel zu weit im Radhaus und das sieht dann letztendlich wirklich katastrophal aus. Die Optik eines Fahrzeuges kann durch solche Veränderungen im positiven Sinne extrem zunehmen. Allerdings gibt es im Zubehörhandel und im Internet auch viele recht billig wirkende Bodykits und Kotflügelverbreiterungen. Ein Tuner oder ein Autofreak mit einem halbwegs geschultem Auge wissen diese zu erkennen und von beispielsweise einem hochwertigem Liberty-Walk-Bodykit zu unterscheiden. Beim Liberty-Walk-Umbau wird die Karosserie um extra große Bauteile erweitert. Vor allem die Kotflügel sind hierbei sehr markant. Oftmals sind es Supersportwagen, die dieses hochwertige Bodykit verbaut bekommen. Meist auch sehr hoch motorisierte Premiumfahrzeuge von Mercedes, BMW usw. Recht oft sieht man Liberty-Walk-Umbauten auf den Modellen Lamborghini Huracan, Nissan GT-R, BMW M4 und Mercedes-Benz C63 AMG Coupé.

Bōsōzuko. Wer jetzt denkt, dass ein Liberty-Walk-Umbau in Sachen optischem Tuning das Maß aller Dinge sei, der hat die Rechnung ohne eine ganz bestimmte Nation gemacht. Es gibt ein Land auf dieser Welt, das grundsätzlich die bizarrsten Szenen, Menschen und Dinge parat hält. Sei es die Esskultur, die Driftkultur, die Ehre, die Zeichentrickserien, die Selbstmordrate oder gar die Pornographie. Die Rede ist von den Japanern. Sie haben immer den "krankesten Scheiß" am Start. Da Japan weltweit mit Deutschland und den USA zu den drei größten Automobilnationen gehört, ist dort auch die Auto- und Tuningszene stark ausgeprägt und vertreten. In Deutschland ist dies spätestens seit "Fast & Furious: Tokyo Drift" bekannt. Doch es gibt einen Teil der japanischen Tuningszene, die der Film nicht aufgreift. Und zwar einen ganz speziellen Teil, den die Wenigen, die ihn überhaupt kennen, hierzulande schon tatsächlich regelrecht gruselig finden. Die Rede ist vom "Bōsōzuko". Oberflächlich betrachtet ist diese Szene eigentlich erst mal ganz harmlos. Dort werden meist recht alte Fahrzeuge optisch komplett neu aufgebaut. Allerdings werden sie dabei mit einem extrem bizarren und individuellem Aussehen versehen. Teilweise haben diese Autos bis zu 15 Auspuffrohre, die hinter dem Fahrzeug noch gut und gern zwei Meter schräg nach oben herausragen. Riesige Spoiler, die buntesten Farbkombinationen und Karosserieveränderungen im futuristischen Design, sind an der Tagesordnung in der Welt des Bōsōzuko. Dazu gehört auch eine extrem laute Abgasanlage. Überall haben die Fahrzeuge Zacken und unten sind weit nach außen ragende Platten montiert, die so etwas wie Spoiler darstellen sollen. Diese sind ebenfalls den bunten Wagenfarben angepasst. Manchmal sehen diese Autos fast aus wie Kirmesfahrgeschäfte.

Funfact. Dem japanischen Kern der Bōsōzuko-Szene wird nachgesagt, kriminell zu sein und ein äußerst provokantes Auftreten zu haben. Sie werden allgemein hin als Außenseiter betrachtet. Darüber hinaus sollen sie auch Kontakt zu der japanischen Mafia der "Yakuza" haben.

Sound

Dieses Kapitel lag mir besonders am Herzen, denn für einen wahren Autofreak und einen echten Liebhaber gibt es doch nichts Schöneres und nichts Emotionaleres als den Sound eines Autos und den Klang eines sportlichen, hubraumstarken Motors. Es gibt ein paar Autos, dessen Klang ist so fantastisch, dass sie in diesem Buch einfach erwähnt werden müssen. Vor allem Saugmotoren oberhalb der Vierzylindergrenze werden für ihr charakteristisches Klangbild bewundert. Völlig zu Recht! Oft haben sie mehr Hubraum als turboaufgeladene Aggregate und können auch mehr Umdrehungen pro Minute erreichen. Wobei dies theoretisch von der Aufladung unabhängig ist. Durch diese Faktoren kommen bei einigen sportlichen Autos die wichtigsten Indikatoren für die Klangkulisse zusammen. Beispielsweise dreht der Boxermotor des Porsche 911 991.2 GT3 RS (4.0 B6, 520 PS) bis 9.000 Umdrehungen pro Minute. Sein großvolumiger Boxermotor erzeugt dabei ein unnachahmliches Geschrei. Der Sound, den dieses Aggregat bei solch hohen Umdrehungen macht, bewirkt ein garantiertes "Gänsehaut-Feeling". Für besonders großartigen Sound ist auch der Reihensechszylinder aus dem BMW E46 M3 (3.2, 343 PS, 360 PS) und der V8 aus dem BMW E92 M3 (4.0, 420 PS) bekannt. Auch bei ihnen handelt es sich um Hochdrehzahlmotoren, welche ab Werk bereits extrem getunt waren, um auf ihre Leistung zu kommen. Für damalige Verhältnisse war die Leistung dieser Autos recht hoch. Das Klangbild des E46 M3 ist weltweit einzigartig und in seiner Form nur bei diesem Auto so zu bekommen. Einzigartig ist der Sound auch bei den S85B50-Motoren von BMW. Die Zehnzylinder (5.0 Liter mit 507 PS) kamen im E60 M5 und im E63 M6 zum Einsatz. Auch sie bekamen umfassende und ähnliche Tuningmaßnahmen von den Ingenieuren der hauseigenen Tuningschmiede "M-GmbH". Das Ergebnis war brachial! Das infernalische Geheul des Hochdrehzahl-V10 wird überall geliebt oder aber tatsächlich auch gehasst, wo auch immer ihn seine Räder hintragen. So auch der Lexus LFA (4.8 V10, 560 PS). Sein Sound ist dem legendärem V10 von BMW äußerst ähnlich. Leider gibt es jedoch nur 500 Exemplare weltweit von diesem Hochdrehzahlboliden. Interessant ist auch der Klang des Honda S2000. Vierzylindermotoren sind nicht unbedingt für ihr charakteristisches Klangbild bekannt. Dennoch ist dieses Modell äußerst beeindruckend. Ganze 9.000 Umdrehungen pro Minute erreicht der 2.0-Liter-Vierzylinder und generiert dabei 241 PS. Aber auch Turbomotoren können fantastischen Sound haben. Besonders bekannt hierfür sind der Nissan Skyline GT-R R34 und dessen Nachfolger. Aber auch die alten Evo-Versionen vom Mitsubishi Lancer sind besonders. Ähnlich wie die Boxermotoren von Subaru gehören sie zu den einzigen Vierzylindermotoren, die sich mit Turboaufladung wirklich schön und kernig anhören. Und natürlich darf auch nicht mein All-Time-Favorite fehlen: Der Ford Focus RS Mk2 mit seinem charakteristischem Volvo-Fünfzylinder-Turbo.

Funfact. Interessant ist der S2000-Motor außerdem, da er so sehr auf Drehzahl ausgelegt wurde, dass er eines der wenigen Aggregate in der Automobilwelt ist, welches eine höhere Leistung als sein maximales Drehmoment erzeugt. Das Drehmoment liegt bei lediglich 208 Nm. Die PS-Leistung hingegen ist für einen Motor mit 2.0 Liter Hubraum ohne Aufladung mit 240 PS respektabel hoch! Normalerweise ist der Wert des maximalen Drehmoments höher als der, der maximalen Leistung. Nur ganz selten kann man beobachten, dass stattdessen die Leistung höher ist. Dieses Phänomen findet man ausschließlich bei Hochdrehzahlmotoren vor. Beispielsweise hat der Audi RS5 (4.2 V8) der ersten Generation eine Leistung von 450 PS und dazu ein Drehmoment von 430 PS. Der Lamborghini Aventador LP780-4 Ultimae (6.5 V12) leistet 780 PS und 720 Nm. Beide der zuvor genannten Motoren drehen bis 8.500 U/m.

Weniger Performance = Mehr Charakter. Gefallen finden kann man unter den eher wenigen charakterstarken Vierzylindern, auch noch am Nissan 200SX, welcher in der US-Amerikanischen Version sogar 2.4 Liter Hubraum hatte. Er gehört damit bis heute zu den hubraumstärksten Vierzylindern der Welt. In den USA hieß er dann passenderweise 240SX. In Japan, seinem Herkunftsland, hieß er 180SX, da er dort einen 1.8er-Turbo bekam. Der 240SX leistete lediglich 140 PS. So viel Hubraum und so wenig Leistung mussten geradezu einen guten Klang erzeugen. Auch wenn nur vier Zylinder vorhanden waren. Denn es existiert tatsächlich das Phänomen, dass je älter und leistungsärmer ein Motor ist, desto charakteristischer und schöner sein Klangbild ist. Dies kann man vor allem gut bei amerikanischen Pony- und Muscle-Cars sehen. Aber auch zum Beispiel bei Maserati, Ferrari und Lamborghini. Italienische V12-Motoren und US-Amerikanische V8-Motoren sind in Sachen Klangkulisse die ungeschlagenen Könige in dieser Disziplin. Doch dies hängt nicht nur mit dem meist außergewöhnlich großen Hubraum der Muscle-Car-Motoren zusammen. Leider wird es oftmals plump so dargestellt, was aber in der Realität bei Weitem nicht ausreicht, um die entsprechenden Klangbilder zu erzeugen.

Kurbelwellen. Für den klanglichen Unterschied eines amerikanischen V8 und eines beispielsweise deutschen V8, sind in erste Linie die Zündfolgen der einzelnen Zylinder und vor allem die Bauart der Kurbelwelle verantwortlich. Bei manchen europäischen und japanischen Motoren, insbesondere bei Ferrari und McLaren werden sogenannte Flatplane-Kurbelwellen verbaut. Auf diesen Kurbelwellen sind die Zapfen zweidimensional angeordnet. Das bedeutet, dass sie ausschließlich nach oben und nach unten ausgerichtet sind. Die Kurbelwelle ist also flach. Bei US-amerikanischen Automobilherstellern werden hingegen vor allem Crossplane-Kurbelwellen verwendet. Bei ihnen sind die Zapfen dreidimensional angeordnet. Das bedeutet, sie sind nicht nur nach oben oder unten ausgerichtet, sondern auch wahlweise in alle anderen Richtungen. Dies bewirkt einen ganz anderen, viel charakteristischeren Lauf und sorgt oft für ein deutlich emotionaleres Klangbild. So kommt es beispielsweise vor, dass US-amerikanische V8-Motoren nicht auf jeder Zylinderbank abwechselnd zünden, sondern manchmal auch zweimal oder sogar dreimal nacheinander auf ein und derselben Bank. Daher kommt das berühmte "Blubbern" und der manchmal etwas unrunde Lauf. Die Ausnahme sind Vierzylindermotoren. Diese haben zumindest in Kraftfahrzeugen in der Regel immer Flatplane-Kurbelwellen. Das bedeutet, dass immer zwei Kolben zur gleichen Zeit den obersten Punkt im Zylinder erreichen. Im Arbeitstakt befindet sich allerdings dann nur einer der Zylinder. So ist es auch zum Beispiel bei V8-Motoren mit Flatplane-Kurbelwelle. Nur, dass man hier die doppelte Anzahl an Zylindern hat. Mit Crossplane-Kurbelwellen hingegen, befindet sich bei Achtzylindern jedoch meist nur ein einziger Kolben am obersten Punkt seines Zylinders und zündet. Dies wird durch die dreidimensionale Anordnung der Kurbelwellenzapfen bewirkt. Denn im Vergleich zur Flatplane-Kurbelwelle sind hier viel mehr Möglichkeiten der unterschiedlichen Kolbenstellungen pro gleichen Zeitraum gegeben. Dies verändert folglich auch die zeitlichen Abstände zwischen den einzelnen Zündungen und ist wiederum entscheidend für das Klangbild. Viele glauben, dass die Art der Kurbelwelle daher entscheidend für den Großteil des akustischen Charakters bei Motoren ausmacht. Zumindest wenn sie im Serienzustand sind und nicht nachträglich verändert wurden. Doch ist es vielmehr so, dass die Art der Kurbelwelle lediglich verschiedene Klangbilder ermöglicht. Was der Automobilhersteller letztendlich daraus macht, ist eine ganz andere Sache. Denn nicht nur die Amis verbauen Crossplane-Kurbelwellen, sondern auch die meisten deutschen und europäischen Hersteller, da sie eine bessere Laufkultur ermöglichen. Aber warum sind dann US-amerikanische V8-Motoren so viel charakteristischer als die meisten deutschen? Das liegt letztendlich an der Zündfolge und an der Aufmachung der Motoren. Die Crossplane-Kurbelwellen begünstigen zwar ein tolles Klangbild, doch nicht immer wird auch der Rest vom Motor entsprechend dazu aufgebaut und abgestimmt. Schließlich laufen die Ami-V8-Motoren ganz anders als vergleichbare deutsche Aggregate. Daher der große klangliche Unterschied, trotz Crossplane-Kurbelwellen auf beiden Seiten des großen Teichs. Doch auch europäische Motoren können wahnsinnig emotional sein. Und sie können die Amis sogar auch in diesem Punkt übertreffen. Man denke nur an die unnachahmlich schönen Klangbilder des Maserati Quattroporte V (4.2 V8, 400, 4.7 V8, 440 PS) oder des Jaguar F-Type R (5.0 V8K, 550 PS).

Funfact. Flatplane-Kurbelwellen eignen sich hervorragend für hohe Drehzahlen, bewirken aber weniger Laufkultur und klingen weniger emotional. So kommt es, dass sie entsprechend gerne in sportlichen Hochdrehzahlmotoren und auch im Rennsportbereich zum Einsatz kommen. Daher verwendet beispielsweise Ferrari heutzutage bevorzugt Flatplane-Kurbelwellen für Hochdrehzahlmotoren. Audi jedoch nicht. RS4, RS5 und R8 kommen allesamt mit Crossplane-Kurbelwellen aus. So auch beispielsweise das Hochdrehzahlaggregat des BMW E92 M3, was man dem Klang tatsächlich auch deutlich entnehmen kann. Vor allem, wenn man ihn mit dem V8 aus dem 458 Italia vergleicht.

Motorbauarten. Wichtig sind für den Klang und den Charakter nicht nur die Kurbelwelle und der Hubraum, sondern auch die Anzahl der Zylinder sowie die Bauart des Motors. In nahezu jeder Bauart gibt es Motoren, die einen besonders schönen und allseits beliebten Klang haben. Zum Beispiel Sechszylinderboxermotoren von Porsche, US-Amerikanische Achtzylinder-V-Motoren, Reihensechszylindermotoren von BMW, Reihenfünfzylindermotoren von Volvo und Ford, VR-Motoren von VW, Vierzyliderboxermotoren von Subaru und nicht zu vergessen italienische Zwölfzylindermotoren. All diese Motoren besitzen auf der ganzen Welt Anhänger und Fangemeinden. Aber dies sind natürlich nur einige Beispiele.

AMG. Unter den deutschen Autoherstellern haben vor allem die großvolumigen 6.2-Liter-V8-Sauger von AMG sehr viel Charakter besessen. Diese hat Mercedes-Benz über einen langen Zeitraum in all ihren Höchstmotorisierungen, den AMG-Modellen, verbaut. Leider sind sie allerdings mittlerweile schon längst ausgestorben. Auch wenn aus traditionellen Gründen die Bezeichnungen der Modelle C63 AMG, E63 AMG usw. benutzt wurden, hatten die Motoren tatsächlich 6.2 Liter, statt der im Namen enthaltenen 6.3. Durch den großen Hubraum und die sportlichen Abgasanlagen von AMG haben die Motoren einen wirklich pompösen und hämmernden Klang erzeugt. Sie wurden später leider durch 5.5-V8-Biturbomotoren ersetzt. Aber auch diese Maschinen wurden inzwischen als zu groß befunden und sind ebenfalls durch kleinere Aggregate ersetzt worden. Anschließend bekamen die 63er-AMG-Modelle sogar nur noch 4.0 Liter Hubraum. Hierdurch hat sich leider auch das Klangbild sehr verändert. Bollern und tieftönig wummern können sie zwar immer noch gut, aber nichtsdestotrotz ist das Klangbild bei Weitem nicht mehr so charakteristisch wie bei den 6.2-Liter-Saugern.

V12. Besonders beliebte und wahrhaftig extreme Klänge weisen die Zwölfzylinder des Lamborghini Murciélago (6.5 V12, 640, 650, 670 PS), des Pagani Zonda (6.0 – 7.3 V12, 394 PS – 800 PS) und des Apollo IE (6.3 V12, 780 PS) auf. Das "IE" in seinem Namen steht übrigens für "Intensa Emozione". Dies ist Italienisch und bedeutet so viel wie "Intensives Gefühl". In Anbetracht der Leistung des Zwölfzylindermotors und des Klanges, den er entwickelt, handelt es sich um einen wahrhaft passenden Namen. Dass die älteren italienischen V12-Motoren einen besonders schönen Klang erzeugen, hat technisch gesehen auch einen Grund, denn beide der zuvor genannten Fahrzeuge sind unter anderem mit der mittlerweile eher veralteten Saugrohreinspritzung ausgestattet und vor allem besaßen sie keine Turbolader. Für viele Motorsportfans ist das unnachahmliche Geschrei von hoch drehenden V12-Motoren der schönste Klang überhaupt.

Einspritzung. Die Saugrohreinspritzung ist zwar leider nicht mehr Stand der Technik, bewirkt aber ebenfalls, dass das Klangbild charakteristischer wird. Hierbei wird das Benzin in den Ansaugtrakt des Motors, also noch vor den Einlassventilen eingespritzt. Heutzutage setzt man allerdings eher auf die Technik der Direkteinspritzung. Das bedeutet, dass hierbei der Kraftstoff nach den Einlassventilen direkt in den Brennraum des Motors eingespritzt wird. Dieses Prinzip ist effizienter, sorgt für mehr Leistung und gleichzeitig niedrigeren Spritverbrauch. Am bekanntesten ist hier die FSI-Technik von Audi. "Fuel Stratified Injection" bedeutet im Endeffekt nur, dass es sich ganz einfach um einen Saugmotor mit moderner Benzindirekteinspritzung handelt. Ältere Motoren, die stattdessen noch mit einer Saugrohreinspritzung arbeiten, auch bei manchen Automarken als MPI (Multi Point Injection = Mehrpunkteinspritzung) bekannt, weisen einen kraftvolleren und sonoreren Klang auf. Noch extremer ist dieser Effekt bei sehr viel älteren Motoren, welche ihre Kraftstoffversorgung noch durch einen oder sogar mehrere Vergaser bekommen. Ihr Sound ist geradezu bombastisch verglichen mit aktuellen Autos. Vor allem bei großen, hubraumstarken Motoren mit vielen Zylindern. Hier ergibt sich tatsächlich das interessante Phänomen: Je älter das Fahrzeug ist und je schlechter die Performance des Motors ist, desto schöner und charakteristischer ist in der Regel sein Klang. Dies ist natürlich keine wissenschaftliche Formel, trifft aber dennoch in der Realität so gut wie immer zu.

Ansaugung. Für lauten, auffälligen oder besonderen Sound ist vor allem die Abgasanlage eines Autos zuständig. Was die meisten Menschen allerdings nicht wissen ist: Sound kommt auch genau so vorne aus dem Motor heraus. Also nicht nur hinten aus der Abgasanlage, sondern auch vorne aus der Ansaugung. Allerdings ist der Sound aus dem Motorraum in der Regel deutlich leiser als der aus der Abgasanlage. Deshalb steht bei Lautstärkedebatten auch grundsätzlich nur die Abgasanlage als Diskussionsthema im Raum. Wenn ein Motor allerdings ab Werk richtig schön zurechtgemacht wird, kann der Ansaugklang durchaus den Sound aus der Abgasanlage übertrumpfen. In der Regel ist dies allerdings nur ganz selten und auch nur bei sehr sportlichen Autos der Fall. Vor allem BMW und Porsche beherrschten dies in der Vergangenheit gut. Das beste Beispiel für sportlichen und lauten Sound aus dem Ansaugtrakt ist und bleibt der BMW E46 M3 (3.2 R6, 343 PS, 360 PS).

Ladedruck. Ein besonderer Sound der aus dem Ansaugsystem zu hören ist, ist die Luft vom Turbolader. Diese wird aufgrund des Druckes mit dem sie in den Motor befördert wird, akustisch wahrnehmbar. Schaufelt der Turbolader Luft und komprimiert diese im Motor, spricht man von Ladedruck. Umgangssprachlich wird dieses Geräusch gerne "Pfeifen" genannt. Tatsächlich ist es aber vielmehr ein Zischen als ein Pfeifen. Ist aber tatsächlich ein Pfeifen oder gar ein Geheul zu hören, ist der Turbolader in der Regel stark verschlissen. Das Zischen des Ladedrucks lässt jedes Autoliebhaberherz höher schlagen. Durch offene Luftfilter und Tuningansaugsysteme lässt sich dieser akustische Effekt noch verstärken.

Blow-Off. An dieser Stelle gibt es außerdem noch einen weiteren klanglichen Effekt, der unbedingt Erwähnung finden muss. Die Rede ist Blow-Off-Sound. Bei sogenannten Blow-Off- und Pop-Off-Ventilen handelt es sich zu Deutsch um ein Schubumluftventil im offenen Zustand. Schubumluftventile lassen überschüssigen Ladedruck in den Motorraum oder in einen Bypass ab. In letzterem Fall spricht man von geschlossenen Schubumluftventilen. Seit vielen Jahren werden Schubumluftventile mit

Bypass (also geschlossen) bei Turboladern verbaut. Früher verwendete man sie auch im offenen Zustand. Geschlossen sind sie allerdings deutlich effizienter und sorgen für besseres Ansprechverhalten. Daher gibt es bei heutigen Autos keine offenen Blow-Off-Ventile mehr, außer bei speziell getunten Fahrzeugen. Denn der Sound, der entsteht, wenn das Schubumluftventil den Ladedruck ablässt, ist ein unnachahmlich schönes flatterndes Zischen. Im Internet wird dieser Klang gerne phonetisch (nach Wortlaut) beschrieben. Das mag jetzt etwas witzig klingen, aber der Wortlaut ist "stututu". Jeder der Need for Speed und ähnliche Games gezockt hat, wird wissen, was ich meine. Für mich persönlich ist dies der schönste Klang, den ein Auto überhaupt nur irgendwie machen kann. Das Luftablassgeräusch symbolisiert Ladedruck, Power und absolutes Tuningfeeling. Aber Vorsicht! Wer bei neueren Turbomotoren sein geschlossenes Schubumluftventil durch ein Offenes ersetzen will, um diesen wunderschönen Klang zu generieren, der muss in den allermeisten Fällen auch das Motorsteuergerät neu programmieren lassen. Denn dieses rechnet die durch den Bypass geleitete Luftmasse im Voraus schon mit ein. Wird nun aber ein offenes Blow-Off-Ventil verbaut, wird der überschüssige Ladedruck nicht mehr im geschlossenem System in den Bypass geleitet. Stattdessen wird die Luft hörbar in den Motorraum abgelassen. Nun stimmt auch die eingerechnete beziehungsweise erwartete Luftmasse nicht mit den sensorisch gemessenen Werten überein. Daher kann es zu Rucklern und einem deutlich schlechteren Ansprechverhalten des Motors kommen. Es gibt aber auch geschlossene Tuningschubumluftventile, die den Ladedruck und das Ablassen der Luft in den Bypass trotzdem hörbar machen. Diese sind dann zwar nicht ganz so laut, aber dennoch deutlich zu vernehmen. Außerdem sind sie auch legal und der Motor läuft genau so sauber wie vorher. Ganz leicht hört man diesen Sound im Serienzustand beispielsweise beim Hyundai i30N Performance. Oder darf es etwas mehr sein? Deutlich stärker ist der Klang der Luftsäule beim Ford Focus RS Mk2. Und wem das noch nicht extrem genug ist, für den eignen sich die Modelle von Bugatti. Wahrscheinlich gibt es kein Straßenfahrzeug, bei dem der Klang des Ladedrucks im Serienzustand stärker und kraftvoller zu vernehmen ist, als bei den französischen Prestigeboliden. Bei vier Turboladern und über 1.000 PS ist das wohl auch nicht verwunderlich. Schade nur, dass selbst der alte Veyron gebraucht noch über eine Millionen Euro kostet.

Abgasanlagen. Die wohl beliebtesten Tuningteile, neben Felgen und Fahrwerken, sind definitiv die Abgasanlagen. Das liegt ganz einfach daran, dass der Sound eines Fahrzeugs einer der emotionalsten Aspekte ist. Abgasanlagen sind maßgeblich für das Klangbild und die Lautstärke eines Autos. Steigert man diese beiden Aspekte, steigt dadurch auch das Emotionslevel. Aber auch aus leistungstechnischer Sicht erfüllen Tuningabgasanlagen und Sportschalldämpfer einen Zweck. In den meisten Fällen sorgen sie für weniger Staudruck und können dadurch manchmal eine dezente Leistungssteigerung bewirken. Vor allem Turbomotoren freuen sich über eine solche Maßnahme. Es gibt aber auch vereinzelt wenige Motoren, bei denen immer wieder die Behauptungen aufkommen, dass sie tatsächlich auch geringfügig Leistung beziehungsweise Drehmoment verlieren, wenn man ihre Abgasanlage tunt. Begründet wird dies dadurch, dass durch verringern des Staudrucks, welchen die Serienabgasanlagen mit ihren Schalldämpfern bewirken, der Motor schlechter Kompression aufbauen kann. Aus technischer Sicht ist diese Begründung aber nur bei Zweitaktmotoren nachvollziehbar. Diese werden allerdings schon seit den 1970er-Jahren nicht mehr in Kraftfahrzeugen verbaut. Fakt ist aber, dass es moderne Fahrzeuge gibt, bei denen der Staudruck in der Abgasanlage sensorisch überwacht wird. Selbst das deaktivieren eine Auspuffklappe kann schon für Fehlermeldungen sorgen. Manche Steuergeräte sind dabei so sensibel programmiert, dass sie durch eine solche Fehlermeldung direkt in den Notlauf schalten. In diesem Fall läuft der Motor nur noch auf Sparflamme. Der Ladedruck wird sehr früh begrenzt, die Drosselklappe öffnet nur noch teilweise und manchmal werden auch die höheren Gänge im Getriebe gesperrt.

Serienabgasanlagen. Auch wenn die Abgasanlage zu den mit Abstand beliebtesten Tuningteilen gehört, so gibt es auch sportliche Autos die so etwas definitiv nicht nötig haben. Für besondere Lautstärke im Serienzustand sind unter anderem der BMW M4 (F82, 3.0 R6T, 431 PS), der Chevrolet Camaro SS (VI, 6.2 V8, 453 PS), der Hyundai i30N (PD, 2.0 R4T, 250 PS - 275 PS) sowie die meisten Ferrari- und Lamborghini-Modelle berühmt. Die Lautstärke dieser Autos hebt sich deutlich von anderen Modellen und Sportwagen ab. Normalerweise schiebt der Gesetzgeber vor zu laute Autos beziehungsweise Abgasanlagen einen Riegel. In selten Fällen greifen die Hersteller allerdings ganz tief in die Trickkiste, da diese Autos die gesetzlichen Limits deutlich überschreiten. Vor allem für den

Hyundai i30N ist dies ungewöhnlich, da sein Motor der mit Abstand kleinste dieser Autos ist. Dabei ist er aber um ein Vielfaches lauter als seine Mitstreiter in derselben Fahrzeugklasse. Beispiele hierfür sind der VW Golf R, der Honda Civic Type R, der Mercedes-Benz A45 AMG oder der Ford Focus RS. Sie alle haben kleine, turboaufgeladene Vierzylindermotoren. Doch der Hyundai i30N übertrifft sie bei Weitem in Sachen Lautstärke. Obwohl er schon wirklich abartig laut ist, hat auch er noch Schalldämpfer in der Abgasanlage. Dieses Auto ist ein gutes Beispiel dafür wie laut Verbrennungsmotoren in Wahrheit sind. Ist der Motor überhaupt nicht mehr schallgedämpft, sondern nur noch ein durchgehendes Abgasrohr verbaut, nennt man dies "Straight Pipe" (Deutsch: Gerades Rohr). In diesem Fall wird ein Auto allerdings aufgrund der abartigen Lautstärke praktisch unfahrbar. Straight Pipes gehen weit über das "Nachbarn-Ärgern-Level" hinaus. Doch zurück zu den Serienabgasanlagen. Bei manchen Automobilherstellern wird es im sportlichen Bereich etwas schwierig. Wenn man sich dazu entscheidet eine Höchstmotorisierung, also das absolut sportlichste Topmodell zu kaufen, dann ist es so klar wie das Amen in der Kirche, dass man bei diesem Modell auch die sportlichste Abgasanlage haben möchte. Da eine Sportabgasanlage zu den Ausstattungsmerkmalen eines Fahrzeugs gehört, nimmt man in erste Linie für gewöhnlich an, dass man bei einer Höchstmotorisierung auch das Topmodell der Abgasanlagen bekommt. Nehmen wir erneut den BMW M4 als Beispiel. Bei der Generation F82 gab es, obwohl der M4 ja schon das Topmodell der 4er-Baureihe ist, gleich drei verschiedene Abgasanlagen. Grundlegend war selbstverständlich jeder M4 ab Werk schon mal mit einer ziemlich sportlichen und lauten Abgasanlage ausgestattet. Allerdings gibt es von dieser Abgasanlage dann noch mal zwei gesteigerte Varianten. Die nächstsportlichere ist die Competition-Abgasanlage. Diese ist nur im optionalem Competition-Paket gegen Aufpreis erhältlich. Doch damit nicht genug. Es gibt gegen weiteren Aufpreis eine noch sportlichere und noch lautere Abgasanlage. Die M-Performance-Anlage ist das Ende der Nahrungskette der BMW-Abgasanlagen. Sie ist zwar schon abartig laut, aber dennoch will man sie in den allermeisten Fällen haben. Man will natürlich nur das Beste und Höchste an Ausstattung. Und wenn man solch einen Boliden wie einen M fährt, dann will man auch M drunter haben und M hören. Und M bedeutet in diesem Fall maximaler Sound, maximale Lautstärke und maximale Performance. Warum daher nicht direkt die M-Performance-Anlage unter jedem M4 verbaut ist, ist für viele Käufer ein Ärgernis. Am Ende ist aber auch dies wieder eine Entscheidung aus der Marketingabteilung. Es geht schließlich immer nur ums liebe Geld. Auch Mercedes-Benz und Audi bieten in den AMG- und RS-Modellen immer mindestens eine optionale sportlichere (lautere) Klappenanlage gegen Aufpreis an.

Tuningabgasanlagen. Bereits seit Jahrzehnten gibt es im Tuningbereich unzählige Hersteller für Abgasanlagen und Sportschalldämpfer. Der Markt ist daher ziemlich unübersichtlich geworden. Sportabgasanlagen gibt es für nahezu jedes Automodell auf diesem Planeten mit jeder Motorisierung. Einige der Hersteller haben sich einen guten Namen gemacht. Andere werden wiederum sogar extrem gehypet. Eines haben sie jedoch alle gemeinsam: Allesamt sind sie sauteuer! Viele Hersteller von Abgasanlagen verlangen utopische Preise für ihre Produkte. Doch der Markt wird durch Angebot und Nachfrage geregelt. Die Abnehmer für solch teure Produkte sind nach wie vor vorhanden und demnach sind die Menschen scheinbar bereit die hohen Preise zu bezahlen. Man darf allerdings niemals vergessen, dass eine Abgasanlage im Endeffekt nur ein Stück designtes Metall ist. Genau wie eine Felge. Eine Felge hat hingegen allerdings auch einen sicherheitstechnischen Anspruch zu erfüllen. Bei Abgasanlagen ist dies nicht der Fall. Sie müssen lediglich designt (konstruiert) und produziert werden. Die Hersteller verdienen sich damit eine goldene Nase. Vor allem die bekannten Hersteller "Akrapovic" und "Capristo" haben einen heftigen Hype erlebt. Sie sind jedoch absolut overrated (deutsch: überbewertet). Leider ist es hier wie mit allen anderen Hypes. Sie machen selten Sinn und es gibt genug andere Hersteller, deren Produkte mindestens genau so gut sind. Versteht mich nicht falsch. Die beiden zuvor genannten Hersteller machen super Abgasanlagen. Aber es gibt genügend Andere, die das auch tun. Eine Akrapovic-Anlage kostet schnell mal 4.000€ - 5.000€. Für solch einen stolzen Preis bekommt man bereits ein gebrauchtes Premiumfahrzeug mit V8-Motor. Namenhafte Anbieter, die ebenfalls top Abgasanlagen herstellen, dafür aber bei Weitem nicht so teuer sind, sind "Supersprint", "Fox", "Remus", "Zinram", "Mongoose" und "Friedrich Motorsport". Rüstet man eine Tuningabgasanlage nach, so hat man in der Regel damit drei Ziele:

1. Erhöhung der Lautstärke.
2. Verschönerung des Klangbilds.
3. Anhebung der Motorleistung.

Punkt eins ist jedoch nur im gesetzlich vorgegebenem Lautstärkerahmen möglich, sofern man im legalen Bereich bleiben möchte. Hat man ein Auto, welches ab Werk in der Abgaslautstärke ziemlich stark gedämpft ist, kann man die Differenz noch bis zur gesetzlichen Grenze ausreizen. Sportlichere Autos, die bereits ab Werk den gesetzlichen Rahmen ausschöpfen, lassen sich legal nicht mehr in der Lautstärke steigern. Bei solchen Fahrzeugen kann man dann mit einer Tuningabgasanlage lediglich Punkt zwei und drei erfüllen. In manchen Fällen kommt es zwar noch vor, dass eine Tuningabgasanlage ein oder zwei Dezibel lauter ist, jedoch ist dies kaum wahrnehmbar und liegt noch in einer gesetzlich vorgesehenen Toleranz. Allerdings bewirken viele Tuningabgasanlagen, dass sich bei gleicher Lautstärke die hörbaren Frequenzen bei bestimmten Motordrehzahlen verändern. So ist es vor allem die subjektive Wahrnehmung, die bei vielen Hobbytunern dafür sorgt, dass sie glauben ihr Fahrzeug wäre mit der neuen Abgasanlage lauter.

Klappenabgasanlagen. Früher gab es mehr Möglichkeiten sein Auto lauter zu machen. Begehrt waren dabei vor allem die teuren, aber stilechten und legalen Klappensteuerungen in der Auspuffanlage. Hierbei sorgt eine Klappe für das Öffnen und Verschließen eines Abgasrohres. Dadurch wird ganz simpel die Lautstärke entweder erhöht oder deutlich reduziert. Die Klappe sitzt bei solchen Systemen in der Regel am Endschalldämpfer. Meist ist sie vor einem Hauptauslass geschaltet. Ist die Klappe offen, können die Abgase und der Sound nach außen dringen. Ist die Klappe jedoch geschlossen, werden die Abgase stattdessen durch einen Bypass geleitet, welcher in einen Schalldämpfer führt. Müssen sie durch den Schalldämpfer, wird die Lautstärke dadurch deutlich verringert. Es gibt aber auch noch kompliziertere Varianten. Auspuffklappen sind auf zwei Arten steuerbar:

1. **Mechanisch durch Unterdruck.** Hierbei ist die Klappenstellung abhängig von der Motordrehzahl und der Gaspedalstellung. Auspuffklappen die mit diesem Prinzip arbeiten, sind einfach zu manipulieren. In den meisten Fällen reicht es den Unterdruck-

schlauch, welcher vom Motor (Ansaugbrücke) zur Klappe führt, abzuziehen. In diesem Fall bleibt sie dann dauerhaft offen.

2. **Elektronisch durch einen Stellmotor.** Wird die Klappe elektronisch gesteuert, ist sie sogar komplett programmierbar. Im Normalfall ist sie auch hier von Motordrehzahl und Gaspedalstellung abhängig. Bei modernen Fahrzeugen hat man hierbei oftmals noch die Auswahl zwischen verschiedenen Modi und Lautstärken.

Heutzutage sind Klappenabgasanlagen in modernen sportlichen Autos und Coupés normal geworden. Viele Hersteller bieten dabei gleich mehrere Möglichkeiten der Soundlautstärke beziehungsweise der Klappenstellung an.

Realbeispiel. Bei einem VW Golf V R32 (3.2 VR6, 250 PS) ist die Klappe beispielsweise unterdruckgesteuert. Sie öffnet erst ab einer bestimmten Gaspedalstellung und darüber hinaus grundlegend ab 3.500 Umdrehungen. Egal in welchem Gang und bei welcher Geschwindigkeit. Bei einem Chevrolet Camaro SS (6.2 V8, 453 PS) der sechsten Generation ist die Klappe elektronisch gesteuert. Der Fahrer hat die Wahl zwischen vier Fahrmodi.

1. **Comfort Mode (Deutsch: Komfortmodus).** Die Klappe ist dauerhaft geschlossen.
2. **Tour Mode (Deutsch: Reisemodus).** Die Klappe öffnet nur teilweise je nach Fahrweise.
3. **Sport Mode (Deutsch: Sportmodus).** Die Klappe öffnet teilweise und auch ganz, je nach Fahrweise.
4. **Track Mode (Deutsch: Rennstreckenmodus).** Die Klappe ist dauerhaft und komplett geöffnet.

Ersatzrohre. Eine günstige und gleichzeitig sehr effiziente Art des Abgasanlagentuning sind Ersatzrohre. Sie ersetzen einen oder mehrere Schalldämpfer und erhöhen in den meisten Fällen die Lautstärke dadurch extrem. Und durch die fehlende Dämpfung verändert sich auch das Klangbild zum Positiven. Oftmals wird der Klang heller und auch "dreckiger". Dafür wirkt aber das klangliche Gesamtbild kerniger und sportlicher. Ersatzrohre sind Vorstufen der Straight Pipes. Ab und an kommt es vor, dass sie fälschlicherweise als solche bezeichnet werden. Unter echten Straight Pipes versteht man allerdings ein Abgasrohr welches vom Motor bis zum Fahrzeugende verläuft und dabei weder Katalysatoren, noch Partikelfilter oder Schalldämpfer beinhaltet.

Attrappen. Ersatzrohre gibt es auch mit der Optik eines Schalldämpfers. Doch der Schein trügt. In Wahrheit ist der Schalldämpfer nur eine leere Hülle durch die das Rohr geschlossen durchführt. Es handelt sich also um eine Attrappe. Diese soll bei Polizeikontrollen und TÜV-Untersuchungen den Anschein erwecken, dass die Abgasanlage nicht verändert wurde und sich im Serienzustand befindet. Gleichzeitig kann der Tuner beziehungsweise Fahrzeugbesitzer aber trotzdem den Klang und die Lautstärke der manipulierten Abgasanlage genießen. Doch Vorsicht ist geboten. Heutzutage fallen längst nicht mehr alle Polizisten und TÜV-Prüfer auf solche Attrappen hinein. Vor allem dann nicht, wenn der Klang ungewöhnlich und auffallend laut ist.

Sportkatalysatoren. Ersatzrohre und Attrappen können nicht nur die Schalldämpfer ersetzen, sondern auch den Katalysator und den Vorkatalysator. Wenn man den umgangssprachlich genannten "Kat" rausschmeißt, nimmt das den mit Abstand größten Teil des Staudrucks in der Abgasanlage. Diese Maßnahme hat bisher noch jedem Motor spürbar gut getan, egal ob Turbo oder Sauger. Leider ist diese Maßnahme wie so oft illegal. Herkömmliche Katalysatoren haben 400 bis 1.000 Zellen mit denen die Abgase gefiltert werden. Eine legale Alternative stellen Sportkatalysatoren dar. Sie werden auch "Metallkats" genannt. Diese haben dann nur noch 100 bis 200 Zellen, filtern dabei aber die Abgase nahezu genau so gut wie vorher. Sportkats sind lohnenswert, legal, leistungssteigernd und soundverbessernd. Dafür sind sie aber extrem teuer. In der Regel gehen sie preislich im vierstelligen Bereich los.

Soundmodule. Als klanglichen Ersatz für fehlenden Hubraum und fehlende Zylinder gibt es heutzutage eine elektronische Alternative. Soundmodule sind kleine Lautsprecher, die mit sehr leistungsstarken Endstufen gekoppelt sind. Diese Lautsprecher erzeugen künstlich den Klang eines großen sportlichen Benzinmotors. In 99% der Fälle ist es ein V8, der simuliert wird. Aber auch der Klang von Sechs-, Zehn- und Zwölfzylindern ist möglich. Die Lautstärke ist individuell einstellbar. Manchmal sogar per Smartphone-App. Meist gibt es verschiedene Stufen. Moderne Soundgeneratoren greifen auf das Motorsteuergerät und das Getriebesteuergerät zu, um beispielsweise Werte wie die Motordrehzahl abzurufen. Dadurch können sie den Klang je nach Fahrsituation anpassen und ihn so realistisch wie möglich gestalten. Soundmodule gibt es in zwei Varianten, die sich lediglich durch den Platzierungsort unterscheiden:

1. **Innenraum.** Diese Variante stellt nichts weiter als ein zusätzliches Soundsystem im Fahrzeuginnenraum dar. Dies ist hundertprozentig legal, da der Klang größtenteils nur für den Fahrer selbst zu hören ist. Dabei spielt es auch keine Rolle wie leistungsstark oder wie laut das Soundsystem ist.

2. **Fahrzeugboden.** In aller Regel werden Soundmodule jedoch außerhalb des Fahrzeugs angebracht, um vor allem nach außen hin den Klang zu simulieren. Dabei wird der Lautsprecher am Boden des Fahrzeugs oder an der Abgasanlage montiert. Hierbei ist die Grundregel, dass die Lautstärke nicht lauter sein darf, als bei herkömmlichen Abgasanlagen. Das Soundmodul darf also die Umgebung nur so laut beschallen, wie auch die Fahrzeuglautstärke im Fahrzeugschein angegeben ist. Aber wie es nun mal so ist, können Soundmodule natürlich deutlich lauter eingestellt werden. Natürlich lassen es sich die meisten Besitzer daher nicht nehmen mit maximaler Lautstärke umherzufahren. Schließlich bekommt man dadurch viel mehr Aufmerksamkeit. Ab diesem Punkt wird es allerdings illegal. Es ist immer wieder erstaunlich, wie laut und wie bassintensiv Soundmodule sein können. Wenn unsere Heimkinosysteme einen solchen Sound generieren würden, bräuchte niemand mehr ins Kino gehen.

Realbeispiel. In meiner Nachbarschaft parkte einige Jahre lang ein blauer Audi S3 8P. Ein schönes Auto. Schnell, effizient, alltagstauglich, gutaussehend, schlicht und nicht zu prollig. Ich hatte den Besitzer bis dahin nie kennengelernt, aber er schien offenbar Audi-Fan zu sein. Denn irgendwann tauchte der S3 nicht mehr auf, dafür jedoch kurze Zeit später ein schwarzer S5. Zumindest dachten wir immer, dass es ein Solcher sei. Optisch konnte man an den Akzenten des Autos erkennen, dass es sich nicht um einen A5 und nicht um einen RS5 handelte, sondern um die Stufe dazwischen, also einen S5. Es handelte sich in diesem Fall um das Vorfacelift des 8T. Er musste also einen 4.2-Liter-V8 haben, wenn es ein echter S5 war. Außerdem sah man von hinten, dass die Abgasanlage gemacht war. Man konnte erkennen, dass statt der originalen Endschalldämpfer zwei sehr kleine Sportschalldämpfer verbaut waren. Dies erklärte zweifelsohne seinen lauten V8-Sound. Aber irgendetwas stimmte nicht. Je öfter ich das ziemlich laute Auto hörte, desto mehr störte mich etwas daran. Doch ich konnte zunächst nicht genau sagen, was es war. Sein Klang war nicht unauthentisch. Er klang nicht nach amerikanischem V8 oder italienischem V8. Er klang wie ein deutscher V8. Aber nicht wie ein C63, nicht wie ein M3 und auch nicht wie ein RS5. Er hörte sich tatsächlich genau so an, wie ein S5 klingt. Aber ich wurde das Gefühl einfach nicht los, dass irgendetwas damit nicht stimmte. Irgendwie war sein Sound einfach zu perfekt. Er war zu gleichmäßig und hatte etwas Elektronisches, ja fast Synthetisches an sich.

Ein paar Wochen später stand der vermeintliche S5 an der Straße direkt gegenüber von meiner Terrasse. Es war ein warmer Sommertag und ich saß in Gesellschaft am Terrassentisch. Gegen Spätnachmittag kam der Besitzer zu seinem Auto und wollte scheinbar wegfahren. Doch zuvor wurde er plötzlich von einem Nachbarn angesprochen, der mit seinem A6 hinter ihm parkte. Dieser war ebenfalls Audi-Fan und sprach den Fahrer des S5 aufgrund der offensichtlichen Gemeinsamkeit auf sein Auto an. Er hatte das Auto schon oft wahrgenommen, lief dem Besitzer aber scheinbar zum ersten Mal über den Weg. Wir wollten das Gespräch natürlich nicht belauschen. Aber es fand nun mal direkt im Freien neben meiner Terrasse statt. Wir kamen gar nicht darum herum diesen Dialog mitzuhören. Aufgrund der hohen Lautstärke des Wagens kam das Thema Sound sofort auf. Es dauerte nicht lange, da gab der Besitzer des S5 preis, dass es sich bei dem Klang lediglich um ein Soundmodul handelte. Ab dem Moment war klar: Es handelte sich überhaupt nicht um einen echten S5, denn ein solcher benötigt definitiv kein Soundmodul, welches den V8-Klang imitiert. Im Laufe des Gesprächs stellte sich heraus, dass es ein ganz normaler A5 war und dieser nur einen 2.0-Liter-Diesel mit 140 PS hatte. Normalerweise hört man das. Selbst wenn das Soundmodel am Heck wummert und einen anderen Klang imitiert, nimmt man bei Dieselfahrzeugen vorne aus dem Motorraum deutlich das typische Klackern wahr, wenn man genau hinhört. In diesem Fall war das Soundmodul allerdings so laut eingestellt, dass es schlichtweg alle anderen Geräusche des Fahrzeugs übertönte. Darunter auch das eigentliche Motorengeräusch. Der Nachbar war offensichtlich enttäuscht. Er als Audi-Fan hatte wohl ebenfalls einen S5 erwartet. Zumal der Wagen auch mit 20 Zoll großen Doppelspeichenfelgen geziert wurde. Diese findet man für gewöhnlich serienmäßig nur bei S- und RS-Modellen vor. Dem Nachbar wurde in diesem Moment klar, dass der Audi einen kleineren Motor hatte, als sein eigener. Denn er selbst fuhr hingegen einen A6 3.0 TDI. Der Smalltalk neigte sich dann schnell dem Ende zu und er fragte ihn, warum er denn dieses laute Soundmodul überhaupt verbaut hatte. Der Besitzer des A5 sagte im Weggehen nur achselzuckend: "Muss ja niemand wissen, dass nur ein Zwei-Liter-Diesel drin ist...". Um dies zu vertuschen musste er allerdings eine Menge Schotter in die Hand genommen haben. Rein optisch war das Auto vom S-Modell nicht zu unterscheiden. Er musste also umgebaut worden sein. Hinzu kamen noch die kleinen Sportendschalldämpfer, die wahrscheinlich ebenfalls nur eine optische Wirkung hatten. Statt diese Kosten auf sich zu nehmen, hätte man auch gleich einen richtigen S5 oder vielleicht sogar einen RS5 kaufen können.

Eine Bitte. Liebe Autofans und Freunde der sportlichen Klangkulisse, erlaubt mir abschließend zu diesem Abschnitt einen persönlichen Appell und ein ehrliches Wort. Einen fetten V8-Sound zu haben, ist natürlich toll! Aber mit seinem Auto "auf etwas zu machen", was es nicht ist oder was man nicht hat, ist alles andere als cool. Wenn vorne der 2.0-Liter-Diesel klackert und hinten lautstarker V8-Sound rauswummert, fällt das auf. Auch bei einem 3.0-Liter-Sechszylinder-Diesel fällt das auf. Sogar noch mehr, da dieser einen deutlich markanteren Sound hat, als die Vierzylindermotoren. Genau wie bei den Benzinern auch. Worauf ich hinaus will ist: Es ist okay, wenn sich jemand ein Soundmodul für den Innenraum einbaut (oder einbauen lässt), weil man beispielsweise den charakteristischen V8-Klang so sehr liebt und ein totaler Autofan ist. Ich muss leider sagen, dass ich noch nie einen Autobesitzer getroffen habe, der offen zugegeben hat, dass der Klang nur durch ein Soundmodul erzeugt wird. Tatsächlich haben alle von ihnen großspurig erzählt, dass sie das sportliche Auto mit dem dicken V8 besäßen. Sie alle haben ordentlich auf dicke Hose gemacht, mit etwas, das sie in Wahrheit gar nicht hatten. Einfach ausgedrückt ist das schlichtweg lügen. Es ist leider Gang und Gäbe, dass die Menschen in dieser Gesellschaft sich als etwas

Besseres verkaufen wollen, als sie eigentlich sind. Und da das Auto in Deutschland, Österreich, Schweiz und Co. das Prestigeobjekt Nummer eins ist, fängt diese falsche Darstellung hier als allererstes schon an. Soundmodule sind an sich auch einfach nicht cool, weil sie schlichtweg etwas faken was nicht vorhanden ist. Wer sich aber unbedingt so etwas einbauen lassen will, der sollte wenigstens ehrlich damit umgehen. Alles Andere ist Fake und davon haben wir heutzutage wirklich genug. Das Gleiche gilt für die typischen "Vierzylinder-Poser-Karren". Natürlich möchte man zeigen was man hat. Man möchte wahrgenommen werden und sein sportliches Auto präsentieren. Egal ob im Alltag oder auf einem Tuningtreffen. Man möchte Beachtung und positive Resonanz bekommen. Aber niemand, wirklich niemand, findet es cool, wenn die Abgasanlage eines GTI leergeräumt wird und das Auto mit Vollgas zehn Mal hintereinander immer wieder durch dieselbe Straße, lautstark dröhnend an irgendwelchen fremden Leuten vorbeigeprügelt wird und das DSG dabei noch lautstarke Furzgeräusche von sich gibt. Oder wenn das Auto in der Warteschlange vom McDrive steht und der Fahrer immer wieder minutenlang im Stand den Motor hochdreht. Wenn ein Muscle-Car mit hubraumstarkem V8 das macht oder beispielsweise ein Lamborghini, dann gibt es vereinzelt noch Menschen, die sich darüber freuen und für den lauten Sound begeistern können. Einfach weil es sich in diesem Fall um besondere Autos handelt und dabei ein ganz anderer Charakter wiedergespiegelt wird. Aber bei Kompaktsportlern mit Vierzylinder-Turbomotoren handelt es sich um den Standardmotor schlechthin. Sei er auch noch so aufgeblasen und hochgezüchtet. Versteht mich bitte nicht falsch. Es ist wahrlich beeindruckend was Vierzylinder heutzutage leisten. Aber in jedem normalen Automodell dieser Welt ist ein solcher Motor verbaut. Er ist weder etwas Besonderes, noch hört er sich im Vergleich zu einem V8 oder V12 sonderlich gut an. Natürlich ist das Soundempfinden subjektiv und letztendlich Geschmackssache. Aber seid einen Moment ehrlich zu euch selbst und betrachtet die folgende Situation so nüchtern wie möglich: Ihr sitzt an einem mildwarmen Sommertag in einem Café in der Innenstadt. Daneben befindet sich eine normal befahrene Straße. Ihr seid in Gesellschaft, sitzt draußen und wollt euren Cappuccino oder euer Eis genießen und euch unterhalten. Ein GTI-Fahrer kommt vorbei, registriert die Menschenmenge und fühlt sich sofort dazu berufen aufs Gas zu treten. Der Vierzylinder dröhnt los und während den Schaltvorgängen verursacht das DSG dazu noch lautstarke

Furzgeräusche. Der Fahrer findet sich dabei so toll, dass er noch mehrere weitere Male an der Eisdiele vorbeifährt und dabei den Vorgang in ähnlichem Umfang wiederholt. Feiert ihr euch dann darauf und denkt euch: "Wow, der ist aber cool. Tolles Auto! Geiler Sound! Respekt!"? Nein! Natürlich nicht. Ihr denkt euch: "Oh, Mann! Was ein Idiot! Der Poser hat bestimmt 'nen ganz Kleinen in der Hose...". Verzeiht mir, dass es jetzt die GTI-Fahrer trifft, aber der GTI ist nun mal das Paradebeispiel, auch wenn man natürlich nicht alle über einen Kamm scheren kann.

Stellt euch nun vor, dass ein Lamborghini Aventador mit V12 oder ein Dodge Challenger mit V8 vorbeigefahren kommt. Der Fahrer streichelt das Gaspedal nur und es entsteht trotzdem schon ein erhebliches Klangbild. Aber dieses ist von einer ganz anderen Sorte. Der Sound ist besonders und exotisch. Dazu ist der Auftritt solcher Autos exklusiv und beeindruckend. Natürlich gibt es auch genug Menschen, die sich davon gestört und belästigt fühlen. Für alles gibt es Hater. Vor allem in der deutschen Neidgesellschaft. Aber auf der anderen Seite gibt es in diesem Fall auch genug Passanten, die sich über den seltenen und charakteristischen Auftritt dieser Autos freuen und den Klang bewundern können. Bei einem Kompaktsportler mit Zwei-Liter-Maschine, die krampfhaft zum Angeben missbraucht wird, denkt sich das allerdings niemand.

Funfact. Der berühmteste Autosendungmoderator der Welt Jeremy Clarkson sagte mal im Afrika-Special seiner ehemaligen Sendung Top Gear: "Das Dröhnen eines Vierzylinder-Turbos kündigt überall auf der Welt die Ankunft eines Idioten an."

Legalität. In manchen Gegenden sind die Polizisten mit dem Anzweifeln von Autos und Tuningmaßnahmen äußerst großzügig. Ihre Toleranzgrenze liegt gefühlt bei Null. Auch Autos, die sich tatsächlich im Serienzustand befinden, werden gerne mal angezweifelt. Egal ob diese dabei für zu tief, zu laut oder die Felgen für zu groß befunden werden. Im schlimmsten Fall werden die Fahrzeuge dann erst mal stillgelegt. Bevor die Autos dann nicht von einem dafür qualifizierten Sachverständigen untersucht und freigegeben werden, bleiben sie außer Betrieb. Die Kosten für das Abschleppen und das Gutachten werden natürlich dem Fahrzeugführer aufgebrummt.

Gesetzliche Regelungen. Schalldämpferersatzrohre und Schalldämpferattrappen bringen zwar den besten Sound und die höchste Lautstärkesteigerung, sind aber dafür in aller Regel nicht legal. Wobei der Punkt mit dem Sound natürlich auch geschmacksabhängig ist. Es gibt auch Menschen, denen die Klangkulisse dadurch zu hell oder zu blechern wirkt. Sie ziehen teure Tuningabgasanlagen mit dumpferem Sound vor. Aber auch das Entfalten des Sounds nach den Tuningmaßnahmen, sei es ein Ersatzrohr oder eine komplette Sportabgasanlage, ist von Motor zu Motor unterschiedlich. Klappenabgasanlagen sind hingegen eine äußerst teure, aber stilvolle und legale Lösung gewesen. Seit der gesetzlichen Änderungen von 2016 sind sie jedoch auch nicht mehr das Gelbe vom Ei. Sie sind nicht nur noch teurer geworden als sie ohnehin schon waren, sondern auch kaum noch noch lohnenswert. Seit langem kursieren auch die Gerüchte in der Szene und auch im Allgemeinen, dass Klappenabgasanlagen grundlegend nicht mehr legal seien. Dies ist, wie so oft, nicht wahr. Jedoch wurden seit 2016 die Gesetze zu Dingen wie diesen drastisch verschärft. Wenn man die Lage nun mit vorher vergleicht, muss man Dinge wie verschiedene Motordrehzahlen, verschiedene Fahrtgeschwindigkeiten und örtliche Begebenheiten wie außerorts und innerorts betrachten. Verzeiht mir, wenn ich hier nun nicht weiter ins Detail gehe und die Unterschiede erkläre. Dies würde leider absolut den Rahmen sprengen, denn aus der dafür entstehenden Informationsflut könnte glatt ein weiteres Buch entstehen. Wichtig zu wissen ist nur: Der Gesetzgeber hat seit 2016 so ziemlich alle Schlupflöcher gestopft. Die gesetzlich vorgegebenen Grenzen für die Lautstärke der Abgasanlage bei Fahrt, sind immer noch und waren auch zuvor von Motorleistung und Erstzulassung abhängig. Generell gelten zwei Grundregeln:

1. **Motorleistung.** Je höher die Motorleistung des Fahrzeugs ist, desto lauter darf es sein.
2. **Erstzulassung.** Je neuer ein Fahrzeug ist, desto niedriger muss der maximal zulässige Dezibel-Wert sein. Hierbei wird aber die vorherige Regel nicht außer Acht gelassen.

In der nachfolgenden Tabelle erfahrt ihr, wie laut ein Fahrzeug in Abhängigkeit mit der Erstzulassung sowie seiner Motorleistung sein darf.

	< 120 kW	< 160 kW	> 160 kW	< 200 kW
2016	70 dB	73 dB	75 dB	75 dB
2020	70 dB	71 dB	73 dB	74 dB
2024	68 dB	69 dB	71 dB	72 dB

Der 200-Kilowatt-Wert gilt ausschließlich für Fahrzeuge, die weniger als 4 Sitze haben und deren Fahrersitz niedriger als 450 mm über dem Boden platziert ist. Die deutsche Gesetzgebung ist der Wahnsinn oder? Diese Regelung dient dazu richtigen Sportwagen ein Sonderlautstärkerecht einzuräumen. An sich also ein fairer Gedanke.

Funfact. Nicht nur im normalen Straßenverkehr herrschen Vorschriften für die Lautstärke von Fahrzeugen beziehungsweise Abgasanlagen. Selbst auf Rennstrecken gibt es hierfür Limitierungen. Der exklusive und extreme Rennstreckenbolide Pagani Zonda R kostet weit über zwei Millionen Euro. Dafür bekommt man eine absolute Hardcore-Version des Zonda. V12-Saugmotor von AMG mit Formel-1-Technik und 750 PS, kombiniert mit Leichtbaukarosserie und Monocoque (aerodynamisch optimales Cockpit mit nur Platz für einen Fahrer). Aus diesen Maßnahmen ergibt sich ein nur 1.070 Kilogramm schweres Rennfahrzeug. Der Pagani Zonda R ist so sehr auf Rennsport getrimmt, dass er keine Straßenzulassung besitzt. Doch das V12-Geschrei seines Hochdrehzahlmotors ist tatsächlich so infernalisch laut, dass er selbst auf den meisten Rennstrecken dieser Welt nicht bewegt werden darf. Er übertrifft schlichtweg die Grenzwerte.

Fazit. Viele verzichten gerne auch mal auf Legalität und fahren mit unerlaubt getunten Abgasanlagen. Und dies gilt nicht nur für junge Menschen, wie es gerne und oft dargestellt wird. Oftmals ist das auch verständlich. Vor allem da der Bürger sowieso immer mehr das Gefühl bekommt, dass der Staat nach und nach alles verbieten will, was Spaß macht. Leider sind wir in Deutschland absolute Motzweltmeister und irgendwo fühlt sich irgendwer immer von irgendetwas belästigt. Oder es schlagen tatsächlich manche wenige Menschen einfach zu sehr über die

Stränge. So kommt es, dass immer mehr Verbote und immer schärfere Gesetze und strengere Strafen entstehen. Vergesst daher bitte niemals, dass ein Fahren mit illegaler Abgasanlage heutzutage folgenschwere Strafen mit sich ziehen kann.

Motoröle

Eines der größten Streitthemas in Autoforen, ist die Wahl des richtigen Motoröles. Und dies bezieht sich nicht nur auf ältere oder sportlichere Modelle. Nein, selbst bei Renault Clios mit weit unter 100 PS kratzen sich die Leute im Internet bei diesem Thema gegenseitig die Augen aus.

Realbeispiel. Eines meiner früheren Autos war ein Audi S4 B5. Er hatte einen 2.7-V6-Biturbo mit 265 PS und 400 Nm. Nichts hatte mir bisher in meinem jungem Leben so viel Stress bereitet, wie dieses Fahrzeug. Abgesehen von einer Exfreundin. Wenn sie in die Jahre kommen, werden sie oftmals wahnsinnig bedürftig und anstrengend. Dann brauchen sie sehr viel Aufmerksamkeit und Zuneigung. Ich meine natürlich die S4-Modelle! Nicht die Exfreundinnen. Aber wenn man schon beim Vergleich zu den Frauen ist, könnte man dieses Phänomen bei Autos, die in die Jahre kommen, auch scherzhaft als die Wechseljahre bezeichnen. Bei manchen ist es ausgeprägter und bei manchen weniger. Die Rede ist nach wie vor von Autos. Kommen sie in die Jahre, fällt hier und da schon mal ein Verschleißteil an. Ab und an geht auch mal etwas kaputt, was eigentlich ein "Autoleben" lang halten sollte. Doch beim S4 war das anders. Schon als ich ihn gekauft hatte, war er die reinste Baustelle. Und erschwerend kam hinzu, dass das Auto sowieso recht anfällig war. Dazu muss man allerdings sagen, dass er bei Audi auch der Erste seiner Art war: Der erste aufgeladene Sechszylinder und auch der erste Biturbo. Der S4 war extrem performancestark, obwohl er ein Kombi war. Aber für einen Kombi mit lediglich 265 PS waren seine Fahrwerte großartig. Ich empfand eine gewisse Hassliebe zu dem Wagen. Jedes Mal, wenn ich eine Sache reparierte oder ein Problem löste, kamen drei neue Sorgen hinzu. Mal sprang hier ein Kühlwasserschlauch ab, dann hatte er dort ein Leck im Ladeluftsystem, plötzlich hatte das Radio keinen Empfang mehr und dann lief er nur noch auf fünf Zylindern. Wobei Fünfzylinder natürlich ziemlich typisch für Audi sind. Aber Spaß beiseite. Das waren auch nur Bruchteile der Sorgen, die mir dieses Fahrzeug bereitet hatte. Und so ging es immer weiter. Es wollte kein Ende nehmen. Und aus diesen Gründen kam es dazu, dass auch ich ungewöhnlich oft in Foren und Facebook-Gruppen unterwegs war, um auf Fehlersuche zu gehen und Diagnose zu betreiben. Ganz unabhängig davon, fiel mir dort vor allem auf, dass die Leute sich erstaunlich viel um das richtige Motoröl gestritten hatten. Unter den Streithähnen waren übrigens auch einige "Experten", die immer stolz behaupteten, dass sie ihr komplett serienmäßig erhaltenes Schätzchen ausschließlich mit Aral Ultimate 102 betanken würden. Irgendwann fing auch ich an, mich mit der Ölfrage zu beschäftigen.

Technische Anwendung. Was der Hersteller vorschreibt, spielt in Wahrheit nur geringfügig eine Rolle. Das gilt vor allem für Longlifeöle. Oftmals sind die Herstellervorgaben bei Weitem nicht das Beste für die Motoren. Hier hat sich die letzten Jahrzehnte einiges geändert. 0W40, 0W30, 5W30, 5W40 5W50, 10W40 oder 10W60? Welches ist besser? Welches ist für meinen Motor geeignet und was bedeuten überhaupt diese Zahlen mit dem W? Eigentlich ist die Antwort relativ einfach. Die Zahl vor dem W gibt die Viskosität bei Kälte an. Je niedriger die Zahl ist, desto flüssiger bleibt das Öl bei Kälte, was besonders wichtig ist. Die Viskosität ist die Fließfähigkeit. Sie beschreibt, wie dünnflüssig oder dickflüssig in diesem Fall das Öl ist. Die Zahl nach dem W gibt an, wie viskos das Öl noch bei Hitzeeinwirkung bleibt. Je höher, desto besser. Dies ist vor allem bei turboaufgeladenen und hochverdichtenden sowie besonders leistungsstarken und sportlichen Motoren wichtig. Diese entwickeln

deutlich mehr Hitze und das Motoröl hat hierbei nicht nur eine wärme-
abführende Wirkung (Kühlung), sondern muss auch seine Hauptaufgabe
erfüllen: Das Schmieren beziehungsweise das bestmögliche Vermindern
der Reibung im Motor. Welche Anforderungen stellt man also an ein
gutes Motoröl? Vor allem eine hohe Bandbreite. Es soll bei kalten Temperaturen noch flüssig sein und bei hohen Temperaturen und Kolbenge-
schwindigkeiten seine Schmierfähigkeit erhalten. Am besten wäre also
zum Beispiel ein 0W100-Öl. Dies gibt es allerdings in der Realität nicht.
Die hochwertigsten Motoröle für Kraftfahrzeuge mit der größten Bandbreite und der höchsten Leistung sind Mobil1 5W50 und Shell 10W60.
Beides sind topmoderne Hochleistungsöle. Mobil1 und Shell waren die
ersten Unternehmen, die in diesem Segment Hochleistungsöle für Straßenfahrzeuge entwickelt haben. Mittlerweile gibt es Öle mit dieser
Bandbreite aber auch von Liqui Moly, Castrol und Motul. Auch wenn die
Qualität dieser Produkte für sich spricht, so sind diese Schmiermittel
doch nicht in jedem Fall für jeden Motor geeignet.

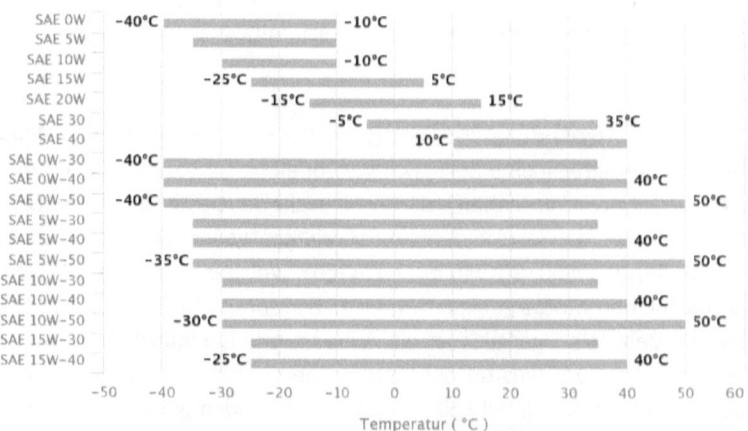

Lufttemperatur

(Einsetzbare Temperaturbereiche von herkömmlichen Motorölen für
Automobile)

Reibungswiderstand. Ein hochwertiges Öl zu fahren, kann auch die Motorleistung beeinflussen. Man stelle sich für ein Extrembeispiel eine zähe, plumpe Masse vor. Schmiert diese den Motor, so muss er gegen einen viel höheren Reibungswiderstand ankämpfen, als bei einer leichten, hochflüssigen Masse. Ist das Öl aber dünnflüssig und gleitfreudig, wird die Kolbenbewegung gefördert, da ein solcher dann weniger Reibungswiderstand überwinden muss. Vor allem soll dies vor Verschleiß schützen. Dies wirkt sich auch auf die Drehfreudigkeit des Motors aus und damit auch auf die Leistungsentfaltung. Bei alten und ungepflegten Motoren, die bereits für viele Jahre keinen Ölwechsel mehr bekommen haben, kann man tatsächlich auch den Effekt beobachten, dass der Motor nach dem Ölwechsel viel leichtfüßiger hochdreht und entsprechend auch ein bisschen besser beschleunigt.

Tipps. Doch warum sollte nicht jeder die Hochleistungsöle der Premiummarken verwenden? Hierzu ein wichtiger Hinweis, der einen im schlimmsten Fall vor einem Motorschaden bewahren kann: Niemals hochwertigeres Öl in einen älteren Motor füllen, der schon eine gewisse Laufleistung auf dem Buckel hat und sein Leben lang mit schlechterem Öl gefahren ist. Dies gilt vor allem für Turbomotoren.

1. **Einlaufen.** Motoren laufen sich mit der Zeit auf eine bestimmte Ölsorte ein. Hat ein Motor bereits einige Jahre lang oder über viele Kilometer gedient, kann das den Motorlauf negativ verändern, wenn man eine neue Ölsorte einfüllt. Man kann sich das in etwa wie mit Schuhen vorstellen, die sich über die Jahre hinweg den Füßen ihres Läufers angepasst haben.
2. **Verkokung.** Motoröl kann schon mal verkoken. Das heißt, dass es der Hitze nicht standhält, verbrennt und es zu einer sogenannten Agglomeration kommt. Dieses Fremdwort bezeichnet die Klumpenbildung in der Chemie. Eine solche Anhäufung im Motoröl ist natürlich nicht gewollt. Dennoch kommt sie vor. Dies kann passieren, wenn der Ölwechsel zu lange aufgeschoben wird und das Öl zu alt und zu stark benutzt ist. Aber auch, wenn ungeeignetes Öl in den Motor kommt. Letzteres ist leider bei vielen VAG-Modellen der Fall. T(F)SI-Motoren bei VW, Audi, Škoda und Seat, bei denen 5W30 vorgeschrieben wird, leiden sehr oft unter Verkokungsproblemen. Auch viele FSI-Mo-

toren von Audi, vor allem aus den sportlichen RS-Modellen haben massive Verkokungsprobleme. Dies liegt allerdings nicht allein am Motoröl. Verkokte Agglomerate haben die Eigenart, dass sie sich festsetzen. Geschieht dies in einer Ölleitung, die beispielsweise zum Turbolader führt, ist das vorerst nicht tragisch. Wenn aber dann bei einem Ölwechsel neues und hochwertigeres Öl in den Motor kommt, bringt dies oftmals eine reinigende Wirkung mit sich. Klingt soweit auch erst mal eigentlich ganz positiv. Jedoch trügt der Schein. Die reinigende Wirkung kann dazu führen, dass sich manche Verkokungen lösen und in den Ölkreislauf geraten. Dort wandern sie weiter und treffen möglicherweise auf andere Verkokungen. Und wenn dies geschieht, besteht die Gefahr, dass Ölleitungen verstopfen. Ist das der Fall, hat man im Worst-Case-Szenario binnen kürzester Zeit einen Turbo- oder Motorschaden.

Die Ölfrage. Oft fragen sich Autobesitzer, welches Öl sie am besten in ihren Motor füllen sollen. Natürlich vor allem dann, wenn sie den Ölwechsel selbst übernehmen wollen. In der Regel sollte man bei dieser Frage systematisch mit Gegenfragen vorgehen:

1. **Werksgarantie.** Wie alt ist das Auto und hat es noch Werksgarantie? Um diese zu erhalten, ist es Voraussetzung das Auto so zu pflegen, wie es der Hersteller vorgibt. Hat man also noch Werksgarantie oder ist das Auto noch sehr neu, ist es notwendig Öle nach Herstellervorgaben zu verwenden. Dies sollte man dann allerdings auch nicht selbst vornehmen, sondern von einer entsprechenden Fachwerkstatt der jeweiligen Automarke vornehmen lassen. Diese vermerkt jeden Service und Ölwechsel in einem zu dem Fahrzeug gehörendem Scheckheft, welches heutzutage nicht mehr nur in physischer Form, sondern auch gerne digital im Bordcomputer des Fahrzeugs oder im System des Herstellers geführt wird. Nur bei einem Service in einer Vertragswerkstatt betrachtet der Autohersteller den Service beziehungsweise den Ölwechsel als regelkonform. Da das Aufsuchen von sogenannten Vertragswerkstätten allerdings deutlich teurer ist und dort oftmals auch verschiedene Zuschläge (zum Beispiel Sportwagen-, oder Luxuszuschlag) unnötigerweise den

Preis in die Höhe treiben, rate ich im Normalfall davon ab. Für das Erhalten der Garantie ist das Erledigen des Service bei einem Vertragspartner der Automarke in der Regel aber zwingend notwendig. Man muss sich also fragen, was einem wichtiger ist. In der Regel ist es allerdings schon sinnvoll, die Werksgarantie so lange wie möglich aufrecht zu erhalten.

2. **Verkauf.** Befindet sich das Fahrzeug mittlerweile außerhalb des zeitlichen Rahmens der Werksgarantie, so lautet die Frage: Möchte man es zukünftig mal verkaufen? Man kann es natürlich weiterhin noch bei Vertragswerkstätten scheckheftpflegen lassen. Dies kommt beim Verkauf zwar deutlich besser an, sagt aber in Wirklichkeit auch nichts über den Zustand des Autos aus. Vielen Menschen ist ein gepflegtes Scheckheft beim Kauf eines Gebrauchtfahrzeugs sehr wichtig. Die Meisten legen allerdings nur Wert darauf, weil sie nicht wissen, worauf sie ansonsten achten sollen und was wirklich wichtig ist. Die Scheckheftpflege sagt nichts über einen Gebrauchtwagen aus. Ist einem die Scheckheftpflege dennoch wichtig, ist hier ebenfalls Öl nach Herstellervorgaben auf dem Serviceplan angesagt.

3. **Langzeitstudien.** Treffen weder Punkt 1, noch Punkt 2 zu, ist es ratsam von den Herstellervorgaben abzusehen und Öl zu verwenden, welches sich in Langzeitstudien am besten bewährt hat. Diese kann man normalerweise recht einfach im Internet recherchieren.

4. **Vorheriges beibehalten.** Trifft auch der dritte Punkt nicht zu, wird die Sache eindeutiger. Dann empfiehlt sich dringlichst, exakt die Sorte zu verwenden, welche auch bereits zuvor im Motor war. Hat man das Fahrzeug noch nicht sehr lange in seinem Besitz und man weiß beispielsweise nicht, welches Öl sich aktuell im Motor befindet, lässt sich dies über einen Ölwechselzettel im Motorraum oder über das möglicherweise vorhandene Scheckheft oder Rechnungen zurückverfolgen. Möglicherweise existieren auch Dokumente oder Informationen vom Vorbesitzer, über die man das zuletzt verwendete Öl herausfinden kann. Ist weder das Eine, noch das Andere vorhanden, hat sich der Vorbesitzer mit an Sicherheit grenzender Wahrscheinlichkeit nicht sehr gut um das Auto gekümmert. Sollte man also nicht wissen welches Öl man hineinfüllen kann und möchte

man trotzdem auf Nummer sicher gehen, gilt das Nachfolgende auch wenn es falsch klingen mag. Die goldene Regel lautet hierbei tatsächlich: Im Zweifel minderwertiges Öl benutzen. So entsteht keine reinigende Wirkung und man braucht sich keine Sorgen über verstopfende Leitungen zu machen.

Allrounder. Eigentlich macht man bei älteren Motoren mit einem 10W40 nichts falsch. Das Gleiche gilt für neuere Modelle mit 5W30. Im allergrößten Zweifel kann man selbst auch hier ein 10W40 verwenden. Allerdings gilt ein solches Öl bei modernen Fahrzeugen tatsächlich schon als veraltet. Dennoch handelt es sich hierbei um einen robusten Allrounder. Eine Ausnahme bilden hierbei jedoch moderne Motoren von Ford und Peugeot ab dem Baujahr 2018. In diesem Fall sollte man sich zunächst erkundigen, ob der Zahnriemen des Motors im Ölbad läuft. Wenn diese Technik angewandt wird, versehen die Hersteller die Öle mit bestimmten Zusätzen, die den Zahnriemen schützen. Wird in einem solchen Fall nicht mehr das vorgeschriebene beziehungsweise notwendige Öl mit den entsprechenden Additiven verwendet, beginnt das Gummi, aus dem Zahnriemen bestehen, schlagartig zu altern. Bereits nach wenigen Wochen kann dies zu einem Riss des Riemens führen und einen Motorschaden als Folge haben. Daher ist diese Art von Motoren heftig umstritten.

Irrglauben in der Autowelt

Dieses Kapitel mag manchem Leser vielleicht vorkommen wie die bekannte 90er-TV-Show "X-Faktor: Das Unfassbare". Der klassische Satz vom Moderator "Jonathan Frakes", welcher in jeder Folge mehrmals vorkam, war: "Diese Geschichte ist (völlig) frei erfunden." Dieser Satz ziert heute mitsamt des Gesichts des Moderators unzählige Memes im Internet. Das Kapitel wird deshalb manche an die Sendung erinnern, da es hier ebenfalls um frei erfundene Dinge, Falschaussagen und Irrglauben geht. Am Anfang eines jeden Absatzes wird dabei direkt vorweggenommen, ob die Behauptung wahr oder falsch ist. Ähnlich wie es in der TV-Show am Ende einer Folge der Fall war, um die darin enthaltenen mysteriösen Geschichten aufzulösen. In meiner Laufbahn als Autoverrückter und in meiner Karriere als Automobilmakler sind mir unfassbar viele Irrglauben und Falschaussagen über Autos, Motoren und Automobiltechnik zu Ohren gekommen. Dass für manch einen ein Auto nur da ist, um von A nach B zu kommen, ist verständlich. Und für viele solcher Menschen ist die Welt der Autos ein komplexes Wesen voller unverständlicher Technik. Oftmals versuchen Menschen auch mit wenig Halbwissen viel mitreden zu können. Vielleicht erklärt das die vielen sonderbaren Falschaussagen und Irrglauben, die in die Welt gesetzt werden. Die Extremsten, die mir davon bis jetzt begegnet sind, möchte ich in diesem Kapitel erläutern und richtigstellen.

Hubraum ist durch nichts zu ersetzen, außer durch mehr Hubraum. Falsch! Dies ist der wohl klassischste Stammtischspruch unter Autofreunden. Deshalb ist dieser Irrglaube auch der erste, der in diesem Kapitel behandelt wird. Um diese Aussage zu widerlegen, muss man sich zunächst fragen was eigentlich die Idee hinter viel Hubraum ist. Je mehr Hubraum man hat, desto mehr Luft kann in den Motor gesogen werden und desto mehr Kraftstoff kann entsprechend hinzugefügt werden. So kann man größere Explosionen erzeugen und damit mehr Leistung und Drehmoment generieren. Doch mehr Luft kann man auch mit einer Aufladung erzielen, also mit Turboladern oder Kompressoren. So simpel es klingt: Ein Turbolader ist durchaus in der Lage Hubraum zu ersetzen. Oder aus physikalischer Sicht ausgedrückt: Druck ersetzt Volumen. Und durch Turbolader sinkt auch der Kraftstoffverbrauch im Teillastbereich. Und nicht nur das. Auch der Wirkungsgrad im Motor wird erhöht und die Performance steigt. Natürlich haben großvolumige, hubraumstarke und vielzylindrige Motoren ihren ganz eigenen Charme und ganz andere Vorteile, welche eine Aufladung nicht direkt ersetzen kann. Hierbei geht es vor allem um Emotionen und Laufkultur. Irgendwann sind aber auch aus technischer Sicht bei aufgeladenen Motoren die Grenzen gesetzt. Wenn ein 1.0-Liter-Motor auf 1.000 PS hochgezüchtet wird, was durchaus möglich ist, wird es extrem schwierig noch weiter Leistung herauszuholen. Dies geht nur noch dann, wenn man den Hubraum erweitert. Aus der Sicht von absolut grenzwertigen utopischen Leistungsausbeuten ist Hubraum also wiederum tatsächlich gewissermaßen nicht zu ersetzen. Er setzt nun mal aus letztendlicher Sicht die Grenzen oder erweitert diese. Doch bei gewöhnlichen Straßenfahrzeuge, wo die Grenzen in der Regel ganz und gar nicht ausgereizt werden, ist Hubraum durchaus ersetzbar.

Wastegate lässt Ladedruck ab. Falsch! Ganz oft wird das Wastegate mit dem Schubumluftventil verwechselt, da ihre Funktionen nahezu identisch sind. Allerdings sind diese Bauteile weder gleich, noch haben sie etwas miteinander zu tun. Im Gegenteil. Sie sitzen an vollkommen unterschiedlichen Stellen vom Auto und sogar recht weit voneinander entfernt. Dabei arbeiten sie auch mit unterschiedlichen Medien. Und dies ist der entscheidende Punkt. Ein Wastegate begrenzt und reguliert den Abgasstrom, der den Turbolader antreibt. Es sitzt folglich am Turbolader, genau genommen an der Abgasanlage. Ein Schubumluftventil oder "Blow-Off" begrenzt hingegen den Ladedruck, also den Luftstrom den der Turbolader produziert. Es sitzt folglich im Ansaug- beziehungsweise Ladedrucksystem des Motors. Wastegates als auch Schubumluftventile arbeiten in der Regel mit Bypassen über die sie den Überschuss ableiten oder zurückführen.

DSG-Furzen entsteht durch Abgasreduzierung. Falsch! Wie das Furzen in der Abgasanlage entsteht, das moderne turboaufgeladene Motoren mit Doppelkupplungsgetrieben oder manchmal auch mit klassischen Automatikgetrieben verursachen, ist vielen Menschen ein absolutes Rätsel. In der Szene erzählt man sich oft, es entstünde beim Gangwechsel, um die Abgaswerte der dabei entstehenden Fehlzündungen zu verbessern. Dies würde man mit einer kurzen Lufteinblasung erreichen und regulieren. Diese Erklärung ist jedoch absoluter Humbug und hat nichts mit dem zu tun, was im Motor tatsächlich vor sich geht und letztendlich das Furzgeräusch entstehen lässt.

Wenn Motoren mit Doppelkupplungsgetrieben ausgestattet sind, hat das den Zweck die Schaltzeiten auf ein Minimum zu reduzieren. Getriebe dieser Art schalten so schnell, dass man von einem unterbrechungsfreiem Lustzug spricht. Das bedeutet, dass man beim Schalten keine Pause mehr in der Beschleunigung des Fahrzeugs spürt. Zwar ist immer noch eine minimale Unterbrechung vorhanden, doch ist diese so kurz, dass man sie nicht mehr wahrnimmt. Moderne Doppelkupplungsgetriebe sind in der Lage den Schaltvorgang in unter 80 Millisekunden (0,08 Sekunden) zu vollziehen. Mit einem Schaltvorgang ändert sich auch die Motordrehzahl. Schaltet man einen Gang hoch, wird die Motordrehzahl gesenkt. Das ist der hauptsächliche Sinn, den ein Getriebe hat. Wenn ein Getriebe allerdings so wahnsinnig schnell hochschaltet wie es ein Doppelkupplungsgetriebe macht, muss die Motordrehzahl schneller gesenkt werden, als sie es von alleine durch bloßes trägheitsbedingtes Abfallen tun würde. Daher stellt das Motorsteuergerät während des Schaltvorganges den Zündwinkel um. Das bedeutet, dass der Zündzeitpunkt im Motor später stattfindet. Dadurch entsteht eine äußerst schlechte, leistungsarme Verbrennung im Motor. Diese sorgt für ein höheres Abbremsen der Drehzahl. Während der Zeitspanne in der die Zündung in den Zylindern verspätet stattfindet, dringt die Flammenfront der Explosion aus den Zylindern über die Auslassventile in die Abgasanlage hinaus und verursacht somit das berühmte Furzen. Das Furzen ist also eine Spätzündung und keine Fehlzündung oder gar Lufteinblasung.

Funfact. Diese Vorgehensweise die Motordrehzahl schlagartig zu senken, um den geschwindigkeitsintensiven Ansprüchen des Doppelkupplungsgetriebes gerecht zu werden, ist allerdings kein Muss. Auch hierbei dreht es sich ausschließlich wieder um eine Entscheidung aus der Marketingabteilung. Ein Golf GTI mit Doppelkupplungsgetriebe macht extreme Furzgeräusche. Eine Mercedes-Benz S-Klasse allerdings nicht. Alles was man heutzutage aus der Abgasanlage von modernen Autos hört ist absichtlich durch die Motorsteuerung gefaket. Verbrennungsmotoren sind mittlerweile so hoch entwickelt, dass sie nahezu perfektioniert wurden. So etwas wie Fehlzündungen entsteht bei solchen Motoren in der Regel nicht mehr. Soundeffekte wie Furzen, Pops und Bangs (leichtere und stärkere Fehlzündungen) oder längeres Pöppeln und Brabbeln sind gewollte und absichtlich programmierte Gimmicks. Diese sollen dem Fahrer ein sportlicheres Fahrgefühl vermitteln, da die Wahrnehmung sportlicher Motoren sehr subjektiv ist. Diese subjektive Wahrnehmung kann durch eine charakteristische Klangkulisse und besondere Soundeffekte stark angehoben werden. Schneller oder sportlicher wird das Auto dadurch allerdings natürlich nicht. Es geht ausschließlich darum die Wahrnehmung des Kunden zu fördern und in eine bestimmte Richtung zu lenken.

Kompressoren sitzen im Kofferraum. Falsch! Schon viel zu oft haben wir von unseren Kunden, aber auch von Bekannten die Frage gestellt bekommen: "Der Motor ist ja kompressoraufgeladen. Wo ist der denn eigentlich? Ich hab im Kofferraum bisher nichts finden können.". Die Menschen hatten da offenbar eine falsche Vorstellung vom Kompressor.

Zwar war ihnen bekannt, dass dieser Luft im Motor komprimiert, doch verstanden sie unter einem Kompressor eher ein technisches Modell für den Heimwerkergebrauch aus dem Baumarkt. Und den vermuteten sie offenbar im Kofferraum, da im Motorraum nirgendwo Platz für solch ein sperriges Gerät wäre. Ein Kompressor, der den Motor auflädt, hat natürlich nichts mit dem handelsüblichen Baumarktgerät zu tun. Unter einem Kompressor für den Motor versteht man mindestens eine Turbine, welche über einen Riemen vom Motor selbst angetrieben wird. Genau wie ein Turbolader verdichtet diese Turbine Luft im Motor. Diese nennt man Ladedruck.

Funfact. Das eigentlich Lustige bei diesen Leuten war, dass die Meisten unter ihnen noch nicht mal ein kompressoraufgeladenes Fahrzeug hatten. Auch da waren sie oftmals falsch informiert. Meist waren die Motoren stattdessen turboaufgeladen. In seltenen Fällen waren es sogar Saugmotoren ohne jegliche Aufladung.

Elektroautos haben immer viel Drehmoment. Falsch! Elektromotoren haben durchaus das Potenzial verhältnismäßig viel Drehmoment zu erzeugen. Dieses befindet sich in etwa auf dem Level eines gut abgestimmten Turbodiesel. Das heißt aber noch lange nicht, dass dies auch immer der Fall ist. Elektromotoren sind nicht immer gleich. Sie unterscheiden sich in ihren Aufbauten und in ihrer Funktionsweise. Daher kommt es darauf an, wie sie aufgebaut sind und auf was sie ausgelegt werden. Ähnlich wie bei Verbrennungsmotoren auch. Nicht mal die Hälfte aller am Markt erhältlichen Elektrofahrzeuge erzeugen tatsächlich ein hohes Drehmoment, für das sie immer so angepriesen werden. Im Gegenteil. Es ist meist unauffällig gering, ähnlich wie bei einem Saugmotor.

Elektroautos haben kein Getriebe. Falsch! Elektroautos haben sehr wohl mindestens ein sogenanntes Ein-Gang-Getriebe. Dieses dient als Untersetzungsgetriebe und sorgt einfach ausgedrückt dafür, dass das gesamte und meist sehr breite Drehzahlband des Elektromotors auf der Straße nutzbar wird. Einige Hersteller verwenden sogar ein Zwei-Gang-Getriebe. Dies soll bei höheren Geschwindigkeiten den Stromverbrauch reduzieren, denn dieser steigt erheblich, je mehr das Fahrzeug gegen den steigenden Luftwiderstand ankämpfen muss und je höher die Drehzahlen des Motors werden. Und auch der Akku wird dadurch bei hohen Leistungsabrufen stark beansprucht. Auch diese Ein- und Zwei-Gang-Getriebe müssen ganz klassisch von Öl geschmiert und ab einer bestimmten Temperatur auch gekühlt werden.

Elektroautos muss man nicht warm fahren. Falsch! Auch Elektroautos müssen eine Warmlaufphase durchlaufen. Vor allem geht es hierbei mal wieder um den Akku. Je niedriger die Temperatur ist, desto höher ist der elektrische Widerstand. Daher ist im kalten Zustand der Verbrauch bei Elektroautos erst mal etwas höher. Aber auch die anderen Komponenten wie Motor und Getriebe funktionieren am besten, wenn sie eine bestimmte Betriebstemperatur haben.

Elektromotoren haben noch viel Potenzial, Verbrenner hingegen nicht mehr. Falsch! Die meisten Menschen glauben, dass das Elektroauto eine neuartige Erscheinung ist und dass der Elektromotor noch am Anfang seiner Entwicklung steht. Dem ist absolut nicht so. Blickt man mal weit über 100 Jahre zurück, sieht man, dass es bereits eine Ära an E-Autos gab. Die ersten Autos liefen mit Dampfmaschinen oder Elektromotoren. Damals war der Verbrennungsmotor noch nicht richtig in Fahrzeugen nutzbar und daher nicht gefragt. Hinzu kommt, dass Elektromotoren bereits Wirkungsgrade von weit über 95% erzielen können. Was möchte man da also noch großartig optimieren? Die Batterien und die Stromerzeugung natürlich. Doch dies hat erst mal nichts mit dem Motor an sich zu tun. Verbrennungsmotoren haben hingegen mit einem Wirkungsgrad von deutlich unter 50% noch extrem viel Potenzial übrig. Synthetisch hergestellte Kraftstoffe und einige Techniken wie zum Beispiel variable Ventilsteuerung könnten die Antwort sein. Das Unternehmen Bosch hat Motoren entwickelt mit denen es beim Einsatz neuartiger Kraftstoffe allein beim Dieselmotor zu 65% CO_2-Ersparnis kommt. Doch das Bundesumweltministerium ist gegen jegliche Brennstoffe. Die Politik sieht stumpferweise nur die Elektromobilität. So kommt es, dass die neuen Kraftstoffe bittererweise bisher schlichtweg nicht zugelassen werden. Zumindest hat die EU inzwischen aber Fahrzeuge mit E-Fuel-Betrieb aus dem beschlossenen Verbrennerverbot rausgenommen.

Super Plus tanken bringt nichts. Falsch! Benzin mit mehr Oktan als beim Standardkraftstoff (95) zu tanken, bringt sehr wohl etwas. Vorausgesetzt das Motorsteuergerät besitzt ein Kennfeld für den hochwertigeren Kraftstoff und kann diesen auch erkennen und ausschöpfen. Solange dies der Fall ist bewirkt der hochwertigere Kraftstoff einen dezent niedrigeren Spritverbrauch und einen kleinen Zuwachs an Leistung. Ob allerdings die Kraftstoffersparnis größer ist als die Mehrkosten für den hochwertigen Kraftstoff, ist eine andere Frage. Mit hochoktanigem Benzin ist es wie mit Sommerreifen. Lohnenswert ist die Verwendung davon vor allem bei sportlichen Motoren, die dadurch erst zu ihrer wahren Leistungsentfaltung kommen.

Niedrigere Benzinqualität schadet dem Motor. Falsch! Wenn ein Ottomotor beispielsweise für 98-Oktan-Benzin ausgelegt ist, aber stattdessen 95-Oktan-Benzin bekommt, macht das heutzutage nichts mehr. Seit einigen Jahrzehnten sind Ottomotoren mit sogenannten Klopfsensoren ausgestattet. Ist die Benzinqualität zu schlecht, fängt der Motor an schlechter zu laufen und ein Klopfgeräusch entsteht. Dieses wird vom Sensor erfasst und an das Motorsteuergerät weitergegeben. Das Steuergerät passt entsprechend die Zündzeitpunkte an und so nimmt der Motor auch über einen größeren Zeitraum keinen Schaden. Allerdings läuft dann das Aggregat auch nicht mehr optimal und so ergibt sich ein Leistungsverlust sowie auch ein höherer Kraftstoffverbrauch. Das gilt vor allem für normale Aggregate. Bei sehr hochgezüchteten Ottomotoren sollte man diese Schutzfunktion hingegen nicht unnötig ausreizen. Es empfiehlt sich die Fahrweise etwas anzupassen und nicht mehr unnötig Volllast zu geben.

Das vom Hersteller vorgeschriebene Motoröl ist immer gut und richtig. Falsch! Leider ist die Herstellervorgabe bei Weitem nicht immer ideal für die Erhaltung und Pflege des Fahrzeugs. Das Idealbeispiel ist VW. Die TSI-, FSI und älteren VR-Motoren hatten jahrelang Probleme mit ihren Steuerketten. Diese längten sich und sprangen über, wodurch ein Motorschaden herbeigeführt wurde. Die offiziellen Erklärungen dafür waren, dass falsche Materialien eingesetzt und die Steuerketten zu klein dimensioniert wurden. In Wahrheit zeigten jedoch Langzeitstudien, dass man allein mit der Verwendung von anderen Motorölen die Steuerkettenlängung extrem hinauszögern konnte. Bei Verwendung eines ganz bestimmten Öles trat sogar gar keine Längung mehr auf. Es klingt nahezu unglaublich, aber tatsächlich entspricht dies der Wahrheit. VW, Audi und Co. schreiben für diese Motoren immer ein 5W30 von Castrol vor. Im Longlife-Intervall wurde dieses Öl dann alle 30.000 Kilometer gewechselt. Entscheidet man sich stattdessen aber gegen den Longlife-Intervall und verkürzt die Zeiten zwischen den Ölwechseln auf 10.000 Kilometer, ist dies grundsätzlich schon mal etwas Positives für jeden Motor. Nimmt man statt dem vorgeschriebenem "Castrol Edge" ein 5W40 von Addinol, wird man mit an Sicherheit grenzender Wahrscheinlichkeit keine Steuerkettenprobleme mehr haben. Außerdem sind die Produkte von Addinol sogar Made in Germany und erfreulicherweise äußerst preiswert.

Tuning ist schädlich. Falsch! Tuning kann mehr Belastung für einzelne Komponenten am Motor oder am Fahrwerk hervorrufen. Insofern können bereits vorhandene Schwachstellen durch die stärkere Belastung aufgedeckt werden. Der Fahrzeugbesitzer interpretiert dies oftmals fälschlicherweise als Schwäche durch das vorgenommene Tuning. Doch wenn ein Fahrzeug in einem halbwegs gutem Zustand ist und das Tuning sauber vorgenommen oder der Motor ordentlich abgestimmt wurde, ist Tuning an sich nicht schädlich. Wenn man allerdings ein Auto hat, welches bereits 300.000 Kilometer auf dem Zähler verzeichnet und dort noch die allerersten Fahrwerksteile verbaut sind, sollte man sich bei einer Tieferlegung durch Federn nicht wundern, dass in naher Zukunft dann auch die Dämpfer das Zeitliche segnen. Nach einer solch hohen Laufleistung haben diese bereits einiges mitgemacht und sind aller Wahrscheinlichkeit nach vorbelastet. So kann es zum Beispiel auch passieren, dass ein bereits vorbelastetes Schubumluftventil im Ladedrucksystem den Geist aufgibt, nachdem bei einer Softwareoptimierung der Ladedruck angehoben wurde.

Funfact. 300.000 Kilometer auf "die Uhr" eines Autos gefahren zu haben, bedeutet ganze 7,5 Mal die Erde umrundet zu haben.

Vollgas schadet dem Motor. Falsch! Bitte ziert euch nicht, euer Auto auch mal zu scheuchen, wenn der Motor warm und die Bahn frei und sicher ist. Wenn der Motor keine Probleme hat, kann man das Gaspedal ruhigen Gewissens auch mal durchtreten. Egal ob man 50 PS oder 500

PS unter der Haube hat. So lange man auf deutschen Autobahnen noch keine allgemeine Geschwindigkeitsbeschränkung hat, kann man dies ruhig noch genießen. Natürlich immer unter größter Vorsicht und nicht ohne Rücksicht auf Verluste. Ist der Motor in einem halbwegs vernünftigen Zustand und darüber hinaus warm gefahren, wird ihm eine Vollgasfahrt keinen Schaden anhaben können. Motoren sind ab Werk für ein breites Spektrum an Fahrweisen ausgelegt. Dazu gehört auch die Vollgasfahrt. Manchmal tut dies den Maschinen sogar ganz gut. Moderne Steuergeräte realisieren die Fahrweise des Fahrzeugführers und merken sich diese. Wird das Gaspedal immer nur gestreichelt und nie voll durchgetreten, passt das Motorsteuergerät nach einer Weile die Motorsteuerung an. Dies kann man sich wie eine Art abgeschwächten Eco-Modus vorstellen. Es ist also grundlegend völlig okay seinem Motor ab und an die Sporen zu geben. Und dies gilt vor allem, wenn das Aggregat etwas sportlicher ist. Allerdings bitte immer nur unter einer Voraussetzung: Erst wenn das Aggregat seine Betriebstemperatur erreicht hat. Das Material leidet vor allem dann, wenn der Motor angelassen und dann sofort in den Allerwertesten getreten wird. Thermodynamik spielt in unserem gesamten Universum eine entscheidende Rolle. Dies liegt vor allem daran, dass Thermodynamik auf Molekular- und Teilchenebene von größerer Bedeutung ist. Darauf sind beispielsweise die Urknalltheorie als auch die Funktionsweise einer Mikrowelle aufgebaut. Auch ein Motor besteht aus Materie und somit natürlich aus Molekülen und Teilchen. Das Metall aus dem Motorbauteile bestehen ist zu einer bestimmten Temperatur viel belastbarer und strapazierfähiger. Ist der Motor kalt, ist er also anfälliger. Die Betriebstemperatur spielt also zur Schonung eine große Rolle. Gleiches kann man auch bei Lebewesen beobachten. Hat ein Mensch oder ein Tier nicht die richtige Temperatur kann es sehr schnell zu Tode kommen. Auch für Computer gilt dies zum Beispiel. Nahezu bei allem in Universum ist die Temperatur entsprechend wichtig. Sonst hätte sich beispielsweise niemals Leben auf diesem schönen Planeten entwickelt. Auch wir Menschen benötigen eine gewisse Betriebstemperatur, um zu funktionieren. Gitarristen wissen, wenn man im Winter draußen war und die Hände sich abgekühlt haben, funktioniert danach erst mal gar nichts mehr! Mit kalten Händen Gitarre spielen ist, als würde man sich in einer Zeitlupe befinden.

Funfact. Selbst der legendäre Tuner und Autofreak John Pierre Kraemer (JP) hat bestätigt, dass vor allem auch sportliche Motoren tatsächlich sogar anfällig werden können, wenn ihre Leistung nicht ab und an mal voll abgerufen wird. In einem seiner Videos hat er mal aus seiner Zeit als ehemaliger Automobilkaufmann bei Porsche aus dem Nähkästchen geplaudert. Aus seinen Erfahrungen heraus schilderte er, dass die Motoren, die von Rentnern gefahren wurden und nie "Schmisse gekriegt" haben, immer Probleme und Wehwehchen aufwiesen. Die Motoren, welche hingegen von Tag eins an die Sporen bekommen hatten, waren letztendlich gut eingefahren und wiesen nach vergleichbaren Laufleistungen deutlich weniger Probleme auf. Auch ich kann dieses eher widersprüchlich erscheinende Phänomen bestätigen. Motoren sind zwar nur Gegenstände und keine Lebewesen, doch auch sie kann man gewissermaßen quasi eingewöhnen. Wenn ein Motor ab Tag eins immer mal ein bisschen Prügel bekam, dann stand das Material aus dem er besteht natürlich unter einer ganz anderen Belastung. Dafür läuft sich der Motor aber auf diese Fahrweise ein und somit gewöhnt er sich praktisch daran. Bei Autos die immer nur schonend gefahren wurden und sich auf eine sachte Fahrweise eingelaufen haben, leidet der Motor später viel mehr unter sportlichen Fahrmanövern. Vor allem bei Rentnerfahrzeugen die praktisch nur noch im "Schleichmodus" bewegt werden ist dies der Fall.

Realbeispiel. Bei vielen alten Autos die wir in die Hände bekamen und über einen längeren Zeitraum fuhren, konnten wir einen weiteren Effekt feststellen. Nach längeren Autobahnfahrten mit vielen Vollgasabschnitten und Beschleunigungsorgien fühlten sie sich an, als wäre der Motor regelrecht "freigebrannt" worden. Und tatsächlich rannten die Maschinen danach nicht nur gefühlt besser, sondern taten sie dies auch in Tests. Auch wenn dies ebenfalls wieder ein Punkt sein mag, der vielleicht etwas widersprüchlich klingt. Man konnte regelrecht spüren, wie die hohe und lange Beanspruchung dem Motor gut getan hat. Bei moderneren Fahrzeugen wird die Fahrweise des Fahrzeuges hingegen dauerhaft überwacht und hierdurch die Motorsteuerung der Fahrweise angeglichen. Dabei kann dieser Effekt nicht nur nach unten auftreten, sondern auch nach oben. Durch ein wenig treten des Motors und ein paar Beschleunigungsorgien lässt sich das Laufen des Steuergeräts auf Sparflamme beheben.

You can press
the accelarator...

C63 AMG bedeutet 6.3 Liter Hubraum. Falsch! Früher hat bei Mercedes-Benz die Zahl im Modellnamen den Hubraum angegeben. Ein A180 hatte demnach einen Hubraum von 1.8 Liter. Ein E55 AMG hatte 5.5 Liter Hubraum. Ein C63 AMG hatte hingegen aber noch nie 6.3 Liter. Auch zu den Zeiten nicht, als die Zahlen im Modellnamen noch mit dem Hubraum übereingestimmt haben. Die Zahl 63 hat traditionelle Gründe und nichts mit dem tatsächlichem Hubraum zu tun. Der erste C63 AMG hatte tatsächlich 6,2 Liter. Er war also an der Angabe sehr nahe dran und hat die Zahl im Modellnamen nur um weniger Kubikzentimeter verfehlt. Dass die Hubraumzahl so nahe dran war, war allerdings reiner Zufall. Viel Hubraum war zu der Zeit unter den Premiumherstellern angesagt. So kam es, dass man einen 6.2-Liter-V8 produzierte. Leider ist dem heute nicht mehr so. Dieses Modell wurde in der nachfolgenden Generation durch einen 5.5-Liter-V8-Biturbo ersetzt. Anschließend wurde dieser dann durch einen 4.0-Liter-V8-Biturbo ersetzt. Die Leistung stieg dabei immer weiter an, obwohl der Hubraum weniger wurde. Der Name C63 AMG wurde jedoch aus traditionellen Gründen immer beibehalten. Mittlerweile sind die Achtzylinder im C63 AMG komplett ausgestorben und gehören leider der Vergangenheit an. Inzwischen bedient man sich stattdessen Hybriden bestehend aus Vierzylinder-Turbomotoren mit gerade mal zwei Litern Hubraum und Elektromotoren.

Funfact. In den 90er-Jahren gab es sogar 70- und 73-AMG-Modelle. Auch diese waren nach ihrem massiven Hubraum benannt. Sie hatten tatsächlich 7.0 und 7.3 Liter.

Ein Golf IV GTI hat immer einen 1.8er-Turbo. Falsch! GTI bedeutet **G**ran **T**urismo **I**njektion und steht damit seit jeher für die Sportmotorisierung in den Golf-Modellen unterhalb der Höchstmotorisierung. Diese war dann die zweithöchste Motorisierung unterhalb des R-Modells beziehungsweise früher unterhalb der G-Modelle. Dazu gab es dann eine besondere Ausstattung, ein sportlicher abgestimmtes Fahrwerk, rote Streifen im Kühlergrill und eine andere Abgasanlage. All diese Dinge waren von der Motorisierung abhängig, die den GTI erst ausmachte. Bei jeder Generation des Golfs war dies der Fall, außer bei einer. Beim Golf IV war die Bezeichnung "GTI" lediglich eine Ausstattungsvariante und keine sportliche Motorisierung. "Den einen GTI-Motor" gab es in dieser Generation nicht. Stattdessen war die GTI-Ausstattung für fast jede Motorisierung im Golf IV erhältlich. Selbst für Dieselmotoren. Sie war also von der Motorisierung unabhängig und hatte mit dem Motor nichts zu tun. Oftmals behaupten die Fahrer der 1.8er-Turbo-Motoren (150 PS, 180 PS) sie würden "den einen GTI" fahren. Diese Autos haben auch oft die GTI-Ausstattung. Aber natürlich sind diese Behauptungen nichtig, da genau so gut der Fahrer eines 1.9er TDI Anspruch darauf hat, sein Fahrzeug einen GTI zu nennen, sofern er denn die entsprechende GTI-Ausstattung hat. Berühmtheit erlangte vor allem der "Jubiläums-GTI" zum fünfundzwanzigjährigem Bestehen des Golf GTI. Dieser war ausschließlich mit dem 180-PS-Motor erhältlich. Die höchste und sportlichste Motorisierung, welche normalerweise den Platz des GTI einnimmt, unterhalb des R32-Modells, war hingegen nicht als GTI erhältlich. Hierbei handelte es sich um den 2.8 VR6 mit 204 PS. Wäre man nach den

Vorgängern als auch nach den Nachfolgern gegangen, hätte ausschließlich diese Motorisierung den Titel GTI tragen dürfen.

Welche Motorisierungen der GTI in seinen verschiedenen Generationen hatte und inwiefern sich der Golf IV davon unterscheidet, kann man den nachfolgenden Tabellen entnehmen.

Generationen und Motorisierungen des VW Golf GTI

Gene-ration	Variante	Motor	Leistung
1	Sportversion	1.8 R4	110 PS, 112 PS
2	Sportversion	1.8 R4	112 PS, 139 PS
3	Sportversion	2.0 R4	115 PS, 150 PS
4	Ausstattungs-variante	1.9 TD R4, 2.0 R4, 2.3 VR5, 1.8 R4T	90 PS, 110 PS, 115 PS, 130 PS, 150 PS, 170 PS, 180 PS
5	Sportversion	2.0 R4T	200 PS
6	Sportversion	2.0 R4T	211 PS
7	Sportversion	2.0 R4T	220 PS, 230 PS
8	Sportversion	2.0 R4T	245 PS

Kombinierbare Motorisierungen mit der GTI-Ausstattung des Golf IV

Motor	Leistung
1.9 TDI	90 PS
1.9 TDI	110 PS
1.9 TDI	130 PS
1.9 TDI	150 PS
2.0 R4	110 PS
2.3 VR5	150 PS
2.3 VR5	170 PS
1.8 R4T	150 PS
1.8 R4T	180 PS

Ansaugbrücke platzt beim Ford Focus RS. Falsch! In diesem Abschnitt geht es um einen äußerst spezifischen Irrglauben. Es geht um kein allgemeines Phänomen, sondern um eine Aussage explizit zum Ford Focus RS der zweiten Generation. Daher werden hiermit eher weniger Menschen angesprochen. Dennoch hat dieser Irrglauben in den letzten Jahren in der Szene so sehr die Runde gemacht, dass er auch einigen Nicht-RS-Fahrern bekannt sein dürfte. Nur kurze Zeit nach dem Erscheinen dieses RS-Modells kam in der Szene und im Internet das Gerücht auf, dass die Ansaugbrücke des Motors platzen könnte. Bei einigen RS-Besitzern wäre dies bereits der Fall gewesen. In Wahrheit waren es jedoch nur sieben, von denen jeweils fünf ihr Auto sogar getunt hatten. Aber dass diese sieben ihre geplatzten Ansaugbrücken publik gemacht hatten, reichte vollkommen aus, um im Netz und in der Szene ein regelrechtes Lauffeuer zu entfachen. Fortan hieß es, dass bei jedem RS die Ansaugbrücke platzen würde. Natürlich war das kompletter Humbug. Der RS war in seiner Stückzahl limitiert. Ursprünglich geplant waren 8.000 Stück. Insgesamt wurden jedoch aufgrund der unerwartet hohen Nachfrage 11.500 RS-Modelle der zweiten Generation gebaut. Bis heute sind von diesen 11.500 Modellen gerade mal sieben Stück bekannt, bei denen die Ansaugbrücke durch den Ladedruck beschädigt wurde. Das sind gerade mal 0,06%. Wenn man bedenkt, wie oft andere Bauteile bei ein und demselben Fahrzeug kaputt gehen, sind 0,06% verschwindend gering. Aber eine Ansaugbrücke die dem Fahrer um die Ohren fliegt, ist durchaus ungewöhnlich. Daher werden die Menschen schnell hellhörig und bekommen solch eine Sache schneller mit. Und aufgrund der Besonderheit dieser Begebenheit verbreitet sich ein solcher Vorfall auch deutlich schneller.

Die Ansaugbrücke des Ford Focus RS Mk2 ist aus Kunststoff. Das klingt in den Ohren der meisten Menschen erst mal minderwertig. Doch Kunststoff kann durchaus sehr hochwertig sein. Vor allem Kunststoffe wie Polycarbonat oder Polyamid sind ein geradezu begnadeter Ersatz für Metalle und Gläser. Sie sind sehr teuer und hochwertig und besitzen Eigenschaften, die vielen Metallen und praktisch allen Gläsern weit überlegen sind. Der Kunststoff, um den es hier geht, nennt sich Polyamid (PA). Polyamid ist ein sehr zäher und harter Werkstoff. Daher wird er als äußerst hochwertig angesehen. Er ist, je nach Konstruktion des Bauteils, von Menschenhand praktisch nicht kaputt zu bekommen. In diesem Fall geht es um eine Ansaugbrücke, die aus besagtem Polyamid ist. Bei einem Saugmotor steht diese unter Unterdruck. Bei einem Turbomotor, wie es beim Fünfzylinder des Focus RS der zweiten Generation der Fall ist, herrscht hingegen Überdruck in der Ansaugbrücke. In diesem Fall sind es im Serienzustand maximal 1,5 Bar. Das sind zwar 0,8 Bar mehr als beim Focus ST, denn dieser hat nur 0,7 Bar Ladedruck. Aber für einen Gegenstand aus Polyamid sind 1,5 Bar praktisch nichts. Dieses Material steckt solch niedrige Luftdrücke mühelos weg. Es waren insgesamt sieben Autos bei denen die Ansaugbrücke gerissen war. Die Wortwahl liegt jetzt absichtlich auf "gerissen" und nicht mehr auf "geplatzt", da es nun um den tatsächlichen vorgefallenen Fakt geht und nicht mehr um Behauptungen oder gar Gerüchte. Denn letztendlich hat man nach näheren Untersuchungen festgestellt, dass nicht der Kunststoff geplatzt ist, sondern die Klebestellen, welche die obere und die untere Hälfte der Ansaugbrücke zusammenhalten. Man fand heraus, dass das Klebeprodukt teilweise fehlerhaft war. Die Ansaugbrücken waren hingegen völlig in Ordnung. Fünf der sieben kaputt gegangenen Ansaugbrücken waren zudem durch Tuningmaßnahmen einem höheren Ladedruck ausgesetzt. So kam es, dass durch die Mehrbelastung der fehlerhafte Kleber nachgab. Auch in diesem Fall war das Tuning nicht schädlich, sondern das fehlerhafte Produkt.

Bugatti ist eine italienische Marke. Falsch! Genau genommen ist Bugatti inzwischen eine deutsche Marke, da sie seit 1998 zur Volkswagen-Aktiengesellschaft gehört. Aber auch davor war die Marke nie italienischer Herkunft oder Angehörigkeit. Bugatti kommt ursprünglich aus Frankreich und wurde im Elsass von Ettore Bugatti gegründet.

Funfact. Das Wiederaufleben der Marke Bugatti war ausschließlich ein Prestigeprojekt der Wolfsburger. Viele Jahre schrieb die Marke Bugatti im Volkswagen-Konzern rote Zahlen. Daher wurde sie von einigen hohen Tieren des Konzerns als Ballast angesehen. VW wollte mit dieser Marke ursprünglich ausschließlich seine technischen Fähigkeiten zeigen und unter Beweis stellen. Die Modelle der Marke Bugatti spielen in der höchsten Liga aller Serienfahrzeuge und brechen regelmäßig die Rekorde für die schnellsten Serienfahrzeuge der Welt.

Tachos zeigen meistens mehr an. Richtig! Tachos zeigen bei Weitem nicht immer die wahre Geschwindigkeit an. Eigentlich sogar praktisch fast nie. Von Gesetzeswegen her ist vorgesehen, dass ein Tacho niemals weniger Geschwindigkeit anzeigen darf, als das Auto tatsächlich fährt. Umgekehrt sind jedoch wie so oft keine Grenzen nach oben gesetzt. Tachos zeigen grundsätzlich etwas mehr an, als das Auto tatsächlich fährt. Vor allem bei alten Autos ist dieser Effekt extrem. Moderne Tachos laufen hingegen recht genau und streuen nur ganz leicht nach oben. Dennoch streuen auch sie. Außerdem tritt hierbei auch der Effekt auf, dass die Höhe der Abweichung proportional zur Geschwindigkeit ist.

Je langsamer das Auto fährt, desto genauer ist die Anzeige und desto niedriger ist die Streuung. Je schneller man aber fährt, desto größer ist auch die Streuung und damit die Abweichung zur tatsächlichen Geschwindigkeit. Umso größer ist also auch die Ungenauigkeit. Das gilt für digitale als auch analoge Tachoanzeigen. Die angezeigte Geschwindigkeit kann außerdem auch durch das Fahren von Rädern mit anderer Größe merkbar verändert werden. Auch dies gilt für digitale als auch analoge Tachoanzeigen. Außerdem wird durch Räder mit anderen Größen auch die Geschwindigkeit des Kilometerzählers beeinflusst und somit der Kilometerstand verfälscht.

Realbeispiel. Wir haben die angezeigte Geschwindigkeit schon oft bei den verschiedensten Autos getestet. Vor allem bei älteren Fahrzeugen waren extreme Abweichungen festzustellen. Bei einem Opel Kadett E (später "Opel Astra") aus den 80er-Jahren zeigte der Tacho eine Geschwindigkeit von exakt 200 km/h an, während das GPS aber gerade mal 175 km/h nachwies. Dies war kurioserweise ein komplettes Achtel Differenz. Das entspricht einer Abweichung von 12,5%. Bei einem Audi Q3 von 2017 wich der Tacho gerade mal um 3 km/h ab. Er war also dagegen weitestgehend ziemlich genau. Hierbei lag die Abweichung nur bei 1,5%.

Winterreifen sollten nicht im Sommer gefahren werden. Falsch! Winterreifen eigenen sich relativ gut für den Sommer. Sie sind sogar aufgrund ihrer Auslegung für Schnee, aber vor allem Matsch und Nässe, bei Regen deutlich im Vorteil. Auch versicherungstechnisch gibt es hierbei keine Bedenken. Umgekehrt kann es allerdings Probleme geben. Sommerreifen im Winter könnten aus Sicht der Versicherung unzulässig sein. Eine Vorschrift vom Gesetzgeber gibt es jedoch nicht. Es ist lediglich vorgeschrieben, dass man sich den Wetterbedingungen anzupassen hat. Liegt also Schnee, herrscht gewissermaßen eine indirekte Winterreifenpflicht. Kommt man dem nicht nach, kann es im schlimmsten Fall sein, dass die Versicherung bei einem Unfall nicht für den Schaden aufkommen muss, da der Fahrzeugführer sein KFZ nicht ordnungsgemäß im Straßenverkehr bewegt hat. Doch zurück zum eigentlichen Thema: Winterreifen kann man ohne Bedenken im Sommer fahren. Man sollte nur bedenken, dass man in diesem etwas Fall höheren Verschleiß hat. Außerdem ist der Sommerreifen bei hohen Außentemperaturen auf trockener Fahrbahn in Sachen Grip und Bremsweg im Vorteil. Auf nasser Fahrbahn ist jedoch immer ein Winterreifen im Vorteil. Selbst bei 35°C im Schatten. Unterm Strich spart man deutlich Geld, wenn man das ganze Jahr auf Winterreifen fährt. Und auch der Umwelt tut man so einen Gefallen. Lediglich wer sein Auto sehr sportlich bewegen möchte, benötigt tatsächlich Sommerreifen. In diesem Fall sollte man dann auch nicht knausern und tiefer für sportliche Premiumprodukte in die Tasche greifen.

Ganzjahresreifen sind weder Sommer- noch Winterreifen. Falsch! Ein Ganzjahres- oder auch Allwetterreifen ist in erster Linie grundlegend ein Winterreifen. Dies ist notwendig damit der Reifen überhaupt die alpinen Anforderungen erfüllen kann. Zusätzlich versucht man diesem dann einige Sommerreifeneigenschaften hinzuzufügen, wodurch wiederum die Winterreifeneigenschaften abgeschwächt werden. Im Übrigen wurden Allwetterreifen mittlerweile sehr stark weiterentwickelt. Die schlechten Allrounder von früher sind sie schon lange nicht mehr. Auch dies ist zumindest inzwischen ein Irrglaube.

Ganzjahresreifen sind seit 2024 verboten. Falsch! Ein Gerücht, dass sich seit Anfang 2024 hartnäckig hält besagt, dass Ganzjahresreifen gesetzlich nicht mehr zulässig sein. Dies ist jedoch vollkommener Unsinn. Es geht dabei ausschließlich um Winter- und Allwetterreifen, die vor 2018 produziert wurden und ausschließlich das M+S-Symbol tragen, statt dem alpinen Symbol mit der Schneeflocke. Denn nur Reifen mit Letzterem sind aktuell noch für den Winter zulässig. Ganzjahres- und Allwetterreifen sind also nach wie vor erlaubt und bedenkenlos fahrbar, solange sie das alpine Symbol haben.

Aluminiumfelgen sind leichter als Stahlfelgen. Falsch! Aluminiumfelgen sind sogenannte Leichtmetallfelgen. Aufgrund dessen denken die meisten Menschen automatisch, dass sie leichter sind als klassische Stahlfelgen. Dem ist allerdings nicht so. Aluminium ist zwar ein Leichtmetall, dennoch sind die Felgen aus Aluminium in der Regel keineswegs leichter. Ein Metall gilt dann als Leichtmetall, wenn seine Dichte niedriger ist als $5g/cm^3$. Aluminium hat eine Dichte von $2,7g/cm^3$. Eisen, also Stahl, hat hingegen eine deutlich höhere Dichte von $7,8g/cm^3$. Je höher die Dichte ist, desto mehr wiegt der Werkstoff auch. Stahl ist also knapp dreimal so schwer wie Aluminium. Damit gilt es auch bei Weitem nicht mehr als Leichtmetall. Stahl ist allerdings deutlich zäher und stabiler als Aluminium. Daher benötigt man von Stahl für eine sichere und stabile Felge deutlich weniger Material. Um die gleiche Stabilität bei einer Aluminiumfelge zu gewährleisten, wird erheblich mehr Material benötigt. Daher kommt es, dass Aluminiumfelgen in der Regel schwerer sind als vergleichbare Stahlfelgen, obwohl das Material an sich sehr viel leichter ist. Und dies bringt tatsächlich so einige physikalische Nachteile mit sich. Eben aus diesem Grund sind echte Tuningfelgen nicht aus Aluminium, sondern aus Magnesium, Titan oder Carbon gefertigt. Diese Materialien sind deutlich zäher und lassen sich anders verarbeiten. Daher benötigen sie weniger Masse für vergleichbare Stabilität und sind letztendlich tatsächlich leichter als Stahlfelgen. Allerdings muss man für diese Produkte tief in die Tasche greifen.

Quattro (Audi) ist immer ein permanenter Allradantrieb und 4Motion (VW) hingegen immer ein zuschaltbarer Allradantrieb. Falsch! Quattro und 4Motion sind heutzutage nur noch Bezeichnungen. Sie sind schlichtweg bekannte Marketingnamen für Allradantriebe. Was aber letztendlich dahinter steckt, kann sich heutzutage in verschiedenen Techniken äußern. Im Übrigen kommen all diese verschieden Techniken gleichermaßen unter den Namen 4Motion und Quattro zum Einsatz. Ob Allradfahrzeuge der Marken des VW-Konzerns mit einem zuschaltbaren oder permanenten Allradantrieb ausgestattet sind, hängt von den Anforderungen und der Motorbauart ab. Die Grundregel ist, dass Fahrzeuge mit kleineren Reihenmotoren die quer, also von Kotflügel zu Kotflügel eingebaut sind, einen zuschaltbaren Allradantrieb bekommen. Dieser wird über ein Steuergerät und eine Lamellenkupplung gesteuert. Größere V-Motoren ab sechs Zylindern aufwärts werden hingegen längs eingebaut. Also geht ihre Ausrichtung von der Frontstoßstange zum Cockpit. In diesem Fall wird meist ein permanenter Allradantrieb verwendet. Das gilt auch für VW-Modelle mit größeren Motoren, wie zum Beispiel den Phaeton oder den Touareg. Der klassische permanente Allradantrieb wird im Allgemeinen als sicherer und gripfördernder bezeichnet. Dem ist mittlerweile allerdings nicht mehr so. Die zuschaltbaren Allradantriebe sind inzwischen sehr schnell und sehr intelligent geworden. So kommt es, dass sie im Gegensatz zu den permanenten Allradantrieben auch besondere neue Anforderungen erfüllen können. Daher kommen sie inzwischen auch in Hypercars zum Einsatz. Beispielsweise der Lamborghini Aventador (6.5 V12, 700 PS – 770 PS) oder auch der Bugatti Veyron (8.0 W16, 1.000 PS – 1.200 PS) nutzen zuschaltbare Allradantriebe mit einer elektronisch gesteuerten Lamellenkupplung.

Eingeschaltetes Licht erhöht den Kraftstoffverbrauch. Richtig! Die Scheinwerfer werden vom Akkumulator mit Strom versorgt. Dieser wiederum wird von der Lichtmaschine, welche wie ein großer Dynamo funktioniert, gespeist. Und dieser Dynamo wird über den Keilriemen von der Kurbelwelle, also vom Motor angetrieben. Doch dass die Lichtmaschine ohnehin dauerhaft mitläuft und somit dauerhaft Strom produziert, ist ein weit verbreiteter Irrglaube. Demnach macht es tatsächlich etwas am Strom- und Kraftstoffverbrauch aus, wenn man die Scheinwerfer einschaltet. Wann die Lichtmaschine Strom produziert und wann nicht, ist unterschiedlich und wird elektronisch gesteuert. Licht verbraucht also Strom und damit auch Benzin. Allerdings ist der Mehrverbrauch, den viele Menschen befürchten, kaum nennenswert. Selbst in den unvorteilhaftesten Rechnungen erhöhen dauerhaft eingeschaltete Scheinwerfer den Kraftstoffverbrauch um allerhöchstens 0,15 Liter pro 100 Kilometer. Nichtsdestotrotz ist es empfehlenswert das Licht am Auto immer eingeschaltet zu haben. Selbst am helllichten Tag bei prallem Sonnenschein. Vor allem aber auch bei schlechteren Wetterlagen und schlechten Sichtverhältnissen. Dies dient nicht nur der Sicherheit anderer Verkehrsteilnehmer, sondern auch der eigenen.

Sportwagen sind automatisch teuer. Falsch! Ob ein Auto teuer ist, hängt im Wesentlichen von vier verschiedenen Faktoren ab:

1. **Anschaffungspreis.** Hierbei ist die Spanne natürlich enorm. Wenn man sieht, dass man gebraucht nahezu keinen McLaren unter 150.000€ bekommt, dann ist das zweifelsohne teuer. Auf der anderen Seite bekommt man aber beispielsweise einen turboaufgeladenen VW Scirocco mit 200 PS im ordentlichen Zustand schon problemlos für 6.000€. Auch ein Audi TT mit gleichem Motor spielt in dieser Preisliga. Für 2.000€ mehr bekommt man schon einen Nissan 350Z (3.5 V6, 280 PS). Sportwagen, Höchstmotorisierungen und sehr stark motorisierte

oder sportliche Premiumfahrzeuge bekommt man schon für weit unter 5.000€.

2. **Verbrauch.** Heutzutage sind Verbrennungsmotoren so hoch entwickelt und technisch so gut ausgestattet, dass es ohne Weiteres problemlos möglich ist auch Sportwagen und Höchstmotorisierungen sehr verbrauchsarm zu fahren. Der Verbrauch ist bei nahezu allen Fahrzeugen mittlerweile so stark gesenkt worden, dass die Spanne der Unterschiede immer kleiner wird. Das heißt, nicht nur normale Autos verbrauchen deutlich weniger als früher, sondern auch sportliche Fahrzeuge. Ob ein Auto vier oder sechs Zylinder hat, macht im Verbrauch nur noch einen ganz geringfügigen Unterschied.

3. **Versicherung.** Ein Kostenpunkt, der sehr extrem werden kann und umgekehrt auch manchmal unerwartet niedrig ausfallen kann, ist die Versicherung. Die Höhe der Versicherungskosten eines Autos ist heutzutage von so vielen verschiedenen Faktoren abhängig, dass man allein darüber ein komplettes Buch schreiben kann. Und genau das habe ich tatsächlich auch bereits getan. Lasst euch niemals von jemandem erzählen, dass ein bestimmtes Auto in der Versicherung grundsätzlich teuer wäre. Allein von Fahrer zu Fahrer gibt es so viele unterschiedliche Faktoren, welche die Versicherungen mit einbeziehen, dass ein und dasselbe Auto bei dem einen Versicherungsnehmer 3.000€ jährlich in der Haftpflichtversicherung (günstigste Variante) und bei dem anderen Versicherungsnehmer wiederum 300€ jährlich für eine Vollkaskoversicherung (teuerste Variante) kosten kann. Die Unterschiede können absolut gravierend sein. Bei der KFZ-Versicherung würden sich viele Menschen wundern, wie günstig die meisten Sportwagen und Höchstmotorisierungen sind. Wenn man dann die richtigen Konditionen in Anspruch nimmt, den Versicherungsnehmer weise auswählt und die Angebote verschiedener Versicherer vergleicht, kann man den Preis darüber hinaus noch um ein Vielfaches drücken.

4. **Steuer.** Was man für sein Gefährt an den Staat abdrücken muss, ist ebenfalls von mehreren Faktoren abhängig. Hubraum, Erstzulassung, Schadstoffausstoß und Euro-Norm. Früher ging es bei der Höhe der Steuer hauptsächlich um den Hubraum. Je mehr Hubraum, desto teurer war das Fahrzeug in der Steuer.

Aber was ist heutzutage schon noch Hubraum? Die meisten Autos haben ja keinen 6.4-Liter-Hemi-V8, sondern eher einen 1.4-Liter-Turbo. Das gilt auch für viele Sportwagen und Höchstmotorisierungen. Hier hat das Downsizing genau so eingeschlagen wie bei allen anderen Autos auch. Daher spielt in der KFZ-Steuer auch mehr und mehr der Schadstoffausstoß und die Euro-Norm eine Rolle. In den letzten zwanzig Jahren hat man außerdem auch immer wieder alle paar Jahre die KFZ-Steuer angehoben. Ein Kraftfahrzeug wird grundlegend in der KFZ-Steuer teurer, je neuer es ist. Dafür wird es aber wiederum gleichzeitig umso günstiger, je weniger Hubraum und Schadstoffausstoß es hat.

Sportwagen und Höchstmotorisierungen können in der Anschaffung, als auch im Unterhalt spottbillig sein. In all den Punkten, welche die Kosten eines Autos bestimmen, können vor allem neuere Autos gut punkten. Daher sind sie im Durchschnitt im Unterhalt auch deutlich billiger geworden als früher. Natürlich gilt das nicht für jedes Fahrzeug, aber für einige. Vor allem, wenn man weiß, wie man es richtig anstellt. In meinem Buch "Der Weg zum Traumauto" bekommt ihr eine Vielzahl an Beispielen aus meiner bisherigen Karriere, wie günstig sportliche Autos sein können und wie extrem die Vorstellungen der Menschen davon tatsächlich abweichen. Außerdem werdet ihr dort auch umfangreich zu Versicherungen, Krediten und Leasing geschult. Darüber hinaus bekommt ihr auch beschrieben wie ihr den Weg zum Traumauto ohne fremde Hilfe (z.B. Kredite) meistert.

Rentnerautos sind immer gut. Falsch! Dass Rentnerfahrzeuge immer super gepflegt sind und toll in Schuss gehalten werden, ist schlichtweg ein Irrglaube. Rentnerfahrzeuge sind bei Weitem nicht so perfekt, wie sie der Volksmund darstellt. Um dieses Mysterium aufzuklären, muss man sich zunächst vor Augen halten, in welchem Zustand sich die Besitzer der Autos befinden. Also die Herrschaften von der älteren Sorte. Denn oftmals sind sie körperlich als auch geistig nicht mehr sehr fit. Dies ist natürlich kein Unding, denn es gehört zum Verlauf des Lebens nun mal dazu. Dies führt oft dazu, dass viele Rentner die Wartung des Fahrzeuges vernachlässigen. Der vorgegebene Intervall wird schlichtweg nicht beachtet und für Ölwechsel und Co. interessieren sich viele Rentner nicht. Auch wird mit dem Instandhalten des Autos lockerer umgegangen. Dies trifft vor allem die Außenwäsche und auch die Innenraumreinigung. Ganz gravierend trifft es auch die Felgen des Fahrzeugs. Im Alter geht es dann halt einfach nicht mehr so gut und die körperliche Anstrengung und das tiefe Bücken steht für die rüstigen Besitzer absolut nicht im Verhältnis zu dem Ergebnis eines gesäuberten Autos. Auch Parkrempler sind bei Rentnern durchaus leider absolut kein seltenes Ereignis. Viele alte Menschen können nicht nur schlecht sehen, sondern sind leider auch in ihrer allgemeinen Wahrnehmung getrübt. So bekommen die Autos oftmals Kratzer und kleinere Kampfspuren von gescheiterten Parkversuchen. Es stimmt zwar, dass Rentnerfahrzeuge oftmals gehütete Garagenfahrzeuge sind und darüber hinaus auch nicht oft von ihren Besitzern getreten werden. Aber es gibt auch gute Beispiele dafür, dass Rentnerfahrzeuge tatsächlich sogar manchmal zu sanft behandelt werden. Dadurch können leider wieder neue Tücken auftreten. Und viele Rentner verzichten auch so gut es geht auf weitere Strecken. Oftmals fühlen sie sich beim Fahren unsicher. Meistens wird der Motor gar nicht erst richtig warm. Das Auto wird maximal zum Einkaufen oder bis zum Arzt bewegt. Eines ist in diesem Fall allgemein bekannt: Ausschließlich Kurzfahrten tun keinem Motor gut. Vor allem Diesel- und turboaufgeladenen Motoren nicht. Auch die bei Rentnern oftmals hohen Standzeiten der Fahrzeuge tun ihnen keineswegs gut. Ein Auto wird vom Herumstehen weder hochwertiger noch gepflegter. Im Gegenteil. Die Fahrwerke setzen sich fest, die Bremsen fangen an zu oxidieren, die Karkassen in den Reifen werden unrund und gegebenenfalls entwickeln sich auch noch viele andere technische Schwachstellen. Im Alter werden die Menschen leider auch weniger feinfühlig, was die körperliche Motorik betrifft. So kommt es, dass oft die Kupplung und das Ausrücklager stark leiden müssen. Außerdem wird auch der erste Gang bei Schaltgetrieben oft sehr stark in Anspruch genommen. Bei vielen Fahrzeugen kann man feststellen, dass dieser besonders "ausgelutscht" ist. Die Meisten werden das folgende Szenario kennen: Man befindet sich in der Innenstadt oder vielleicht auch in einem ruhigen Wohngebiet. Ein Rentner möchte ausparken und auf die Straße abbiegen. Dabei dreht er den Motor viel zu hoch, lässt die Kupplung ewig lange schleifen und fährt mit zerstörerisch viel Drehzahl an. Als wäre er in seinem Leben noch nie ein Auto gefahren. Der Motor schreit, die Kupplung stinkt und der Fahrer bekommt noch nicht mal mit, was er da verzapft. Auf der Straße angekommen, sind nun Motordrehzahl und Fahrzeuggeschwindigkeit endlich im Einklang. Die Kupplung ist geschlossen und muss nicht mehr leiden. Doch dafür ist nun das Getriebe an der Reihe. Schalten in einer 30er-Zone halten manche Rentner offenbar schlichtweg für überflüssig. Im ersten Gang mit 5.000 Umdrehungen geht's scheinbar auch.

Viele Rentnerautos sind tatsächlich optisch als auch technisch in einem deutlich schlechterem Zustand als man zunächst vielleicht denkt. Vom Motor ganz zu schweigen. Jedoch muss zu allen Aussagen aus dem letzten Abschnitt gesagt werden, dass man natürlich nicht alle über einen Kamm scheren kann. Viele dieser negativen Punkte treffen nicht gleich automatisch auf jeden Rentner und sein Fahrzeug zu. Dieser Abschnitt soll lediglich erläutern, warum Rentnerautos bei Weitem nicht immer so perfekt sind, wie sie der Volksmund anpreist. Natürlich gibt es aber auch gepflegte und äußerst wohlbehütete Rentnerfahrzeuge.

Realbeispiel. Während meiner Studienzeit erwarb ich mit einem damaligen Kommilitonen einen älteren Jaguar. Diesen übernahmen wir von einer rüstigen Dame. Sie war bereits über siebzig Jahre alt und zog es fortan vor, nicht mehr zu fahren. Wir hatten größten Respekt vor dieser Entscheidung, da wir uns einig waren, dass die schlimmsten und gefährlichsten Situationen, die uns bis dato im Straßenverkehr widerfahren waren, durch fahruntaugliche Senioren verursacht wurden. Ursprünglich gehörte das Fahrzeug ihrem Mann. Dieser war allerdings kurz zuvor verstorben und sie nutzte das Fahrzeug seitdem nur noch für Einkäufe, Fahrten zum Schrebergarten und was alte Damen eben noch so an Kurzstrecken zu erledigen haben. Als sie sich nicht mehr zum Fahren imstande sah, verkaufte sie den Wagen und fand in uns dankbare Abnehmer. Jedoch fiel uns relativ schnell auf, dass das Auto bei Weitem nicht so gut lief wie es hätte laufen müssen. Die volle Leistung stand nicht wirklich zur Verfügung und zudem war der Motor im Leerlauf recht unruhig, was für einen V8 von Jaguar eher ungewöhnlich ist. Vor allem, wenn dieser gepflegt wurde. Landstraßen oder geschweige denn eine Autobahn hatte der "Jag" für einige Jahre nicht mehr gesehen, obwohl sich sein großer V8-Motor dort sicherlich sehr wohl gefühlt hätte. Wir mussten schon beim Kauf feststellen, dass der Motor null Agilität besaß und einen Großteil seiner ursprünglichen Leistung nicht mehr aufbringen konnte. Zugegebenermaßen handelte es sich zwar nicht gerade um eine sportliche Maschine, sondern eher um ein Cruiser-Modell, wie es so oft bei älteren V8-Motoren der Fall ist. Und zusätzlich fraß auch noch ein veraltetes Wandlerautomatikgetriebe gefühlt einen großen Teil der Spritzigkeit. Aber wir merkten sofort, dass das nicht alles war. Irgendwas stimmte einfach nicht mit der Leistung des Motors. Einige Tage später schraubten wir am Motor herum und es stellte sich heraus, dass die Drosselklappe aufgrund ihre niedrigen Beanspruchung im wahrsten Sinne des Wortes eingerostet war. Ab einer bestimmten Zugstellung blockierte sie am Boden des Ansaugrohres und öffnete sich nicht weiter. Das Problem war also simpel. Genau wie auch seine Ursache. Drosselklappen, die sich nach Gaspedalstellung öffnen und schließen, regeln die Luftzufuhr für den Motor. Manchmal sind solche Drosselklappen noch mal in zwei Kanäle unterteilt. Hierbei gibt es den Teillastkanal, der eine kleinere Öffnung darstellt. Dieser öffnet sich bei jeder Gaspedalstellung und reicht für leichte bis mittlere Beschleunigung des Fahrzeugs aus. Daneben befindet sich aber auch noch der Volllastkanal, welcher dann bei starker Gaspedalbetätigung ebenfalls geöffnet wird. Erst dann, also bei voller Beatmung, kann der Motor auch seine volle Leistung und sein volles Drehmoment entfalten. Im Falle unseres alten Jaguars war die Sache im Prinzip also ganz einfach. Das Auto wurde von seinen alten und rüstigen Besitzern jahrelang im Grunde so übervorsichtig gefahren, dass der Motor fast ausschließlich über den Teillastkanal angesaugt hatte. Das Gaspedal wurde so gut wie nur gestreichelt und der Volllastkanal wurde hingegen über Jahre hinweg offenbar praktisch nicht beansprucht. Außerdem bekam der Wagen ewig keine Wartung mehr. Der Ansaugluftfilter fing an zu gammeln und Feuchtigkeit sowie auch Schmutzpartikel gerieten ins Ansaugsystem des Motors. An der Drosselklappe sammelte sich der Unrat und gammelte förmlich fest und verursachte außerdem Oxidation. Die Drosselklappe war nur noch imstande den Teillastkanal zu öffnen. Der Rentnerin fiel dies gar nicht auf. Solche Vorkommnisse sind bei Rentnerautos bei Weitem kein Einzelfall.

Vorführfahrzeuge sind immer gut. Falsch! Was sind die schnellsten Autos der Welt? Bugatti? Koenigsegg? Hennessey? Nein. Es sind die Leihwagen. Sie gehören einem nicht und deshalb holten viele Menschen alles aus ihnen heraus, was der Motor hergibt. Egal ob kalt oder warm. Den eigenen Schätzchen würde man so etwas niemals antun und sie immer hegen und pflegen. Aber bei Leihwagen ist den Menschen egal in welchem Zustand das Auto danach ist oder welche Folgeschäden es davonträgt. Diese Aussagen stammen von Jeremy Clarkson aus einer seiner letzten Top-Gear-Folgen. Und er hatte Recht. Bei Vorführmodellen ist es leider dasselbe Spiel. Die Rechnung ist äußerst simpel. Wozu dient ein Vorführfahrzeug? Der Name verrät es bereits. Beim Vorführen wird all das demonstriert, was ein Auto tatsächlich drauf hat. Das heißt unterm Strich für den zukünftigen Besitzer vor allem, dass diese Autos immer gern geprügelt werden. Und das oftmals auch ohne Rücksicht auf Verluste, da sie meist auch viel von Angestellten des Autohauses gefahren werden. Wenn Autos von Werkstattangehörigen oder Autohausmitarbeitern gefahren werden, ist das genau wie wenn Menschen einen Leihwagen fahren. Vollgas, Vollgas, Vollgas! Ohne Rücksicht auf Verluste. Viele Mitarbeiter machen dabei traurigerweise selbst vor Kundenfahrzeugen keinen Halt. Aus diesen Gründen ist ein Vorführfahrzeug selten die gute Wahl, als die es in der Regel irrtümlicherweise angepriesen wird.

Langsam fahren ist nicht schlimm. Falsch! In Fahrschulen wird grundsätzlich Defensivität, Rücksicht und Vorsicht gepredigt. Getreu dem Motto: Weniger ist mehr und lieber auf Nummer sicher gehen. Das ist auch gut so. Es gibt allerdings eine einzige Sache, die selbst Fahranfänger beigebracht bekommen, die nicht unbedingt defensiv ist: Kein unnötiges Langsamfahren! Denn ein zu geringes Tempo erhöht keineswegs die Verkehrssicherheit. Für diesen Abschnitt ist es ganz wichtig, dass man immer im Hinterkopf hat, dass es hier ausschließlich um grundloses zu langsam fahren geht. Ist man auf Parkplatzsuche, hat man eine sensible oder sperrige Ladung im Fahrzeug, ist sehr schlechtes Wetter oder hat man einen Motor der einfach nicht schneller kann, sind dies natürlich gute Gründe, um langsamer zu fahren. Unnötig reduziertes Tempo verringert hingegen die Verkehrssicherheit. Dazu gibt es folgende Gründe:

1. **Behinderung des Verkehrsflusses.** Alle hinter dem Fahrzeug befindlichen Verkehrsteilnehmer werden durch den Schleicher aufgehalten. Dies kann die betroffenen Verkehrsteilnehmer schnell in aggressive Stimmungen versetzen, was sie wiederum selbst zu unnötigen Aktionen im Straßenverkehr verleitet.Auch

wenn dies natürlich nicht der Fall sein sollte, doch es passiert nun mal. Etliche Verkehrsstudien haben dies bereits bestätigt.

2. **Überholen.** Unnötige Überholmanöver werden durch zu langsames fahren provoziert. Manche Fahrer fühlen sich geradewegs zu so etwas genötigt. Im Prinzip ist an Überholmanövern nichts verwerflich. Jedoch ist es allgemein bekannt, dass sie nicht gerade die einfachsten Situationen im Straßenverkehr darstellen. Wenn man diese vermeiden kann, ist dies für alle das Beste.

3. **Auffahren.** Andere Verkehrsteilnehmer werden zu dichterem Auffahren verleitet, wodurch schnell Unfälle passieren können.

4. **Stau.** Im schlimmsten Fall kann sogar Stau entstehen. Ein gutes Beispiel hierfür sind sensationsgeile Gaffer auf Autobahnen. Wenn sie an einem Unfall vorbeikommen, gehen sie vom Gas oder bremsen sogar, nur um ihre Schaulustigkeit und Neugier auszuleben. Die Autofahrer hinter ihnen müssen folglich abbremsen, damit sie nicht auffahren. Die dahinter ebenfalls und so weiter. Einige Autoreihen weiter hinten kommt es dann schnell mal zum Stillstand und dieser kann sich gern mal einige Kilometer fortsetzen.

Funfact. Zu langsames fahren ohne triftigen Grund ist im deutschen Straßenverkehr übrigens keineswegs "straffrei". Zwar ist dies keine Straftat im eigentlichen Sinne, doch dafür eine Ordnungswidrigkeit. Unnötige Temporeduzierung kann mit bis zu 120€ und einem Punkt in Flensburg geahndet werden. Vorausgesetzt es werden Andere dadurch behindert oder es passiert gar Schlimmeres. Die Straßenverkehrsordnung sieht vor, dass zu langsames fahren ohne triftigen Grund verboten ist. Denn der Gesetzgeber ist der Ansicht, dass dadurch andere Verkehrsteilnehmer erheblich gestört und behindert werden und ein erhöhtes Unfallrisiko besteht.

Die Sonnenseite der Autoszene

In diesem Buch ist das Thema "Auto- und Tuningszene" absichtlich in zwei Kapitel gespalten worden. In beiden Kapiteln werden unter anderem die gleichen Themen behandelt. Jedoch mit positiven und negativen Aspekten. Das Buch soll auf keinen Fall den Anschein erwecken, dass an der Szene alles negativ ist. Deshalb startet dieses Thema nun zuerst mit der positiven Seite.

Die Szene. Das wohl Schönste an der Szene ist, wenn man einfach einen schönen Tag mit Freunden und Autobegeisterten erleben kann. Wenn man viele tolle Autos sehen und sich untereinander austauschen kann. Wenn dadurch Freundschaften entstehen, man ein respektvolles Miteinander pflegen kann und großflächige Veranstaltungen sauber ablaufen. Wenn man schlichtweg die reine Freude an schönen Autos genießen und ausleben kann. Doch leider ist dies in der Szene eher selten der Regelfall. Nach und nach entpuppt sich außerhalb des eigenen Rudels immer wieder viel Positives als reine Fassade. Viele Menschen entpuppen sich als oberflächlich und neidvoll. Sie urteilen pausenlos über Dinge, die sie weder beurteilen können, geschweige denn etwas angehen. Am schlimmsten ist es im Internet. Ein Shitstorm jagt den nächsten. Dennoch sind mir einige sauber verlaufende Tuningtreffen sehr positiv in Erinnerung geblieben. Für diese schöne Zeit und die Erinnerungen bin ich dankbar.

Tuningveranstaltungen. Ein besonders positives Erlebnis können vor allem immer große und professionell organisierte Tuningtreffen hervorrufen. Vor allem von Autohäusern und Tuningfirmen. Diese sind von der Stimmung unter den Leuten her ähnlich wie Festivals. Sie sind recht familiär gehalten. Völlig fremde Besucher sind freundlich zueinander und behandeln sich gegenseitig, als würden sie sich schon jahrelang kennen. Man kann sich austauschen und positive Gespräche abhalten. In der Regel werden diese Treffen auch sauber und ohne viel Krawall über die Bühne gebracht. Oftmals gibt es auch besondere Plätze an denen man sein Auto ausstellen kann. Auch an Wettbewerben kann man mit seinem Schmuckstück teilnehmen. Diese finden meist in mehreren verschiedenen Kategorien statt. Oftmals sind die letzten beiden Punkte allerdings mit ziemlichen intensiven Kosten verbunden.

Parkplatztreffen. Tuningtreffen kann man natürlich auch im Kleinen abhalten. Dies ist auch in der Realität deutlich öfter der Fall. In der Regel treffen sich dann mehrere junge Leute mit ihren Autos auf bestimmten Parkplätzen. Dies sind dann meist etablierte Szenetreffpunkte. Oftmals liegen sie an Seen oder bei Kaufhäusern und Marktplätzen. Manchmal sind sie auch in Parkhäusern. Finden dort Treffen statt, haben viele Teilnehmer auch gerne ausklappbare Campingstühle dabei. Oftmals sponsert dann jemand noch eine Shisha und gerne wird auch Bier getrunken. Laufen solche Parkplatztreffen und Tuningveranstaltungen ohne Krawall ab, muss man nur noch dafür sorgen, dass am Ende alle ihren Müll mitnehmen. Oder zumindest, dass einer sich für die Gruppe opfert und Klarschiff macht. So lange dies alles so bleibt, sind solche Treffen eine schöne Sache. Auch wenn man sie nicht unbedingt immer ohne polizeiliche Besuche genießen kann.

Rennsportevents. Besonders aufregend wird es, wenn man auf Motorsportveranstaltungen geht. Dort bekommt man nicht nur das Meiste für sein Geld geboten, sondern auch Feierei und Partys sind erlaubt. Sei es ein kleineres Autocross-Event oder gar die WRC. Auch bei der Formel 1 oder beim 24-Stunden-Rennen sind im Prinzip alle Fans eine riesen Familie und haben gemeinsam Spaß. So lebt man nicht nur Motorsport, sondern auch Autobegeisterung. Das Spaßlevel ist bei solchen Veranstaltungen am Maximum.

Fazit. Das war es auch schon mit den positiven Dingen in der Szene. Leider! Einfachheitshalber hätte man dieses Kapitel auch mit dem nachfolgenden zusammenfassen können. Jedoch war mir sehr wichtig, dass die positive Seite aufgrund ihres Wertes alleine steht.

Die Schattenseite der Szene

Zum Anfang dieses Kapitels gibt es nur Folgendes zu sagen: Dieses als auch das vorherige Kapitel befassen sich mit der Auto- und Tuningszene. Leider ist dieses Kapitel jedoch sehr viel länger. Und leider ist es auch sehr viel trauriger und bitterer.

Crews. Die Autoszene ist ein geradezu riesiges, aber unbewusstes Konstrukt. Sie ist wie die Natur. Sie kennt sich selbst nicht, aber dennoch bildet und vernetzt sie sich. Egal ob man mit dem Bike oder mit einem Auto am Start ist. Zur Szene zu gehören oder ein Teil davon zu werden ist nicht schwer. Man kann Teil der Szene sein, indem man öfters einfach nur mit einem besonderem, auffälligem oder hochmotorisiertem Auto gesehen wird oder sich auf Parkplätzen blicken lässt. Oder man geht das Ganze intensiver an, indem man sich einer Crew anschließt. Junge Crews wachsen heutzutage vor allem durch das Internet meist sehr schnell und ihr Zuwachs und ihre Popularität steigern sich oft sehr rasant. Bevor man es selbst überhaupt richtig realisieren kann, steckt man schon knöcheltief in der Szene. Man beginnt sogar seinen Lifestyle darauf auszurichten. Größere und regelmäßige Parkplatztreffen werden zur Tagesordnung. Sie sind gespickt mit lauter auffälligen, getunten und sportlichen Fahrzeugen. Dieses Konstrukt der Szene setzt sich meist aus Rudeln zusammen, die in jeder Stadt vertreten sind. Diese Rudel bleiben allerdings oftmals gerne unter sich und haben meist kein Interesse daran ihr Treffen mit neuen Menschen zu vergrößern. Hat jemand Neues mal von sich aus den Mut sich anzuschließen, wird er argwöhnisch gemustert oder oft gar komplett ignoriert. Ein nicht gerade befürwortenswertes Verhalten. Vor allem tritt dies bei jüngeren Leuten oft auf. Wenn sich allerdings ein Rudel so weit entwickelt hat, dass es sich als offizielle Crew bezeichnet, freuen sich die Leute über Zuwachs, neue Menschen, neue Autos und potentielle Mitglieder. Über die Jahre haben wir allerdings viele Crews dabei beobachtet, wie sie an sich selbst zerbrochen sind. Die Arroganz ihrer eigenen Mitglieder unter sich führte letztendlich immer wieder zum Fall der Gruppe. Irgendwann waren sie alle wieder vollständig von der Bildfläche verschwunden. Oftmals lag es auch daran, dass sie nicht die notwendigen sozialen Kompetenzen in der Größe besaßen, um mit den vielen verschiedenen Gemütern einer Szene umgehen zu können. Neue Mitglieder werden leichtfertig aufgenommen, können dann aber die Erwartungen der Gruppe nicht erfüllen. Schnell entsteht Streit und letztendlich stellen sich die Mitglieder traurigerweise gegen den Rest der Gruppe. Heutzutage findet das dann auch nicht nur in persönlichen Gesprächen statt, sondern wird mindestens genau so intensiv im Internet ausgetragen. Größere Crews haben hingegen auch traurigerweise das Problem, dass sie kriminalisiert werden. Ihre Veranstaltungen sind der Polizei grundsätzlich ein Dorn im Auge. Auch wenn diese angemeldet und offiziell genehmigt sind. Ist dies erst mal der Fall, werden sie meist zerschlagen oder haben nach penetrantester Schikane nicht mehr die Kraft, die Crew noch öffentlich weiter zu präsentieren.

Missgunst. Nachdem man allerdings einige bekannte Gesichter seiner örtlichen Szene kennengelernt hat, fällt vielen dabei auf, dass die Absichten der Menschen in der Szene nicht immer angenehmer Natur sind. Es geht keineswegs ausschließlich darum ein tolles Auto zu fahren und sich mit Anderen zu vernetzen. Leider sind auch immer wieder viele unter ihnen, die es einfach nicht lassen können viel zu sehr über die Stränge zu schlagen. Und dies sind im Endeffekt auch die Menschen, die den Anderen die Tour oder den schönen Tag vermasseln. Dazu scheinen sich viele Menschen auch den unangenehmen Eigenschaften Neid und Missgunst hinzugeben. Der Eine gönnt dem Anderen sein Auto nicht und redet es hinter seinem Rücken schlecht. Erlaubt sich jemand mal ein neues Auto oder erfüllt sich nach jahrelanger harter Arbeit seinen Autotraum, kommen oftmals schnell boshafte Gerüchte auf. So heißt es dann oft hinter dem Rücken der betroffenen Person, das Fahrzeug sei finanziert oder geleast und gehöre der Bank. Auch wenn man ein noch so korrekter und netter Mensch ist und ein noch so schönes Auto hat und wirklich keine Angriffsfläche für Hater bietet, finden sie letztendlich wirklich immer einen Grund jemanden zu verachten und niederzumachen. Vor allem dann, wenn die Menschen insgeheim glauben selbst schlechter dran zu sein. Eine solche Denkweise veranlasst sie nur noch mehr dazu alles Andere schlecht zu machen.

Realbeispiel. Auch ich blieb davon nicht verschont. Und ich bin es mit an Sicherheit grenzender Wahrscheinlichkeit auch heute noch nicht. Wahrscheinlich bekomme ich es einfach nur nicht mehr mit. Über mich wurde damals erzählt, dass meine damalige Lebensgefährtin mir grundsätzlich und regelmäßig das Auto volltanken müsste. Ich hätte es bei der Bank finanziert und könnte mir die Monatsraten nicht leisten. Natürlich war das alles Humbug. Ich kann nachvollziehen, dass ein Auszubildender (der ich damals noch war) mit Kompaktsportlern jenseits der 300 PS und hubraumstarken Muscle-Cars etwas sehr Ungewöhnliches ist. Daher geriet ich auch bittererweise stark ins Visier der Hater und Neider. Aber dass ich für meinen Autotraum gelebt habe und dafür Opfer brachte, wussten sie nicht. Und die meisten wollten dies auch gar nicht sehen. Jedes einzelne Auto habe ich mir hart erkämpft und fair verdient.

Tuningtreffen. Großflächige Tuningtreffen können eine schöne Sache sein. Allerdings veranstalten mittlerweile viele professionelle Organisatoren diese Treffen nicht mehr wegen des Tunings oder der gemeinsamen Leidenschaft. Stattdessen handeln sie aus wirtschaftlichen Gründen. Wenn der Einlasspreis zu einem Tuningtreffen von Jahr zu Jahr ansteigt, die Organisation und der Aufwand aber der Gleiche bleiben, vergeht einem schnell die Lust an solchen Treffen. Ein wenig Eintritt zu bezahlen ist okay, wenn der Organisator auch entsprechende Kosten zu verbuchen hat. Diese soll er dann auch selbstverständlich bezahlt bekommen. Und dazu kann jeder seinen Teil beitragen. Aber mittlerweile stoßen dabei einige potentielle Besucher sehr schnell an ihre Grenzen. Einlass von 20€ pro Kopf zu verlangen, egal ob mit oder ohne Auto und für einen Parkplatz auf dem das Auto auch gesehen und gut präsentiert wird 100€ oder sogar mehr zu kassieren, grenzt an Wucher und ist absolut unnötig! Hierbei geht es nicht mehr um Kostenausgleich, sondern um das Erwirtschaften von Gewinn. Ab da wird die Sache unsympathisch. Bei solchen Events sollte es ganz klar um das Zusammenkommen der Menschen und um die schönen Autos gehen. Und natürlich um das Teilen der gleichen Leidenschaft. Und nicht darum, dass jemand krampfhaft versucht Profit zu machen.

Realbeispiel. Ich erinnere mich vor allem an eine Tuningveranstaltung, da wir diese direkt nach der Ankunft wieder missmutig verließen. Als wir dort mit zwei Autos nach zweistündiger Fahrt ankamen, wurden wir zu allererst zur Kasse gebeten. Eher durften wir das Gelände weder betreten, noch befahren. Ein paar Euro Eintritt zahlen kam schon mal vor. Daher willigten wir zunächst ein. Doch dann nannte man uns die Preise. 20€ Euro Eintrittsgeld pro Kopf. Allein um das Gelände betreten zu dürfen. Wenn man es auch befahren wollte, kamen noch mal 50€ Euro pro Auto hinzu. Dabei war das besagte Gelände nichts weiter als ein Feld am Stadtrand. Es gab auch noch eine große Halle von einem ehemaligem Industriebetrieb. Diese war leergeräumt und wurde ebenfalls zum Ausstellen für die Fahrzeuge der Besitzer genutzt. Allerdings als besonderer Ort. Wer sein Auto nicht auf dem Feld, sondern in der Halle ausstellen wollte, musste noch mal ordentlich draufzahlen. Die günstigsten Plätze kosteten 40€, während die teuersten bei 180€ lagen. Es war unglaublich. Die Plätze unterschieden sich nicht mal voneinander und man kam ohnehin an jedem vorbei, wenn man durch die Halle lief, denn es gab eine ziemlich schlichte und eindeutige Wegführung. Man hatte auch noch die Möglichkeit mit seinem Fahrzeug an Wettbewerben teilzunehmen. Selbstverständlich nicht ohne eine weitere horrende Gebühr zu entrichten. 100€ verlangten die Veranstalter pro teilnehmendes Fahrzeug. Wir waren aus privater Natur zu dieser Veranstaltung gefahren. Wir wollten uns einen schönen Tag machen, tolle Autos sehen und nette

Leute kennenlernen. Doch dazu kam es nie. Nachdem wir für zwei Autos und acht Leute 260€ Eintritt zahlen sollten, verging uns die Laune gründlich. Hätten wir unsere Autos ausstellen und am Wettbewerb teilnehmen wollen, wären wir gut und gerne auf 500€ gekommen. Oder sogar mehr, je nach Stellplatz.

Kriminalisierung. Tuningveranstaltungen werden seit vielen Jahren leider auch von der Polizei und selten auch anderen Behörden unterjocht. Dabei spielt es keine Rolle, ob sich die Teilnehmer brav verhalten oder daneben benehmen. Tuningtreffen und Veranstaltungen für die Autoszene werden inzwischen oft von bekannten Tuningfirmen auf Privatgeländen organisiert. Selbst diese beschweren sich mittlerweile extremst darüber, dass ihre Gäste von der Polizei nicht nur belästigt, sondern geradezu kriminalisiert werden. Die Polizeipräsenz ist dabei absolut penetrant, selbst wenn sich alle benehmen. Wenn ein Hobbytuner Spaß an der Umgestaltung seines Autos hat, gilt er heutzutage bei vielen als Krimineller oder als Raser. Wenn ein professioneller Tuner seine Leidenschaft als Beruf mit einer eigenen Firma ausübt, wird er ebenfalls als Krimineller oder Raser beschuldigt. Tuner geraten immer mehr und mehr ins Visier der öffentlichen Medien und werden zunehmend als Verbrecher publiziert. Dabei gehen die meisten dieser Menschen einfach nur mit Schweiß und Geld ihrem geliebten Hobby nach. Genau wie ein Golfer, ein Koch, ein Marathonläufer oder ein Angler. Die Frage ist nur, wer dieses Hobby ausübt und wie er mit den dafür notwendigen Gegenständen umgeht. Ein Auto kann gefährlich werden, wenn es falsch eingesetzt wird. Vor allem dann, wenn jemand seine Grenzen nicht kennt oder sie gar total ausreizt. Oder wenn er ohne Rücksicht auf Verluste handelt. Aber das Gleiche gilt auch für einen Sportler mit Golfschläger, für einen Gourmet mit Kochmesser oder für einen Fischer mit Angel. All diese hobbybedingten Gegenstände können tödliche Waffen sein. Auch der Marathonläufer kann an einem plötzlichen Herzinfarkt sterben, während er schlichtweg seiner Leidenschaft nachgeht. Die Frage ist, wer das Fahrzeug, das Messer oder den Golfschläger führt und wie er die Gegenstände einsetzt. Ist es jemand, der schlichtweg seinem Hobby nachgeht oder jemand, der Dinge nicht mit Bedacht einsetzt? Ist es jemand, der sich selbst wunderbar im Griff hat oder sich stattdessen zu einem Rennen provozieren lässt? Oder ist es gar jemand, der in emotionalen Situationen beispielsweise zu Aggressionen neigt und selbst ein solches Rennen anzettelt? Die Entwicklungen der letzten Jahre lassen nur einen Schluss zu: Der Staat sollte seine Energien nicht auf diejenigen lenken, deren Auto ein paar Millimeter zu tief sind oder deren Felgen ein paar Millimeter zu groß sind. Natürlich sollten irgendwo technische Grenzen eingehalten werden, um die Fahrsicherheit zu bewahren. Aber oftmals werden saftige dreistellige Geldstrafen und Punkte in Flensburg kassiert, weil das Auto vielleicht letztendlich gerade mal fünf Millimeter zu tief ist. Und trotzdem ist es noch in allen Belangen sicher unterwegs. In einem solchen Fall kann einem niemand weiß machen, dass es dem Staat dabei um die Fahrsicherheit geht. Zurecht sind die Fahrer dadurch oftmals massiv verärgert. In den Anhörungsschreiben, die von der Bußgeldstelle kommen, wird ihnen dann vorgeworfen, dass sie die Verkehrssicherheit massiv beeinträchtigen und andere Menschen gefährden würden. Aber natürlich gefährden sie weder sich selbst, noch andere Verkehrsteilnehmer. Es gibt verschiedene Menschen mit verschiedenen Absichten in der Szene. Daher sollte die "Rennleitung" ihre Aufmerksamkeit auf die wenigen Menschen richten, welche die Szene so in Verruf bringen. Die Rede ist von Rasern und Posern, welche die Schattenseiten aufleben lassen und die Rücksichtslosen, die mit drei Promille im Blut nachts nach einer Party noch 30 Kilometer nach Hause fahren. Mittlerweile fühlen sich die harmlosen Tuner, als schmeiße sich der Staat mit aller Gewalt auf sie drauf. Aber Tuner sind nicht gleich Raser oder geschweige denn Kriminelle. Die meisten Tuner haben ganz andere Absichten und tun keiner Fliege etwas zu Leide.

Realbeispiel. Meine persönlich unangenehmste Erfahrung war in Nordrhein-Westfalen auf einem recht großen Tuningtreffen. Es fand innerhalb einer Großstadt auf den Parkplätzen der hiesigen Universität statt. Ich kam dort mit einem neuen Auto an, welches ich zwei Tage zuvor bei einem Händler gekauft hatte. Vom Vorbesitzer waren noch die Blinker auf Dauerlicht codiert. "US-Standlicht", wie es auch genannt wird. Bei manchen Autos sieht das zwar super aus, ist aber nicht so klug, da es auch sehr auffällig und natürlich nicht erlaubt ist. Und bei Leuchtmitteln versteht die Rennleitung keinen Spaß. Im Nachhinein frage ich mich, ob der Händler das gewusst hat oder ob er wie ich damals dachte, dass dies das Standlicht gewesen sei. Das Fahrzeug hatte so nämlich gar keine Betriebserlaubnis mehr. Normalerweise hätte er es mir so überhaupt nicht verkaufen dürfen. Mit diesem Fahrzeug bin ich dann zwei Tage nach dem Kauf am "Car-Freitag" zur Saisoneröffnung auf das zuvor besagte Tuningtreffen gefahren. Dort ging es ganz schön zur Sache. Immer wieder machten einige Besucher mit ihren lauten und auffälligen Autos einen riesen Reibach. Zwischendurch wurden sich auch sogar immer wieder kurze Beschleunigungsrennen in der Stadt geliefert. Auch die Polizei war vielzählig mit mehreren Fahrzeugen vertreten. Als ich gegen Mittag von Freunden hörte, was dort los war, hatte ich schon gar keine Lust mehr. Aber unsere Leute, die bereits dort anwesend waren, meinten, dass ich unbedingt kommen müsse. Es gäbe viel zu erleben und es würde sich wirklich lohnen. Vor Polizeikontrollen bräuchte ich mir keine Sorgen machen. Die Polizei würde ohnehin kaum etwas machen. Gefühlt hätten sie höchstens jedes tausendste Auto rausgezogen. Sie waren angeblich sogar bereit dreiste Provokationen hinzunehmen und würden diese links liegen lassen. Ich ließ mich überreden und fuhr los. Nach circa einer Stunde kam ich dort an und stellte fest, dass wirklich mächtig was los war. Die Polizei stand tatsächlich gefühlt fast nur herum und machte nichts. Während einige Poser und Raser in ihren auffälligen Tuningfahrzeugen und Sportwagen mit Vollgas provokant und lautstark an den kontrollierenden Polizisten vorbeifuhren, juckte die das offenbar nicht die Bohne. Sie waren unbeeindruckt und unternahmen herzlich wenig. Stattdessen suchten sie unter tausenden potentiellen und auffälligen Fahrzeugführern ausgerechnet mich für eine ihrer so rar gesäten Kontrollen aus. Ich bog zunächst auf die Hauptstraße ab, welche zum Hauptort des Geschehens führte. Ich fuhr weder schnell, noch provokant. Darüber hinaus war mein Auto auch deutlich weniger auffällig, als manch Anderes. Aber plötzlich sah ich zweihundert Meter vor mir einen Polizisten auf die Straße rennen, der sogleich lässig mit einer Kelle hin- und herschwang. Ich konnte es kaum glauben. Aber eigentlich hatte ich auch nichts zu befürchten, geschweige denn etwas zu verbergen. Das Dumme war nur: Ich war damals noch recht grünschnäbelig und hielt die umcodierten Blinker für das Standlicht des Autos, da dieses ebenfalls leicht orange war. Außerdem waren diese beiden Leuchten gemeinsam im selben Bauteil verankert. Das Ganze sah also recht stimmig und authentisch aus. Also ganz und gar nicht wie unsachgemäßes Tuning. Die Beamten führten eine vollständige Fahrzeugkontrolle nach den ihnen zur Verfügung stehenden Mitteln durch. Sogar mit Drogenspürhunden. Von den berühmten Verschränkungstests mit Holzbrettern und Smartphone-Apps zur Lautstärkemessung der Abgasanlage haben sie zum Glück abgesehen. Dafür stellten sie dann aber fest, dass meine Blinker, wie schon erwähnt, auf Dauerlicht codiert waren. Sie ließen mich weiterfahren, sagten aber, dass sie um die Ausstellung einer Mängelkarte nicht herumkommen würden. Von einer Geldstrafe war hingegen nicht die Rede. Schwerfällig murrend nahm ich das Urteil der Polizisten hin. Ich musste ihnen Recht geben. Fakt war, dass mein Fahrzeug offensichtlich nicht den Vorschriften der Straßenverkehrsordnung entsprach und letztendlich musste ich dafür geradestehen. Wir haben dann anschließend per OBD-Bluetooth-Adapter und Smartphone-App innerhalb von zwei Minuten die Blinker auf ordnungsgemäße Funktion zurückprogrammiert. Wir gingen noch mal zu den Beamten, keine fünf Minuten nachdem ich dort weggefahren war. Das Auto befand sich nun im gewünschten Zustand und hatte wieder eine ordnungsgemäße Betriebserlaubnis. Daher hätten sie ein Auge zudrücken und das Urteil zurücknehmen können. Aber natürlich ließen sie nicht mit sich reden. Im Gegenteil. Die älteren Herrschaften taten sogar so, als wären wir gar nicht anwesend und ignorierten uns schlichtweg. Irgendwann nahm mich ein junger Polizist äußerst grob zur Seite und sagte unfreundlich: "Junge, nimm deine Strafe einfach hin. Ob das Auto jetzt im korrekten Zustand funktioniert oder nicht, interessiert hier keinen mehr! Du wurdest eben erwischt. Was jetzt ist, juckt uns nicht!" Ich war fassungslos. Ich stand ja bereits zu meiner Strafe. Da nun aber wieder alles ordnungsgemäß war, wollten wir natürlich noch mal schauen, ob sich da noch an der Strafe etwas machen ließ. Die Mängelkarte ist schließlich zur Beseitigung der Mängel da und dies war bereits geschehen. Die Polizisten hätten das Ganze also nur kurz abnehmen müssen und alles wäre in Ordnung gewesen. Wir waren höflich und fragten ganz normal nach. Dass ich aber direkt so angegangen und der Beamte dabei sogar handgreiflich wurde, machte mich sprachlos. Danach begannen sie sich auch auf die auffälligeren Kandidaten zu stürzen. Sie blockierten ein gegenüberliegendes Parkhaus, sodass die darin befindlichen Fahrer keine Chance mehr hatten herauszukommen. Sie hatten es gezielt auf den Fahrer eines auffällig folierten und komplett durchgetunten BMW M6 V10 abgesehen. Sie nahmen ihn in die Mangel. Und sein Auto wurde dabei gefühlt vollständig auseinander genommen.

Sechs Wochen später bekam ich dann Post. Ich fiel fast vom Schreibtischstuhl, als ich las, was darin stand. Ich hätte angeblich durch mein Fahrzeug die Sicherheit des Straßenverkehrs extrem gefährdet und maßgeblich beeinträchtigt. Eine saftige dreistellige Geldstrafe und Punkte in Flensburg waren die Folge. Einspruch erheben konnte ich angeblich nicht mehr, da ich bereits am Ort des Geschehens den Vorwürfen zugestimmt hätte. Erneut war ich fassungslos. Ich möchte mich hier keineswegs über mein Leid beklagen oder gar freisprechen. Aber stattdessen möchte ich kurz einen nüchternen Faktencheck durchführen: Den Fahrtrichtungswechselanzeiger (Blinker) auf Dauerlicht zu codieren, gefährdet keinesfalls die Verkehrssicherheit. Es ist nur einfach in den Vorschriften nicht vorgesehen. Doch was passiert dabei eigentlich? Normalerweise sind die Leuchten vom Blinker ausgeschaltet, wenn sie nicht betätigt werden. Programmiert man sie nun auf Dauerlicht, sind sie stattdessen dauerhaft eingeschaltet. Die Blinker behalten dabei aber durchaus ihre Funktion und gehen bei Betätigung ganz normal an und aus. Dass sie in ausgeschaltetem Zustand dauerhaft leuchten, erhöht sogar die Verkehrssicherheit, da man dadurch deutlich besser gesehen wird. Daher ist dies in den USA, in Kanada und anderen Ländern seit etlichen Jahren schon Vorschrift. In Deutschland wird dies jedoch als ein unsachgemäßes Führen des Fahrzeugs angesehen. Auch wenn die Funktion der Fahrtrichtungswechselanzeiger ganz normal erhalten bleibt und die Verkehrssicherheit sogar erhöht wird. Nichtsdestotrotz stand ich zu meiner Strafe.

Der "Car-Freitag" am Karfreitag gilt in der Szene als Saisoneröffnung. Im Gegenzug gibt es gleichermaßen auch einen Tag im Herbst, der als Saisonabschluss gilt, nur etwa ein halbes Jahr später. An diesem Tag waren wir tatsächlich erneut auf der Veranstaltung, am selben Platz, in derselben Stadt. Das Aufkommen der Polizei war noch deutlich höher als zuvor. Ich erinnere mich noch, wie die Ordnungshüter einen alten, knallroten BMW 850CSi stilllegten und abschleppen ließen. Der Grund dafür war, dass dieser zu einem Tuningunternehmen gehörte und mit einem roten Kennzeichen fuhr. Dieses Kennzeichen gehörte dem Unternehmen. An einem Feiertag mit einem roten Kennzeichen zu fahren, ist allerdings nicht immer zulässig, da es zu diesen roten Nummernschildern verschiedene Regelungen gibt. In den meisten Fällen dürfen diese an Feiertagen nicht eingesetzt werden. Fahrer, die ihre hoch motorisierten Autos wie wild geworden mit 120 km/h durch die Stadt gejagt hatten und Rennen auf der Hauptstraße gegeneinander fuhren, wurden kurioserweise weder angehalten, noch verfolgt.

Auch im darauffolgenden Jahr waren wir wieder dort anwesend. Allerdings war die dortige Stimmung inzwischen eine andere geworden. Was sich dort abspielte, war absolut nicht mehr feierlich. Mittlerweile war sogar die Militärpolizei anwesend, um die örtliche Polizei zu unterstützen. So etwas hatten wir noch nie zuvor gesehen. Das gesamte Event wurde vollständig überwacht. Die Soldaten wirkten extrem einschüchternd auf die Besucher des Tuningtreffens. Wir trauten unseren Augen kaum. Militär? Wegen einer Tuningveranstaltung? Die Ergebnisse waren kaum zu glauben und die Meldungen in TV und Internet überschlugen sich förmlich.

Das Jahr darauf waren wir nicht mehr dort vertreten, da uns der Spaß an diesem Tuningtreffen vergangen war. Außerdem waren wir auch nicht gerade interessiert daran von Polizei und Militär wie Schwerverbrecher behandelt zu werden. Allerdings verfolgten wir trotzdem die Geschehnisse auf dem Car-Freitag. In den Medien bekamen wir mit, dass es mittlerweile bei harmlosesten Kleinigkeiten Stilllegungen nur so hagelte. Darüber hinaus wurde ein Versammlungsverbot über das komplette Osterwochenende von den Behörden der Stadt ausgesprochen. Sämtliche Tuningfahrzeuge und alle anderen auffälligen Autos, die von der Polizei gesichtet wurden, bekamen direkt Stadtverweise und mussten diese sofort verlassen. Zuvor wurden sie allerdings noch wie Vieh markiert. An Reifen und Felge bekamen sie mit nicht abwaschbarer Farbe ein Zeichen. Außerdem wurde natürlich auch das Kennzeichen notiert und einer Kartei hinzugefügt. Bei Wiedereinfahrt in die Stadt drohte sofortige Stilllegung des Fahrzeuges und weitere Strafen wegen der Missachtung der Verweisung. Ob die Leute in der Stadt wohnhaft waren oder nicht, ob sie mit dem mittlerweile zerschlagenem Tuningevent in Verbindung standen, ob sie Tuner, Autofans oder einfach nur ganz normale Bürger mit einem teuren oder schönen Auto waren, interessierte die Beamten nicht. Später erfuhren wir, dass solche Aktionen erstmals auch in anderen Städten Deutschlands von der Polizei an diesem Tag durchgeführt wurden. Einen Tag später deklarierte der Kern der Tuningszene dieser Stadt auf Facebook seine restlose Auflösung. Diese Menschen waren seit jeher für die Organisation der jährlichen Saisoneröffnung und den jährlichen Saisonabschluss verantwortlich. Sie hatten nie jemandem etwas Böses gewollt. Auch sprachen sie sich immer gegen Rasen und Rennen aus. Doch nun war ihr Kern zerschlagen. Seitdem fanden nie wieder Treffen wie diese statt. Ein äußerst bitteres Ende wie wir fanden.

Kern der Kriminalisierung. Doch natürlich hat es seinen Grund warum die Szene so extrem in Verruf geraten ist und letztendlich kriminalisiert wird. Mit der Shisha zwischen seinen Autos auf dem Parkplatz chillen ist das Eine. Aber auf der Straße daneben die ersten zwei Gänge mit Vollgas durchzuprügeln, um den großen Macker raushängen zu lassen, ist eher die Kehrseite. Das gehört zwar irgendwie dazu, reicht aber oftmals leider schon aus, um die Szene in Verruf zu bringen. Es gibt leider aber auch andere Teile der Szene, in die man beispielsweise nicht so einfach hereinkommt. Man gerät eher unfreiwillig oder zufällig hinein. Weiter geht es dann mit illegalen Straßenrennen, betrunkenen Autofahrern, Provokationen, Nötigungen und zugemüllten Parkplätzen. Diese Dinge spiegeln die tatsächlichen Schattenseiten der Szene wider. Wenn man dort angelangt ist, steckt man bereits zu tief drin. Das kann vor allem dann mächtig unangenehm werden, wenn man eher friedlicher Gesinnung ist. Von den eher unangenehmen Menschen in der Szene gibt es vor allem zwei Hauptgruppen:

1. **Poser.** Dem Poser ist es egal welches Auto er fährt und welchen Motor dieses hat. Hauptsache er kann auf den Putz hauen. Egal womit. Natürlich gilt hier aber auch: Je schneller und je auffälliger, desto besser. Der klassische Poser fährt zehn Mal am Tag die gleiche Straße rauf und runter und dies jedes Mal unüberhörbar mit Vollgas. Er sehnt sich nach Aufmerksamkeit und Anerkennung.
2. **Raser.** Die meisten Raser sind in der Regel auch gleichzeitig Poser. Jedoch sehnen sich diese nicht nur nach Aufmerksamkeit und Anerkennung, sondern verspüren auch verstärkt das Bedürfnis sich beweisen zu müssen. Spitzzüngige Damen behaupten sogar, dass es sich hierbei bloß um die Größe beziehungsweise Länge eines bestimmten Körperteils dreht, welches ausschließlich den Männern vorbehalten ist.

Männer vs. Frauen. Aber auch die Frauen können sich mittlerweile nicht von unnötigen und halsbrecherischen Fahrmanövern freisprechen. Die Szene besteht heutzutage gleichermaßen aus Männern wie Frauen. Nichtsdestotrotz war der Mann in Sachen Autos seit jeher auf dominantem Vormarsch. Doch bereits mein alter Fahrschullehrer sagte damals schon immer zu mir: "Ihr Jungs seid schon echt schlimm im Straßenverkehr. Aber die Mädels haben die letzten Jahre stark aufgeholt. Die sind mittlerweile mindestens genau so schlimm. Das nimmt sich gar nichts mehr." Er hatte Recht. Auch danach befanden sich die jungen Autofahrerinnen immer stärker auf dem Vormarsch. Hierbei ist allerdings nicht von Führerscheinabsolventinnen die Rede. Sondern von illegalen und unnötigen, draufgängerischen und gefährlichen Aktionen im Straßenverkehr. Auch scheinen viele junge Frauen das starke Bedürfnis zu verspüren zu beweisen was sie hinter dem Steuer drauf haben und was ihr Auto kann. Ob man der Unterdrückung des Patriarchats die Schuld geben will oder nicht, viele Männer wie auch Frauen legen im Straßenverkehr eine unglaubliche Arroganz an den Tag. Dies ist natürlich nicht ein alleiniges Problem von Autobesitzern oder Autofreaks. Es ist viel mehr ein allgemeines Problem unserer heutigen Gesellschaft. Jedoch wird es vor allem hinter dem Steuer besonders intensiv ausgelebt.

Funfact. Carl Benz und Gottlieb Daimler haben unabhängig voneinander das Auto erfunden. Der Mann hat also das Auto erfunden. Aber der erste Autofahrer war eine Frau. Während Carl Benz es nicht wagte mit seinem neu erschaffenen motorisierten Dreirad zu fahren, ergriff seine Frau mutig die Initiative. Sie drehte als erster Mensch der Welt die erste je gefahrene Runde mit einem Auto.

Realbeispiel. Als ich noch ein Jugendlicher war, aber dennoch schon eine gewisse örtliche Bekanntheit als Autofreak hatte, sollte ich mal einer Bekannten eine neue Soundanlage in ihr Auto einbauen. Der Einbau fand bereits am Vortag statt. Wir mussten sie nur noch anschließen, da uns dafür am Abend zuvor die passende Verkabelung fehlte. Als diese allerdings dann besorgt war, konnte es weitergehen. Ich schloss die Anlage an und alles funktionierte reibungslos. Als das erledigt war, verhielt sie sich allerdings alles Andere als höflich. Die junge Frau wurde zunehmend arroganter und zeigte wenig Dankbarkeit für die getane Arbeit. Mit von der Partie war ein gemeinsamer Freund, durch den die

Bekanntschaft überhaupt erst zustande kam. Er war gleichzeitig auch ihr Arbeitskollege. Er stellte sie zur Rede was ihr zunehmend unangenehmes Verhalten zu bedeuten hatte. Es dauerte nicht lange, da entbrach Streit zwischen den beiden. Sie beleidigte unsere Autos und suchte nach allen möglichen weiteren Angriffsflächen, die wir potentiell zu bieten hatten. Dabei war sie scheinbar tatsächlich so arrogant, dass sie glaubte mit ihrem 54-PS-Auto alles und jeden überbieten zu können. Dabei hatte sie in Wahrheit das so ziemlich Langsamste, was die Autowelt zu bieten hatte. Mein Freund wollte sich das nicht bieten lassen und ließ sich auf ein Kräftemessen mit ihr ein. Er fuhr einen BMW 528i (2.8 R6) mit 193 PS. Sie fuhr hingegen einen VW Fox (1.2 R3) mit gerade mal 54 PS. Wenn sie nicht gerade einen Turbolader auf den kleinen Dreizylinder gebaut hätte, konnte der Fox nicht im Ansatz eine Chance haben. Wir fuhren auf die Autobahn. Ich war Beifahrer im BMW. Bereits bevor wir auf der Autobahn ankamen, hat sie immer wieder versucht uns in der Stadt zu überholen und aggressive und völlig unnötige Manöver gestartet. Als wir dann auf der Autobahn waren, versuchte sie ebenfalls wieder pausenlos zu überholen. Es war als müsste sie allen Ernstes beweisen wer den Längeren hat, obwohl sie eine Frau war. Mein Freund machte sich einen Spaß daraus und fuhr ihr einfach jedes Mal davon. Selbst während des Überholvorganges war der alte BMW verständlicherweise haushoch überlegen. Freundlicherweise ließ mein Freund sie irgendwann vorbeiziehen, damit sie nicht zu verärgert war. Wir fuhren ihr hinterher bis sie wieder in die Stadt und anschließend auf einen Parkplatz fuhr, der ein bekannter Szenetreffpunkt war. Sie war allerdings durch ihre Niederlage so eingeschnappt, dass sie sich weigerte aus ihrem Auto auszusteigen. Als mein Kollege ausstieg um mit ihr zu reden, zeigte sie ihm den Mittelfinger und fuhr mit Vollgas davon. Doch was hatte sie von ihrem 54-PS-Auto erwartet? Ich werde nie verstehen, wie sich Menschen so sehr von der Realität entfernen können. Doch leider ist ein solches Verhalten absolut keine Seltenheit.

Schreiangriffe. Es gibt wenige Menschen in der Szene, die fühlen sich aus purem Übermut heraus dazu berufen wildfremde Menschen auf der Straße anzuschreien und zu beleidigen. Dies tun sie dann im Vorbeifahren aus ihren Autos heraus. Oftmals sind es auch die Beifahrer. Unbekannte, zufällige Passanten werden dann zu Opfern respektloser Schreiattacken mit derben Beleidigungen, während die feigen Angreifer dabei nicht mal ihre Komfortzone verlassen.

Angeber. Neben den Posern gibt es auch noch die Angeber. Diese Menschen profilieren sich aufs Unangenehmste über ihr Auto. Dies tun sie rhetorisch vor anderen Menschen, aber auch im Internet mit Posts, Stories, Snaps und sogar ganzen Instagram-Profilen, die ausschließlich für ihre Autos existieren. Dabei sind sie aber deutlich von Liebhabern zu unterscheiden, da es ihnen nur um das Prestige des Autos geht. Sie wollen prahlen und Aufmerksamkeit erlangen. Heutzutage nimmt das gewaltig Überhand an, da unsere Gesellschaft leider sehr materialistisch geprägt ist. Viele Menschen tun geradezu so als wären sie ein Mensch erster Klasse, weil sie ein (tolles) Auto fahren. Sie halten sich tatsächlich für etwas Besseres. Wer sich allerdings wegen einem Gegenstand für etwas Besseres hält und dies auch noch in der Öffentlichkeit bereitwillig präsentiert, der ist eher das Gegenteil von etwas Besserem...

Realbeispiel. Auch in diesem Beispiel ist es zur Abwechslung mal eine junge Dame, die mir besonders in Erinnerung geblieben ist. Poser, Angeber und Prahler sieht man nahezu jeden Tag. Aber sie war tatsächlich ein Extremfall. Es ist viele Jahre her, da ging ich ein paar Mal mit ihr aus. Sie studierte Bankwesen, nachdem sie zuvor bereits eine Ausbildung zur Bankkauffrau absolviert hatte. Sie war fleißig, zielstrebig und intelligent. Aber bereits damals fiel mir auf, dass sie sich vor allem über ihren Beruf extrem profilierte. Sie tat so, als wäre sie etwas Besseres als andere Menschen, egal womit sie sich verglich. Für mich, der jedoch "nur" gelernter KFZ-Mechatroniker und zudem angehender Kunststofftechniker war, war das ziemlich unangenehm. Zwar verglich sie sich nie mit mir, aber dafür so ziemlich mit allen anderen Menschen. Und diese stellte sie dabei immer sehr weit unter sich. Ebenfalls fiel mir auf, dass sie sich sehr für meine Autos interessierte. Natürlich ist das grundlegend erst mal etwas Positives. Auf mich als wahnsinnigen Autofreak wirkte es äußerst sympathisch, dass eine junge Frau sich auch für meine Leidenschaft und meine Schätzchen interessierte. Jedoch war es bei ihr anders. Es war nicht einfach nur normales Interesse. Wir waren nie ein Paar und trotzdem erzählte sie bereits nach zwei Treffen herum, dass diese Autos "uns" gehören würden. Sie fing an, sich selbst über meine Autos zu profilieren und damit zu prahlen. Auch wollte sie bei unseren wenigen Treffen immer nur im Auto umher fahren und darin gesehen werden. Mir wurde das schnell zu anstrengend und ich beendete die Sache mit ihr. Zum damaligen Zeitpunkt fuhr sie einen Suzuki Swift mit 92 PS (1.3 R4) und Allradantrieb. Ich fand den kleinen Allradler total sympathisch. Mal abgesehen von der Blümchenmusterfolierung, die sie ihm verpasst hatte.

Nach ein paar Jahren liefen wir uns zufällig über den Weg und hielten anschließend kurzzeitig wieder Kontakt. Automäßig hatte sie sich inzwischen etwas weiterentwickelt. Sie fuhr nun einen Seat Ibiza Cupra. Das Auto hatte 180 PS und generierte diese aus einem kleinen 1.4-Liter-Turbo-Vierzylinder. Also nichts Weltbewegendes. Sie tat jedoch so, als könne der Kleinwagen alles und jeden schlagen und als würde sie einen Lamborghini fahren, statt einem Seat. Sie hatte sogar ein Instagram-Profil für den kleinen Wagen erstellt und postete regelmäßig Fotos. Unter diese kamen dann noch gefühlt mindestens dreißig obligatorische Hashtags, welche die angebliche Schnelligkeit, Sportlichkeit, Exklusivität und Power des Autos zum Ausdruck bringen sollten. Darunter verlinkte sie fälschlicherweise auch den Seat Leon Cupra mit seinen Daten, um ihren Ibiza noch stärker aussehen zu lassen. Sie profilierte sich so abartig über dieses kleine Auto, dass ich mir das Ganze nicht lange mit ansehen konnte. Sie benahm sich, als würde sie das 180-PS-Auto zu einem besseren Menschen als den Rest der Welt machen. Als könnte ihr nichts und niemand das Wasser reichen. Kein AMG, kein RS, kein M, kein Porsche usw. Selbst über das Benzin, das sie tankte, profilierte sie sich. Großzügig prahlte sie im Internet damit, dass sie Aral Ultimate in den kleinen Seat tankte. Dieser hatte jedoch überhaupt kein Kennfeld dafür und konnte die höhere Kraftstoffqualität überhaupt nicht verwerten. Das Ende vom Lied war, dass ich erneut den Kontakt abbrach.

Eine Bitte. Vergesst bitte niemals, dass ein Auto nur ein Auto ist. Es ist etwas Materielles. Ein Gegenstand. Eine solche Sache kann und darf niemals wichtiger sein als Familie, Liebe oder ein Menschenleben.

Faker. Eine Art von Menschen, die man ebenfalls oft in der Szene findet, kommt den Angebern sehr nahe. Die Rede ist von Fakern. Sie machen mehr aus ihrem Auto als es eigentlich ist. Aus einem A3 wird ein RS3 aus einem Golf wird ein R usw. Außerdem erzählen sie auch gerne Geschichten darüber, was sie sich als nächstes für schicke und hochmotorisierte Autos leisten werden. In der Regel bleiben dies aber leider Geschichten. Oder schlimmer noch: Manchmal verschlechtern sich diese Menschen sogar noch.

Realbeispiel. Ein bekanntes Gesicht aus der Szene erzählte uns einst großschnäuzig, welche schicken Autos er sich in Zukunft besorgen würde. Es wäre auch schon alles unter Dach und Fach. Zu diesem Zeitpunkt fuhr er noch einen Audi A8 D2 mit 4.2-Liter-V8 und 300 PS. Das Auto hatte ein altmodisches Wandlerautomatikgetriebe und war nicht gerade im besten Zustand. Aber immerhin war es eine Luxuskarosse mit 300 PS. Das war schon mehr als manch Anderer in der Szene vorweisen konnte. Allerdings gehörte das Auto leider nicht mal ihm selbst, sondern seiner Mutter, die es von ihrem verstorbenen Mann übernahm. Er prahlte vor allen möglichen Leuten damit, dass er sich demnächst einen Audi S8 D3 (5.2 V10, 450 PS) und dazu noch einen hoch motorisierten Porsche Cayenne kaufen würde. Den Cayenne könne dann die Mutter nehmen, weil er ihren alten A8 verkaufen würde. Mit den Jahren lernt man, dass die Leute, die am lautesten schreien in Wahrheit am wenigsten haben und ganz klein sind. Wenn jemand so sehr mit Dingen herumprahlt die er noch nicht mal hat, dann ist es geradezu vorprogrammiert, dass die Sache gar nichts werden kann. Es kam wie es kommen musste. Natürlich kam kein S8 und auch kein Cayenne. Er verschlechterte sich sogar. Denn auch die Mutter war sein Geschwätz leid. Sie nahm ihm den A8 weg und er flog Zuhause raus. Als ich ihm ein paar Monate später mal wieder über den Weg lief, begleitete ich ihn ein Stück zu seinem neuen Auto. Es war ein trauriger alter Renault Laguna. Ein golden lackierter und bereits stark in die Jahre gekommener Kombi mit chronischer Untermotorisierung. Eine deutliche Verschlechterung zum Audi A8. Ich fragte ihn wie es dazu kam. Er antwortete: "Die Bank hat mir keinen Kredit gegeben, weil ich Leiharbeiter bin."

Realbeispiel. In meiner Heimatstadt steht in der Wohngegend, in der ich den schönsten Teil meiner Kindheit verbrachte, seit vielen Jahren schon ein alter Audi A3 8L. Er hat silberne Außenspiegel und ein RS3-Logo auf dem Heck. Amüsanterweise ist ein weiteres Emblem am Heck zu entdecken. Darauf steht "1.9 TDI", womit bereits ausgeschlossen wäre, dass es sich tatsächlich um einen RS3 handeln könnte. Ganz abgesehen davon gab es vom A3 8L noch gar keine RS-Version. Erst der Nachfolger (8P) bekam eine solche. Darüber hinaus sind silberne Außenspiegel bei Audi ausschließlich den S- und RS-Modellen vorbehalten. Der Eigentümer des Fahrzeuges wollte offenbar andeuten, einen RS3 zu besitzen. Ein A3 8L TDI leistete je nach Motor zwischen 90 PS und 130 PS. Ein echter RS3 allerdings leistet 340 PS bis stolze 407 PS. Es gibt Menschen, die finden es an sich einfach toll ihre Autos wie die Höchstmotorisierung aussehen zu lassen. Und dann gibt es aber wiederum solche, die absichtlich versuchen die Höchstmotorisierung optisch nachzuahmen, damit sie so tun können, als wäre es tatsächlich eine. Sie faken also letztendlich, um damit angeben zu können.

Eine Bitte. Liebe Leser, bitte versucht euer Auto nicht zu etwas Besserem zu faken, als es eigentlich ist. Bitte klebt euch keine Badges (Embleme, Aufkleber, Logos) von Höchstmotorisierungen auf euer Auto, wenn es keine Höchstmotorisierung ist. Egal ob ST, R, GTI, RS, AMG, M, Cupra, Type-R oder was es sonst noch alles gibt. Auf die meisten Menschen wirkt das nicht cool, sondern eher ziemlich peinlich. Das Ganze passt zu dem Sprichwort "Gewollt und nicht gekonnt.". Wenn jemand an seinem kleinen Ford Ka das Ford-Logo entfernt und durch ein Mustang-Emblem ersetzt, ist das wiederum mit einem gewissen Humor verbunden und demnach absolut tolerierbar. Die Selbstironie der Besitzer ist hierbei wiederum etwas sehr Cooles. Wenn man aber keinen AMG fährt, dann sollte man sich auch kein AMG-Emblem hinten draufkleben und so tun als ob. Das macht den 180er Benz leider auch nicht schneller und schon gar nicht cooler oder geschweige denn zu einem echten AMG. Vielen Autofans und Kennern fällt der Schwindel sofort auf und letztendlich steht man dann einfach nur noch doof da.

Ausstattungslinien vs. Höchstmotorisierungen. Relativ häufig begegnet man Fahrzeugbesitzern, die behaupteten sie führen einen Golf R oder einem BMW M. Da es oftmals Menschen sind, die sich für Autos nicht interessieren und davon auch keinen blassen Schimmer haben, passen solche Höchstmotorisierungen überhaupt nicht zu ihnen. In solchen Gesprächen kommt dann relativ schnell der Moment, bei dem man im Hinterkopf stutzig wird. In der Regel stellt sich dann auch meist heraus, dass es sich tatsächlich nicht um eine Höchstmotorisierung handelt. Oftmals sind es die sportlichen Ausstattungslinien, welche die Besitzer meinen. R-Line, M-Paket, S-Line, AMG-Line usw. Den meisten Menschen geht es auch weniger um die Motorisierung, sondern eher um ein schickes modernes Automobil. Auch bei jungen Mädels hört man ganz oft: "Ich habe einen Polo R / Golf R / Audi S1 / Audi S3.". Aber in 90% der Fälle sind damit keine echten R- oder S-Modelle gemeint. Die Höchstmotorisierung ist ihnen meistens gar nicht bekannt und gemeint ist dagegen die sportliche Ausstattungsvariante. Sie kennen den Unterschied zwischen R-Modell und R-Line meistens gar nicht. Das ist natürlich nichts Tragisches, da solche Menschen sich einfach nicht dafür interessieren. Sie wollen auch nichts faken und weder sich selbst noch ihr Auto zu etwas Besserem reden als es eigentlich ist. Nüchtern betrachtet ist das also ein relativ neutrales Verhalten. Wenn man es aber mit den ganzen Fakern und Schwätzern vergleicht, erscheint einem dies schon fast umso sympathischer.

Die bisherigen Abschnitte dieses Kapitels waren den eher harmloseren Dingen gewidmet. Schön waren sie zwar alle nicht, aber verglichen mit dem was nun kommt, waren die vorherigen Themen geradezu Kinderkram. Die nachfolgenden Abschnitte zu verfassen fiel mir nicht immer leicht. Diese Zeilen haben sehr unangenehme Flashbacks in die Vergangenheit verursacht, welche wiederum einige schlimme Gefühle wieder aufleben ließen.

Streit. Menschen die sich freiwillig einer Szene hingeben und sich darauf einlassen, die tun vor allem eines sehr gerne: Streiten! Dabei spielt es keine Rolle, ob es die Autoszene, die Fußballszene, eine politische Szene oder irgendeine andere ist. Es gibt innerhalb dieser Szenen mehrere Gruppierungen die unterschiedliche Ansichten haben. Diese sind bereit mit allen Mitteln radikal gegeneinander vorzugehen. Dabei kann es bis zu Massenschlägereien kommen.

Realbeispiel. Eines schönen Abends, als ich noch ziemlich aktiv in der Szene vertreten war, war ich auf der Geburtstagsfeier einer meiner Angestellten eingeladen. Unser Unternehmen war noch recht jung und wir waren wie eine kleine Familie. Daher waren auch die meisten Anderen aus unserem Team anwesend. Wir alle wunderten uns aber darüber, dass eine gewisse Fraktion unseres Teams nicht gekommen war. Ich freute mich auf einen schönen Abend im Kreise meiner Leute. Ich dachte wir könnten zusammen feiern, uns über Autos austauschen, den Abend genießen und einen gemütlichen und feierlichen Umtrunk zelebrieren. Doch schnell wendete sich das Blatt. Die zwei Leute unseres Teams, die nicht gekommen waren, posteten Fotos, wie sie in einer Shishabar am Feiern waren. Natürlich war das ihr gutes Recht. Allerdings war das nicht gerade die feine englische Art, da parallel der Geburtstag einer ihrer besten Freunde stattfand. Schnell entbrannte ein heftiger Streit über WhatsApp als auch Facebook. Dieser wurde von mehreren Leuten parallel geführt. Es stellte sich auch schnell heraus, dass die beiden Männer keinen besonderen Grund hatten in der Shishabar zu feiern. Sie entschieden sich einfach an diesem Abend für diese spontane Alternative, statt auf den Geburtstag zu gehen. Das war nach wie vor ihr gutes Recht. Doch moralisch gesehen war das natürlich ein No-Go den Geburtstag dafür sausen zu lassen. Ganz abgesehen davon hätten sie auf dem Geburtstag ihre Feierlaune ebenso ausleben können. Wir verstanden alle nicht so ganz, was das sollte und diese Tatsache als auch der Streit an sich zerstörte natürlich die komplette Geburtstagsstimmung. Ich selbst war nur kurzzeitig in den Streit involviert. Die Geburtstagsgäste verlangten von mir als Chef des Unternehmens, dass ich ebenfalls Stellung zu der Sache nehme. Ich war natürlich auf der Seite der Geburtstagsgäste. Wir alle fanden das Verhalten der beiden Männer unmöglich. Wenn sie keine Lust auf den Geburtstag hatten, hätten sie das von Anfang an auch einfach sagen können. Da das Ganze auch halbwegs öffentlich auf Facebook ausgetragen wurde, dauerte es nicht lange bis sich auch Freunde von Freunden und andere Szeneangehörige in den Streit einklinkten, obwohl sie rein gar nichts damit zu tun hatten. Eine öffentliche Diskussion war es zwar nicht, aber aus dem Ruder lief das Ganze dennoch. Die Gegenpartei war so auf Krawall gebürstet, dass sie allen Ernstes betrunken fahren wollten, damit wir alle das Ganze persönlich und mit den Fäusten austragen konnten. An diesem Punkt wurde mir klar, dass die Sache eskalierte. Ich wollte weder, dass irgendjemand betrunken Auto fährt, noch dass sich Leute prügeln. Und schon gar nicht meine eigenen. Das Ganze zog sich nun inzwischen weit über drei Stunden. Das Geburtstagskind und ich ordneten an, dass wir den Streit nun an dieser Stelle abbrechen und noch versuchen den restlichen Abend zu retten und zu genießen. Und das taten wir dann auch.

Am nächsten Tag wachten meine Lebensgefährtin und ich erst sehr spät auf. Wir waren ziemlich verkatert und mussten erst mal mit den Gedanken an den Vorabend zurechtkommen. Als wir nach einer Weile ziemlich zeitgleich unsere Smartphones in die Hand nahmen, traf uns gleich erneut der Schlag. Unabhängig voneinander stellten wir mit Entsetzen fest, dass der Streit vom gestrigen Abend zwischen den beiden Parteien bereits wieder seit einigen Stunden im Gange war. Parallel hatte ich auch schon einige Nachrichten von meinem Team bekommen. Die wichtigsten davon waren:

1. Man ging jetzt auch auf mich und mein Unternehmen los. Es entbrannte regelrecht ein kleiner Shitstorm.
2. Es war für den Abend erneut ein Treffen angeordnet.

Die beiden Parteien wollten den Streit endgültig klären. Allerdings sollte es auch wieder ein Prügeltreffen werden. Ich konnte es kaum glauben. Sie waren inzwischen alle wieder nüchtern und dennoch wollten sie sich nach wie vor schlagen. Ich fand es zwar gut, dass der Großteil meines Teams so loyal zu mir und auch zueinander stand. Aber eine Schlägerei? Handgreiflichkeiten? So etwas gab es in meiner Welt gar nicht. Menschen, die andere anschreien oder gar handgreiflich werden und körperliche Gewalt anwenden, wissen sich nicht anders zu helfen. Es mangelt ihnen schlichtweg an geistigem Horizont. Jede Auseinandersetzung, jeden Disput und jeden Streit kann man auch anders lösen. Vorzugsweise mit Kommunikation. Ich wollte mit körperlicher Gewalt nichts zu tun haben. Aber ein gerissener Kopf unseres Teams überredete mich mitzukommen. Er zählte dabei allerlei psychologische Argumente auf, die vor allem mich als Chef betrafen. Er versicherte mir dabei auch, dass es niemals zu gewalttätigen Übergriffen kommen würde. Ich leistete dem Wunsch der Anderen also Folge und kam mit. Die Anderen waren geradezu schon ganz wild auf das Treffen. Gegen 20 Uhr abends trafen wir uns zunächst und fuhren dann alle zusammen in unseren Autos zum Hauptszenetreffpunkt in der Stadt. Die Gegenpartei war bereits da. Unter ihnen waren auch einige fremde Männer die mit der Sache rein gar nichts zu tun hatten. Auch kannten wir diese überhaupt nicht. Als wir dort eintrafen, machten die Leute aus meinem Team alle das Gleiche: Sie parkten ihre Autos nebeneinander, stiegen aus, gingen zur Gegenpartei und gaben jedem die Hand. Hier und da wurde sogar ein bisschen gewitzelt und etwas gelacht. Anschließend packten sie sogar Campingstühle aus ihren Autos aus und setzten sich gemeinsam hin. Ich traute meinen Augen kaum. Eben noch hieß es ich solle als Chef den Streitschlichter spielen und zu einer angeblichen Massenschlägerei mitkommen. Und jetzt saßen sie plötzlich alle gemeinsam dort mit Fremden und taten so, als wären sie alle gute Bekannte. Noch vor wenigen Stunden beleidigten sie sich bis aufs Äußerste und wollten sich zu einer Schlägerei treffen und nun saßen sie auf Campingstühlen voreinander und taten so, als hielten sie ein ganz normales Szenetreffen ab. Ich weigerte mich als einziger strickt diesen Leuten die Hand zu reichen. Ich kam zwar nur als Streitschlichter mit, aber sie hatten mich und mein Unternehmen zuvor grundlos beleidigt. Und das nicht zu knapp. Und das, obwohl ich mit dieser Sache eigentlich gar nicht großartig etwas zu tun hatte. In meinen Augen war das unglaublich respektlos. Also konnte ich ihnen auch nicht den Respekt entgegenbringen und ihnen die Hand reichen.

Stille machte sich breit. Niemand sagte mehr etwas. Nun war klar, dass es jetzt an die ernsten Themen gehen würde. Ich kam mir vor, als wäre ich in einem Film. Die Blicke der Menschen schweiften umher, trafen sich dabei aber nie. Blickkontakt wurde plötzlich vermieden. Es verging eine Weile. Sekunden waren plötzlich gefühlt so lang wie Minuten. Es dauerte eine ganze Weile und es sagte noch immer niemand etwas. Ich fasste mir ein Herz und ergriff das Wort. Schließlich war ich als Mediator anwesend. Ruhig und sachlich versuchte ich die Dinge aus unserer Sichtweise heraus zu erklären. Zunächst ließ man mich ausreden. Doch als ich fertig war, redeten gleich mehrere der Gegenpartei auf mich ein. Auf mich prasselten allerlei Beleidigungen und verschiedenste Anschuldigungen nieder, die weder mit mir, noch mit meinem Leben oder mit meinem Unternehmen etwas zu tun hatten. Ich sollte mich allerlei boshaften Unterstellungen und Gerüchten stellen. Ich wusste gar nicht wie mir geschah. Meine Lebensgefährtin war die Einzige, welche die Courage besaß, mich zu unterstützen und in Schutz zu nehmen. Mein Team hingegen machte gar nichts. Sie sahen einfach zu wie ich in die Mangel genommen wurde, obwohl es eigentlich ihr Streit war und nicht meiner. Da wir immer wie eine Familie waren, hatte ich mehr Unterstützung von ihnen erwartet. Doch sie machten nur unschuldige Gesichter und waren froh nicht selbst sprechen und die verbalen Angriffe über sich ergehen lassen zu müssen. Mir wurde das alles schnell zu viel. Ich wollte mich weder streiten, noch zu irgendwelchen bösartigen Anschuldigungen rechtfertigen. Es dauerte nicht lange, da sagte ich ihnen allen, dass sie Recht hätten, dass es mir allgemein Leid täte und dass es mir auch Leid täte überhaupt dort aufgetaucht zu sein und das Wort ergriffen zu haben. Ich stieg in mein Auto und fuhr mit meiner Freundin kurzerhand davon. Im Rückspiegel sah ich, dass mein komplettes Team es mir gleich tat. Ihr könnt euch gar nicht vorstellen wie enttäuscht ich von diesen Menschen war. Noch eine Viertelstunde zuvor wollten sie sich angeblich alle prügeln und als sie dann vor den Leuten der Gegenpartei standen, waren sie plötzlich ganz klein mit Hut, machten auf gute Bekannte und bekamen danach nicht mehr einen einzigen Ton heraus. Selbst dann nicht, als alle auf denjenigen losgingen, der am wenigsten mit der Sache zu tun hatte. Und dann waren sie nicht mal in der Lage ihren eigenen Disput zu regeln, geschweige denn zu beenden. Ich war wirklich fassungslos. In den folgenden Wochen habe ich mich nach und nach von all diesen Menschen getrennt. Im unternehmerischen Sinne als auch im freundschaftlichen. Das Unternehmen führte ich fortan erst mal für eine gewisse Zeit alleine weiter. Allerdings unterstützten mich meine damalige Freundin und ein guter Freund dabei sehr intensiv. Alleine wäre diese Sache nicht zu stemmen gewesen. An dieser Stelle möchte ich mich von ganzem Herzen dafür bei den beiden bedanken. Der besagte Freund ist übrigens heute meine rechte Hand im Automobilgeschäft. So ist aus dieser unangenehmen Geschichte auch etwas Positives entstanden.

Boshaftigkeit. Wenn man wirklich knietief in der Szene drinsteckt, gibt es eine Sache, an der man das glasklar erkennen kann: Es passieren einem plötzlich und unerwartet komplett sinnlose und schlimme Dinge. Und zwar Solche, mit denen man gar nichts zu tun haben möchte, wie es beispielsweise im letzten Beispiel bereits beschrieben wurde. Wenn man irgendwann an einen Punkt kommt, dass man erkennt, dass um einen herum nur noch sinnlose und schlimme Dinge passieren, die einen in unnötige Stresssituationen versetzen, dann steckt man zu tief drin. Leider sind einige Menschen, die sich für schöne und schnelle Autos interessieren und auch Teil der Szene sind, auf sozialer Ebene nicht sehr umgänglich. Unter ihnen gibt es sogar einige, die komplett hemmungslos sind. Hemmungslosigkeit kann in Kombination mit einem (schnellem)

Auto sehr gefährlich werden. Hierbei geht es nicht mehr um Schreiattacken auf ahnungslose Passanten. Die Rede ist viel mehr von Trunkenheit am Steuer und illegalen Straßenrennen. Wenn die Hemmschwelle eines Menschen so tief gesunken ist, kann dies schnell zum Tode führen.

Realbeispiel. In der nachfolgenden Geschichte geht es um einen jungen Mann. Er war allgemein als primitiver Hitzkopf bekannt. Trotzdem versuchte er sich überall als ziemlich korrekten Typ darzustellen. In Wahrheit war er jedoch ein absolut rücksichtsloser Mensch. Nach Partys fuhr er am Wochenende gern mal betrunken. Zudem war er auch einer der ganz Wenigen, die tatsächlich illegale Rennen fuhren. Er liebte es Leute zu provozieren und sich mit ihnen im Straßenverkehr anzulegen. Wenn jemand auf seine Provokationen einging und beispielsweise überholen wollte, beschleunigte er oder zog rüber auf die Gegenfahrbahn und blockierte sie. Damit brachte er Menschen mit purer Absicht in unglaublich gefährliche Situationen. Und dies einfach nur zu seinem eigenem Amüsement.

Das folgende Szenario fand auf einer Landstraße statt. Ein paar Wochen nachdem die letzte Story aus dem letzten Realbeispiel passiert war, war ich mit meiner Lebensgefährtin zum Einkaufen unterwegs. Wir hatten zuvor einen langen und anstrengenden Tag, waren strapaziert und erschöpft und wollten einfach nur noch nach Hause. Nach dem Einkaufen hielten wir auf dem Heimweg noch kurz bei einer Tankstelle, um das Auto vollzutanken. Als wir von dem Tankstellengelände herunterfuhren fiel uns bereits das Auto des zuvor erwähnten Mannes auf. Es stand knapp 100 Meter weiter an einer Landstraßenkreuzung, fuhr aber nicht los, obwohl alles frei war. Er wartete scheinbar. Auf unserem Weg nach Hause mussten wir die Kreuzung passieren. Also fuhren wir los. Da wir wussten, dass der Besitzer gerne zu gefährlichen Fahrmanövern neigt, fuhren wir langsamer als gewöhnlich auf die Kreuzung zu. Er wartete weiter. Nichts passierte. Doch dann gab er plötzlich Vollgas, nahm uns die Vorfahrt und zog in allerletzter Sekunde noch vor uns. Dies war das erste seiner provokanten Manöver. Und es war bereits haarscharf. Der Schreck als auch die Verärgerung auf unserer Seite waren natürlich groß. Doch damit ließ er es noch nicht gut sein. Er bremste sogleich wieder ohne ersichtlichem Grund ab und entschleunigte uns damit absichtlich noch weiter. Zum zweiten Mal innerhalb weniger Sekunden musste ich in die Eisen gehen. Meine Freundin hatte vor Schreck schon gefühlt einen halben Herzstillstand, während mir vor Verärgerung fast der Kragen platzte. Wir fuhren mittlerweile nur noch 30 km/h. Und das auf einer schnurgeraden Landstraße. Er tat dies schlichtweg um uns weiter zu provozieren. Eine ganze Weile blieb ich hinter ihm und ließ mich auf keinerlei Sperenzchen ein. Als sich hinter uns bereits eine riesige Schlange gebildet hatte, versuchte ich die Gelegenheit zu ergreifen. Die Sicht war weit und Gegenverkehr kam auch keiner. Ich gab Vollgas und wollte ihn zügig überholen. Hinter mir befand sich ein grauer Audi, der sich hinter mich setzte und sogleich mitzog. Doch auch der Fahrer vor uns beschleunigte nun. Er hatte die ganze Zeit nur darauf gewartet, dass ich endlich überholen würde. Er gab ebenfalls Vollgas und blockierte so jeden, der überholen wollte. Da der Audi mich von hinten (wahrscheinlich ohne böse Absichten) ebenfalls blockierte, konnte ich mich nicht mehr ohne Weiteres zurückfallen lassen. Viel Zeit zum Nachdenken hatte ich ohnehin nicht. Ich blieb auf dem Gaspedal und beschleunigte weiter. Gott sei Dank war mein Auto etwas schneller als das des Fahrers, welcher uns zu blockieren versuchte. Allerdings war die Differenz auch nicht all zu groß. Für einen Überholvorgang dauerte das Ganze viel zu lange. Inzwischen war die Landstraße auch nicht mehr schnurgerade. Eine Kurve stand uns bevor. Zu allem Unglück kam nun auch noch Gegenverkehr. Doch der andere Fahrer blieb auf dem Gas. Auch der Audi versuchte weiter zu überholen. Im letzten Moment schaffte ich es genug Vorsprung herauszufahren und vor dem Raser einzuscheren. Auch der Audi bemerkte nun den Gegenverkehr, bremste und zog wieder auf seine Spur. Wahrscheinlich unter großem Schreck. Wir für unseren Teil standen danach zumindest erst mal gewaltig unter Schock. Wir hatten schon viel Mist durch gewisse Szeneangehörige erlebt. Aber diese Sache war so brenzlig, dass es an ein Wunder grenzte, dass alle heil davon kamen. Dabei wollten wir einfach nur nach einem langen Tag in Ruhe nach Hause fahren. Menschen, die im Straßenverkehr solche Nummern mit anderen Verkehrsteilnehmern abziehen, sind absolute Verbrecher und gehören hinter Gitter! Ihm war das alles anscheinend noch nicht extrem genug. Er blieb an uns dran und fuhr immer wieder dicht auf, drängelte und nötigte uns. Bis wir Zuhause ankamen waren es noch drei Orte durch die wir durch mussten. Bei der nächsten Gelegenheit überholte er uns und anschließend auch noch weitere Fahrzeuge. Als würde er ein Rennen gegen alles und jeden fahren. Irgendwann war er nicht mehr zu sehen. Nachdem wir allerdings den zweiten Ort passiert hatten, stand er in einer Parkbucht für LKWs am Ortsausgang. Als er uns sah, gab er direkt wieder Vollgas und hängte sich wieder hinter uns. Wir fuhren in unseren Heimatort rein und anschließend zu meiner damaligen Wohnung. Er folgte uns bis wir auf Privatgelände zum Stillstand kamen. Ich stieg sofort aus und wollte ihn zur Rechenschaft ziehen. Doch als er sah, dass ich auf sein Auto zukam, machte er sich sofort wieder aus dem Staub.

Illegale Rennen. Ich selbst bin ein ziemlich zügiger und sportlicher Fahrer. Wenn die Ampel auf grün umschaltet, gebe ich mir Mühe niemanden hinter mir unnötig aufzuhalten, sondern schnell und zeitig von der Ampel wegzukommen. Den Gang habe ich vorher schon eingelegt, damit ich bereit bin loszufahren. Wenn ich überhole, dann mache ich dies so zügig wie möglich und nicht mit Halbgas im sechsten Gang. Ich fahre auch immer sehr weit rechts. Nicht um meine Rennstreckenerfahrung auf der Straße auszuleben, sondern um das Rechtsfahrgebot einzuhalten und so viel Platz wie möglich zu schaffen. Ich liebe es, mich über Schleicher und Sonntagsfahrer aufzuregen. Das Gleiche gilt auch für Leute die auf Landstraßen oder Autobahnen das Rechtsfahrgebot nicht einhalten. Auf der Autobahn bin ich auch gern mal mit erhöhter Reisegeschwindigkeit unterwegs, wenn es erlaubt ist. Und auch bei manchen Umgehungs-, Land- und Bundesstraßen denke ich mir gelegentlich, dass man von den angenehmen Begebenheiten der Strecke her sogar schneller fahren könnte, als auf so mancher Autobahn. Aber all das macht mich noch lange nicht zu einem Raser. Ich bin einfach nur jemand, der gerne schnell unterwegs ist, wenn es erlaubt ist und der sich Mühe gibt vorausschauend und mit Köpfchen zu fahren und niemanden zu behindern. Und wenn beispielsweise in einer Schulstraße 30 wegen der Kinder ist, dann fahre ich sogar maximal 25 km/h. Wie schnell springt ein unachtsames Kind zwischen zwei parkenden Autos auf die Straße? Wenn dann der Bremsweg zu lang ist, war's das. In solchen Fällen geht es oftmals nur um Zentimeter. Nicht umsonst bekommt man solche Situationen in der Fahrschule eingetrichtert, bis man anfängt nachts davon zu träumen. Aber dann gibt es wiederum Menschen, die übertreiben es so dermaßen, dass wegen ihrem rücksichtslosen Verhalten andere sogar ums Leben kommen. Wenn aus Posern plötzlich Raser werden, scheinen die Meisten von ihnen nicht mehr zwischen richtig und falsch unterscheiden zu können. So kommt es tatsächlich vor, dass auf der Straße Rennen ausgetragen werden. Leute, die so etwas machen, sind Raser. Natürlich geht es dann darum, welches Auto schneller ist. Aber statt Motor gegen Motor fährt dort eher Ego gegen Ego. Bei solchen Aktionen kommt niemals etwas Sinnvolles heraus. Und es geht bei Geschichten dieser Art grundsätzlich immer nur darum, wer den Längeren hat. Dies soll bei Weitem kein Angriff gegen die Männerwelt sein. Denn auch junge Frauen sind mittlerweile ziemlich extrem geworden, was illegale Rennen und andere Aktionen im Straßenverkehr betrifft. Leider. Denn lange Zeit galt die weibliche Seite der Menschheit als besonnener, ruhiger und bedachter. Doch was das Ego hinter dem Steuer betrifft, gibt es mittlerweile keine Unterschiede mehr zwischen Männern und Frauen. Letztendlich ist das Verhalten von Männern und Frauen keine Geschlechterfrage, sondern eine Charakterfrage.

Neue Strafverordnung. Ein echtes illegales Straßenrennen war vor 2017 noch eine einfache Ordnungswidrigkeit. Inzwischen wird so etwas allerdings deutlich härter bestraft. Vor allem seit 2017 der §13 (Gemeingefährliche Straftaten - Gefährdung des Straßenverkehrs) in das Strafgesetzbuch aufgenommen wurde, wird in einigen deutschen Städten nun vermehrt Jagt auf Poser, Raser und leider auch Tuner gemacht. Dabei kommen auch gerne neu gegründete Sondereinheiten zum Einsatz. Die Beamten werden hierbei zumindest laut offiziellen Aussagen genaustens geschult, um möglichst Illegales von Legalem unterscheiden zu können. Das gilt vor allem für Veränderungen an Fahrzeugen. Dabei zögern sie keineswegs die Autos direkt stilllegen und abschleppen zu lassen. Ohnehin haben die Polizisten mit der Erscheinung dieses neuen Gesetzes deutlich mehr Handlungsspielraum bekommen. Abgasanlage zu laut? Das Auto wird stillgelegt und abgeschleppt. Mit Vollgas an der Ampel losgefahren? Das Auto wird stillgelegt und abgeschleppt. Felgen nicht eingetragen? Das Auto wird stillgelegt und abgeschleppt. Tieferlegung ist vom TÜV abgenommen und eingetragen, wird aber dennoch angezweifelt? Das Auto wird stillgelegt und abgeschleppt. In der Regel werden mittlerweile dabei sogar auch direkt die Führerscheine einkassiert. Es ist eine Farce, aber diese direkten Extremmaßnahmen führen die Beamten absichtlich durch, um ein Statement zu setzen. Andere Szeneangehörige und potentielle Raser sollen hierdurch eingeschüchtert werden und Respekt eingeflößt bekommen. Sie sollen direkt erkennen

wie hart die Behörden durchgreifen und von zukünftigen Ordnungswid-
rigkeiten oder gar Straftaten absehen. Nicht in allen Teilen Deutschlands
wird so extrem durchgegriffen. Betroffen sind vor allem die Großstädte
und Orte an denen schlimme Unfälle durch illegale Aktionen passiert
sind.

Funfact. Die Polizei beziehungsweise die Sachgutachter sind bei modernen Autos in der Lage die Steuergeräte so auszulesen, dass sie allerlei
Informationen zum Unfallhergang wiedergeben können. So zum Beispiel
auch die Geschwindigkeit, die das Auto während und vor des Unfalls
hatte. Hierbei sind schon die utopischsten Zahlen genannt worden. Bis
zu 180 km/h innerorts. Allein diese Tatsache hat mittlerweile schon oftmals dazu geführt, dass Raser in den Bau gewandert sind und darüber
hinaus auch für viele Jahre ihren Führerschein verloren haben.

TV-Beiträge. Es gibt mittlerweile unzählige Dokumentationen im Fernsehen, die von Rasern, Posern, illegalen Rennen und daraus entstandenen
Todesfällen berichten. Vor allem die ARD und das ZDF brüsten sich
gerne mit Dokumentationen zur Autoszene und den darin begangenen
Straftaten. Oftmals sind einige dieser Dinge aber gestellt und absichtlich
überspitzt dargestellt, um das Ganze dramatischer wirken zu lassen. Leider sind auch die Öffentlich-Rechtlichen heutzutage keine zuverlässige
Quelle und schon gar kein Bildungsfernsehen mehr. Man schaue sich nur
mal an, welche hochrangigen Lobbyisten und Politiker in den Aufsichts-
gremien sitzen, welche die Sender steuern. Aber dies ist ein anderes
Thema und gehört nicht in dieses Buch. In den Dokumentationen um die
Autoszene geht es immer wieder nur um zwei Dinge:

1. **Getunte Autos.** Dazu gibt es vor allem eines zu sagen: Getunte
   Autos, auch wenn sie noch so extrem aus- und auffallen, tun
   keiner Menschenseele etwas zuleide. Selbst wenn ein Fahrzeug
   mit einem Luftfahrwerk bis zum Erbrechen tief gelegt ist, ist das
   Einzige was passieren kann, dass der Fahrer sich die Front- oder
   Heckschürze kaputtreißt oder sich die Abgasanlage beschädigt.
   Weh tut das allenfalls dem Geldbeutel des Besitzers. Nicht aber
   der Straße, anderen Verkehrsteilnehmern oder gar Passanten.
   Ein Tuner ist nicht automatisch ein Raser. Sogar ist dies nur sehr
   selten der Fall. Dies ist schlichtweg eine Verdrehung der Tatsa-

chen, doch heutzutage leider vollkommen normal in vielen Medien. Schließlich geht es am Ende immer nur um die Quote und die Klicks.

2. **Illegale Rennen.** Umgekehrt wird allerdings ein Schuh draus. Denn die wenigen Raser sind meistens auch Tuner.

Todesfälle. An dieser Stelle würde jetzt eigentlich ein längerer Absatz stehen der wieder ein Realbeispiel werden sollte. Dieses sollte eigentlich von einer Geschichte handeln, bei der gleich zwei junge Menschen nachts im Straßenverkehr ums Leben kamen. Ich war bei dieser Sache selbst vor Ort und habe den Unfall hautnah miterlebt. Allerdings war ich nicht daran beteiligt oder davon betroffen. Ich war eher unfreiwilliger Zeuge. Der Unfall ist durch ein illegales Straßenrennen verursacht worden, in das ein weiteres unbeteiligtes Fahrzeug hineingezogen wurde. Diese Geschichte ist allerdings so abartig, dass ich mich letztendlich entschlossen habe den Inhalt nicht zu erzählen. Dies geschieht vor allem aus Respekt den Verstorbenen gegenüber und ist allein meine Entscheidung. Nicht die des Verlages und auch nicht die der Angehörigen. Denn während der Arbeiten an diesem Buch, fragte ich beide Familien, wie sie das finden würden, wenn die Geschichte der Todesfälle in diesem Buch thematisiert wird. Ich wollte auf gar keinen Fall respektlos sein und die Angehörigen vorher um ihre Meinung fragen und sie vor allem um Erlaubnis bitten. Zu meiner Überraschung fanden es beide Familien sogar gut. Sie waren der Ansicht, dass die Öffentlichkeit mehr von solchen Dingen erfahren müsse. In diesem Punkt waren sie sich einig. Und ich gebe ihnen absolut Recht. Aber je mehr Gedanken ich mir zu diesem Vorfall machte, desto mehr war ich der Ansicht aus Respekt den Verstorbenen gegenüber diese Story wegzulassen. Kurz vor der Veröffentlichung dieses Buches entschied ich mich letztendlich dann dazu, die Geschichte über die Todesfälle nicht zu veröffentlichen. Fakt ist jedoch: Aufgrund eines primitiven Schwanzvergleiches zweier Proleten, wurden zwei junge Menschenleben ausgelöscht. Sinnloser und unnötiger könnte ein Menschenleben nicht beendet werden. Der ganze Vorfall hätte auch verhindert werden können, wenn einer der Fahrer nur für einen Moment sein Ego etwas heruntergeschraubt hätte. Aber das Rennen zu gewinnen war ihnen wichtiger, als die Menschenleben von Unschuldigen zu verschonen. Der Unfall wurde dabei sogar absichtlich provoziert. Und eines kann ich euch sagen: Wenn man so etwas live mitbekommt und dann noch Jahre später sieht, welches Leid die Angehörigen davontragen, fängt man an die Dinge anderes zu betrachten.

TSA. Im Norden Deutschlands ist eine Anwaltskanzlei entstanden, welche sich ausschließlich Autofans, Tunern und Szeneangehörigen widmet. Unter dem Projektnamen "TuningSzeneAnwalt" (kurz "TSA") verbirgt sich der sympathische Rechtsanwalt Sven Rathjens sowie weitere seiner Kollegen. Sie sind im Verkehrsrecht tätig und dabei auf die Tuningszene spezialisiert. Dabei beschäftigen sie sich mit allen möglichen Fällen. Vom Falschparkerknöllchen bis hin zu Freiheitsstrafen für Raser nehmen sie sich jeder Sache an. Dabei agieren sie bundesweit in ganz Deutschland. Außerdem unterstützen sie auch öffentlich die Kampagne "Tune it legal" der Polizei und haben bereits selbst mehrere soziale Projekte ins Leben gerufen.

Das dreckige Business

Nun wurden in den letzten Kapiteln einige negative Dinge aus der Autowelt angesprochen. Und das ist wichtig, denn es gibt Dinge, die ausgesprochen werden müssen. So hatten wir zum Beispiel die eher harmlosen Irrglauben und die Poser, aber auch schlimmere Dinge wie Raser und illegale Rennen. Es gibt aber leider noch eine weitere negative Sparte in der Autowelt, die sich vor allem finanziell verheerend auswirken kann. Die Rede ist vor allem von Betrug und Ausbeutung. Dies existiert zum Einen ganz offiziell in Form von horrenden Preisen, Zuschlägen und Wucher. Und andererseits schlichtweg über Betrug, bei dem meist Unwissende zum Opfer werden.

Zuschläge. Fangen wir mit den etwas harmloseren Dingen an. Manchmal erheben Autohäuser, vor allem Markenvertragshändler, hohe Zuschläge auf die eigentlichen Kosten für Reparaturen oder Wartungen. Dies ist meist bei teuren Luxuskarossen oder Sportwagen der Fall. Nicht jedes Autohaus macht das. Man sollte sich aber grundsätzlich die Frage stellen, ob man sein Fahrzeug nicht lieber selbst wartet und repariert. Und wenn schon nicht selbst, dann wenigstens privat von jemand Anderem. Dies ist immer die günstigste Variante. Wenn man dafür aber keine Kontakte hat, sollte man sich gut überlegen, ob man Wartung und Reparaturen bei einem Markenvertragshändler oder lieber in einer freien Werkstatt vornehmen lässt. Denn Vertragshändler sind in der Regel um einiges teurer. Zu einem solchen zu gehen lohnt sich normalerweise nur in einem Fall: Wenn das Auto noch sehr jung ist und man die Werksgarantie erhalten möchte. Dafür schreiben die Hersteller nämlich in der Regel vor, dass das Fahrzeug in einer Werkstatt ihrer eigenen Marke gewartet und repariert wird. Nur dann bleibt der Garantieanspruch des Kunden erhalten. Die Ausnahme bilden große Unternehmen wie beispielsweise ATU. Oftmals wird ein Stempel im Serviceheft von solch großen Werkstattketten im Sinne der Scheckheftpflege vom Hersteller akzeptiert.

Realbeispiel. Ein guter Bekannter von mir ließ sich mal einen Kostenvoranschlag für einen einfachen Ölwechsel bei einem VW-Vertragshändler machen. Sein Auto war ein VW Scirocco mit 1.4er TSI und 122 PS. Die Summe auf dem Kostenvoranschlag betrug stolze 400€. Anschließend wandte er sich an mich, um sich zu erkundigen, ob das normal sei. Er war sich nicht hundertprozentig sicher, doch er war der Ansicht, dass ein Ölwechsel doch eher zu den simpleren Dingen gehöre. Daher wurde er bei dem hohen Preis stutzig. Und er hatte absolut Recht. Wenn ein einfacher Ölwechsel bei einem Fahrzeug, das nicht gerade aus Hexenwerk besteht, so viel Geld kostet, sollte man sich bereits Gedanken machen. Ich riet ihm, sich erst mal zu erkundigen, was der Ölwechsel kosten würde, wenn nur die Arbeitszeit bezahlt werden müsste und er das Öl selbst besorgen würde. Auch wenn die Autohäuser das nicht gerne sehen, da sie am Material und an den Teilen auch immer noch mal Geld verdienen. In diesem Fall am Motoröl. Auf seine Anfrage hin sollte der Arbeitsaufwand immer noch mit 200€ honoriert werden. Ein Ölwechsel dauert inklusive Filtertausch maximal eine halbe Stunde. In dieser Zeit sind 99% des Altöls aus dem Motor rausgelaufen. Manche Werkstätten und Autohäuser lassen den Motor sogar deutlich kürzer "ausbluten", um Zeit zu sparen. Wenn das Ganze maximal eine halbe Stunde dauert und dennoch 200€ kosten soll, ergäbe das einen Stundenlohn von 400€. Da selbst teure Vertragsautohäuser nicht solche Preise verlangen, ist klar: Hier wird ein Zuschlag beigerechnet. Erschwerend kommt noch hinzu, dass Autohäuser, vor allem aber Vertragshändler, absolute Wucherpreise für Motoröle verlangen. 29,95€ pro Literflasche sind keine Seltenheit. Zwar handelt es sich in den allermeisten Fällen dabei um hochqualitative Produkte von Castrol, Mobil und Shell. Doch rechtfertigt dies in keinem Fall diese horrenden Preise. Die meisten Motoren benötigen zwischen vier und sechs Liter Motoröl. Durchschnittlich also etwa fünf Liter. Dieselben teuren Markenmotoröle, die in Autohäusern verkauft werden, bekommt man im Internet bereits für weniger als 10€ pro Literflasche. Wenn man sein Motoröl selbst besorgt, ist es kein Problem bereits für insgesamt 50€ oder sogar etwas weniger dabei wegzukommen.

Fehlersuche. Gibt man sein Auto in die Hände einer Werkstatt, dann geschieht dies meistens aufgrund von Reparaturbedürftigkeit. Dabei gibt es Reparaturen, bei denen die Ursache klar auf der Hand liegt. Zum Beispiel, wenn Verschleißteile ersetzt werden müssen. Ist die Ursache für einen Fehler oder Defekt jedoch nicht klar, wird sich erst mal auf Fehlersuche begeben. Heutzutage ist dabei der erste Schritt immer den Fehlerspeicher auszulesen. Bei hochmodernen Autos lässt sich über diese Art der Fehlerdiagnose in den meisten Fällen die Ursache feststellen. Aber bei älteren oder nur halbwegs modernen Autos kann man nicht immer durch die ausgelesenen Fehlercodes die Ursache feststellen. In diesem Fall muss dann genaustens diagnostiziert werden, um weitere Kosten zu vermeiden. Schritt für Schritt müssen mit logischem Vorgehen anhand der Beschreibung der Fehlermeldung so viele Diagnosen wie möglich ausgeschlossen werden. Häufig kommt es aber vor, dass mehrere Möglichkeiten übrig bleiben und nicht hundertprozentig ausgeschlossen werden können. In diesem Fall rät einem die Werkstatt immer Schritt für Schritt ein mögliches Bauteil nach dem Anderen zu ersetzen, bis der Fehler nicht mehr auftritt. Bei Fehlern am Motor sind die Zündkerzen ein Klassiker. Unter dem Motto "Das ist das Einfachste" werden sie grundsätzlich zuerst vorgeschlagen. Allerdings sind Zündkerzen sehr solide Bauteile und in der Regel so gut wie nie der Grund für den Fehler. Sie zu tauschen ist zwar meistens sehr einfach, allerdings ist es auch sehr unwahrscheinlich, dass sie die Ursache sind. Es sei denn, dass bei einem bestimmtem Modell eine dortige Schwachstelle bekannt ist. Lässt man die Zündkerzen bei einem Vertragshändler oder einer Premium-werkstatt tauschen, ist man allein für die Teile schnell wieder einen Hunderter los. Die Kosten für den Einbau kommen natürlich noch oben drauf. Erfahrungsgemäß kann ich euch auf jeden Fall ans Herz legen lieber Teile zu tauschen, die im Sinne des vorliegenden Fehlers am naheliegendsten sind. Und nicht die, welche am einfachsten sind. Wenn sich der Kunde zuerst auf den Zündkerzenwechsel einlässt, weiß die Werkstatt, dass er gefügig ist. Nicht gerade selten kommt es vor, dass Werkstätten darauf eine Masche aufbauen und dem Kunden für viele unnötige Reparaturen auf dem Weg der Fehlersuche viel Geld aus der Tasche ziehen.

Verschleiß. Wenn eine Masche jedoch vor allen anderen mit Kundenbetrug im Werkstatt-Business groß aufgezogen wird, dann ist es Betrug mit Verschleißteilen. Einfache Dinge wie Reifen und Bremsen sind hierbei der Klassiker. Diese sind zwar ganz klar Verschleißteile, doch werden sie meist viel zu früh gewechselt. Sicherheit sollte zwar selbstverständlich im Vordergrund stehen, doch gerne übertreiben die Werkstätten und Autohäuser bei der Verschleißdiagnose maßlos. Ein Reifen oder ein Bremsbelag werden nicht produziert, damit man sie nach der Hälfte der Lebenszeit schon wegschmeißt. Zwar haben die Hersteller das natürlich gern, da dann ihre Produkte schneller nachgekauft werden. Jedoch ist das schlichtweg unnötig herausgeschmissenes Geld. Auch im Sinne der Ressourcenverschwendung ist ein solches Verhalten nicht gerade ratsam. Reifen bestehen größtenteils aus vulkanisiertem Kautschuk. Sie sind daher nicht recycelbar. Zwar gibt es eine chemische Methode dazu, aber diese wird wie so oft aus zu intensiven Kostengründen nicht angewandt. Reifen werden stattdessen in Wärmeenergie umgewandelt. Das bedeutet im Klartext: Sie werden schlichtweg verbrannt. Die dabei entstehende Wärmeenergie wird zumindest noch genutzt und beispielsweise in Fabriken eingespeist. Aus ökologischer Sicht ist das "Verwerten" von Altreifen ohnehin ziemlich katastrophal. Aber das Wegschmeißen von Reifen die gerade mal 50% abgenutzt sind, steigert die Ineffizienz enorm. Der Umwelt gegenüber ist das ein No-Go. Reifen und Bremsen sind definitiv die sicherheitsrelevantesten Teile an einem Kraftfahrzeug. Reifen stellen den direkten Kontakt zum Boden dar. Bremsen sorgen für negative Beschleunigung des Fahrzeugs. Nichtsdestotrotz kann man diese Verschleißteile getrost ohne Bedenken bis zur gesetzlich vorgeschrieben Grenze ausreizen. Viele Menschen lassen sich einreden, dass sie ihre Reifen bereits wechseln müssten, obwohl sie immer noch 4 Millimeter Profiltiefe haben. Neureifen werden mit 7 - 8 Millimeter ausgeliefert. Besonders sportliche Reifen und Semislicks sogar manchmal mit weniger. 4 Millimeter Restprofil sind also noch mindestens 50% oder sogar mehr. Doch die "Profis" aus der Werkstatt argumentieren dann grundsätzlich mit der Fahrsicherheit. Ein Argument mit dem man viele Leute triggern kann und leicht rumkriegt. Bei einem Stand von 50% bereits die Reifen zu entsorgen und neue aufziehen zu lassen erhöht aber in keinem Fall die Sicherheit. Es leert lediglich den Geldbeutel. Gleiches gilt auch für Bremsbeläge. Es stimmt zwar, dass bei äußerst fortgeschrittenem Verschleiß die Bremsleistung abnimmt, allerdings ist diese Auswirkung so gering, das man sie praktisch nicht bemerken kann. Vor allem dann, wenn man ein relativ normales Auto ohne besonders hohe Motorisierung und spezielle Bremsanlage fährt. Bei Sportwagen hingegen, die auch entsprechend bewegt werden, kann sich ein minimaler Verlust der Bremsleistung schon bemerkbar machen. Allerdings müssen die Bremsscheiben und -beläge hierfür schon stark verschlissen sein.

TÜV. Um für die Sicherheit der Bürger zu sorgen gibt es gesetzliche Vorgaben. Die Einhaltung dieser Vorgaben überwacht der TÜV (**T**echnischer **Ü**berwachungs**v**erein). Der deutsche TÜV gibt zu Reifen und Bremsen ganz klare Richtlinien vor. Und es ist allgemein bekannt, dass der deutsche TÜV äußerst penibel ist und die Vorgaben sehr streng sind. Diese entsprechen der höchsten Sicherheitseinstufung. Beispielsweise muss ein Reifen 1,6 Millimeter an Mindestprofiltiefe vorweisen. Bremsbeläge haben hingegen überhaupt keine Vorgabe. Die Bremsleistung der gesamten Bremsanlage des Fahrzeugs wird dafür stattdessen bei jeder Hauptuntersuchung auf einem Prüfstand getestet sowie einer Sichtprüfung unterzogen. Danach entscheidet der TÜV-Prüfer, ob Mängel vorhanden sind oder nicht. Auch wenn die vorgegebenen Sicherheitsstandards bereits überschritten sind, ist immer noch mehr als genug ausreichende Sicherheit gewährleistet. Dafür hat der Gesetzgeber ausreichend Spielraum miteinbezogen. Es reicht also völlig aus Verschleißteile nach den gesetzlichen Vorgaben auszutauschen. Wenn man nicht gerade Vielfahrer ist oder Rennstreckenbetrieb mit seinem Fahrzeug betreibt, reicht es vollkommen aus (tatsächlich) verschlissene Bremsen frühestens vor der nächsten Hauptuntersuchung neu zu machen. Hat man beispielsweise noch circa 3 Millimeter Bremsbelag würden einem 90% aller Werkstätten dringend empfehlen diese gegen neue zu tauschen. Aber warum sollte man Teile bereits erneuern, wenn sie doch nicht mal der TÜV bemängeln würde? Um die volle Fahrsicherheit zu gewährleisten, ist dann das Argument der Werkstätten. Diese Argumentation ist allerdings nichts weiter als eine Masche, um Geld zu verdienen. Schlimm wird es vor allem dann, wenn ahnungslose Autobesitzer einen ordentlichen Bären aufgebunden bekommen. Es ist nichts Ungewöhnliches, dass viele Autobesitzer bereits bei einem Verschleiß von gerade mal 50% dazu genötigt werden die Teile für teures Geld austauschen zu lassen. Dies ist zwar eine Form von Bauernfängerei, aber noch kein richtiger Betrug. Noch extremer wird es allerdings, wenn die Besitzer in eine Betrugsmasche verwickelt werden oder ihnen die Entscheidungsgewalt genommen wird.

Funfact. Schon des Öfteren ist es vorgekommen, dass sich ausländische Behörden, die eine technische Sicherheitsüberwachung in ihrem Land einrichten wollten, sich den deutschen TÜV zum Vorbild genommen haben. Dies liegt an den hohen und strengen Standards, die in Deutschland der Sicherheit dienen.

Realbeispiel. Oftmals kommt es vor, dass Kunden denen wir ihr Traummauto besorgt haben, ihre Fahrzeuge in unserer Obhut lassen. Das heißt, wir kümmern uns um Service, Teilebestellungen, Tuning und schauen ab und zu auf Wunsch des Kunden nach, ob der Wagen noch hundertprozentig in Ordnung ist. Eine klassische Reparaturwerkstatt haben wir aber nicht. Oft haben wir es schon erlebt, dass Kunden von uns, die auch parallel Kunden in einer Werkstatt waren, extrem über den Tisch gezogen wurden.

Für das nachfolgende Beispiel durfte meine beste Freundin herhalten. Aufgrund unserer freundschaftlichen Beziehung zueinander liegt uns beiden viel daran, dass sie ihre Autos in die Obhut meines Unternehmens gibt. Selbstverständlich bezieht sie ihre Autos auch über mich. So weiß ich bestens über ihre Fahrzeuge Bescheid und kann sie immer optimal beraten. Dinge wie Reparaturen oder das Einlagern von Reifen lässt sie allerdings anderswo machen, da wir diese Dienstleistungen nicht anbieten. Sie selbst hat es sehr gern ein schickes modernes Auto zu fahren. Aber großartig Ahnung von Autos, Technik oder Verschleißteilen hat sie nicht. So, wie es nun mal vielen Menschen ergeht. Im Winter 2019 bestellten wir ihr neue Continental-Winterreifen, da ihre alten verschlissen waren. Da sie allerdings viel pendelt und bei ihr Zeitmangel grundsätzlich vorherrscht, ließ sie die Reifen erst Ende Januar aufziehen. Ende April ließ sie die Räder dann einlagern. Zwischenzeitlich war sie noch drei Wochen im Urlaub. Die neuen Reifen wurden insgesamt zwei Monate gefahren. In dieser kurzen Zeit war der Verschleiß gleich null. Im darauffolgenden Winter wollte sie ihre Winterräder natürlich wieder montieren lassen. Als sie mit der Werkstatt einen Termin machen wollte, teilte diese ihr am Telefon mit, dass sie ihre Reifen weggeschmissen hätten. Die Reifen wären schon alt und verschlissen gewesen. Die Räder hätte man direkt als Ganzes entsorgt. Also Reifen inklusive Felgen. Die Reifen waren auf Aluminiumfelgen montiert. Diese waren zwar nicht mehr neuwertig, aber immerhin unversehrt. Sie hatten keine Bordsteinschäden oder Ähnliches. Die Felgen allein waren in jedem Fall noch ein paar Hundert Euro wert. Hinzu kommen noch die teuren Conti-Reifen, die alleine schon 200€ das Stück gekostet hatten. Nach dem Telefonat rief sie mich an, um mir davon zu berichten und um Rat zu fragen. Die Werkstatt hatte sie mal eben um locker 1.500€ gebracht. Natürlich hatten sie die Räder niemals wirklich weggeschmissen. Tatsächlich werden sie aller Wahrscheinlichkeit nach einem anderen ahnungslosen Kunden als Neuräder verkauft worden sein. Ich nahm die Sache selbst in die Hand und rief zunächst bei der Werkstatt an: Eine Entsorgung von Felgen oder Reifen würde grundsätzlich nur dann vorgenommen werden, wenn Reifen oder Felgen aus sicherheitstechnischer Sicht nicht mehr einsetzbar wären, erklärte man mir. Ich fragte, wie es denn dann sein könnte, dass man ihre neuwertigen Kompletträder entsorgt hätte. Und das ohne ihre Zustimmung. Der Inhaber teilte mir mit, dass meine werte Bekannte bei der Einlagerung einen Vertrag unterschrieben hätte. Mit der Unterschrift hätte sie der Werkstatt automatisch eine Vollmacht zur Entsorgung erteilt. Die Werkstatt könne daher laut Vertrag nach eigenem Ermessen handeln. In ihrem Fall wären Reifen als auch Felgen hochgradig verschlissen gewesen. Ein Einsatz wäre nicht mehr in Frage gekommen. Ich antwortete ihm, dass ich selbst diese Reifen zuvor im Januar bestellt hatte und dass sie außerdem damit gerade mal zwei Monate gefahren sei. Ich erklärte ihm außerdem, dass das Auto kurz zuvor noch bei mir zur Prüfung war. Die Felgen waren absolut in Ordnung und in einwandfreiem Zustand. Die Reifen waren komplett neuwertig und es könne nicht möglich sein, dass innerhalb von zwei Monaten bei normaler Fahrweise ein solcher Verschleiß eintreten könne. Außerdem konnte ich dies auch alles schriftlich belegen. Der Ton am anderen Ende schlug plötzlich gewaltig um. Auf Andeutungen von Betrugsvorwürfen würde man gar nicht erst eingehen. Außerdem erteilte man uns, falls wir es wagen sollten persönlich vorbeizukommen, vorsorglich schon mal direkt Hausverbot. Gleich darauf wurde der Hörer am anderen Ende auf das Telefon geknallt. Wenn ein Werkstattbesitzer oder -mitarbeiter derartig reagiert, dann ist die Werkstatt mit an Sicherheit grenzender Wahrscheinlichkeit des Betrugs schuldig. Es ist ein psychologischer Fakt, dass Menschen exakt so reagieren, wenn sie sich ertappt fühlen.

Reparaturbedürftigkeit. Wenn ein Auto in die Werkstatt muss, kommt gerne mal Eines zum Anderen. Oft fragen sich Kunden dann zurecht: Ist das alles noch richtig? Ist an meinem Auto wirklich so viel kaputt? Diese Frage ist berechtigt, da viele Werkstätten mit solchen Dingen ebenfalls eine fiese Betrugsmasche abziehen. Wie immer suchen sie sich dabei vor allem die Unwissenden als Opfer aus. Nachdem das Fahrzeug wenige Stunden in der Werkstatt war, bekommt der Kunde einen Anruf mit unschönen Informationen. Am Auto ist angeblich deutlich mehr defekt als ursprünglich angenommen. Die neue vorläufige Gesamtkostensumme beläuft sich dann meist auf ein Vielfaches der zuvor vereinbarte Summe aus dem ursprünglichen Kostenvoranschlag. Oftmals wird der Kunde dann am Telefon spontan und kurzfristig vor die Wahl gestellt. Alles reparieren lassen oder nicht. Aber was hilft ein kaputtes Auto? Es ist ja schließlich ohnehin bereits in der Werkstatt, um repariert zu werden. Oftmals wird man dann vor vollendete Tatsachen gestellt. Also lassen sich die meisten Kunden darauf ein und stimmen spontan am Telefon der Reparatur zu. Natürlich können solche Miseren vorkommen. Gerade bei älteren Fahrzeugen mit hohen Laufleistungen. Hat man allerdings Bedenken und findet das Ganze ziemlich unauthentisch, sollte man die Sache schleunigst unter die Lupe nehmen. Am besten sollte man sich dann das Fahrzeug so schnell wie möglich selbst ansehen. Die Unterstützung einer zweiten Person, die sich mit Automobiltechnik auskennt, ist dabei auf jeden Fall hilfreich. Man sollte sich der Werkstatt auf keinen Fall am Telefon ankündigen, sondern unbedingt überraschend und unangekündigt dort erscheinen. Denn oftmals ist es der Fall, dass die angeblich kaputten Bauteile natürlich gar nicht defekt sind. Kündigt man sich der Werkstatt allerdings an, hat diese noch Gelegenheit die Bauteile tatsächlich zu zerstören. Mutwillig werden diese dann kaputt gemacht. Sind die Teile allerdings noch heile und gibt der Kunde am Telefon sein Go, dann werden die Teile einfach versteckt. Oftmals werden sie dann bei anderen Kunden wieder eingebaut und als frische Neuteile verkauft. Man möchte es kaum glauben, wie hemmungslos im KFZ-Reparaturgewerbe Betrugsversuche durchgezogen werden. Aber leider sind dies bittere Wahrheiten und durchaus keine Seltenheiten. Oftmals wird der Kunde auch schon zuvor am Telefon ausgehorcht und auf Gefügigkeit geprüft. Manchmal kommt es auch vor, dass dann am nächsten Tag ein weiterer Anruft kommt. In diesem wird das Ganze dann auf die Spitze getrieben. Es werden weitere Probleme angekündigt und damit auch der Preis weiter in die Höhe getrieben.

Realbeispiel. In dem Autohaus, in dem ich meine Ausbildung zum KFZ-Mechatroniker absolvierte, gab es natürlich eine Stammkundschaft. Diese vertraute dem Autohaus und den Inhabern blind. Und so traurig dies auch ist, dies war ihr größter Fehler. Unter den Stammkunden war auch ein vornehmer älterer Herr. Er fuhr einen Peugeot 607. Dieses Modell war eigentlich entwickelt worden, um in die obere Mittelklasse (Audi A6, BMW 5er, Mercedes-Benz E-Klasse) einzudringen. Doch auch wenn dies bereits das Spitzenmodell der Peugeot-Palette war, gelang es der französischen Marke nicht so recht in die angestrebte Fahrzeugklasse einzudringen. So wurde der 607 eher mit der normalen Mittelklasse (Audi A4, BMW 3er, Mercedes-Benz C-Klasse, VW Passat) verglichen. Aber auch gegen diese Autos und beispielsweise auch US-amerikanische Mitbewerber sah der Franzose eher alt aus. Die Motoren konnten nicht mithalten, es gab keine Sportausstattung und auch von der Verarbeitungsqualität war er deutlich schlechter einzustufen. Eines schönen Nachmittags kam der Kunde mit seinem Peugeot in die Werkstatt. Die Motorkontrollleuchte sei seit mehreren Tagen an und wolle einfach nicht mehr ausgehen. Da es bereits spät am Nachmittag war und in der Werkstatt niemand mehr arbeitete, nahm das Autohaus den Peugeot für den nächsten Morgen an. Der Besitzer ließ sein Fahrzeug über Nacht stehen und am nächsten Morgen wurde zunächst der Fehlerspeicher ausgelesen. Der Fehler lag bei den AGR-Ventilen (**Ab**gasrückführung). Der 607 war mit einem 2.7-Liter-V6-Diesel ausgestattet. Das Aggregat leistete 204 PS und war auch schon das Höchste der Gefühle unter den Motorisierungen des 607. Die AGR-Ventile waren eine seiner Schwachstellen. Das Problem war kein unbekanntes. Wurden die AGR-Ventile mit den Jahren fehlerhaft und arbeiteten nicht mehr richtig, mussten sie kurzerhand ersetzt werden. Doch das Autohaus gab an, dass hierfür der gesamte Motor ausgebaut werden müsse. Kostenvoranschlag: Über 5.000€! Der Kunde war so ratlos wie hilflos. Natürlich musste in Wahrheit nicht der ganze Motor aus dem Auto gebaut werden. Es gibt zwar tatsächlich solche Fälle, doch in diesem Fall reichte es, wenn man ein paar Teile abmontierte, die im Weg waren. Mit etwas Geschick und Fummelei ließen sich dann ohne Weiteres die Abgasrückführungsventile tauschen. Aber der Kunde vertraute dem Autohaus und willigte ein. Für den Ein- und Ausbau setzte die Werkstatt zunächst vier Tage fest. Nach zwei Tagen wurde der Kunde telefonisch kontaktiert. Es wären unerwartete Probleme aufgetreten. Es würde auf jeden Fall deutlich länger dauern und entsprechend teurer werden. Eine neue Schätzung des Preises lag bei knapp 7.000€. Dies wäre aber nur eine vorläufige grobe Schätzung und könne noch variieren. Ein Sprichwort sagt: "Wer sich einmal über den Tisch ziehen lässt, den zockt man direkt noch mal ab." Und genau so ging das Autohaus vor. Falls der Kunde vorbeikommen und sich persönlich von den Arbeiten an seinem Auto überzeugen wollte, hatte man bereits Vorsorge getroffen. Der Auszubildende im dritten Lehrjahr bekam den Auftrag den Motor tatsächlich auszubauen. Dies war eine super Übung für ihn und das Autohaus kostete die Arbeitszeit praktisch fast nichts. Der Motor wurde anschließend einfach ein paar Tage ausgebaut stehengelassen, um Zeit zu schinden. Letztendlich wurde diese dem Kunden natürlich als Arbeitszeit aufgerechnet. Nach anderthalb Wochen bekam der Kunde sein Auto endlich repariert zurück. Die Kosten beliefen sich auf irrsinnige 8.900€. Für das Geld hätte man den kompletten Wagen ganze dreimal gebraucht mit demselben Motor bekommen. Mit kleineren Motoren sogar bis zu zehnmal.

Kilometerstand fälschen. Die Krönung an Betrug im Automobilbusiness ist das "Drehen" am Kilometerzähler. Dies ist bei Weitem nicht so schwierig, wie die meisten Menschen glauben. Darüber hinaus soll es auch deutlich öfter der Fall sein, als die Allgemeinheit annimmt. Früher musste man nur den Tacho ausbauen. Heute benötigt man lediglich ein

Justiergerät mit OBD-II-Anschluss. Darüber wird dann elektronisch auf die Steuergeräte zugegriffen und nach Belieben kann fast alles verändert werden. Mit der richtigen Software geht heutzutage alles. Seit vielen Jahrzehnten sind die Beschwerden über derartige Betrugsfälle groß. Mit der Manipulation des Kilometerzählers kann der Wert eines Autos schnell verdoppelt oder vervielfacht werden. Die Automobilhersteller wurden über die Jahre nur langsam wach und haben bisher nur wenig dagegen unternommen. Eine Sache macht es den Betrügern mittlerweile allerdings deutlich schwerer: Der Kilometerstand wird bei modernen Autos elektronisch gleich in mehreren Steuergeräten gespeichert. Diese Speicherstände werden regelmäßig miteinander verglichen. Weicht einer ab, wird er überschrieben und den Anderen angepasst. Es müssen also alle Speicherstände zur selben Zeit geändert werden. Dies ist für die Betrüger nicht immer einfach zu händeln. Schützen kann man sich gegen den Betrug nicht. Es ist auch nach wie vor erlaubt Kilometerstände zurückzudrehen. Selbstverständlich nicht für Betrugsversuche. Aber es gibt auch Faktoren, die auf ein Fahrzeug entsprechend einwirken, dass sie den Kilometerstand fälschlicherweise beeinflussen. Zum Beispiel Räder in falschen Größen. Dann kann es vorkommen, dass der Kilometerstand schneller hochgezählt wird, als er sollte. Für solche Fälle gibt es extra Werkstätten, die den Kilometerstand korrekt justieren können. Daher muss solche Arbeit legal bleiben. Doch wie erkennt man manipulierte Kilometerstände? Am besten schaut man in die Vergangenheit des Fahrzeugs. Die wichtigsten Punkte, an denen man Angriffsfläche findet, sind:

1. **Service-Intervalle.** Ist das Auto beim Hersteller scheckheftgepflegt hat dieser bei sich jede einzelne Wartung und auch jede Reparatur im System hinterlegt, die beim Vertragshändler durchgeführt wurden. Dabei wird immer angegeben, wie hoch der Kilometerstand zu diesem Zeitpunkt war. Mit der Fahrgestellnummer kann man beim Hersteller die Historie des Fahrzeugs erfragen und einsehen. Anhand der letzten Einträge kann man nachvollziehen zu welchem Zeitpunkt das Auto welchen Kilometerstand hatte. Dies funktioniert aber nur bei scheckheftgepflegten Autos.
2. **TÜV-Dokumente.** In den Berichten der letzten Hauptuntersuchung ist auf der ersten Seite immer der Kilometerstand

dokumentiert. Zum Vergleich mit dem aktuellen Kilometerstand des Fahrzeugs lohnt es sich einfachheitshalber auch immer alte TÜV-Berichte anzusehen.

3. **Fahrgestellnummer.** Um die Vergangenheit eines Fahrzeugs zu prüfen, insbesondere, wenn es um das Feststellen von vertuschten Unfallschäden oder Tachomanipulationen geht, lohnt es sich die Fahrgestellnummer beziehungsweise Fahrzeugidentifikationsnummer zu überprüfen. Dies kann man gegen einen kleinen Obolus bei verschiedenen Anbietern in Internet vornehmen. Dabei werden unterschiedliche Datenbanken in vielen verschiedenen Ländern abgefragt. Darunter fallen unter anderem Fahrzeughersteller, Versicherungen, polizeiliche Behörden uvm. Der Marktführer für europäische Fahrzeuge ist CarVertical, der für amerikanische dagegen CarFax. Bei Importfahrzeugen, egal ob diese von europäischen oder US-amerikanischen Herstellern sind, ist es ein Muss den CarFax-Bericht auf Unfallschäden oder Diebstahlmeldungen zu überprüfen.

In Berichten heißt es, dass bei jedem dritten Fahrzeug am Gebrauchtwagenmarkt der Kilometerstand gefälscht ist. Auch der ADAC bestätigt diese Zahl. Das ist natürlich eine Menge und eigentlich kaum vorstellbar. Doch wie viele Fahrzeuge sind nun tatsächlich betroffen?

Realbeispiel. Bisher können mein Team und ich ein solches Extrema nicht bestätigen. Wir hatten zwar auch schon Autos bei denen der Verdacht stark auf Manipulation der Kilometerlaufleistung lag, aber bei Weitem war dies kein Drittel. Aber auch von einem Freund aus dem Automobilgewerbe hab ich allerlei mitbekommen. Er ist Automobilhändler und bestätigt tatsächlich die Ein-Drittel-Regel. Er selbst spricht sich zwar frei von solchen Betrugsmaschen, aber er sagt auch, dass man nicht glauben würde, wie viele Autos am Gebrauchtwagenmarkt tatsächlich manipuliert sind.

Karriere in der Autowelt

Wenn man in der Automobilwelt Karriere machen möchte, hat man deutlich mehr Möglichkeiten, als die Meisten zunächst vermuten. Die Automobilindustrie ist vor allem in Deutschland, den USA und in Japan vorherrschend. Das Auto ist aus heutiger Sicht nicht mehr wegzudenken. Und daher gibt es eine Menge wirtschaftlicher Sparten, die sich mit diesem Thema befassen.

KFZ-Mechatroniker/in. Das Einfachste und Klassischste sind natürlich die Ausbildungsberufe. Allerdings sind diese auch am anstrengendsten und sie werden auch am schlechtesten bezahlt. Der Ausbildungsberuf des Kraftfahrzeugmechatronikers ist vom Lernniveau einer der anspruchsvollsten überhaupt geworden. Dies liegt nicht nur daran, dass man vor einiger Zeit den Elektroniker und den Mechaniker zusammengeführt hat. Die Welt der modernen Automobile ist extrem schnelllebig. Nahezu nichts entwickelt sich so schnell weiter. Dies kommt vor allem durch den Wettbewerb der Automobilhersteller untereinander. KFZ-Mechatroniker müssen sich dem anpassen und stetig weiterbilden. Auch der Ausbildungsberuf wird dadurch immer intensiver. Empfehlenswert ist dieser Beruf vor allem dann, wenn einem das Schrauben liegt. Natürlich sollte auch die Autoleidenschaft als Voraussetzung gegeben sein. Je mehr Leidenschaft man in den Beruf einbringt, desto leichter fällt es einem letztendlich. Vor allem die großen Automobilhersteller sind hierbei empfehlenswert. Oftmals hat man allerdings nicht die Möglichkeit bei einem der großen Automobilhersteller lernen zu können. Die meisten KFZ-Mechatroniker werden eher in örtlichen Autohäusern und freien Werkstätten ausgebildet. In diesem Fall sollte man sich allerdings darüber bewusst sein, dass das KFZ-Handwerk leider noch sehr oldschool ist. Der Umgangston ist in vielen Werkstätten sehr grob. Und oftmals ist körperliche Schwerstarbeit angesagt. Wenn ein Auto noch halbwegs neu und frisch ist, dann ist das Schrauben meist recht einfach. Wenn sie aber stattdessen bereits in die Jahre gekommen sind, fangen viele Stellen gerne an zu gammeln. Wenn man das Ziel hat im Alter noch halbwegs fit zu sein, sollte man sich die Berufswahl gut überlegen. Dazu kommt noch viel Verantwortung den Kunden gegenüber, da deren Fahrsicherheit gewährleistet sein muss. In vielen Werkstätten und kleineren Autohäusern sind die beruflichen Situationen außerdem absolut unangemessen. Was sich hinter den Kulissen abspielt, ist oftmals, auf gut Deutsch gesagt, unter aller Sau. Gerade in kleinen Familienbetrieben auf dem Land sind die Gepflogenheiten des Hauses oftmals katastrophal. Die Angestellten werden manchmal wie hauseigene Sklaven behandelt. Auch sind viele Eigentümer von Autohäusern und Werkstätten absolut uneinsichtig und konservativ. Neue Techniken und verbesserte Vorgehensweisen werden von vielen abgelehnt. Getreu dem Motto "Das war schon immer so!" führen sie ihr Unternehmen. Es gibt tatsächlich auch immer noch Menschen die sich gegen das Internet wehren. Zudem wird Arbeitssicherheit leider in vielen Betrieben nicht gerade groß geschrieben.

Realbeispiel. Leider war auch mein ehemaliger Chef aus dem Autohaus sehr oldschool eingestellt. Aufgrund seiner konservativen Einstellung verlor er sogar die Gebietsrechte für die Automarke, die er vertrieb. Die Automarke verlangte von ihm, dass er mit der Zeit geht. Er sollte bestimmte Marketingauflagen umsetzen. Doch er weigerte sich. Um weiterhin die Rechte genießen zu können und Neuwagen vertreiben zu dürfen, schloss er sich mit dem Autohaus zusammen, welches die neuen Vertriebsrechte erhielt. Die beiden Unternehmen fusionierten. Aber das andere Autohaus hatte eine Voraussetzung. Es willigte nur ein, wenn der Inhaber Chef bliebe und auch Chef über den Neuzuwachs werden würde. Es dauerte nicht lange, da realisierte mein Exchef, dass er nun in seinem eigenen Unternehmen gar kein Chef mehr war. Erst da bemerkte er, dass er nun noch weniger zu sagen hatte als vorher. Er war nichts mehr weiter als ein Filialleiter. Es dauerte genau elf Monate, bis sich die Unternehmen wieder trennten und alle Verträge aufgelöst wurden. Fortan schrieb das Autohaus meines Chefs fast jedes Quartal nur noch rote Zahlen. Geld kam nur noch über ein paar wenige Gebrauchtwagen-verkäufe und Reparaturaufträge von Stammkundschaft herein. Hier und da gewann er noch ein paar neue Kunden, die der Ansicht waren, sie müssten ihr Auto unbedingt von einem Vertragshändler betreuen las-sen. Aber das machte die Kuh auch nicht mehr fett. Ich riet ihm damals mit der Zeit zu gehen und seine Gebrauchtfahrzeuge wenigstens auch im Internet auf mobile und autoscout24 anzubieten. Er hätte seine Reichweite damit millionenfach erhöhen können. Doch er hielt davon nichts. In seinen Augen war das neumodischer Schwachsinn. Und auf einen Azubi wollte er schon gar nicht hören. Schließlich ist ein Azubi nur ein Azubi. Der kann ja keine Ahnung haben. Er hingegen war KFZ-Meis-ter und seit über 30 Jahren in diesem Gewerbe tätig. Nicht nur seine alt-modische Einstellung, sondern auch sein Stolz und seine Arroganz stan-den ihm im Weg. In diesem Jahr beendete ich meine Ausbildung in die-sem Unternehmen. Zwei Jahre später war es restlos pleite und der Chef gab seine Firma auf und verkaufte das Grundstück zudem viel zu günstig.

Realbeispiel. Als ich im ersten Lehrjahr war, bemerkte ich, was es bedeutet konservative Chefs zu haben. Die Inhaber des Vertragsmarken-autohauses mit der Werkstatt waren ein altes Ehepaar vom Dorf. Die Geschäftsführung lag bei ihm, während sie sich um Verwaltungsaufwand und Papierkram kümmerte. Eines Morgens ließen sie mich in das Büro des Chefs rufen. Er saß wie so oft stirnrunzelnd und eine Zigarette rau-chend hinter seinem Schreibtisch, während sie links davon an der Wand stand. Sie zogen mich zur Rechenschaft, da ihnen etwas über mich zu Ohren gekommen war. Ihnen sei zugetragen worden, dass ich am Wahl-sonntag zuvor nicht die CDU gewählt hätte. Sie wollten sich persönlich bei mir erkundigen, ob das stimmte. Ich verstand nicht ganz worauf das Ganze hinauslaufen sollte. Ich bejahte zunächst ihre Unterstellung. Ich hatte definitiv nicht die CDU gewählt, da ich als junger Mensch progressivere Politik befürwortete. Sie waren außer sich vor Aufregung. Sie tobten schon fast, erklärten mich für verrückt und fragten immer wieder lautstark, wie man denn etwas anderes als die CDU wählen könne. Für den Moment war das erst mal alles und sie schickten mich weg. Ich ging wieder an die Arbeit. Vor der Mittagspause suchte mich die Chefin dann in der Werkstatt auf. Sie fragte mich, ob ich den Spruch "Wessen Brot ich esse, dessen Lied ich singe." kennen würde. Ich verneinte. Sie trug mir auf, dass ich mir in der Mittagspause Gedanken darüber machen sollte. Circa die Hälfte meiner dreiviertelstündigen Mittagspause tat ich das auch. Da meine Arbeitszeit allerdings von 7 Uhr morgens bis 17 Uhr nachmittags ging, war ich jeden Tag 10 Stunden im Unternehmen. Als Auszubildender bekam ich diese Überstunden natürlich nicht ausgezahlt oder angerechnet. Daher war mir die Mittagspause heilig. Ich googelte kurzerhand, was das Sprichwort bedeutete. Es sagte im Prinzip aus, dass das Unternehmen, bei dem man arbeitet, für den Lebensunterhalt der Mitarbeiter sorgt. Daher soll man hundertprozentig loyal zu seinem Unternehmen stehen und dieses unterstützen, wo man nur kann. Nach der Pause kam sie erneut zu mir und fragte, ob ich nun schlauer wäre. Ich erklärte ihr, was das Sprichwort offenbar bedeutete und hoffte, dass es das war, was sie hören wollte. Sie erklärte mir anschließend, was das für meine persönliche Situation in Zukunft heißen würde. Ich müsse nun meine Loyalität dem Unternehmen gegenüber unter Beweis stellen. Dies galt auch den Chefs und der Automarke gegenüber. Ich sollte fortan bei allen Wahlen die CDU wählen. Egal auf welcher Ebene die Wahlen stattfanden. Außerdem müsse ich in Zukunft meine Autos alle über dieses Autohaus beziehen. Es dürfe dabei auch nur noch eine Marke für mich infrage kommen. In den nächsten Wochen bekam ich noch allerlei weitere Auflagen, die nicht wirklich etwas mit meinem Beruf zu tun hatten, sondern eher mit meinem Privatleben. Man verlangte sogar von mir, dass ich als Auszubildender einen Kredit aufnehme, damit ich über das Autohaus einen Gebrauchtwagen kaufen könnte. Bis nicht alle Maßnahmen von mir umgesetzt würden, wollte man mir die Mittagspause streichen und zu weiteren erzieherischen Maßnahmen greifen. Abschließend bleibt nur zu sagen, dass ich mir letztendlich nichts davon gefallen lassen habe.

Realbeispiel. Von ehemaligen Azubi-Kollegen aus meiner damaligen Berufsschulklasse erfuhr ich, dass es in ihren Unternehmen Gang und Gäbe war, dass die Auszubildenden im ersten Lehrjahr die Toiletten putzen müssten. Man mache dies, um ihnen klarzumachen, welche Position sie in ihrem Unternehmen hätten. Diese unternehmensinterne Maßnahme traf alle neuen Auszubildenden, die dort die Lehre anfingen. Für das komplette erste Lehrjahr. Das Unternehmen war ein größerer Vertragshändler einer deutschen Premiummarke. Leider sind solche Dinge in altmodischen Handwerksbetrieben auch heutzutage keine Seltenheit.

Realbeispiel. In einer Werkstatt, in der ich nach meiner Ausbildung kurzzeitig aushalf, wurde mehrmals die Woche regelmäßig Müll auf dem Hinterhof verbrannt. Alles, was das Feuer verschlingen konnte, wurde mit auf den Haufen geschmissen. Das Ganze passierte schlichtweg, um sich die Entsorgungskosten zu sparen und ist leider keine Seltenheit. Dafür ist es aber eine Umweltsünde sondergleichen.

Realbeispiel. Ein anderer Auszubildender aus meiner Berufsschulklasse sollte sogar nach der Arbeitszeit und auch öfters am Wochenende bei seinem Chef Zuhause unter anderem den Rasen mähen oder am Wochenende das Haus anstreichen. Wenn man solche Dinge hört, fragt man sich wirklich in welcher Zeit wir leben.

Realbeispiel. Mein persönlicher Favorit unter all diesen Storys ist allerdings die folgende Geschichte: Unter all den Autohäusern, welche die Auszubildenden für die Berufsschulklassen stellten, war ein besonders konservatives dabei. Der Inhaber war extrem religiös. Im Wartebereich seines Autohauses hatte er für die Kunden einen christlichen Altar aufstellen lassen an dem gebetet werden konnte. Es waren dort allerdings ausschließlich Christen erlaubt. Vorzugsweise Katholiken. Angehörige anderer Religionen waren nicht willkommen.

Fazit. Das KFZ-Reparaturgewerbe kann sehr hart sein. Die Bezahlung ist schlecht und die Anstrengung hoch. Liebt man es jedoch zu schrauben und hegt größte Leidenschaft für die Zusammenhänge moderner Automobiltechnik, ist dies der richtige Beruf. Man sollte sich diese Entscheidung allerdings gut überlegen. Das Gleiche gilt auch für die Wahl des

Arbeitgebers. Nach der Ausbildung kann man sich zum Techniker oder zum Meister weiterbilden.

Automobilkaufmann/frau. Ist einem die Schrauberei im beruflichen Sinne zu anstrengend gibt es einen weiteren Klassiker als ruhigere Alternative. Der Beruf des Automobilkaufmannes ist ebenfalls als Ausbildung erlernbar. Dabei ist er allerdings in der Gesellschaft deutlich höher angesehen als der KFZ-Mechatroniker. Dies liegt daran, dass ein Automobilkaufmann sich nicht die Hände schmutzig macht und darüber hinaus mit hohen Geldsummen zu tun hat. Außerdem kleiden sich Automobilkaufleute deutlich edler. Dieser kleine aber simple Punkt lässt viele Menschen nicht unbeeindruckt. Außerdem haben wir in der deutschen Gesellschaft das grundlegende Problem, dass "Weißkragen" ein viel höheres Ansehen genießen als "Blaukragen". Unter anderem wird deshalb der Fachkräftemangel im Handwerk immer schlimmer. Automobilkaufleute kümmern sich eigentlich um die Abwicklung von Kaufverträgen und Finanzierungen. Auch der Einkauf von Fahrzeugen spielt eine große Rolle. Zudem übernehmen sie allerlei Dienstleistungen, die Autohäuser in der Regel anbieten. Dazu gehört zum Beispiel das Zulassen oder Abmelden von Kundenfahrzeugen. In der Ausbildung gehört es hingegen auch dazu, dass man Autos waschen, aussaugen oder entstauben muss. Manchmal ist dies auch tagelang am Stück fast durchgehend der Fall. Da die Ausbildung zum Automobilkaufmann als sehr hochwertig angesehen wird, erfährt dieser Berufszweig viel Prestige. Leider steigt dadurch vor allem vielen jungen Automobilkaufleuten der Beruf auch gern schnell mal zu Kopf. Dies gilt auch für viele Auszubildende. Sie stellen sich aufgrund ihres Berufes gerne dar, als wären sie ein Mensch erster Klasse und besser als Andere. Hochnäsigkeit und Arroganz sind die Folgen.

Fazit. Auch Automobilkaufleute sind keine Schwerverdiener. Aber sie haben ein deutlich angenehmeres Leben als beispielsweise KFZ-Mechatroniker. Man sollte sich nicht aufgrund von Prestige für diesen Beruf entscheiden. Nach der Ausbildung zum Automobilkaufmann kann man sich zum Betriebswirt weiterbilden.

Automobilindustrie. Den Arbeitnehmern geht es fast nirgendwo so gut wie bei den großen Automobilkonzernen. Regelmäßig werden diese auch sogar zu den besten Arbeitgebern Deutschlands gewählt. Sie kümmern sich am besten um ihre Angestellten und zahlen auch gleichzeitig am meisten Geld. Darüber hinaus haben diese Konzerne sogar ihre eigenen Berufskrankenkassen. Arbeitssicherheit wird bei ihnen definitiv groß geschrieben, da sie deutlich stärker von den Berufsgenossenschaften und Gewerkschaften überwacht werden als kleine Familienbetriebe. Darüber hinaus sind sie alle tarifgebunden. Das bedeutet Sicherheit und feste sowie horrende Konditionen für die Arbeitnehmer. Außerdem sind diese Konzerne so groß, dass man keinen Beruf aus dem Automobilgewerbe gelernt haben muss. Man kann dort auch als Industriekaufmann, Industriemechaniker, Elektroniker, Verfahrensmechaniker, Informatiker usw. arbeiten. Dies ist nur ein Bruchteil der Berufszweige, mit denen man in die Automobilindustrie einsteigen kann. Sofern jemand kein Interesse an Selbstständigkeit hat und sich damit zufrieden gibt Arbeitnehmer zu sein, ist er hier definitiv am besten aufgehoben. Man sollte sich allerdings darüber bewusst sein, dass man, egal ob als Quereinsteiger oder als gelernte Fachkraft, oftmals zunächst nur über Leihfirmen in die großen Automobilunternehmen reinkommt. Das gilt genau so für die großen Automobilzulieferer.

Studiengänge. Für diejenigen, die Abitur haben (oder noch machen wollen) und höhere Bildungsabschlüsse anstreben, gibt es vor allem im Land des Automobils allerlei Studiengänge, die einen zum Thema Autos qualifizieren. Viele dieser Studiengänge sind weltweit einzigartig. Die Wichtigsten und Intensivsten findet ihr nachfolgend mit Studienort, Hochschule, Studiengang und spezifischer Fachrichtung aufgelistet.

Studiengänge

Hochschule	Studiengang
Hochschule Coburg	Wirtschaftsingenieurwesen: Automobiltechnologie, Mechatronik: Automobiltechnologie

Hochschule München	Automobilwirtschaft
Ruhr-Universität Bochum	Maschinenbau: Kraftfahrzeugantriebstechnik
Technische Universität München	Maschinenbau: Fahrzeug- und Motorentechnik
Universität Stuttgart	Fahrzeug- und Motorentechnik: Verbrennungsmotoren, Fahrzeugmechatronik oder Kraftfahrwesen
Europacampus Frankfurt am Main, Mannheim und Karlsruhe	Internationales Automobilbusiness
Fachhochschule Bingen	Maschinenbau: KFZ-Technik
Fachhochschule Gelsenkirchen	Wirtschaftsingenieurwesen: Automobilwirtschaft
Fachhochschule Köln	Kraftfahrzeugtechnik
Fachhochschule Nürtingen	Betriebswirtschaftslehre: Automobilmarketing- und Handel
Fachhochschule Osnabrück	Fahrzeugtechnik: Antriebe, Fahrwerke oder Karosseriebau
Fachhochschule Pforzheim	Transportation Design
Fachhochschule Braunschweig/Wolfenbüttel	Betriebswirtschaftslehre: Automobilwirtschaft, Fahrzeuginformatik, Fahrzeugtechnik: Fahrzeugbau und -service
Fachhochschule Zwickau	KFZ-Elektronik, KFZ-Technik: KFZ-Service oder Karosseriebau
Berufsakademie Glauchau	Automobilmanagement

Dies sind nur einige Studiengänge. Es gibt deutschlandweit noch eine Vielzahl an weiteren Studiengängen, die das Automobil als Schwerpunkt haben. Einige davon drehen sich um Logistik, Mechatronik und das Verkehrswesen. Eine solche Fülle und Dichte an automobilbezogenen Studiengängen ist weltweit einzigartig.

Selbstständigkeit. Für alle, die nicht für immer im Hamsterrad strampeln wollen oder schon immer mehr wollten als nur Arbeitnehmer zu sein, empfiehlt sich die Selbstständigkeit. Das Wichtigste hierbei ist niemals aufzugeben. Auch wenn es mal nicht so läuft, wie geplant. Das ist ganz normal. Man darf sich auf keinen Fall unterkriegen lassen und einknicken. Selbstständigkeit in der Automobilbranche lässt sich vor allem in sechs Bereichen ausüben:

1. **Freie KFZ-Händler.** Sie sind an keine Marke und keine Marketingauflagen gebunden. Sie können alle Entscheidungen selbst treffen. Dafür müssen sie sich aber auch um alles selbst kümmern. Ihr gesamter Erfolg steht und fällt mit ihrem Einsatz und ihrem Knowhow. Auch die Marktpositionierung spielt eine Rolle. Vom Fähnchenhändler bis zum edlen Luxusautohaus ist alles möglich.

2. **Vertragshändler.** Sie sind markengebunden und müssen daher auf Gebietsrechte achten, die von der Dachgesellschaft verteilt und bestimmt werden. An Auflagen, die der Konzern vorgibt, müssen sie sich halten und diese Erfüllen. Solche Auflagen haben schon diverse Vertragshändler finanziell in die Knie gezwungen. Im Gegenzug können die Händler aber auch Stützen und Knowhow bereitgestellt bekommen.

3. **Automobilmakler.** Sie vermitteln Autos, führen Verbraucher an den Gebrauchtwagenmarkt heran und bieten dabei diverse weitere Dienstleistungen an. Sie sind an nichts gebunden und müssen für ihren Erfolg selbst sorgen.

4. **Reparaturwerkstätten.** Dieses Business läuft praktisch von alleine. Werkstätten werden immer gebraucht. Die Zahl der

Autos in Deutschland nimmt stetig zu. Zumindest ist dies die deutliche Entwicklung der letzten Jahre. Die Anzahl der Werkstätten steigt dagegen nicht. Viele Werkstätten sind heutzutage schon wochenlang im Voraus ausgebucht. Will man allerdings selbst eine Reparaturwerkstatt eröffnen, muss man entweder selbst KFZ-Meister sein oder mindestens auf Teilzeit einen solchen einstellen. Dies sind Vorgaben vom Gesetzgeber.

5. **Tuningwerkstätten.** Das Tuninggewerbe boomt seit Jahren. Vor allem das Internet unterstreicht dies. Wenn man mit Tuning Geld verdienen möchte, denken viele zunächst auch an ein Geschäft, welches Tuningartikel vertreibt. Allerdings ist ein örtlicher Laden in Zeiten des Internets nicht mehr zeitgemäß und dementsprechend nicht mehr groß erfolgsversprechend. In diesem Fall eignet sich eher eine Tuningwerkstatt. Auch hierbei ist die Anwesenheit eines KFZ-Meisters erforderlich.

6. **Dropshipper.** Beim Dropshipping ist man der Eigentümer eines Online-Shops. Dabei fungiert man lediglich als Vermittler. Produktion, Lagerung und Versand übernimmt der Hersteller. Man selbst muss sich lediglich um Marketing und Vertrieb kümmern. Dropshipping kann man zum Beispiel mit Tuningteilen oder mit Aftermarket-Produkten betreiben. Hierbei ist es vor allem lohnenswert eine Marke aufzubauen. Das Attraktivste ist aber, dass nach getaner Arbeit das Einkommen passiv ist. Lediglich den Kundenkontakt und den Shop muss man pflegen. Der Dropshipping-Markt ist allerdings inzwischen stark gesättigt.

Rennsport. Nur die Allerwenigsten schaffen es in ein Rennsportteam oder die Rennsportabteilung einer Automarke. Voraussetzung hierfür ist in der Regel mindestens ein Ingenieurstudiengang. Anschließend muss man allerdings noch besondere Qualitäten und Eignungen zeigen, damit man es in ein Rennsportteam oder eine Rennsportabteilung schafft. Nur die Besten der Besten werden hierfür eingesetzt. Schafft man es allerdings so weit, hat man den schönsten und aufregendsten Berufsalltag, den man sich als Autofan überhaupt nur vorstellen kann. Ob als Rennfahrer, Ingenieur, Entwickler, Designer oder Kundenbetreuer bei Trackdays. Der komplette Berufsalltag ist von Leidenschaft geprägt. Hierbei ist Teamfähigkeit noch viel wichtiger als bei gewöhnlichen Berufen.

Der Weg zum Traumauto

Geld für Tuning ausgeben oder ein besseres Auto kaufen? Das kommt im Endeffekt ganz darauf an, wie man gestrickt ist. Oft habe ich erlebt, wie Freunde, Bekannte, Klienten und Autoverrückte ihr ganzes Geld entweder in alte Fahrzeuge oder aber in modernere, aber dafür völlig unbedeutende oder untermotorisierte Fahrzeuge gesteckt haben. Manchmal waren sogar auch Letztere bereits ziemlich heruntergekommen. Trotzdem bekamen sie dann teure Fahrwerke und Tuningabgasanlagen. Dahinter stand aber immer der Drang etwas Besseres fahren zu wollen und die Autos halbwegs aufzubessern. Leider gelang ihnen das damit auch nicht immer. Meistens betraf dies nur die Optik und die Akustik, denn hier gilt: Wer wirklich spürbare Leistungssteigerungen haben will, muss für Tuning in der Regel sehr viel Geld ausgeben.

Traumautos. Die meisten Menschen haben den Traum von einem oder auch mehreren ganz bestimmten, meist hoch motorisierten Autos. Diesen Menschen sei geraten so wenig wie möglich in ihre alten Autos zu investieren. Stattdessen lohnt es sich viel mehr sich Mühe zu geben, schneller an ein besseres Fahrzeug heranzukommen und dies immer zu wiederholen. So kann man Stück für Stück von Auto zu Auto weiter aufsteigen. Auf diese Art und Weise aufzustocken funktioniert einwandfrei, wenn man sich Prioritäten und Ziele setzt. Man kann so viel mehr erreichen, als wenn man sein Geld in sein altes Auto steckt.

Realbeispiel. Auch ich habe diese Vorgehensweise angewandt. Sogar mein ganzes Leben über. Auch in Lebensabschnitten, in denen ich nicht viel Geld zur Verfügung hatte, hat diese Methode funktioniert. Die Autos wurden nach und nach immer seltener, schneller und sportlicher. Bereits in meiner ersten Ausbildung zum KFZ-Mechatroniker fuhr ich ein hubraumstarkes Premiumfahrzeug, anschließend einen Power-Kombi und zu guter Letzt einen für damals recht modernen und hoch motorisierten Kompaktsportler. In meiner zweiten Ausbildung folgten dann ein modernes turboaufgeladenes Sportcoupé, ein amerikanisches Muscle-Car mit riesigem Achtzylindermotor und zuletzt ein aufgemotzter Kompaktsportler von aggressivster und auffälligster Sorte. Die Leser der Deluxe-Variante dürfen sich freuen: Im nachfolgendem Bonuskapitel "Meine Autos" werde ich etwas detaillierter und offenherziger bezüglich der Autos, die ich mal besaß und die ich auch noch besitze. Dieses Kapitel bleibt jedoch Lesern der Auto-Bibel Deluxe vorbehalten.

Kredite. Kredite sind heutzutage so sexy wie eh und je. Früher waren sie in der Gesellschaft verpönt. Kredite sind schließlich Schulden und Schulden waren etwas Schlechtes. Heute ist das anders. Die Hemmschwellen sind niedriger und die Luxusbedürfnisse größer. Es ist eigentlich kaum vorstellbar, aber 90% unserer Klienten wollen ihr Fahrzeug über einen Kreditgeber finanziert haben. Die Meisten unter ihnen haben auch keine andere Wahl. Nur die Wenigsten haben das Geld in der Hinterhand und finanzieren das Fahrzeug dennoch, um sich die Zahlung angenehmer zu gestalten. Kredite werden heutzutage von Verbrauchern als eine großartige Möglichkeit angesehen, sich ein Auto zu leisten, für das man das Geld nicht hat. Natürlich kann man auch auf diese Art und Weise seinen Weg zum Traumauto gehen. Allerdings hat sich in den letzten Jahrzehnten im Finanzierungsbusiness eine Menge verändert und auch die Spanne der Möglichkeiten ist viel größer geworden. Auch hierüber habe ich inzwischen ein Buch veröffentlicht. Darin wird man umfangreich geschult worauf es zu achten gilt, wie man viel Geld spart und wie man am Ende des Tages am effizientesten aus der Sache herausgeht. Allen, die Interesse haben, empfehle ich das allerdings das Buch "Der Weg zum Traumauto", da unter anderem das zuvor erwähnte Werk über KFZ-Finanzierungen dort vollständig enthalten ist. Wie man Stück für Stück zu seinem Traumauto gelangt, wie man sich Ziele setzt, den Weg des Frugalismus einschlägt und wie man mit Autos Gewinn macht, wird dort genaustens beschrieben. Außerdem wird man umfangreich und vor allem zeitgemäß über Kredite, Leasing und Versicherungen geschult.

Tuning. Wenn man jedoch lieber Tuning betreiben möchte, dann sollte man zumindest Wert auf Effizienz legen. Das Tuning muss also wirkungsvoll sein und das möglichst für wenig Geld. Statt teuren Klappenabgasanlagen für viele tausende von Euros, sind in den meisten Fällen beispielsweise Schalldämpferersatzrohre für weniger als 200€ sinnvoller. Wobei man hierbei natürlich die Grenzen der Legalität beachten muss. Doch im Vergleich zur Serienabgasanlage kann man so bei vielen Motoren einen mörderischen Sound bewirken. Oftmals sind legale Sportabgasanlagen ohnehin eine große Enttäuschung. Dabei ergibt sich für den Kunden leider oft ein geradezu bitteres Preisleistungsverhältnis. Wenn man Tuning an seinem Schätzchen betreiben will, dann nur als Herzensangelegenheit. Das heißt, man muss sein Auto wirklich lieben und der Wunsch zu einem besseren Auto aufsteigen zu wollen, sollte nicht überwiegen.

Strategie. Wenn es um das Aufhübschen von Autos geht, wird vor allem auch gern zu äußerst teuren Fahrwerken gegriffen. Vor allem, wenn es dann Gewinde- oder Luftfahrwerke sein sollen, wird oft etwas tiefer in die Tasche gegriffen. Unzählige Male habe ich der Szene beobachtet wie Autofreaks sich überteuerte Gewinde- oder gar Luftfahrwerke einbauten, welche im Endeffekt aber ausschließlich der Tieferlegung dienten. Manchmal überstieg der Neuwert des Fahrwerkes sogar den Wert des Autos, in das es eingebaut wurde. Dass das wirtschaftlich nicht sinnvoll ist, ist eine simple Rechnung. Oftmals handelt es sich bei solchen Verschönerungsmaßnahmen um sündhaft teure Aktionen. Allerdings hat man bei diesem Klientel manchmal auch Liebhaber, die zu Show-Zwecken tunen. Solche Menschen lieben es ihr Geld und ihr Herzblut in ihre Schätzchen zu investieren und diese bis ins kleinste Detail mit edlen Tuningteilen zu versehen. Hier handelt es sich natürlich nicht um den typischen Proll aus der Nachbarschaft mit einem Golf IV, der 75 PS und 300.000 Kilometer auf der Uhr hat. Doch genau diese Menschen sind es meistens, die krampfhaft versuchen ihr altes Auto aufzuwerten. Schlussendlich haben sie kein Geld mehr und bleiben auf ihrem alten Fahrzeug sitzen, wünschen sich aber eigentlich ein Besseres. Das soll kein Schlechtreden sein, sondern ist eine ganz nüchterne Erfahrung. Selbstverständlich gibt es auch immer wieder Menschen, die sagen, dass sie so etwas nicht bräuchten und ihr Fahrzeug lediglich einen Nutzwert für sie habe. Aber wenn man sie vor die Wahl stellt, sich zwischen einem kostenlosen, nagelneuen BMW M4 und einem kostenlosen, fünfzehn Jahre alten Renault Twingo zu entscheiden... Hand aufs Herz. Wer würde nicht den M4 nehmen? "Schöne Sachen sind schön.", wie ein Sprichwort sagt. Und wenn es unbedingt ein Kombi sein soll, um den Nutzwert hochzuhalten, wer würde nicht lieber seinen Dacia Logan gegen einen Audi RS6 Avant oder ein Mercedes-Benz C63 AMG T-Modell tauschen? Statt dem Aufwerten von alten Autos liegt die Empfehlung eher darauf, sich von Auto zu Auto weiterzuentwickeln. Geld sollte möglichst in den Anschaffungspreis eines neuen Fahrzeugs investiert werden und nicht in Reparaturen oder Tuning des Altfahrzeugs.

Wenn man diese Taktik mit diszipliniertem Sparen kombiniert, ist der Erfolg garantiert. So kann man Stück für Stück immer weiter zu immer schnelleren und schöneren Autos aufsteigen. Das Bedürfnis dafür wird sowieso immer wieder aufkommen. Leider gewöhnt man sich viel zu schnell an den hohen Luxus, den man bereits genießt und besitzt. Außerdem schadet es auch nicht, sich immer wieder neue Ziele zu setzen und nach diesen zu streben. Für erfolgreiche und finanziell wohlhabende Menschen sind dies die wichtigsten und elementarsten Grundsätze für ihr Leben und ihr Mindset. Wichtig ist es auch immer so effizient wie möglich zu handeln. Die Menschen geben heutzutage so irrsinnig viel Geld aus, um sich damit so unglaublich wenig Arbeit und Informationen zu sparen.

Umfeld. Ich bin beruflich unter anderem damit beschäftigt, anderen Menschen mein Wissen zu vermitteln. Daraus sind auch letztendlich meine Bücher entstanden. Dabei geht es um Autos, den Gebrauchtwagenmarkt, Finanzierungen, KFZ-Versicherungen und alles was sonst noch dazugehört. Dieses Wissen möchte ich unseren Kunden näher bringen und vermitteln. Denn gerade für Privatpersonen hat sich die letzten Jahrzehnte unglaublich viel verändert. Man könnte auch sagen, der Hauptinhalt meiner Arbeit ist es Menschen und ihre Traumautos zusammenzubringen. Oder manchmal auch das Maximum an Traumauto zu finden, welches für das derzeitige Budget des Kunden zu bekommen ist. Dabei fällt mir vor allem immer wieder auf, wie viele Menschen glauben, sie müssten ein schlechtes und absolut untermotorisiertes Auto fahren. Sie sind immer der Ansicht, sie könnten sich nichts Anderes leisten. Oftmals bekommen sie auch aus ihrem Familien- und Freundeskreis viel Negatives suggeriert. Man spürt förmlich die Missgunst, welche diese Menschen erleben müssen. Das Umfeld möchte nicht, dass sie sich weiterentwickeln und verbessern. Denn das nagt bei primitiven Menschen sehr am eigenen Selbstwertgefühl. Anstatt das eigene Leben in die Hand zu nehmen, Initiative zu ergreifen und Verbesserungsschritte einzuleiten, reden sie dann lieber Andere schlecht. Das ist einfacher. Dass ein Großvater, der schon zu Kriegszeiten gelebt hat, einem Kredit seines Enkels eher ängstlich und ablehnend entgegentritt, ist noch verständlich. Wenn einem aber die besten Freunde oder gar die eigene Familie einreden wollen, dass es böse ist, seinen Erfolg zu zeigen oder seinen Traum zu leben, dann läuft etwas ganz klar falsch! Lasst euch niemals davon abbringen euren Träumen nachzujagen und diese zu leben. Egal wie ihr es letztendlich anstellt. Und wenn eurer Traum ein Auto ist, welches ihr euch nicht leisten könnt, dann setzt es euch als Ziel. Nehmt euch die Zeit und arbeitet darauf hin. Aber lasst euch niemals unterkriegen oder zum Aufgeben überreden! Menschen, die einem schlechte Dinge einreden wollen und einem von seinen Zielen abbringen wollen, sind mit sich selbst nicht im Reinen und schlichtweg unzufrieden. Leider wird in den westlichen Gesellschaften das Selbstwertgefühl fast ausschließlich an materiellen Dingen ausgemacht. Und Autos sind dabei das Prestigeobjekt Nummer eins. Bekommt ihr ein neues und besseres Auto wird euer Umfeld das registrieren. Man steigt dann gewissermaßen in den Augen der Anderen ein Stück auf. Und dann werden die Menschen anfangen zu urteilen. Vor allem über das Prestigeobjekt selbst, also das Auto. Dabei wird es einige geben, die dann angebliche Mängel finden wollen oder euch erzählen, dass andere Marken angeblich viel besser sind. Es wird auch wenige geben, die sich für euch freuen und euch beglückwünschen. Diese Menschen sind mit sich selbst im Reinen. Haltet sie gut fest!

Neuwagen. Kauft euch bitte niemals einen Neuwagen, sofern ihr diesen nicht über ein Unternehmen steuerlich absetzen könnt. Zu oft haben wir mit ansehen müssen, wie sich Privatpersonen haushoch verschulden, weil sie glauben, dass Neuwagen am besten sind. In diesem Fall leisten sie sich dann einen Škoda oder einen Renault für 30.000€ auf Kredit. Mehr ist meistens nicht drin. Ein BMW oder ein Audi sind vom Neuwagenpreis für die Meisten unerreichbar. Škoda ist zwar mittlerweile vom Volkswagen-Konzern zu einer anständigen Marke aufgebaut worden. Jedoch bleibt ein Škoda immer nur ein Škoda. Und das reißt leider niemanden vom Hocker. Schon gar nicht mit 30.000€ Schulden im Gepäck. Und für diese Summe sind wahnsinnig sportliche und wunderschöne Autos zu bekommen. Sogar solche, die wertstabil sind. Ein Neuwagen ist hingegen das Gegenteil von Wertstabilität. Er ist wirtschaftlich betrachtet das Schlimmste was man seinen Finanzen antun kann. Der Wertverlust ist in den allermeisten Fällen in den ersten Jahren gigantisch. Vor allem, wenn das Fahrzeug eine hohe Ausstattungslinie besitzt, welche einem am Ende bei Wiederverkauf niemand mehr bezahlt.

Alte Gebrauchte. Aber es geht auch anders. Selbst wenn man nur ein altes, fast wertloses Auto besitzt oder nur ein paar Hundert Euro Startkapital hat, bietet einem das grundsätzlich schon die Chance auf ein halbwegs stilvolles Gefährt mit ausreichend Leistung. Niemand muss einen Renault Clio, einen Fiat Punto oder einen Dacia Duster fahren. Für das gleiche Geld gibt es beispielsweise alte Audis, BMWs und Mercedes-Benz, die trotz ihres Alters robuster und vor allem deutlich stilvoller sind. Darüber hinaus haben sie meistens auch eine deutlich angenehmere und charakteristischere Motorisierung. Dabei spielt es auch keine Rolle, wie viel Nutzwert das Fahrzeug haben muss. Denn unter solchen Marken und Modellen gibt es beispielsweise auch genügend Kombi-Varianten. Man bekommt diese Autos schon für unter 1.000€. Und dies mit mindestens sechs Töpfen unter der Haube. Natürlich ist nicht jedes dieser Fahrzeuge in astreinem Zustand. Man darf für so wenig Geld auch nicht zu viel erwarten. Daher muss man genau hinschauen. Aber das spielt tatsächlich auch kaum eine Rolle. Denn in diesem Fall geht es um eine Verbesserung bei gleichem Geld beziehungsweise Wert. Diese Autos sind dabei nicht reparaturbedürftiger als Autos von Nicht-Premiummarken. Und gleichzeitig sind sie stilvoller, edler, besser ausgestattet, charakteristischer und schneller. Doch warum sind sie dann für das gleiche Geld zu haben? Der Markt gibt die Antwort preis: Sie sind älter und bereits durch neuere Generationen ersetzt worden. Oftmals haben sie auch viele Kilometer auf dem Zähler. Es sind aber auch immer wieder viele Schnapper zu finden, bei denen Letzteres nicht der Fall ist. Diese sind besonders empfehlenswert. Und das Schönste an solchen Autos ist: Man wird damit niemals Wertverlust erleiden. Was bereits am Niedrigstmarktpreis angekommen ist, kann nicht noch weiter fallen. Allerhöchstens steigen sie sogar irgendwann wieder im Wert. Dann darf man sich natürlich am allermeisten freuen.

Fazit. Wichtig ist also vor allem, dass man sein monatlich übrig bleibendes Geld nicht in ein altes undankbares Auto investiert, welches praktisch nur noch Schrottwert hat. Das gilt für Reparaturen als auch für Tuning. Denn das bezahlt einem beim Verkauf leider niemand. Selbstverständlich müssen gewisse Sachen instandgehalten werden und das Fahrzeug muss einen sicher befördern können. Doch so lange man dieses Niveau halten und den TÜV befriedigen kann, sollte man sein Geld lieber für etwas Schöneres beiseite legen. Gehört man allerdings zu den seltenen Fällen, dass man ein altes Auto fährt, welches man so sehr liebt und so schön findet, dass man es nie wieder verkaufen möchte, dann lohnt es sich natürlich auch dieses zu erhalten. Auch das ist zwar wirtschaftlich eher weniger sinnvoll, aber Autos sind schließlich eine Herzensangelegenheit. Sonst gäbe es dieses Buch gar nicht. Fährt man jedoch ein altes Auto, das man eher langweilig und unattraktiv findet, sollte man praktisch bei Null starten. Ein Verkauf ist meist schnell gemacht. Man benötigt nur ein Ziel, etwas Willen und Durchhaltevermögen. Dabei sollte man seine laufenden Kosten so gering wie möglich halten. Das gilt vor allem für das Auto selbst. Es gibt Leute, die zahlen sich für eine schlichte Haftpflichtversicherung geradezu dumm und dusselig, einfach weil sie sich nicht informieren und nicht vergleichen. Andere zahlen noch mehr für sinnlose Kaskoversicherungen, die sie wiederum gar nicht brauchen. Wenn man es schafft, konstant pro Monat eine gewisse Summe beiseite zu legen, kann man sich zusammen mit dem Verkaufserlös des alten Fahrzeugs nach und nach immer bessere Autos leisten. Natürlich darf man sich dabei aber von niemandem über den Tisch ziehen lassen und sollte auch immer nach Schnäppchen Ausschau halten. Aber unterm Strich ist es ganz einfach sich hochzukämpfen, wenn man nur wirklich will. Selbst wenn man kein Großverdiener ist und sogar nur vom Mindestlohn lebt. Ich habe das selbst alles durch und weiß daher, dass es wunderbar funktionieren kann, wenn man nur wirklich will und wenn man bereit ist, Prioritäten zu setzen und Ziele zu verfolgen.

Meine Autos

Das folgende Kapitel ist ein weiteres Bonuskapitel und allein auf eure umfangreiche Nachfrage hin entstanden. Mein Team und ich bedanken uns ganz herzlich bei euch für die Treue und die hohe Nachfrage. Daher ist dieses Kapitel für die treusten aller Fans und ausschließlich den Lesern der Deluxe-Variante vorbehalten.

Nach wie vor ist nicht der Hund der beste Freund des Menschen, sondern das Auto. Zumindest, wenn man im Land des Automobils lebt. Und für viele Fans und Liebhaber ist dieses Thema eine absolute Herzensangelegenheit.

Cover-Autos. Direkt zu Anfang dieses Kapitels möchte ich gerne etwas auflösen, was sehr oft gefragt wurde: Die Autos auf den Covern der Autobücher (Die Tuning-Bibel, Die Auto-Bibel, Die Auto-Bibel Deluxe und Der weg zum Traumauto) sind oder waren alle in meinem Besitz.

Sommerauto. Für Spaß- und entspanntere Cruising-Fahrten fahre ich im Sommer einen Chevrolet Camaro ZL1 als Coupé. Dieses Ungetüm hat einen kompressoraufgeladenen Achtzylinder mit 6.2 Liter Hubraum. Das Auto ist in Schwarz-Metallic lackiert und wurde von uns etwas aufgewertet, genau da, wo der Hersteller ab Werk noch nicht genug auf den Putz gehauen hat. Auch wenn man das von einem Camaro mit sage und schreibe 659 PS kaum behaupten kann. Das Fahrzeug hat ein sehr hochwertiges Gewindefahrwerk von Bilstein bekommen und ist damit nicht nur optimal tiefer gelegt worden, sondern auch zu sportlicheren Fahreigenschaften berufen worden, was man von Muscle-Cars in der Regel eher weniger behaupten kann. Der Camaro vereint einige überdimensionale Größen in sich. Die Felgen, die Reifen, der Hubraum, die Getriebeübersetzung und die Fahrzeuggröße für ein Sportcoupé. Er steht auf stolzen 22-Zoll-Felgen. Diese stehen hinten auf 305er Reifen mit 25er Niederquerschnitt. Darüber hinaus wurde noch eine sportlichere Komplettabgasanlage ohne Mittelschalldämpfer verbaut. Dadurch entfaltet sein voluminöser 6.2 V8, einen mörderischen Sound. Ich gebe zu, die Abgasanlage ist ziemlich arm an Schalldämpfern. Und man darf auch nicht vergessen, dass der Camaro auch im Serienzustand schon extrem laut sein kann. Je nach eingestelltem Fahrmodus. Der Camaro ist tief, breit, böse und laut. Seine Optik, sein immer mies gelaunter Blick und der zornige V8-Sound verschaffen ihm überall einen gewaltigen Auftritt. Performancestark ist das Auto dafür allerdings eher weniger. Dennoch schafft er den Sprint auf 100 km/h spielend unter 4 Sekunden. Aber das muss er auch. Denn er hat jede Menge rohe Power und vor allem Charakter. Der große Ami-Motor generiert 881 Nm, die sich vor allem im oberen Drehzahlbereich extrem bemerkbar machen. Auch schon bei unter 1.000 Umdrehungen verhilft ihm das zu erstaunlich viel Schub. Er ist "handgerissen" (klassisches Schaltgetriebe), was mir bei diesem Auto sehr wichtig war. Mit seiner ungezähmten Power, welche direkt und ausschließlich an die Heckachse geleitet wird, ist er ein echter Donnerschlag auf der Straße. Im Vergleich zu einem Mustang ist er deutlich aggressiver und unkultivierter. Das Schöne an seinem Charakter ist aber nicht nur der Sound und die böse Optik, sondern auch, dass er exakt die Power entfaltet, die sein voluminöser Motor völlig frei generiert. Er ist nicht für jedermann glattgeschliffen, sodass ihn auch ein Dreijähriger fahren könnte. Seine Leistungsentfaltung und seine Drehmomentkurve sind nicht angepasst, damit der Fahrer ein gleichmäßigeres Beschleunigungserlebnis hat. Ganz im Gegenteil. Auch wenn Kenner es bei dem schweren Coupé eher weniger erwarten, fängt er im oberen Drehzahlbereich an, richtig abartig nach vorne zu schieben. Ab 4.000 Umdrehungen pro Minute geht der Spaß erst richtig los. Allerdings kommt dies tatsächlich nicht sehr oft vor, da der Camaro einen nicht zum Rasen, sondern eher zum Cruisen verleitet. Zugegeben, dabei macht er auch definitiv schon genug Alarm. Manchmal ist weniger mehr.

Vierzylinder-Turbomotoren. Ein Vierzylinder-Turbo hingegen, verleitet einen ständig dazu ihn zu treten. Zumindest war es bei mir immer so. Dies lässt sich vor allem auch bei GTI-, R-, S- und N-Fahrern gut beobachten. Das liegt aber nicht daran, dass er sonst zu langsam wäre und bei schwacher Gaspedalstellung nicht vom Fleck kommt. Ganz im Gegenteil. Diese Motoren sind mittlerweile so hoch entwickelt und so ausgereift, dass sie erstaunlich agil sind. Vom Anfahren, bis in den roten Drehzahlbereich. Nein, es liegt viel eher daran, dass man sonst nichts spürt. Man will sein sportliches Auto schließlich fühlen und Emotionen erleben. Doch moderne Vierzylindermotoren können einem dies einfach nicht sehr gut vermitteln. Daher versuchen die Hersteller dort mit künstlichen Gimmicks wie dem DSG-Furzen oder deaktivierter Schubabschaltung nachzuhelfen.

Preisleistungsverhältnis. Der Camaro hat übrigens auch mein Naturell als Schnäppchenjäger befriedigt. Mehr Krawall, mehr Sound, mehr Emotionen, mehr Leistung, mehr Drehmoment, mehr Optik und mehr Hubraum geht für den Preis, den man für ihn zu bezahlen hat, definitiv nicht. Dieses Naturell kommt wohl auch hauptsächlich durch meine Tätigkeit als Automobilmakler. Andererseits war mir Effizienz auch schon immer ein allgemeines Bedürfnis. So ist es mir auch immer wichtig gewesen, ein gutes Schnäppchen zu schlagen. Aber wem geht das nicht so? Natürlich ist ein Camaro mit V8 nicht gerade günstig. Weder im Unterhalt, noch im Anschaffungspreis. Aber sein Preisleistungsverhältnis ist ähnlich dem eines Hyundai i30N in der Kompaktklasse oder dem eines Nissan GT-R in der Supersportwagenkategorie. Also nahezu unschlagbar. Absolut empfehlenswert für jeden, der autotechnisch mal so richtig auf den Putz hauen möchte und nicht gleich 200.000€ für einen Supersportler auf den Tisch legen möchte oder kann. Das gilt auch für die schwächer motorisierten Camaro-SS-Varianten. Diese haben ebenfalls immer einen 6.2-Liter-V8. Allerdings ohne Kompressoraufladung. Es gibt sie mittlerweile durch die verschiedenen Generationen mit 405 PS, 432 PS,

453 PS und 461 PS. Der Motor ist dabei immer derselbe. Er wird lediglich von Generation zu Generation weiterentwickelt. Vor allem ab der sechsten Generation des Camaro ist dieser äußerst empfehlenswert. Der Motor hat zwar nur 29 PS dazubekommen, aber seine Performance wurde extrem verbessert. Das gilt auch für den Rest des Autos. Man hat über 200 Kilo abgespeckt. Außerdem schlägt der Camaro seitdem eine deutlich sportlichere Richtung ein, als seine beiden Konkurrenten Mustang und Challenger. Darüber hinaus ist er in seinen Maßen auch etwas kleiner und deutlich tiefer geworden. Alles in allem hat man das Auto mit dieser Überarbeitung deutlich "europäischer" gestaltet. Dies wirkt sich so positiv auf die Performance aus, dass er im Serienzustand von 0 auf 200 km/h sage und schreibe knapp viereinhalb Sekunden schneller geworden ist. Diese zeitliche Differenz ist eine Welt! Mit den Fahrwerten, die der Camaro SS seitdem bringt, ist er auf das Niveau von C63 AMG, RS5 und M3 aufgestiegen. Sofern man Sauger mit Saugern vergleicht. Der Mustang und der Challenger können das hingegen nicht von sich behaupten. Allerdings werden auch diese Autos mit jeder Generation schneller und sind nicht zu verachten. Die neueren Mustang GT-Modelle und Challenger ScatPacks können inzwischen gut mithalten.

Funfact. Bitte fragt mich nicht was der Camaro an Kraftstoff verbraucht. Das ist die mit Abstand am meisten gestellte Frage zu diesem Auto. Ganz nachvollziehbar ist dies allerdings nicht, weil ohnehin jedem klar ist, dass der Motor ein Spritfresser wie kein Zweiter ist. Die Langzeitverbrauchsanzeige steht seit Tag eins auf 14,7 Liter. Und sie hat auch tatsächlich noch nie etwas Anderes angezeigt. Dem 6.2-Liter-V8 scheint es auch egal zu sein, ob man mit 250 km/h über die Autobahn fliegt oder mit 30 km/h durch ein Wohngebiet tuckert. Auch die Momentanverbrauchsanzeige zeigt hierbei fast immer die gleichen Werte an. Ich habe das Gefühl der Motor füllt einfach immer nur die großen Brennräume, wenn man nicht gerade Vollgas gibt. Egal, ob man auf Reisegeschwindigkeit oder im Teillastbereich ist. Aber natürlich wird dem in Wahrheit wahrscheinlich nicht so sein.

Resonanz. Es gibt eine Sache, die mir bei diesem Fahrzeug und auch an anderen Muscle-Cars besonders am Herzen liegt und mich immer wieder beeindruckt. Die Rede ist von der positiven Wirkung, die sie auf die Menschen haben. Mein erstes Muscle-Car besaß ich bereits während meiner zweiten Berufsausbildung. Da dies bei Weitem nicht mein erstes sportliches Auto war, dachte ich zu diesem Zeitpunkt, ich würde mich mit den Reaktionen der Menschen auskennen. Doch zuvor hatte ich nur europäische Autos besessen. Mir war damals nicht klar, welch irrsinnige Aufmerksamkeit ein solcher Ami-Bolide auf sich zieht. Die Menschen reagieren so unglaublich sympathisch und positiv auf Muscle-Cars. So etwas war mir schlichtweg fremd. Auch bei RS-, AMG-, und M-Modellen. Denn obgleich man eine Höchstmotorisierung oder einen Sportwagen fährt, ist er von einer deutschen Marke, wird man schlussendlich sehr viel gehatet. Fährt man beispielsweise einen RS von Audi, stehen dann die Leute plötzlich doch mehr auf AMG oder M. Fährt man einen AMG, ist es gleich ein Taxi oder eine "Dönerbude". Und hat man einen M von BMW, hört man mittlerweile Ähnliches. Traurigerweise! Irgendetwas finden die Leute immer, um das Fahrzeug schlecht zu reden. Oftmals ist es einfach nur Missgunst. Ganz gleich um welches Auto es sich handelt. "Der Benz hat aber 30 PS mehr.", "Der Audi hat aber Allrad.", "Der BMW ist aber sportlicher.", um nur einige der üblichen banalen Aussagen zu nennen. Es ist ein ewiger Kampf der deutschen Premiumhersteller und deren Fanboys untereinander. Die Fans und Besitzer führen eine ewige Fehde und lassen in ihrer Missgunst keinen Spielraum für Anderes zu. Doch beim Camaro ist das anders. Er entzieht sich komplett dem Markenhass. Diese Atmosphäre kommt beim Camaro gar nicht erst auf. Die Leute freuen sich und sind grundsätzlich von dem Fahrzeug begeistert. Sein großer V8 gilt quasi bei jedermann als sympathisches, ehrliches Aggregat. Völlig fernab von modernen Motoren, die eher synthetisch wirken und nicht gerade vor Authentizität strotzen. Auch wenn sie viel effizienter und schneller sind. Es ist fast so, als würden die Menschen dadurch aufblühen, dass man ihnen ein Stück so rohe und ehrliche, aber auch aggressive und rabiate amerikanische Automobilkultur ins Land bringt. Natürlich ist es aber auch die Seltenheit des Muscle-Cars. Man könnte ihm schon fast den Exotenstatus geben. Bei einem Mustang geht das aufgrund seiner Häufigkeit natürlich nicht. Aber ein Challenger und ein Camaro, vor allem mit einem Achtzylinder, sind durchaus äußerst seltene Fahrzeuge. Zu Anfang war ich wirklich regelrecht erschrocken, wie viel Aufmerksamkeit das Fahrzeug auf sich zieht. Wo man auch hinfährt steht der Camaro sofort im Mittelpunkt. Leute sprechen einen auf das Auto an und stellen oft auch Fragen. Sie sind meistens am Hubraum oder der Motorleistung interessiert. Oftmals erhält man aber einfach

Komplimente. Bei einer ganz normalen, alltäglichen Fahrt durch die Stadt dreht sich nahezu jeder nach dem Auto um. Oftmals bekommt man dann von dem ein oder anderem Passanten noch einen Daumen hoch gezeigt. Wildfremde Menschen zücken plötzlich ihr Smartphone und fangen an einen zu filmen, wenn man nach dem Einkaufen auf dem Parkplatz den Motor anmacht und eigentlich nur heimfahren möchte. Doch nun genug der Lobeshymne. Das alles freut mich natürlich immer sehr, so lange die Resonanz so positiv ist. Doch auf der anderen Seite ist es auch manchmal wirklich gruselig und anstrengend einen solchen "Promi" zu fahren.

Funfact. Camaro lässt sich vom französischen Wort "camerade" ableiten und bedeutet "Kamerad" beziehungsweise "Freund". Nicht nur ein sympathischer, sondern auch äußerst treffender Name, wenn man die Sympathie bedenkt, die das Auto hervorruft.

Nachbarn. Dagegen gibt es allerdings auch eine kleine Sparte von Menschen, die das Auto nicht ganz so toll findet. Dies sind die Rentner. Und zwar nicht die, von der Sorte, die zufrieden auf ihr Leben zurückblicken. Es handelt sich vielmehr um die Art von Rentnern, die sich mit allem und jedem anlegen. Bei ihnen scheint die einzige Erfüllung darin zu bestehen, anderen Leuten den Tag zu verderben oder ihnen einen reinzuwürgen. In der Gegend aus der ich herkomme, nennt man dieses Verhalten der Greise "grantig" oder "etterich". Für solche Zeitgenossen ist ein lautstarker, prolliger Sportwagen natürlich ein gefundenes Fressen. Sie fühlen sich von der Anwesenheit des Camaros belästigt. Leider besteht ein Großteil meiner Nachbarschaft aus diesem Klientel. Auf dem folgenden Bild ist ein Zettel zu sehen, der einst auf meiner Windschutzscheibe klebte. Wir sind bis heute nicht hundertprozentig schlau daraus geworden. Auch wenn die Logik des Verfassers leider nicht ganz nachvollziehbar ist, so entnahmen wir damals dem Schreiben, dass ich offenbar schnell aus der Nachbarschaft verschwinden soll, sobald der Motor an ist. Oder aber dass ich den Motor so spät wie möglich und erst kurz vor dem Losfahren starten soll. Man muss allerdings dazu sagen, dass ich sowieso nicht zu dem Klientel gehöre, die ihre Motoren erst mal eine Viertelstunde warmlaufen lassen.

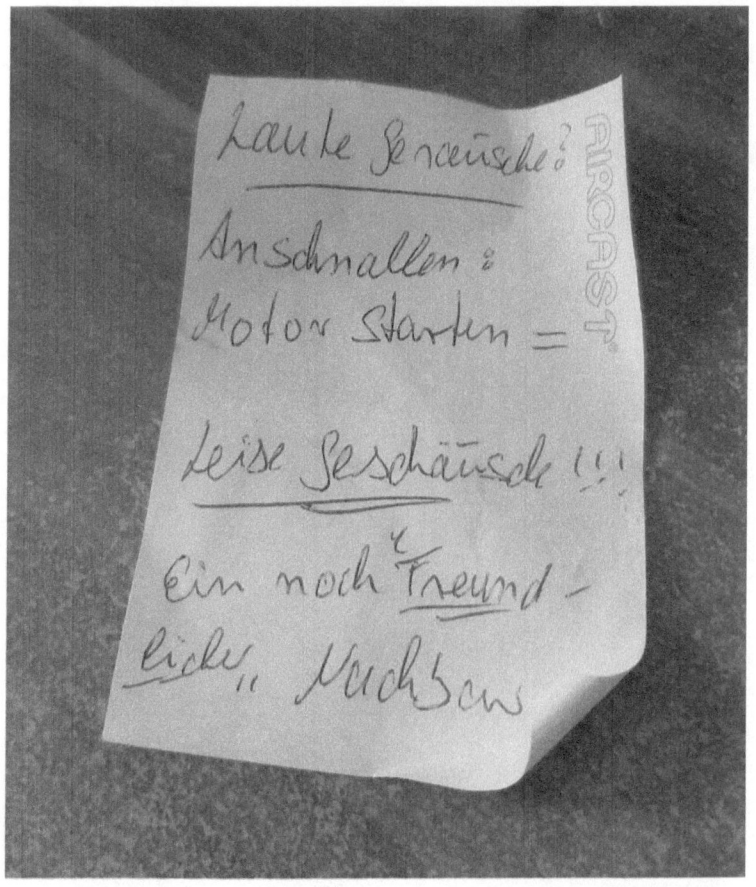

Es war bei Weitem nicht das erste Mal, dass sich jemand aus der Nachbarschaft über das Fahrzeug beschwert hat. Okay, ich gebe zu, wenn ich morgens um 5 Uhr den Motor anmache und zur Arbeit fahren will, ist der gewaltige Klang des Camaros und vor allem sein bassiges Dröhnen im Kaltlauf, schon sehr extrem. Verständlich, dass das den ein oder anderen stört. Weh tut das allerdings niemandem. Vielmehr scheint es diese Leute aber zu stören, dass ich mir einen Sportwagen leisten kann und dass das Auto sehr auffällig ist. Und was dem Fass offenbar den Boden ausschlägt ist, dass ich mir dreisterweise auch noch erlaube Spaß an dem Auto zu haben. Darüber scheinen die Meisten sehr viel mehr erbost zu sein. Aber wie es nun mal in unserer Gesellschaft so ist, liegt das eher daran, dass die Menschen mit sich selbst unzufrieden sind.

Aber auch positive Anfragen habe ich schon oft für den Camaro bekommen. So wurden zum Beispiel schon Gutscheine als Geburtstagspräsent an Kinder verschenkt, für eine Fahrt im Camaro. Auch als Hochzeitsauto musste er schon herhalten. Und als Fahrzeug zum Abi-Abschlussball einer Tochter einer guten Freundin hat er ebenfalls schon gedient. Die Gutscheine waren allerdings immer Geschenke von Freunden oder Bekannten, die dies vorher mit mir abgesprochen hatten. Es handelte sich dabei auch nicht um meine Hochzeit oder gar meine Tochter oder meinen Abschlussball. Ich freue mich aber einfach immer wieder, den Menschen mit dem Camaro auf diese Art eine Freude zu machen.

Alltagsfahrzeug. Verurteilt mich jetzt bitte nicht, denn schon oft habe ich Aussagen gehört wie: "Was?! Das ist dein Winterauto?! So etwas kann ich mir nicht mal für den Sommer leisten!" Zum Glück waren Aussagen wie diese aber immer humorvoll angehaucht. Mein Alltags- und Winterauto ist der bereits schon öfter erwähnte Ford Focus RS. Ich hatte immer schon eine Schwäche für die zweite RS-Generation. Als wir damals endlich ein Modell in die Griffel bekamen, welches die Erwartungen auch erfüllte und keine Enttäuschungen verursachte, verliebte ich mich sofort in dieses Auto. Es wurde ja bereits viel über den charakteristischen Kompaktsportler erzählt. Daher spare ich mir weitere Ausführungen. Letztendlich bleibt nur zu sagen: Das Auto besitzt Rallye-Gene und genau so fährt es sich auch. Allerdings nur auf Abruf, also nur wenn man will. Ansonsten ist er total entspannt zu händeln und super für den Alltag geeignet. Er hat genügend Platz, weckt deutlich mehr Sympathien als ein Golf R und sieht super aus. Wie sich ein Autofan vorstellen kann, ist sein Fünfzylinder-Turbo ein wahres Gedicht. Außerdem ist er mit seiner giftgrünen (Ultimate Green) Farbe ein wahrer Eyecatcher.

Mein Erster. Eine weitere Frage, die mir ebenfalls oft gestellt wird, möchte ich zusätzlich noch beantworten: "Mensch, Phil... Cool, dass Du schon so viele schnelle Autos besessen hast. Aber was war eigentlich dein Erster? Womit hast Du angefangen?" Ihr werdet vielleicht schmunzeln, denn auch ich habe selbstverständlich klein angefangen. Ich habe gehört, manche Jugendliche bekommen von ihren offenbar recht wohlhabenden Eltern zum 18. Geburtstag oder zum Abitur ein nagelneues Traumauto geschenkt. Bei den Mädels hört man öfter mal von nagelneuen Mini Cooper, 1er BMWs oder Mercedes-Benz A-Klassen. Bei den Jungs reicht die Liste angeblich vom Golf GTI bis zum Porsche 911. Das war bei mir definitiv anders. Mit 18 hatte ich so wenig Geld und so wenig Horizont, dass ich nicht mal einen Gedanken daran verschwendete, mir ein eigenes Auto zu leisten, geschweige denn irgendwann mal meinen Traumwagen zu besitzen oder einen Sportwagen zu fahren. Bei meinem ersten Auto handelte es sich um einen Opel Omega A als Limousine, aus dem Jahre 1986. Seine Lackierung erinnerte vom Farbton an eine Mischung aus Veilchenblüten und menschlichen Exkrementen. Und als wäre das nicht schon schlimm genug, besaß dieses Auto ein äußerst kauziges und widerspenstiges Eigenleben. Vor allem im Winter, wenn sich die Temperaturen senkten. Man konnte sich jedes Jahr spätestens ab November darauf einstellen, dass die Batterie kaputt war und das Auto eines willkürlichen Morgens einfach nicht mehr ansprang. Auch wenn sie im Vorjahr erst neu gemacht wurde, nach spätestens elf oder zwölf Monaten hatte der Opel es wieder soweit geschafft, dass es die Batterie komplett hinter sich hatte. Wenn man morgens in sein Auto steigt und der Motor noch ca. anderthalb müde Umdrehungen macht und sich dann gar nichts mehr tut, ist das schon eine sehr ärgerliche Situation. Sicher hat das ein Großteil von euch schon mal erlebt. Auch die Zentralverriegelung war im Winter eine absolute Katastrophe. Normalerweise schlossen wir ihn immer über Nacht zu. So eine alte Möhre ist ja schließlich auch nicht schwer zu stehlen. Gingen die Temperaturen allerdings nachts unter 0°C, fror prompt die Zentralverriegelung ein und keine der Türen ließ sich mehr aufschließen. So ließen wir also den Omega im Winter nachts immer offen, da er einen sonst am nächsten Morgen im Stich ließ und nicht mehr aufzubekommen war. Befolgte man also diese Regel und baute pünktlich vor dem Wintereinbruch nach dem ersten Versagen auch eine neue Batterie ein, bekam man ihn zumindest auf und auch der Motor sprang erfreulicherweise an. So weit, so gut. Doch wurde es nachts zu kalt, bekam man morgens direkt den nächsten Schock. Der Motor sprang zwar an und auch die Türen gingen auf, jedoch stellte man dann mit Entsetzen fest, dass sie nicht mehr zugingen. Das Schloss rastete schlichtweg einfach nicht mehr ein. Dagegen haben wir dann irgendwann den Trick entdeckt, einfach von innen die Zentralverriegelung manuell zu betätigen. Dann rasteten die Türschlösser tatsächlich ein, die Türen blieben zu und man konnte endlich losfahren. War man dann bei seinem Ziel angekommen, traf einen aber direkt der nächste Schlag. Die Türen gingen zwar mit dieser Vorgehensweise zu, jedoch dann wiederum nicht mehr auf. Der Verzweiflung nahe stellte man dann fest, dass man wieder bei Punkt zwei angekommen war, denn die Zentralverriegelung war ja nun unten und blieb dies auch. Bis das Fahrzeug restlos aufgetaut und erwärmt war, ließ es einen nicht mehr heraus und man war eingeschlossen. Versucht diese Geschichte mal euren Lehrern zu erklären, wenn ihr zu spät kommt...

Der Omega kam gewissermaßen als indirektes Erbstück von meinem Großvater zu mir. Als dieser verstarb, ging das Auto zuerst an seine Frau, also meine Oma. Da sie jedoch keinen Führerschein hatte und mit weit über 80 Jahren auch Gott sei Dank nicht mehr vor hatte einen solchen zu erwerben, gab sie den Opel an meine Eltern weiter. Diese hatten allerdings keine Lust ihn zu fahren, da sie autotechnisch bereits deutlich besser ausgestattet waren. Also wurde der Omega auf mich abgeschoben. Ich werde nie die Worte von meinem Stiefvater vergessen: "Du bist Fahranfänger. Du wirst dein erstes Auto eh kaputt fahren. Also fahr Du mal schön den alten Opel und wir fahren weiter unseren Audi." Den besagten Audi hätte ich damals viel lieber gehabt. Nicht nur, weil er hübscher, schneller und charakteristischer war, sondern weil er einen auch nicht ständig im Stich ließ. Allerdings bekam ich "unseren Audi" dann später tatsächlich doch noch. Dennoch fand ich diese Aussage zunächst natürlich nicht so schön, aber was ich zu diesem Zeitpunkt noch nicht wusste: Mein Stiefvater sollte tatsächlich (wie so oft) Recht behalten. Ich schätzte mich trotzdem sehr glücklich mit 18 Jahren ein erstes eigenes Auto zu haben. Auch wenn es das absolute Gegenteil von einem coolem Auto war und seine Hauptaufgabe offenbar darin bestand, den Fahrer an der Nase herumzuführen und im Stich zu lassen. Aber einem geschenktem Gaul, guckt man nun mal nicht ins Maul. Schließlich war es ein funktionstüchtiges und obendrein noch kostenloses Auto. Und darüber hinaus war er mit seinen 115 PS damals zu meiner Abizeit in meinem Jahrgang ganz vorne dabei. Für die ganzen Corsas, Clios, Twingos, Golfs, Polos und Swifts, reichte es alle Mal, denn die hatten alle nicht mehr als maximal 85 PS. So hatte die alte Limousine, die eher aussah, als wollte sie mal ein Auto werden, zumindest was das betrifft, die Nase vorn. Doch wie bereits erwähnt, behielt meint Stiefvater Recht und nach zwei Jahren rasselte ich direkt in den Hintern eines Opel Corsas, den bittererweise auch noch eine Jahrgangskameradin aus meiner Abschlussklasse fuhr. Die Story verbreitete sich natürlich wie ein Lauffeuer. Da war ich mal wieder in ein schönes Fettnäpfchen getreten. Spott im ganzen Jahrgang über mich und das Auto war auch noch hinüber. Der Opel hätte sich zwar relativ einfach, durch bloßes ersetzen einiger Karosserieteile und eines Scheinwerfers, wieder herstellen lassen. Aber da er nur noch Schrottwert hatte und ihn eigentlich auch niemand wirklich haben wollte, entschieden meine Eltern, die traurige, verbeulte, alte Mühle einem Bekannten mit einer Werkstatt für einen Hunderter zu überlassen.

Mein Zweiter. Ich stand zum Zeitpunkt des Unfalls kurz vor den Abschlussprüfungen. Ein Unfall, der obendrein noch dazu führte, dass ein jugendlicher Autofanatiker ohne Auto war und seinen ersten Autoverlust zu betrauern hatte, war eine viel zu große Ablenkung für mich. Also traf mein Stiefvater erneut eine Entscheidung. Sollte ich nach dem Abitur eine Ausbildung beginnen, sollte ich mir selbst ein Auto von meinen ersten Gehältern zulegen. Sollte ich aber den Weg eines Studiums einschlagen, so bekäme ich "unseren Audi". Denn da auch dieser anfing Zicken zu machen und auch schon deutlich in die Jahre gekommen war, war es für meine Eltern an der Zeit, sich etwas Neueres zuzulegen. So bekam ich ein zweites, aber ebenfalls praktisch wertloses Fahrzeug geschenkt. Dennoch stimmte mich das sehr glücklich. Der Audi (Modell "100", Baujahr 1992) war eine ganz andere Welt. Er hatte einen Sechszylinder mit 150 PS. Und auch wenn ich mein halbes Studium damit verbrachte seine Fehler zu finden und auszumerzen, besaß er doch deutlich mehr Stil und Coolness als der Opel. Später wurde er dann auch noch als mein erstes Tuningobjekt missbraucht. Abschließend muss ich sagen, dass er für meine Autokarriere und meinen Autowahnsinn schon recht prägend war. Doch auch der Opel Omega war dies auf eine gewisse Art und Weise. Denn mit ihm habe ich im Winter, sofern er mich denn überhaupt ließ, meine ersten Drifterfahrungen gesammelt. Damals gab es noch kein ESP. Nicht mal ABS hatte er. Absolut keine Elektronik! Seine gesamten 115 PS gingen an die Hinterachse ohne irgendwelche elektronischen Helferlein. Und auf dieser lastete praktisch kaum

Gewicht. Das komplette Auto wog gerade mal 1.200 Kilo. Davon war der meiste Teil in der Front des Autos verbaut.

Turboaffinität. Aber nicht nur diese beiden alten Autokameraden prägten mich. Es gab noch einen dritten im Bunde. Mein lieber Stiefvater besaß parallel noch einen Saab 900 Turbo. Ein absolutes Kultobjekt. Er war rot und hatte das begehrte Aero-Außendesign. Dies ist praktisch mit einem M-Paket vergleichbar. Er besaß einen 2.0-Liter-Turbomotor mit vier Zylindern. Heutzutage reißt das niemanden mehr vom Hocker. Aber damals war das rote Coupé aus Schweden ein echtes Geschoss. In diesem Auto spürte ich zum ersten Mal, was ein Turbo-Punch ist. Turbolader waren damals etwas äußerst Seltenes. Selbst bei Dieselmotoren. 95% aller Autos waren mit Saugmotoren ausgestattet. Heutzutage ist das natürlich komplett andersherum. Auch wenn der Saab nur 160 PS hatte, so war der Turbo-Punch doch so intensiv, dass er den Fahrer ordentlich ins Gebälk trat. Ab da wurde ich "turbokrank". Die seltenen Momente, in denen ich dieses Schätzchen bewegen durfte, sind mir bis heute heilig geblieben.

Mein Letzter. Meinen gesamten Fuhrpark möchte und werde ich aus Gründen der Privatsphäre nicht offenlegen. Zwischen meinem Ersten und meinem Letzten gab es noch eine ganze Menge weiterer Fahrzeuge. Inzwischen sind es bereits weit über 30 Fahrzeuge, mit denen ich mich über die Jahre Stück für Stück hochgearbeitet habe. Das Auto, welches ich mir zuletzt gegönnt habe, ist ein Audi R8 V10 plus. Er hat einen 5.2-Liter-V10 und leistet 610 PS. Der R8 hat mit der zweiten Generation mächtige Veränderungen erlebt. So langsam und enttäuschend sein Vorgänger auch war, so schnell ist dagegen nun diese Version. Die Zehnzylindermotoren von Lamborghini, die im R8 ihren Einsatz finden, übertreffen sogar ihre Werksangaben. Wir haben ihn bereits aus dem Stand mit 2,9 Sekunden auf 100 km/h gemessen. Ein Sauger im sportlichen Bereich, der nicht nur die Erwartungen erfüllt, sondern auch noch die Werksangaben übertrifft, gab es lange nicht mehr. Dieser Punkt fasziniert mich am allermeisten an diesem Geschoss. Mal ganz abgesehen davon, dass er absolut brachial nach vorne schiebt, wenn man das Gaspedal durchtritt. Mühelos sprintet er auf 300 Sachen. Und auch dann ist noch lange kein Ende in Sicht. Dies war mein letzter Kauf. Mein letztes Tuningprojekt war dagegen ein Nissan Skyline GT-R R34, den ich aus

Japan importieren lassen habe. Da der Wagen ziemlich heruntergekommen war, haben wir ihn vollständig neu aufgebaut. Motor, Innenraum, Fahrwerk, Lack usw. Das ganze Programm eben. Der Wagen hätte sich problemlos auf 1.000 PS bringen lassen können. Doch das war gar nicht unsere Absicht, da das Auto dann sehr viel schwerer zu händeln wäre. Aktuell fährt er mit geschmeidigen 450 Pferdchen und ist durch und durch alltagstauglich. Und wie es sich für einen Skyline gehört, habe ich ihn natürlich in Bayside Blue lackieren lassen.

Nachwort

Autos können eine wunderbare Sache sein. Sie können wahnsinnig Spaß machen, aufregend sein, Emotionen hervorrufen und so manches Herz höher schlagen lassen. Aber sie können einem auch viel Ärger machen. Das kann einerseits durch Reparaturbedürftigkeit kommen und andererseits aber auch durch eine gewisse Anfälligkeit für Polizeikontrollen. Wie ein Sprichwort sagt: Auto fängt mit "Au!" an und hört mit "Oh!" auf.

Polizeikontrollen. Wenn man in die Bredouille kommt sich in einer unangenehmen Verkehrskontrolle wiederzufinden, sollte man zunächst entspannt bleiben. Auch wenn die Beamten dabei die Fahrzeuge auf falsche Art und Weise prüfen. In den letzten Jahren sind allerlei wahnwitzige Geschichten aufgetaucht. Dabei ging es um Verschränkungsprüfungen mit Holzbrettern oder um Lautstärkemessungen der Abgasanlage mit Smartphone-Apps. Aber über eines muss man sich bewusst sein: Man sitzt sowieso nicht am längeren Hebel. Es bringt nichts sich über Dinge aufzuregen, die man sowieso nicht ändern kann. Und mit Beamten, seien sie im schlimmsten Fall noch so machtgierig und rechthaberisch, sollte man sich nur mit Unterstützung eines Anwalts anlegen. Am Ort des Geschehens sollte man in jedem Fall besonnen und in einem vernünftigen Ton mit den "Blauen" reden. Respekt ist hier das oberste Gebot. Meist funktioniert dies auch ganz gut. Man sollte vor allem auch auf das übliche Katz-und-Maus-Spiel verzichten und lieber mit offenen Karten spielen. Die Unschuldsnummer des ahnungslosem Autobesitzers zieht heutzutage sowieso bei keinem Cop mehr. Die meisten Polizisten wissen sehr genau was Phase ist. Daher ist die einzig sinnvolle Verhaltensweise Menschlichkeit und gesunder Respekt. Polizisten sind schließlich auch nur Menschen. Mit respektlosem Verhalten oder lügen verschlimmert man die Situation lediglich. Sollten aber alle Stricke reißen, sollte man von den Polizisten falsch behandelt, erniedrigt, beleidigt oder das Auto gar zu Unrecht stillgelegt werden, dann darf und muss man sich natürlich wehren!

Realbeispiel. Auf einer Tuningveranstaltung habe ich mal bei forschen Polizeikontrollen mitbekommen, dass ein Polizist eine Mängelkarte an eine Fahrzeugbesitzerin ausgestellt hat, weil diese ihren Subwoofer von der Soundanlage im Fahrzeug nicht beim TÜV hat eintragen lassen. Laut des Polizisten, welcher wirklich händeringend nach irgendwelchen technischen Makeln suchte, müsse ein Subwoofer vom TÜV abgenommen werden. Das war natürlich nichts als Schikane. Man sollte meinen, ein Polizist müsste es definitiv besser machen. Doch ein Polizist darf nun mal von der Gesetzeslage her alles anzweifeln und notfalls das Fahrzeug sogar stilllegen lassen. Ob dies nun berechtigt ist oder nicht, wird erst Wochen später geklärt. Bis dahin hat man mächtig Ärger und Kosten. Doch es gibt Gott sei Dank auch viele vernünftige Polizisten, die mit gesundem Menschenverstand vorgehen. Viele von ihnen prangern sogar das Verhalten ihrer Kollegen an. Ich sage euch ganz ehrlich: Jedes Mal, wenn ich solch korrekten Beamten auf der Straße begegnet bin, habe ich ihnen für ihr niveauvolles und vorbildliches Verhalten gedankt. Dies hatte nichts mit Schleimerei zu tun. Aber ich war bloß leider ganz anderes Auftreten der Polizei gewöhnt.

Missgunst. Das Folgende ist etwas gesellschaftskritisch. Aber leider entspricht es in vielen Fällen der Wahrheit. Am Arbeitsplatz wird heutzutage eher weniger mit Professionalität und Qualität gekämpft. Wenn sich Arbeitnehmer Sorgen um ihren Job machen, entwickeln sie heutzutage sehr schnell einen ausgeprägten Intrigensinn. Sie könnten sich positiv im Unternehmen einbringen, um ihre Qualität zu zeigen. Oder sie könnten ihren Geschäftssinn aktivieren und sich neben- oder sogar hauptberuflich selbstständig machen. Aber stattdessen beißen sich viele lieber mit schlechten Mitteln durch, um den schwachen Standard zu behalten, den sie haben. In diesem Fall spielen sie Anderen übel mit, um so ihre Konkurrenz auszuschalten. Genau so ist es leider auch oftmals, wenn sich Menschen ein neues Auto leisten. Dann wird dieses direkt hinter dem Rücken der Besitzer schlechtgeredet und darüber hergezogen. Es werden Gerüchte in die Welt gesetzt und die Verbesserung im Leben des Anderen wird ausschließlich niedergemacht.

Eine Bitte. Je mehr man seinen Freunden, Bekannten, Kollegen und Nachbarn das neue Auto gönnt, desto mehr kann man selbst auch an dieser tollen Sache teilhaben. Auf diese Art und Weise kann jeder der Sache etwas Positives abgewinnen. Wenn einem das nicht genügt, dann sollte man stattdessen daran arbeiten, selbst ein besseres Auto zu bekommen. Wer sich das wirklich wünscht, für den ist das auch definitiv kein Problem. Wer einen Willen hat, findet auch Wege. Wer keinen Willen hat, findet eher Gründe. Es ist immer sinnvoller sein Leben in die Hand zu nehmen und seine eigene Situation zu verbessern, anstatt jemand anderes in den Rücken zu fallen.

Als zusätzlichen Schlussappell möchte ich euch und eure autoverrückten Freunde, Crewmitglieder, Verwandten und Bekannten dazu aufrufen, respektvoller untereinander und mit Anderen umzugehen. Haltet Parkplätze und eure Treffpunkte sauber. Sonst werden die Behörden auf kurz oder lang die Plätze sperren oder die Treffen verbieten. Und der wichtigste Punkt: Egovergleiche gehören an die Playstation und nicht auf die Straße. Die Hemmschwellen werden immer niedriger, das Aggressivitätsniveau dagegen immer höher und die Autos immer schneller. Die Gegenreaktionen vom Staat sind neue Gesetze, immer mehr Blitzer und Versammlungsverbote. Hinzu kommen immer schärfer und penetranter werdende Überwachungen. Getunte, auffällige, sportliche oder schnelle Autos werden auch ohne schlechtes Benehmen der Stadt verwiesen oder gar unberechtigt stillgelegt. Denn bei Exekutive und Legislative sieht es gleichermaßen aus. Fakt ist, dass dieses unangenehm verschärfte Verhalten eine Reaktion ist. Eine Reaktion auf das immer niveaulosere und prolligere Verhalten der Tuning- und Autoszene. Alle Vorfälle sind für die "Rennleitung" ein gefundenes Fressen. Sie warten im Endeffekt nur darauf, dass sich jemand daneben benimmt. Es möchte doch niemand, dass es so weitergeht und sich die Lage weiterhin zuspitzt. Also gebt ihnen keine Angriffsfläche und zeigt ihnen, dass ihr besser seid als das, was sie von euch halten.

Schlusswort. Ich bin jedem einzelnen Leser sehr dankbar, wenn er es bis hierhin geschafft hat. Eure Unterstützung ist mir sehr viel wert. Seid mir nicht böse, wenn ich nicht immer zu jedem Thema und zu allen Autos etwas Positives zu berichten hatte. Die Welt ist leider nicht immer schwarz oder weiß. Positives wie Negatives gibt es gleichermaßen viel. Ich hoffe, dass das Buch euch dennoch gefallen hat. Als offizieller Nachfolger ist das Buch "Der Weg zum Traumauto" von mir erschienen. Schaut gerne mal rein. Wenn euch die Auto-Bibel oder auch die Tuning-Bibel gefallen hat, empfehlt sie gerne weiter. Wenn sie euch nicht gefallen hat, empfehlt sie einfach denen, die euch nicht gefallen. Ich hoffe dieses Buch konnte euch einen Mehrwert bieten. Wenn dies der Fall war und Ihr zufrieden seid, würden wir uns sehr freuen, wenn Ihr uns zum Beispiel auf Amazon ein positives Feedback hinterlassen würdet.

Stay tuned!

Alles Wissenswerte auf einen Blick

Turbolader

➤ Turbolader steigern die Effizienz, die Performance und die Leistungsausbeute.

➤ Der Turbolader lässt den Saugmotor aussterben.

➤ Saugmotoren haben einen kernigeren Klang und ein direkteres Ansprechverhalten.

➤ Saugmotoren müssen kein Turboloch überwinden.

➤ Unter gleichen Voraussetzungen ist ein Turbomotor immer im Vorteil.

➤ Durch die zusätzliche Leistung eines Turboladers werden die Motoren im Gegenzug immer kleiner. (Downsizing)

➤ Dies wirkt sich negativ auf die Haltbarkeit, den Charakter und die Schadstoffkonzentration des Motors aus.

➤ BMW setzt inzwischen noch am meisten auf Hubraum.

➤ Die Ausrichtungen der Marken Mercedes-Benz und BMW haben sich die letzten Jahre sehr gewandelt.

➤ Saugdiesel gibt es seit vielen Jahren nicht mehr.

➤ Bei einem Dieselmotor ist ein Turbolader obligatorisch.

➤ Abgasturbolader sind die am meisten verbreitetste Form der Aufladung für Verbrennungsmotoren.

➤ Ein Turbolader besteht aus zwei Turbinen, die mit einer Welle verbunden sind. Die eine Turbine wird vom Abgasdruck des Motors angetrieben und beschleunigt. Sie dreht die Welle und damit auch die zweite Turbine am anderen Ende der Welle. Durch die zweite Turbine wird Luft angesaugt und im Motor unter Druck verdichtet.

➤ Die verdichtete Luftmasse nennt man Ladedruck.

➤ Turbomotoren reagieren im Leerlauf deutlich schwerfälliger.

➤ TSI und TFSI bedeutet Benzindirekteinspritzung mit Turboaufladung.

➤ Je größer ein Turbolader ist, desto größer ist auch das Trägheitsmoment. (Turboloch)

➤ VTG-Turbolader sind über ein Gestänge verstellbar. (Variable Turbinengeometrie)

➤ Twin-Scroll-Turbolader haben einen gesplitteten Antriebsdruckkanal.

➤ Bezeichnungen wie Twin-Scroll-Turbolader und Twin-Power-Turbo beziehen sich weiterhin auf nur einen alleine arbeitenden Turbolader.

➤ Twin-Turbos sind hingegen zwei gleiche parallel laufende Turbolader.

➤ Biturbos sind zwei verschiedene Turbolader die sequentiell laufen. Ein Lader ist dabei für den unteren Drehzahlbereich und ein Weiterer für den oberen Drehzahlbereich zuständig.

➤ Es gibt auch drei- und vierfache Turboaufladung.

➤ Elektrische Turbolader kommen ohne Abgasdruck aus und werden von einem eigenem Elektromotor angetrieben.

➤ Aus technischer Sicht ist ein elektrischer Turbolader effizient und performancestark. Aber auch hierbei geht durch die technische Neuerung wieder ein weiteres Stückchen Charakter und Charme verloren.

- Turbolader sind sensible Bauteile, die angemessen behandelt werden müssen, um unnötigen Verschleiß zu vermeiden.
- Man sollte einen Turbomotor nach dem Starten ein paar wenige Sekunden laufen lassen, damit sich das Motoröl verteilen und den Turbolader für ausreichende Schmierung erreichen kann.
- So lange das Motoröl nicht auf Betriebstemperatur ist, sollte man Vollgasfahrten und mehr Drehzahl als 3.000 U/m vermeiden.
- Hat der Motor viel Last bekommen, sollte man ihn vor dem Abstellen kaltfahren. Dafür genügt es die letzten Kilometer kein Vollgas mehr zu geben und etwas ruhiger zu fahren.
- Bevor man den Motor ausstellt, sollte man ihn noch kurzzeitig nachlaufen lassen, falls der Turbolader noch am Ausdrehen ist. So kann er während dieser Zeit weiterhin vom Motor geschmiert werden.
- Ikonen unter turboaufgeladenen Fahrzeugen sind der Nissan Skyline GT-R R34, der Toyota Supra JZA und der Audi RS4 B5 sowie der Audi Quattro.
- Aktuell werden in Sachen Downsizing und Turboaufladung immer wieder neue Maßstäbe von der Automobilindustrie gesetzt.
- Auch wenn ein Motor noch so hochgezüchtet ist, so sind die Grenzen der Leistungsausbeute letztendlich immer vom Hubraum abhängig.
- Turbotuning ist die höchste Form der Leistungsausbeute.
- Motoren, die bereits ab Werk turboaufgeladen sind, eignen sich grundsätzlich besser für Turbotuning.
- Beim Turbotuning bekommt man am meisten Leistung für sein Geld.
- Motoren mit Turbolader entwickeln deutlich mehr Hitze.
- Wenn man einen Verbrennungsmotor tunt, sollte man zuerst die Hardware verbauen und anschließend die Software von einem Tuner abstimmen lassen.
- Fehlzündungen entstehen, wenn Kraftstoff durch den Motor in die Abgasanlage gelangt. Dort entzündet sich der Kraftstoff durch die extreme Hitze im Krümmer und explodiert schlagartig und unkontrolliert.

- Extreme Fehlzündungen treten auch kurzzeitig als Flammfront hinten aus der Abgasanlage heraus. Diese nennt man Füchse.
- Fehlzündungen können Beschädigungen an Katalysator und Turbolader hervorrufen.
- Sportlich eingestellte Turbomotoren sind prädestiniert für Fehlzündungen.
- Moderne Motoren sind so perfektioniert, dass sie von sich aus keine Fehlzündungen mehr produzieren.
- Aus technischer Sicht sind Fehlzündungen streng genommen ein Makel.
- Hilft man nach, um kleinere oder auch größere Fehlzündungen zu erzeugen, funktioniert dies über eine absichtliche Manipulation des Motorsteuergeräts.
- Durch das Deaktivieren der Schubabschaltung kann man künstliche Fehlzündungen erzeugen.
- Künstliche Fehlzündungen klingen oftmals leider unauthentisch.
- Eine extreme Form von künstlichen Fehlzündungen ist das Antilag.
- Das Antilag-System bewirkt sehr starke, materialschädigende Explosionen, die mit ihrem ungeheuren Druck den Turbolader auf Drehzahl halten, während dieser keinen Abgasstrom bekommt.

Kompressoren

- Kompressoren dienen ebenfalls zur Motoraufladung. Auch hierbei wird Luft durch eine Turbine im Motor verdichtet.
- Kompressoren werden allerdings vom Motor direkt angetrieben.
- Anders als Turbolader, laufen Kompressoren mit der Motordrehzahl mit.
- Große Kompressoren verursachen ein charakteristisches Heulgeräusch
- Grundlegend ist die Leistungsausbeute von Kompressoren geringer als bei Turboladern.

- Kompressoraufladung findet man deutlich seltener als Turboaufladung.
- Hypercars aus Schweden und US-Amerikanische Muscle-Cars sind vor allem bekannt für Kompressoraufladung.
- Mustang, Challenger und Camaro sind eigentlich Pony-Cars. Heutzutage sind sie aber deutlich größer und da die ursprünglichen Muscle-Cars ausgestorben sind, haben sie ihren Platz eingenommen und gelten nun als solche.
- Kompressormotoren sind sehr tuningfreundlich.

Leistungssteigerungen

- Leistungssteigerungen sind die älteste und bekannteste Form des Tunings.
- Einzelne Tuningmaßnahmen bringen fast nie nur Vorteile. Auch Rückschritte und Einbußen müssen in Kauf genommen werden.
- Man sollte immer mehrere Tuningteile einbauen, die miteinander harmonieren können. Für maximale Harmonie und Leistungsausbeute empfiehlt sich anschließend noch eine Softwareoptimierung.
- Turbomotoren haben einen gedämpfteren, fauchigeren und rotzigeren Sound.
- Sportluftfilter benötigen Hitzeabschirmung und Frischluftzufuhr
- Auch in Serienfahrzeugen hat jedes Teil einen Sinn. Man sollte also mit Bedacht tunen.
- Wenn durch den Fahrtwind Luft in den Motor gedrückt wird, ergibt sich hierdurch eine minimale Aufladung. (Ram-Air-Effekt)
- Je wärmer die Ansaugluft ist, desto niedriger ist die Dichte und der Sauerstoffanteil. Umso weniger Sauerstoff, desto größer ist der Leistungsverlust.
- Die Faustformel ist: Pro 6° wärmere Luft verliert der Motor 1% Leistung.
- Sportluftfilter und Tuningansaugsysteme können nicht nur für mehr Leistung sorgen, sondern auch den Klang des Motors verbessern.

➢ Größere Felgen senken marginal das Drehmoment und die Beschleunigung.

➢ Die Ansaugseite (Von Kühlergrill bis Motor) besteht aus der Ansaugung, dem Luftfilter, der Ansaugbrücke, der Drosselklappe und den Einlasskanälen. Bei turboaufgeladenen Fahrzeugen kommen noch der Ladeluftkühler, das Schubumluftventil (Blow-Off / Pop-Off) und ein weiterer Ansaugweg hinzu.

➢ Schubumluftventile leiten überschüssigen Ladedruck über einen Bypass um.

➢ Die Abgasseite (Von Motor bis Auspuffendrohre) besteht aus den Auslasskanälen des Motors, dem Krümmer, dem Vorkatalysator, dem Hauptkatalysator sowie dem Vor-, Mittel- und Endschalldämpfer.

➢ Das Motorsteuergerät ist ein Computerchip, der Grenzwerte, Kennfelder und andere Informationen (die Software) gespeichert hat, pausenlos abgleicht, berechnet und den Motor optimal je nach Anforderung steuert.

➢ Der Motor besteht aus dem Ventildeckel, den Nockenwellen, den Ein- und Auslassventilen, dem Zylinderkopf, den Ein- und Auslasskanälen, den Zündkerzen, den Einspritzdüsen, dem Zylinderblock, den Kolben, den Kolbenringen, den Pleuelstangen, den Lagerschalen, dem Zylinderboden und der Kurbelwelle.

➢ Außerhalb des Motors finden sich weitere wichtige Bauteile und Aggregate, wie die Ölwanne, der Kühler, die Wasserpumpe, die Ölpumpe und ein oder mehrere Turbolader oder auch ein Kompressor.

➢ Heutige Autos verfügen über elektronische Gaspedale.

➢ Motortuning verbessert nicht nur die Leistung und das Drehmoment, sondern auch den Klang und das Ansprechverhalten.

➢ Tuning an der Ansaug- als auch an der Abgasseite des Motors können die Klangkulisse und die Lautstärke erheblich beeinflussen.

➢ Einzeldrosselklappen machen den Motor extrem scharf im Ansprechverhalten und verschaffen ihm einen unnachahmlich, charakteristischen Klang.

➢ Durch schärfere Nockenwellen entfaltet sich die Leistung im oberen Drehzahlbereich sportlicher und stärker als zuvor.

- Gecrackte Pleuele sind bereits absichtlich gebrochen und anschließend verstärkt worden.
- Das Motoröl beeinflusst den Reibungswiderstand im Motor und damit die Drehfreudigkeit.
- Fächerkrümmer leiten den Abgasstau besser weg und bieten mehr Stauraum zwischen Motor und Katalysator.
- Je weniger Staudruck ein Motor hat, desto besser kann er seine Leistung entfalten. Bei Turbomotoren ist dieser Effekt besonders stark.
- Bei Zweitaktmotoren ist es allerdings genau umgekehrt. Sie benötigen regelrecht den Staudruck.
- Tuning kann sehr schnell illegal werden.
- Durch eine Softwareabstimmung lässt sich ca. noch mal das Doppelte des Leistungszuwachses herausholen.
- Die Stärke von Tuningmaßnahmen unterscheidet man durch Stages.
- Stage 1 ist eine Softwareoptimierung.
- Stage 2 beinhaltet leichte Hardwareveränderungen außerhalb des Motors (Ansaugsystem oder Abgasanlage) und eine Softwareoptimierung.
- Stage 3 beinhaltet zusätzlich einen kompletten Umbau am Motor und eine Softwareoptimierung.

Softwareoptimierungen

- Chiptuning ist das Optimieren der Motorsteuerungssoftware.
- Dem Motorsteuergerät werden durch eine Optimierung neue Grenzen gesetzt.
- Vor allem bei aufgeladenen Motoren lohnen sich Softwareoptimierungen.
- Vom Preisleistungsverhältnis her lohnt sich diese Art von Tuning am meisten.
- Softwareoptimierungen können oftmals per OBD-II-Anschluss vorgenommen werden.
- In selteneren Fällen ist auch der Ausbau des Steuergerätes notwendig.

- Manche Autos haben sogar zwei Motorsteuergeräte. Der Regelfall ist dies jedoch nicht.
- Manche Hersteller bringen gleiche Motoren in verschiedenen Leistungsstufen auf den Markt. Diese unterscheiden sich manchmal lediglich durch die Software.
- Viele Motoren haben Leistungsreserven ab Werk. Diese können bei einer Softwareoptimierung ausgeschöpft werden.
- Softwareoptimierungen rentieren sich vor allem nach Hardwareveränderungen, bei Leistungsreserven, bei Motoraufladung, bei Drosselung oder bei Schwächen, die ein Motor aufweist.
- Im Gegensatz zu Turbomotoren sind Sauger leider nicht für Softwareoptimierungen prädestiniert. Doch lohnt es sich in puncto Schwächen oder Hardwareabstimmung auch bei ihnen.
- Bei Softwareoptimierungen gibt es vorprogrammierte Massenprodukte oder aber individuell programmierte Abstimmungen vom Tuner.
- Eine individuelle Abstimmung dient einerseits der Schonung des Motors und andererseits vor allem auch einer effizienteren Leistungsausbeute.
- Sauberes Tuning verursacht normalerweise keine Schäden. Allerdings werden bestimmte (Motor)bauteile dadurch mehr beansprucht. Schwachstellen können so zum Vorschein kommen.
- Motorsteuergeräte besitzen mehrere Kennfelder, die angepasst und optimiert werden können.
- Die wichtigsten Kennfelder sind der Ladedruck, die Ansaugtemperatur, die Kraftstoffqualität (Oktangehalt), die Einspritzmenge und der Zündwinkel (Zündzeitpunkt),
- Aral Ultimate ist mit 102 Oktan das hochwertigste Benzin an normalen Tankstellen.
- Viele große bekannte Tuningfirmen veredeln ihre Produkte eher und tunen weniger im eigentlichen Sinne. Diese bieten getunte Neuwagen sogar manchmal als ihr eigenes Modell an.
- Besondere Tuningschmieden beweisen ihren Expertenstatus darin, dass sie sich mit den Problemen von Motoren befassen und selbst tuningbasierte Lösungen entwickeln.

Kraftstoffe

➤ ROZ steht für Research-Oktan-Zahl.

➤ Je höher die Oktanzahl, desto klopffester ist der Kraftstoff.

➤ Je höher der Oktangehalt, desto höher ist die Leistungsausbeute, desto niedriger ist der Kraftstoffverbrauch und desto kultivierter ist der Motorlauf.

➤ Unter Klopffestigkeit versteht man die Zündunwilligkeit des Kraftstoffs.

➤ Entzündet sich das Gemisch im Motor zu früh, läuft dieser falsch und ein Klopfen ist zu vernehmen.

➤ Heutige Verbrennungsmotoren haben Sensoriksysteme, welche die Klopffestigkeit von Kraftstoffen ermitteln und den Zündzeitpunkt und den Motorlauf entsprechend anpassen.

➤ Ein Bleizusatz erhöht die Klopffestigkeit, ist aber aus Umweltschutzgründen verboten.

➤ Shell V-Power 100 erreicht seinen angegeben Oktangehalt in der Regel leider nicht. Aral Ultimate 102 dagegen schon.

➤ Bis ein Motorsteuergerät einen hochwertigeren Kraftstoff akzeptiert und die Leistung hochregelt, kann es aus Motorschutzgründen eine ganze Weile dauern.

➤ Um hochwertigere Kraftstoffe überhaupt erkennen und verwenden zu können, benötigen Motorsteuergeräte dafür programmierte Kennfelder.

➤ Ein Großteil der serienmäßigen Fahrzeuge besitzen nur Kennfelder bis 98 Oktan. Für hochwertigere Kraftstoffe sind neue Kennfelder notwendig.

➤ Bioethanol kann aus reiner Biomasse gewonnen werden. Zum Beispiel aus pflanzlichen Abfällen.

➤ Bioethanol hat eine niedrigere Energiedichte und einen niedrigeren Heizwert als Ottokraftstoffe. Dafür hat es aber eine viel höhere Klopffestigkeit.

➤ Der Anteil an Bioethanol im Kraftstoff wird mit der E-Zahl angegeben.

➤ Ein normaler Ottokraftstoff mit 95 Oktan (ROZ 95 E5) hat in der Regel 5% Anteil an Bioethanol.

Diesel vs. Benziner

➤ Dieselmotoren sind heutzutage bei Weitem nicht mehr so robust und langlebig wie sie es einmal waren.

➤ Dieselmotoren benötigen für die gleiche Leistung eines Saugbenziners in der Regel einen Turbolader oder deutlich mehr Hubraum.

➤ Dieselmotoren entwickeln etwas mehr Drehmoment.

➤ Je mehr ein Motor auf Drehzahl ausgelegt wird, um mehr Leistung zu entfalten, desto weniger Drehmoment hat er im Verhältnis.

➤ Das maximale Drehmoment liegt beim Dieselmotor sehr früh an.

➤ Benzinmotoren haben den Vorteil, dass sie extrem hohe Drehzahlen ermöglichen.

➤ Beim Dieselmotor zündet das Gemisch im Brennraum unkontrolliert von alleine.

➤ Bei Benzinmotoren möchte man eine hohe Zündunwilligkeit erreichen. Bei Dieselmotoren ist es hingegen genau umgekehrt.

➤ Dieselmotoren ohne Turbolader sind schon lange ausgestorben.

➤ Dieselmotoren haben einen leichten Drehmomentvorteil, jedoch dafür hohe Leistungsnachteile.

➤ Um die gleiche Leistung eines Benziners aus einem Dieselmotor herauszuholen, muss dieser deutlich mehr hochgezüchtet werden.

➤ Dieselmotoren haben deutlich kleinere Drehzahlbänder.

➤ Tatsächliche Drehmomentvorteile zeigen sich bei Dieselmotoren erst in extremeren Leistungsbereichen. Vor allem bei Sechs- und Achtzylindern.

➤ Dieselmotoren lohnen sich vor allem, wenn man viel Last (Anhänger) ziehen muss, ein hohes Gewicht (SUV) hat oder sehr viel und lange fährt.

➤ Dieselmotoren laufen im Teillastbereich deutlich kraftstoffärmer und sind daher sparsamer.

➤ Reparaturkosten und KFZ-Steuer sind beim Diesel in der Regel etwas höher.

Elektrofahrzeuge

➤ E-Kennzeichen sind für Hybridfahrzeuge, reine Elektroautos und Brennstoffzellenautos.

➤ Als Besitzer eines E-Kennzeichens genießt man einige Vorteile. Diese sind aber von Kommune zu Kommune unterschiedlich.

➤ Die häufigsten Vorteile sind das Benutzen von Busspuren, kostenloses Laden an Ladestationen und kostenloses oder vergünstigtes Parken.

➤ Auch Elektroautos, die keinen Schadstoffausstoß haben, müssen eine Feinstaubplakette haben.

➤ Harnsäure neutralisiert Stickoxide.

➤ Stickoxide sind knapp 300 mal treibhausintensiver als CO_2.

➤ Elektromotoren eignen sich im Automobil vor allem als unterstützendes Aggregat.

➤ Hybridfahrzeuge sind äußerst effizient.

➤ Elektromotoren haben einen Wirkungsgrad von 90% - 98%.

➤ Moderne Turbodiesel haben einen Wirkungsgrad von 40% - 45%.

➤ Moderne Turbobenziner haben einen Wirkungsgrad von 35% - 40%.

➤ Energie kann niemals verschwinden oder verbraucht werden. Sie wird immer nur umgewandelt.

➤ Mit der hybridialen Unterstützung von Elektromotoren können Verbrennungsmotoren extrem sparsam unterwegs zu sein.

➤ Ein Ottomotor setzt ca. ⅓ der chemischen Energie aus dem Kraftstoff in mechanische, also nutzbare Energie um. Die anderen ⅔ gehen in Wärmeenergie verloren.

➤ Otto- und Dieselkraftstoffe haben eine sehr hohe Energiedichte.

➤ Die Mitführung von Otto- und Dieselkraftstoffen ist deutlich leichter als mit anderen Medien wie zum Beispiel Strom.

➤ Elektroautos benötigen Stromspeicher, um mobil betrieben werden zu können. Dazu nutzt man Akkumulatoren.

➤ Akkumulatoren sind sehr schwer und nicht richtig recyclebar.

➤ Die Anforderungen an Akkumulatoren in Elektroautos sind eine hohe Reichweite, eine konstante Leistungsabgabe und jederzeit die volle Leistung abrufen zu können.

- Das Abrufen hoher Leistung verringert die Reichweite von Elektroautos enorm. Außerdem können die Akkus nach und nach auch weniger Power abgeben.
- Mit Schnellladestationen können Lithium-Ionen-Akkus sehr schnell aufgeladen werden.
- Für ein schnelles Laden ist eine hohe Wandstärke der Akkumulatoren erforderlich.
- Die Innereien der Akkus dehnen sich stark aus, je schneller sie aufgeladen werden und hohe Temperaturen entstehen.
- Umgerechnet hat ein Elektroauto einen Kraftstoffverbrauch von circa 1 - 3 Litern auf 100 Kilometer.
- Durchschnittlich ist der ökologische Fußabdruck eines Elektroautos zehnmal schlechter als bei einem Dieselfahrzeug.
- Die großen Ölkonzerne haben eine starke Lobby und beeinflussen die Politik.
- Raddrehmoment und Motordrehmoment unterscheiden sich vom Zahlenwert erheblich.
- Elektromotoren sind in der Lage einen Drehmomentvorteil zu entwickeln. Jedoch auch nicht übermäßig.
- Motoren müssen zum Ausfahren von hohen Geschwindigkeiten extrem viel Leistung aufbringen und dafür viel Energie verarbeiten.
- Elektromotoren werden in ihrer Höchstgeschwindigkeit begrenzt, um Akkukapazität zu sparen.
- Auch die Anzahl der Beschleunigungsvorgänge unter Volllast ist limitiert, um den Akku zu schonen.
- Die Marke Tesla betreibt außergewöhnlich radikales Marketing. Dabei werden Kunden leider gerne mal auf die falsche Fährte gelockt.

Performance

- Je kleiner die Getriebeübersetzung ist, desto besser ist die Beschleunigung.
- Auch Leichtbau ist vorteilhaft für starke Beschleunigungswerte.
- Bei Leichtbau setzt man auf Materialien wie Carbon, Magnesium oder Titan.

- Durch eine bestimmte Struktur, erreichen Kohlenstofffasern bei extrem niedrigem Gewicht, unheimlich hohe Festigkeiten und Steifigkeiten.
- Durch die Struktur kommt auch die besondere Optik zustande, die Carbon unverkennbar und sehr auffällig macht.
- Um die Aerodynamik zu verbessern, werden Autos im Windkanal getestet und designt.
- Bei niedrigen Geschwindigkeiten in der Stadt, dominiert zunächst der Rollwiderstand zwischen Reifen und Straßenbelag. Bei höheren Geschwindigkeiten jedoch dominiert der Luftwiderstand. Damit ist er der wesentliche Teil des Fahrwiderstandes, den das Auto zu überwinden hat.
- Je windschnittiger das Auto also ist, desto positiver fallen die Folgen aus. Bessere Beschleunigung, höhere Endgeschwindigkeit und weniger Kraftstoffverbrauch.
- Die passende Getriebeübersetzung sowie Aerodynamik und Leichtbau sind wichtige Aspekte für die Beschleunigung eines Fahrzeugs.
- Das Wichtigste für die Performance ist, wie fit der Motor in seinen Hardware- und Softwarekomponenten ab Werk abgestimmt wird.
- Die BMW-M-Motoren fanden sich auch in den Fahrzeugen der Marke Wiesmann wieder.
- Wenn Motoren nach unten streuen, entwickeln sie durchschnittlich weniger Leistung als der Hersteller angibt.
- Der Turbomotor ist in Sachen Beschleunigung und Performance dem Saugmotor bei gleichen Verhältnissen immer überlegen.
- Turbolader können die Performance eines Motors enorm erhöhen.
- In der GT3-Rennliga untersagt das Reglement den Einsatz von Turboladern.
- Anhand der Marktpositionierungen einiger Dachmarken und ihrer Untermarken bestimmt sich heutzutage letztlich die Performance, die dem Motor ab Werk verliehen wird.
- Ein Auto mit 200 PS besitzt eine relativ gute Performance, wenn es circa 7 Sekunden auf 100 km/h schafft.
- Um die 300-km/h-Marke zu knacken, braucht es durchschnittlich circa 400 PS.

- Manche der modernen Muscle-Cars verfügen bei den Achtzylindermotoren über Zylinderabschaltung, um den Kraftstoffverbrauch deutlich zu senken.
- Muscle-Cars haben im Allgemeinen eine recht schlechte Performance.
- Bei japanischen Sportcoupés mit Saugmotoren lässt die Performance ebenfalls deutlich zu wünschen übrig.
- Bei manchen Motoren ist extreme Performanceschwäche durch Leistungsverlust begründet. Dieser kommt durch Fehlkonstruktionen.
- Bei Saugrohreinspritzung werden die Einlassventile und Ansaugwege durch den Kraftstoff gereinigt.
- Moderne Fahrzeuge kombinieren Saugrohreinspritzung und Direkteinspritzung, um die Vorteile beider Systeme auskosten zu können.
- Durch Tuningmaßnahmen kann man performanceschwachen Motoren helfen die Spritzigkeit zu bekommen, welche sie ab Werk bereits haben sollten.
- Durch Tuning kann die Performance unheimlich gesteigert werden, während die Motorleistung gleichzeitig nur ein wenig Zuwachs bekommt.
- Cabrios sind gleichwertigen Coupés gegenüber immer im Nachteil, da sie schwere Versteifungen besitzen.
- Die meisten Cabriolets wiegen im Vergleich zur Coupéversion des gleichen Autos durchschnittlich 100 bis 200 Kilo mehr.
- Sportwagen und Coupés haben im Verhältnis die beste Performance.
- Die Performance von Karosserieformen lässt sich wie folgt von gut nach schlecht bestimmen: Coupés, Kleinwagen, Kompaktsportler, Limousinen, Kombis, Cabriolets, SUV.

Fahrdynamik

- Die Nürburgring-Nordschleife ist die anspruchsvollste Rennstrecke der Welt. Sie gilt für Viele als Inbegriff für Fahrdynamik.

- Je mehr Leistung der Motor eines Autos hat, desto sportlicher ist meist auch das Fahrwerk in seinen Komponenten ausgelegt.
- Oftmals bekommen die einzelnen Motorisierungen eines Autos heutzutage sogar eigens abgestimmte und angepasste Fahrwerke.
- Adaptive Fahrwerke lassen sich per Knopfdruck verstellen und passen die Dämpfung des Fahrzeugs an.
- Die Dämpferregelung wird per Elektromagnetismus oder über Ventile geregelt. Die Durchflussmenge des Dämpferöls wird geregelt und dadurch die Härte eingestellt.
- Luftfahrwerke sind ebenfalls auf Knopfdruck verstellbar. Mit ihnen ist es möglich innerhalb kürzester Zeit massive Höhenveränderungen des Fahrzeugs zu erreichen.
- Auch Gewindefahrwerke sind in der Höhe verstellbar. Jedoch nur mit Werkzeug und nicht per Knopfdruck.
- Gewindefahrwerke haben einen sportlichen Zweck und dienen dem vorherigen Anpassen an die zu fahrende Strecke. Die meisten Menschen benutzen sie allerdings nur aus Tieferlegungszwecken und Prestigegründen.
- Eine günstige Alternative sind Tieferlegungsfedern. Ab einer bestimmten Tiefe müssen diese noch mit kürzeren Stoßdämpfern kombiniert werden.
- Es kann vorkommen, dass sich Tieferlegungsfedern erst unter dem Fahrzeuggewicht senken müssen.
- Je höher motorisiert und je sportlicher ein Fahrzeug ist, desto sicherer ist es auch vom Fahrwerk und von den Bremsen her.
- Der Reifen ist immer der direkte Kontakt zum Boden.
- Je breiter ein Reifen ist, desto mehr Kontakt zum Boden besteht.
- Ein niedrigerer Reifenquerschnitt sieht besser aus, bringt aber Komforteinbußen mit sich.
- Je breiter ein Reifen wird, desto stärker folgt er Spurrillen im Straßenbelag. Dies kann die Verkehrssicherheit stark beeinträchtigen.
- Die meisten Versicherungen schreiben in den Wintermonaten das Fahren von Winterreifen vor. Wird diese Auflage nicht erfüllt, kann es im Ernstfall sein, dass die Versicherung nicht zahlen muss.

➢ Winterreifen können auch bedenkenlos im Sommer gefahren werden. Alles in allem ist dies auch tatsächlich günstiger, obwohl der Verschleiß bei Winterreifen in der Regel höher ist.

➢ Sommerreifen lohnen sich vor allem dann, wenn man spritsparend unterwegs sein möchte oder sein Auto richtig sportlich bewegen will.

➢ Reifenhersteller gliedern sich am Markt in drei Segmente: Premiumhersteller, Markenhersteller und No-Name- beziehungsweise Qualitätshersteller.

➢ Auch günstige Reifen aus Asien und Co. sind nicht so unempfehlenswert, wie es der Volksmund gerne darstellt. In der Regel bekommt man viel Reifen für wenig Geld.

➢ Starrachsen bestehen aus einem einzigen, durchgängigen, großen Bauteil, welches die Räder fest mit dem Auto verbindet.

➢ Heutzutage bestehen Achsen aus vielen einzelnen Bauteilen. Sie beinhalten verschiedene Querlenker und Koppelstangen.

➢ Durch den Einsatz von Einzelradaufhängung wird das Fahrverhalten weniger nervös, dafür aber sportlicher und ausgeglichener.

➢ Wenn das Heck eines Fahrzeugs kontrolliert ausbricht und seine Spur verlässt und sicher und elegant gehalten wird, nennt man das einen Drift.

➢ Aus technischer Sicht ist ein Drift ein Übersteuern.

➢ Das Heck eines Fahrzeuges kann mit einem Überschuss an Drehmoment, dem Betätigen der Handbremse oder mit schnellen und wechselnden Kurvenfahrten zum Ausbrechen gebracht werden.

➢ Manche Automobilhersteller bieten bei sportlichen Allradfahrzeugen elektronische Drifthilfen an.

➢ Das elektronische Stabilitätsprogramm ist ein sicherheitsrelevantes Fahrassistenzsystem in Form einer Fahrdynamikregelung, das den Fahrer in gefährlichen Situationen unterstützen und das Fahrzeug beim Ausbrechen oder Schleudern gezielt wieder einfangen soll.

➢ Das ESP soll Fahrsicherheit und Stabilität in jeder Situation gewährleisten.

➢ Das ESP hat in bestimmtem Maße Kontrolle über Motor, Bremsen und alle Sicherheitssysteme.

➤ Es ist Auslegungssache des Herstellers, wie sportlich oder sensibel das ESP programmiert wird.

Optik

➤ Die Höhe eines Fahrzeuges macht am Eindruck des Designs unheimlich viel aus. Je tiefer ein Fahrzeug ist, desto böser und breiter wirkt es in der Regel auch.

➤ Umso größer die Felge, umso breiter der Reifen und umso niedriger der Querschnitt, desto heißer ist der Look.

➤ Replikas sind Felgen, welche die gleiche Optik haben, wie die eines teuren Markenherstellers, aber deutlich günstiger zu erwerben sind.

➤ Distanzscheiben lassen die Räder weiter von der Karosserie abstehen.

➤ Sie können dazu beitragen, das Rad richtig im Radkasten zu positionieren und somit nach Tuningmaßnahmen ein Schleifen bei starkem Lenkwinkeleinschlag verhindern.

➤ Folierungen sind um ein Vielfaches kostengünstigster als die klassische Lackierung.

➤ Je mehr Gebrauchsspuren ein Auto optisch hat, desto schwieriger ist es eine saubere Folierung vorzunehmen. Beschädigungen wie Dellen und Rostpunkte müssen vorab verarztet werden.

➤ Zur Bearbeitung und Ausmerzung von Problemstellen eignet sich Spachtelmasse.

➤ Das Folienstück muss immer so breit sein wie die breiteste Stelle des zu folierenden Karosserieteils.

➤ Ist das ganze Auto bereit foliert zu werden, muss es noch gereinigt werden. Vor allem gröbere Verunreinigungen müssen unbedingt vorher entfernt werden.

➤ Es gibt auch transparente Folien, die zum Schutz des Lackes oder der unteren Folie dienen sollen.

➤ Andere Rückleuchten können das Heck eines Fahrzeugs nicht nur deutlich aggressiver wirken lassen, sondern auch das Design neuer erscheinen lassen.

- Designbeeinflussend sind auch die Frontscheinwerfer. Dies gilt nicht nur für den Scheinwerfer als Ganzes, sondern auch für die Leuchte in seinem Inneren.
- LEDs und Xenonbrenner sind optisch ansprechender, hochwertiger, leistungsstärker, energiesparender und langlebiger.
- Die Farbe des Scheinwerferlichts ändert nicht nur die Optik des Autos, sondern auch die Sichtverhältnisse bei Dunkelheit sowie bei Nacht und bei Regen.
- Umso weißer das Licht wird, desto besser ist die Sicht bei Nacht und bei Dunkelheit. Bei Regen verschlechtert sich im Dunkeln die Sicht jedoch zunehmend durch auf dem Wasser auftretende Reflexionen.
- Möchte man seine Leuchtmittel tauschen, gilt es dabei auf den Sockel (die Verankerung) und die Farbtemperatur zu achten.
- LEDs werden in ihrer Leuchtkraft begrenzt, indem man sie bis zu hundertmal pro Sekunde an- und ausschaltet.
- Shadow Lights sind LED-Projektoren, die bei geöffneter Autotür ein Bild auf den Boden werfen.
- Kotflügelverbreiterungen lassen sich durch Bördeln oder separate Anbauteile erreichen.
- Liberty-Walk-Bodykits sind besonders hochwertige Anbauteile.
- Bōsōzuko-Fahrzeuge werden mit einem extrem extravagantem und bizarrem Aussehen versehen. Abstehende Zacken, unzählige Auspuffrohre und Spoiler sowie viele bunte Farben sind dabei keine Seltenheit.

Sound

- Je älter und performanceärmer ein Motor ist, desto charakteristischer und schöner ist sein Klangbild.
- Die Bauart der Kurbelwelle und die Zündfolge der Zylinder sind für verschiedene Klangbilder ausschlaggebend.
- Auf Flatplane-Kurbelwellen sind die Zapfen zweidimensional angeordnet. Solche Motoren agieren meist rauer und brachialer.

- Flatplane-Kurbelwellen eignen sich gut für hohe Drehzahlen. Daher sind sie oft im sportlichen Bereich vorzufinden.
- Bei Crossplane-Kurbelwellen sind die Zapfen dreidimensional angeordnet. Dies kann einen viel kultivierteren Motorlauf bewirken und sorgt je nach Zündfolge für ein charakteristischeres Klangbild.
- Die Anordnung der Zapfen auf der Kurbelwelle bestimmen den Bewegungsablauf der Kolben und wo diese zu gewissen Zeitpunkten stehen.
- Vierzylindermotoren haben zumindest in Kraftfahrzeugen in der Regel immer Flatplane-Kurbelwellen.
- Bei Flatplane-Kurbelwellen sind immer zwei Zylinder zugleich im Zündzeitpunkt.
- Bei Crossplane-Kurbelwellen ist immer nur ein Zylinder im Zündzeitpunkt.
- Wichtig für die Klangkulisse ist auch die Anzahl der Zylinder, sowie die Bauart des Motors.
- Die eher altmodische Saugrohreinspritzung begünstigt ein charakteristisches Klangbild.
- Bei Saugrohreinspritzung wird der Kraftstoff in das Ansaugsystem befördert. Er wird anschließend mit Luft in den Motor gesaugt.
- Mehrpunkteinspritzung ist eine Form von Saugrohreinspritzung, jedoch mit mehreren Einspritzdüsen.
- Direkteinspritzung ist effizienter. Sie senkt den Spritverbrauch und begünstigt eine höhere Leistungsausbeute.
- Ladedruck aus dem Ansaugsystem ist ebenfalls ein besonderer Sound. Dieser kommt durch die Luftbeförderung, die der Turbolader bewirkt.
- Durch offene Luftfilter und Tuningansaugsysteme lässt sich dieser akustische Effekt noch verstärken.
- Bei sogenannten Blow-Off- und Pop-Off-Ventilen handelt es sich zu Deutsch um ein Schubumluftventil im offenen Zustand.
- Schubumluftventile lassen überschüssigen Ladedruck in den Motorraum oder in einen Bypass ab. In letzterem Fall spricht man von geschlossenen Schubumluftventilen.
- Ladedruck kann noch mal einen besonderen Sound verursachen, wenn er von einem Schubumluftventil abgelassen wird.

- Geschlossene Schubumluftsysteme sind nur schwach bis gar nicht wahrnehmbar. Sie leiten den überschüssigen Ladedruck über einen Bypass ins Ladedrucksystem zurück.
- Offene Schubumluftsysteme sind hingehen deutlich zu hören, sind aber für den Motor und das Ansprechverhalten sehr ineffizient.
- Abgasanlagen sind maßgeblich für das Klangbild und die Lautstärke eines Autos.
- Tuningabgasanlagen reduzieren den Staudruck und können damit die Leistung erhöhen. Vor allem turboaufgeladene Motoren freuen sich über diese Maßnahme.
- Es gibt moderne Fahrzeuge, bei denen der Staudruck in der Abgasanlage sensorisch überwacht wird.
- Ist der Motor überhaupt nicht mehr schallgedämpft, sondern nur noch ein durchgehendes Abgasrohr verbaut, nennt man dies "Straight Pipe" (Deutsch: Gerades Rohr).
- Tuningabgasanlagen können die Motorleistung anheben, das Klangbild verschönern und die Lautstärke erhöhen.
- Eine Klappe in der Abgasanlage sorgt für das Öffnen und Verschließen eines Abgasrohres. Dadurch wird ganz simpel die Lautstärke entweder erhöht oder deutlich reduziert.
- Die Klappe sitzt meist im Endschalldämpfer oder im Endrohr.
- Auspuffklappen sind mechanisch durch Unterdruck oder elektronisch per Stellmotor regelbar.
- Einige Hersteller bieten für die Regelung der Klappe noch verschiedene Modi an.
- Ersatzrohre sind eine günstige und effiziente Art die Abgasanlage zu tunen. Dafür sind sie leider auch nicht legal, da das Auto dadurch in aller Regel viel zu laut wird.
- Ersatzrohre gibt es auch in Form von Attrappen. Dabei haben sie die Optik eines Schalldämpfers.
- Katalysatoren können ebenfalls durch Tuningteile oder Rohre ersetzt werden. Dies bringt leistungstechnisch die mit Abstand höchste Steigerung unter allen Parts in der Abgasanlage.
- Soundmodule sind kleine Lautsprecher, die künstlich den Klang eines großen, sportlichen Benzinmotors erzeugen.

- Soundmodule können im Fahrzeuginnenraum (legal) und außen am Fahrzeugboden installiert werden (illegal sobald lauter als im Fahrzeugschein vermerkt).
- Bei Soundmodulen ist die Lautstärke individuell (per Smartphone-App) einstellbar.
- Moderne Soundgeneratoren greifen auf das Motorsteuergerät und das Getriebesteuergerät zu, um Werte wie die Motordrehzahl abzurufen. Dadurch können sie den Klang je nach Fahrsituation anpassen und ihn so realistisch wie möglich gestalten.
- Je höher die Motorleistung des Fahrzeugs ist, desto lauter darf es von Gesetzeswegen her sein.
- Je neuer ein Fahrzeug ist, desto niedriger ist der maximal zulässige Dezibel-Wert. Hierbei wird aber die vorherige Regel nicht außer Acht gelassen.

Motoröle

- Was der Autohersteller an Motoröl vorschreibt, ist oftmals bei Weitem nicht das Beste für die Motoren. Das gilt vor allem für Longlife-Öle.
- Die Viskosität beschreibt das Flüssigkeitsverhalten bei Temperaturen.
- Je niedriger die Zahl vor dem W ist, desto flüssiger bleibt das Öl bei Kälte.
- Je höher die Zahl nach dem W ist, desto schmier- und leistungsfähiger bleibt das Öl bei Hitze.
- Motoröl soll die Reibung auf ein Minimum reduzieren und gleichzeitig Wärme abfördern.
- Je leichtläufiger das Öl ist, desto leichter fällt es dem Motor zu arbeiten und desto besser kann er seine Leistung entfalten.
- Man sollte niemals hochwertiges Öl in einen Motor füllen, wenn dieser bereits älter ist und minderwertigeres Öl gewohnt ist.
- Motoren laufen sich mit den Jahren auf eine bestimmte Ölsorte ein.

➤ Motoröl kann verkoken und Klumpen bilden, wenn es der Hitze im Motor nicht gewachsen ist.

➤ Um die Werksgarantie zu erhalten, ist es Voraussetzung das Auto so zu pflegen, wie es der Hersteller vorgibt.

➤ Nur bei einem Service in einer Vertragswerkstatt betrachtet der Autohersteller den Service beziehungsweise den Ölwechsel als regelkonform.

➤ Scheckheftpflege sagt nichts über den Zustand eines Gebrauchtwagens aus.

➤ Lässt man sein Auto nicht in Vertragswerkstätten pflegen, ist es sinnvoll Öl zu wählen, welches sich bereits in Langzeitstudien bewährt hat.

➤ Im Zweifel ist es sinnvoller minderwertiges Öl benutzen. So entsteht keine reinigende Wirkung und man braucht sich keine Sorgen über verstopfende Leitungen zu machen.

Irrglauben in der Autowelt

➤ Hubraum ist im Sinne des Kraftstoff-Luft-Verhältnisses durch Aufladung ersetzbar. Dennoch tauchen aber irgendwann Grenzen auf, wenn man sich in utopische Verhältnisse der Leistungsausbeute begibt. Nur das Erweitern des Hubraumes kann das Limit der Leistungsausbeute heraufsetzen.

➤ Quattro und 4Motion sind lediglich Namen und geben keinerlei Aufschluss darüber, ob ein Allradantrieb zuschaltbar oder permanent ist.

➤ Zuschaltbare Allradantriebe mit elektronisch gesteuerter Lamellenkupplung werden vor allem bei besonderen Anforderungen oder bei quer eingebauten Motoren verwendet. Permanente Allradantriebe hingegen bei größeren, längs eingebauten Motoren.

➤ Einen klassischen GTI gab es beim Golf IV nicht. Stattdessen war GTI hier eine Ausstattungsvariante und keine Motorisierung.

➤ Aluminiumfelgen sind trotz des Einsatzes von Leichtmetall in der Regel deutlich schwerer als vergleichbare Stahlfelgen.

- Aluminium ist deutlich weicher und weniger zäh als Stahl.
- Ein Leichtmetall hat eine Dicht von 5g/cm³ oder weniger.
- Aluminium hat eine Dichte von 2,7g/cm³.
- Stahl (Eisen) hat eine Dichte von 7,8g/cm³.
- Je höher die Dichte ist, desto mehr wiegt ein Werkstoff.
- Sportwagen, Höchstmotorisierungen und andere sportliche Autos sind bei weitem nicht immer automatisch teuer.
- Heutzutage sind Verbrennungsmotoren so hoch entwickelt und technisch so gut ausgestattet, dass es ohne Weiteres problemlos möglich ist auch Sportwagen und Höchstmotorisierungen sehr verbrauchsarm zu fahren.
- KFZ-Versicherungen beziehen extrem viele Faktoren über den Fahrer und andere Dinge in die Berechnung mit ein.
- Ein Kraftfahrzeug wird grundlegend in der KFZ-Steuer teurer, je neuer es ist, je mehr Hubraum der Motor hat oder je mehr Schadstoffausstoß er produziert.
- Elektromotoren haben das Potenzial verhältnismäßig viel Drehmoment zu erzeugen. Allerdings haben weit über die Hälfte der Elektromotoren in Kraftfahrzeugen ein unauffällig geringes Drehmoment.
- Elektrofahrzeuge haben Ein- oder Zwei-Gang-Getriebe. Diese machen das große Drehzahlband nutzbar.
- Elektrofahrzeuge müssen warmgefahren werden.
- Tuning kann mehr Belastung für einzelne Komponenten an Motor oder am Fahrwerk hervorrufen. Insofern können bereits vorhandene Schwachstellen durch die stärkere Belastung aufgedeckt werden.
- Wenn ein Fahrzeug in einem halbwegs guten Zustand ist und das Tuning sauber vorgenommen beziehungsweise der Motor ordentlich abgestimmt wurde, ist Tuning an sich nicht schädlich.
- 300.000 Kilometer mit einem Auto gefahren zu haben, bedeutet ganze 7,5 Mal die Erde umrundet zu haben.
- Bugatti ist ursprünglich eine französische Marke gewesen. Mittlerweile befindet sie sich unter dem VAG-Konzern in deutscher Hand.
- Winterreifen eignen sich bestens dafür auch im Sommer gefahren zu werden. Ihr Verschleiß ist zwar etwas höher, jedoch sind

sie dafür vor allem bei Nässe deutlich im Vorteil und bieten mehr Sicherheit.

➤ Allwetterreifen sind grundlegend Winterreifen mit zusätzlichen Sommerreifeneigenschaften.

➤ Super Plus zu tanken bringt grundsätzlich einen kleinen Leistungszuwachs und einen dezent niedrigeren Spritverbrauch, sofern das Motorsteuergerät ein Kennfeld für den hochwertigeren Kraftstoff hat und diesen somit erkennen und ausschöpfen kann.

➤ Minderwertigeres Benzin zu tanken ist nicht schlimm. Ottomotoren haben eine Art Schutzmechanismus. Allerdings laufen sie dann nicht optimal und Leistungsverlust und höherer Kraftstoffverbrauch sind die Folgen.

➤ Das vom Hersteller vorgeschriebene Motoröl und der dabei vorgeschriebene Longlife-Intervall ist bei Weitem nicht immer gut für den Motor.

➤ Verkürzt man die Ölwechselintervalle und verwendet das richtige Öl, kann man zum Beispiel schwere Probleme wie Steuerkettenlängung weitestgehend vermeiden.

➤ Eingeschaltetes Licht erhöht den Kraftstoffverbrauch marginal.

➤ Die Scheinwerfer werden vom Akkumulator mit Strom versorgt. Dieser wiederum wird von der Lichtmaschine, welche wie ein großer Dynamo funktioniert, gespeist.

➤ Dieser Dynamo wird über den Keilriemen von der Kurbelwelle, also vom Motor, angetrieben.

➤ Wann die Lichtmaschine Strom produziert und wann nicht, ist unterschiedlich und wird elektronisch gesteuert.

➤ Der Mehrverbrauch durch eingeschaltetes Licht ist kaum nennenswert. Selbst in den unvorteilhaftesten Rechnungen erhöht sich den Kraftstoffverbrauch um allerhöchstens 0,15 Liter pro 100 Kilometer.

➤ C63 AMG bedeutet nicht 6.3 Liter Hubraum.

➤ Die Zahl 63 hat bei Mercedes-Benz eine traditionelle Bedeutung. Einen 6.3-Liter-Motor gab es nie.

➤ Das Höchste der Gefühle war ein 6.2-Liter-Motor in den 63-AMG-Modellen.

➤ Rentnerautos sind bei Weitem nicht immer so perfekt und gepflegt wie es der Volksmund anpreist.

- Vorführfahrzeuge werden oftmals ziemlich grob behandelt und müssen viel einstecken.
- Unnötiges Schleichen im Straßenverkehr behindert den Verkehrsfluss, sorgt für aggressive Stimmungen anderer Verkehrsteilnehmer, erhöht die Staubildung, verursacht Auffahrunfälle und verleitet zu unnötigen Überholmanövern.
- Vollgasfahrten sind für einen gesunden Motor nicht schädlich.
- Motoren sind, wenn sie mit Betriebstemperatur fahren, viel belastbarer.
- Tachos zeigen grundsätzlich etwas mehr Geschwindigkeit an, als das Fahrzeug tatsächlich fährt.
- Die Höhe der Abweichung ist proportional zur Geschwindigkeit.
- Ein Wastegate begrenzt und reguliert den Abgasstrom, der den Turbolader antreibt.
- Ein Schubumluftventil begrenzt hingegen den Ladedruck, also den Luftstrom, den der Turbolader produziert.
- Doppelkupplungsgetriebe sollen die Schaltzeiten auf ein Minimum verkürzen. Der extrem kurze Lastwechsel sorgt dabei für eine kaum noch spürbare Zugunterbrechung.
- Moderne Doppelkupplungsgetriebe sind in der Lage den Schaltvorgang in unter 80 Millisekunden (= 0,08 Sekunden) zu vollziehen.
- Das Motorsteuergerät verändert während des Schaltvorganges die Zündzeitpunkte, um den Motor kurzzeitig schlechter laufen zu lassen, damit die Drehzahl schneller gesenkt wird.
- Während der Zeitspanne, in der die Zündung in den Zylindern verspätet stattfindet, dringt die Flammenfront der Explosion aus den Zylindern über die Auslassventile in die Abgasanlage hinaus und verursacht somit ein Furzgeräusch.
- Alle besonderen Geräusche, die heutzutage bei modernen Autos aus der Abgasanlage zu hören sind, sind Fake. Sie sind absichtlich programmierte Gimmicks, welche die Wahrnehmung des Kunden in die sportliche Richtung lenken sollen.
- Die Polizei kann bei modernen Fahrzeugen das Motorsteuergerät auslesen und darüber feststellen welche Geschwindigkeiten während und vor des Unfalls- und Tathergangs gefahren wurden.

- Manche Werkstätten und Vertragsautohäuser verlangen horrende Zuschläge. Dies gilt vor allem für Luxusautos und Sportwagen.
- Reifen bestehen größtenteils aus vulkanisiertem Kautschuk.
- Altreifen werden verwertet, indem man sie verbrennt und die Wärmeenergie nutzt.
- Neureifen werden mit 7 - 8 Millimeter ausgeliefert.
- Ein Reifen muss nach TÜV-Vorgaben 1,6 Millimeter an Mindestprofiltiefe vorweisen.
- Um sich gegen gefälschte Kilometerstände zu schützen, sollte man sich die Vergangenheit des Fahrzeugs ansehen.

Wissenswertes

Bremsanlage

Handbremse lösen bzw. Pannendienst rufen, falls Symbol nicht erlischt.

Bremsverschleiß

Bremsbeläge nähern sich Verschleißgrenze. Termin in der Werkstatt vereinbaren.

Batterie

Sehr geringer Batteriestand. Zur nächsten Werkstatt fahren.

Tank

Der Tank ist fast leer. Umgehend die nächste Tankstelle aufsuchen.

Ölstand

Geringer Öldruck. Öl nachfüllen bzw. Werkstatt aufsuchen.

Motorkontrolle

Es gibt Probleme mit der Motorsteuerung. Vorsichtig zur nächsten Tankstelle fahren.

Ölmangel

Drohender Ölmangel. Beim nächsten Stopp Öl nachfüllen, ggf. überprüfen lassen.

Reifendruck

Mind. ein Reifen hat zu wenig Luft. Reifendruck an der nächsten Tankstelle prüfen.

Kühlmitteltemperatur

Zu hohe Kühlmitteltemperatur. Sofort anhalten und Motor abkühlen lassen.

ABS-Kontrolle

Eine Störung des ABS liegt vor. Vorsichtig zur nächsten Werkstatt fahren.

Airbags

Störung des Airbags. Werkstatt aufsuchen.

ABS-Kontrolle

ESP ist aufgrund einer nassen bzw. vereisten Straße aktiv. Vorsichtig zur nächsten Werkstatt fahren.

Zu geringer Abstand

Abstand zum vorausfahrenden Auto zu gering. Abbremsen und Abstand vergrößern.

Vorglühlampe

Der Motor muss vor der Fahrt noch vorglühen. Vorsichtig losfahren, sobald diese erlischt.

(Einheitliche Warn- und Kontrollleuchten im Auto)

Bezeichnungen der Motorkürzel

Erste Zahl	Hubraum in Litern
Erster Buchstabe	Motorbauart
Zweite Zahl	Anzahl der Zylinder
Zweiter Buchstabe	Motoraufladung oder hybridiales Aggregat (falls vorhanden)

Buchstabenlegende

R	Motor mit einer Zylinderbank in **R**eihe (**R**eihenmotor)
V	Motor mit zwei Zylinderbänken in **V**-Stellung (**V**-Motor)
VR	Motor mit einer Zylinderbank in Kombination aus V und Reihe. (**VR**-Motor)
B	Motor mit gegenüberliegenden Zylindern. (**B**oxermotor)

W	Motor mit vier Zylinderbänken in zwei kombinierten V-Stellungen. (W-Motor)
T	Turbolader
TT	Zwei Turbolader (Bi- oder Twin-Turbo)
TTT	Drei Turbolader (Triturbo)
TTTT	Vier Turbolader (Quadturbo)
K	Kompressor
E	Elektromotor

Bezeichnungen und Kürzel der Höchstmotorisierungen

Marke	Sport-version	Höchstmotorisierung		Möglicher Zusatz
		Früheres Symbol	Heutiges Symbol	
Audi	S		RS	plus
BMW	Mi / Md	CSi	M	Competition CS, GTS
Bugatti			SS	
Chevrolet			SS	Z/28, ZL1, ZR1

Dodge	R/T		SRT	
Fiat			Abarth	500, 595, 695
Ford	ST		RS	
Honda			Type-R	
Hyundai			N	Performance
Jaguar	S		R, SV, SVR	
Koenigsegg	S, R		RS	
Lamborghini			S, SV, SVJ	
Maserati	S		GT S, MC	
Mazda			MPS	
Merce-des-Benz	AMG		AMG	Black Series, S
Mini	S, SD		JWC	
Mitsubishi			Evolution	
Nissan	GT-T	GT-R	Nismo	
Opel	GSi	GSi	OPC	
Peugeot	RC, GT		R, GTi	
Porsche	S, 4S		GT RS	
Renault	GT		R.S.	Trophy, Trophy-R
Seat	FR		Cupra	R, ST
Škoda			RS	
Subaru	WRX		STI	
Tesla	Performance	P100D	Ludicrous, Insane, Plaid	
Volkswagen	GTI	R32, R36, R50	R	
Volvo			R	

Danksagungen

Mein persönliches und herzlichstes **Dankeschön**
geht an...

Sebastian Krieg, der mir grundsätzlich bei meinen Zukunftsplänen und Vorhaben, aber auch bei meinen Sorgen, seien sie auch noch so verrückt, sowie bei meinen Stärken und Schwächen zur Seite steht und mir immer fortwährend seine positive Unterstützung suggeriert. So auch bei diesem Projekt.

Dominik Imöhl, für sein mühevolles Erstellen hochwertiger Lektorate und dafür, dass er mein Leben allgemein immer wieder mit Spaß und vor allem als unterstützender Geschäftspartner bereichert. Ohne sein Vertrauen und seine Unterstützung wäre ich heute nicht da, wo ich bin.

Jan Markwitz für die freundlichen und unkomplizierten Fotoshootings, sowie sein Verständnis von meinen Vorstellungen und das daraus entstandene, absolut großartige Coverbild.

Sebastian Höfer, für seine unglaublich lustigen Memes und Illustrationen, mit denen er mich immer wieder zum Lachen bringt und dieses Buch bereichert hat.

Thomas Majewski, für seine große Hilfe in den letzten Jahren und seine freundliche und angenehme Mentalität und die daraus entstandene Freundschaft.

Steffen Johannes, Inhaber von SLS Tuning, für seine Zeit, seine Mühen und seine preiswerte Unterstützung, auch wenn ich immer wieder mit noch so großen Rätseln und Problemen zu ihm gekommen bin.

Tino Güttler, Inhaber von CTD-Germany, für seine persönliche und unglaublich nette Unterstützung sowie die kostbare Zeit, die er investiert hat.

Tilman Trost, Inhaber von RS-Klinik, für die äußerst freundliche Bereitstellung von Bildmaterial.

Mein Team und alle, die sonst noch an diesem Werk mitgewirkt haben.

Dankeschön!

Der Autor

Nach dem Abitur hat Philipp Jäger einige Semester der Betriebs-wirtschaftslehre studiert und anschließend das wirtschaftliche Know-How mit seiner Leidenschaft verknüpft. So ging er in seine Heimat zurück und absolvierte eine Ausbildung zum KFZ-Mecha-troniker. Zunächst war er bei Peugeot tätig, später dann noch bei Audi. Im Anschluss hängte er noch eine weitere Ausbildung zum Verfahrensmechaniker für Kunststoff- und Kautschuktechnik beim deutschen Reifenhersteller Continental dran. Diese konnte er auf-grund seiner herausragenden Leistungen verkürzen und sogar als Jahrgangsbester unter allen Vorziehern abschließen. Bereits zu dieser Zeit wurde er so etwas wie eine lokale Bekanntheit in Bereichen wie Automobiltechnik und Tuning. Daher schrieb er auch bereits während seiner letzten Ausbildung parallel sein ers-tes Buch, welches später zum Bestseller werden sollte. Nachdem er einiges an Berufserfahrung sammelte, baute er sich ein weite-res Standbein als Automobilmakler auf. Seit dieser Zeit pflegt er wichtige Kontakte zu professionellen Tunern, Rennställen und Sportwagenhändlern, aber auch anderen Spezialisten wie Motorenbauern und Getriebeinstandsetzern. Heute ist er erfolg-reicher Autor und widmet sich nebenbei weiterhin seiner Leiden-schaft, indem er als Automobilmakler Menschen zu ihren Trau-mautos verhilft. Außerdem betreibt er einen kleinen Sportwagen-handel, der ursprünglich aus seiner Autosammlung hervorgegan-gen ist. Philipp Jäger hegt zudem eine große Leidenschaft für Astrophysik. So hat er sich bereits in mehreren Büchern zu den Zusammenhängen von Raum und Zeit, Schwarzen Löchern und den Vorgängen weit draußen in unserem Universum verewigt.

Haftungsausschluss

Der Inhalt dieses Buches wurde mit großer Sorgfalt geprüft und erstellt. Für die Vollständigkeit, Richtigkeit und Aktualität der Inhalte kann dennoch keine Gewährleistung oder Garantie übernommen werden. Der Inhalt des Buches repräsentiert die persönlichen Erfahrungen und Meinungen des Autors und dient ausschließlich zu Unterhaltungszwecken. Es wird keine juristische Verantwortung oder Haftung für Schäden übernommen, die durch kontraproduktive Ausübung oder Fehler des Lesers entstehen. Ebenso gibt es auch keine Garantie auf Erfolg. Der Autor übernimmt daher keine Verantwortung, wenn die im Buch beschriebenen Ziele nicht erreicht werden.

(Der Weg zum Traumauto, 230 Seiten, 17,99€ auf amazon.de)

www.ingramcontent.com/pod-product-compliance
Lightning Source LLC
Chambersburg PA
CBHW021347210526
45463CB00001B/12